実験医学 別冊

最強のステップUpシリーズ

シングルセル

Single Cell Analysis

解析 プロトコール

わかる！使える！1細胞特有の実験のコツから最新の応用まで

[編集] 菅野純夫

JN172117

羊土社
YODOSHA

序

羊土社の担当の方から，シングルセル解析に関する書籍の企画について最初にご相談いただいたのは，昨年の4月だった．国際人類遺伝学会でシングルセル解析のセッションの座長をしたり，CRESTの「1細胞解析」の総括をしたりしていた関係だと思うが，当時はまだ，「とにかく，シングルセル解析というものをやってみました」といった発表が続いていたことから，もう少し経ってから，とお答えしたのを覚えている．次にお会いしたのは9月ぐらいだったと思うが，そのときにはプロトコール本を出したいと言われたのには，いささか驚いた．もう少し手前の，紹介本とか入門書のようなものを考えていたためである．実際に，日本でそんなにたくさんの研究者がシングルセル解析をするとは思えなかったためでもある．

11月ぐらいから，担当の方の熱意に引っ張られる形で企画をはじめたが，まだ，プロトコール本など作って役に立つのだろうか，と半信半疑というのが，本当のところであった．ただ，そのころから，シングルセルのデータを自分で「R」などを使ってクラスタリングなどを行い，なかなかおもしろいと感じはじめてもいた．疑念が最終的に晴れはじめたのは，実際にお願いした原稿が手元に届きだした4月すぎである．

不明を恥じなければいけないが，世界におけるここ1年のシングルセル解析研究の進展と，いただいた原稿の質の高さから，担当の方の読みの確かさを確認することとなった．シークエンス費用が相変わらず掛かるため，急速に一般化とはいかないが，シングルセル解析が確実に分子生物学の標準的方法として，その地位を確立しはじめていることは疑いがない．Human Cell Atlasといった国際プロジェクトもアナウンスされ，ビッグプロジェクトが進む一方で，解析遺伝子数を抑えた比較的低コストのシングルセル解析で，重要な生物学的成果を得るような仕事も，増えてきている．

日本のシングルセル解析は神原秀記による特定領域研究「ライフサーベイヤ」以来の伝統があり，ポテンシャルは高い．本書が，日本のシングルセル解析の興隆の一助となれば幸いである．

2017年8月

菅野純夫

シングルセル解析プロトコール

Single Cell Analysis

わかる！使える！1細胞特有の実験のコツから最新の応用まで

CONTENTS

CONTENTS

レビュー編

シングルセル解析の重要性

1 シングルセル解析とは何か？なぜ今なのか？

菅野純夫

　細胞は生命を構成する究極の単位であり，医学・生物学の分野で1細胞レベルでの解析がさまざまに行われてきた．しかしながら，ヒトゲノムプロジェクトを契機としてはじまった網羅的解析が1細胞レベルに到達しはじめたのは最近である．なかでも，核酸を対象とした1細胞網羅的解析は，いくつかの課題はあるものの，実用・普及レベルに達している，本書では，それをシングルセル解析とよび，その実際を詳述することとした．

シングルセル解析とは何か？

　細胞は生命を構成する究極の単位といえる．したがって，生命を理解しそれを制御していくためには，1細胞レベルでの生命の理解が不可欠と言える．実際，19世紀のシュワン，シュライデンによる「すべての生物の構造的，機能的基本単位は細胞である」とする細胞説の提唱（1839年，1838年）以来，細胞の研究は常に医学・生物学研究のなかで主要な位置を占めてきた．例えば19世紀の後半にウイルヒョウにより，顕微鏡を用いた細胞レベルの病理組織学が確立され，最終的な診断は病理組織学で行われことが通例となった．現在，蛍光イメージング技術を中核とした形態学，あるいは1細胞レベルの生理学的研究は，医学・生物学研究で最も研究が活発な分野であり，2014年に超解像顕微鏡にノーベル賞が与えられたのも記憶に新しい．では，本書で扱う「シングルセル解析」は，このような従来からの1細胞レベルの解析と何が異なっているのだろうか．

　それは，現代の医学・生物学研究が分子生物学の流れのなかで行われていることに関係している．分子生物学は，生命・細胞を，遺伝子を中心におく分子機械ととらえ，特定の生命現象にかかわる遺伝子の同定とそれらの相互作用を明らかにすることで，その生命現象を理解し，それを制御していこうという学問である．その起源は，遺伝学と生化学にあり，DNAの二重らせん構造，塩基対，コドンなどの概念により，両者の間を行ったり来たりすることができるようになったことで，両者が融合する形で新しい学問として成立した．

　遺伝学や生化学は，ともに現代の医療を支える重要な柱だが，20世紀の初頭に成立した学問である．ルネサンスごろにはじまる形態学や生理学に比較して新しい学問であり，病理組織学と比較しても，ほぼ半世紀の差がある．分子生物学はさらに新しく，二重らせんの発見が1953年，コドンの解明は1960年と，遺伝学や生化学の成立から，さらに半世紀の差がある．特に，組換えDNA技術が広く使用され，真核生物の分子生物学が興隆したのは1980年代なので，最近のこともいうこともできる．このことを反映して，分子生物学の医療への応用は，これからという状況である．逆にいうと，時代とともに精密化されているとはいえ，現代の医療はかなり古い基盤のうえに構築されているということが言える．

　本書で取り扱う「シングルセル解析」は，このよう

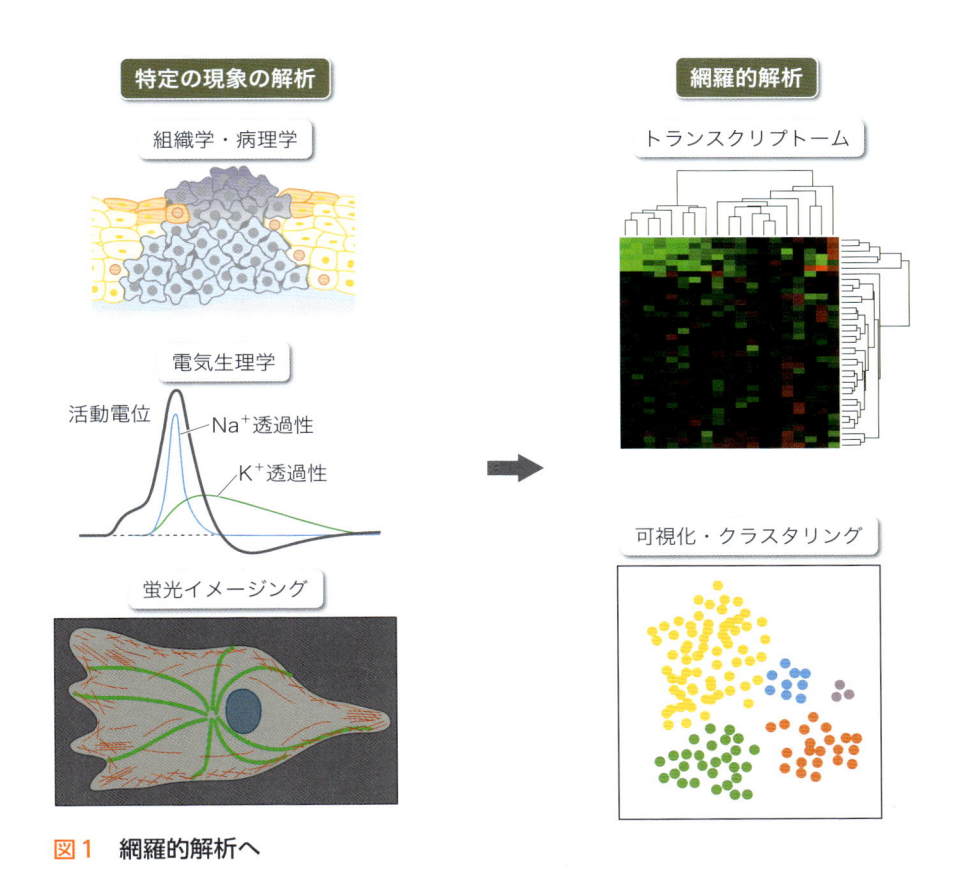

図1　網羅的解析へ

に比較的新しい分子生物学的な研究を1細胞レベルで行おうというもので，その点がこれまでの1細胞レベルでの解析と異なっている．特に2003年に完了したヒトゲノムプロジェクトにより，ヒトの詳細な遺伝子地図と遺伝子カタログが手に入り，これらの情報を基盤に，その後のマイクロアレイ，質量分析計などの技術的発展と相まって，現代の分子生物学は，ゲノム，トランスクリプトーム，プロテオーム，メタボロームといった網羅的解析の時代に突入した（図1）．

　それを受けて，1細胞解析でも，オミクス解析を1細胞レベルで実現しようという地道な努力がなされてきた．その結果，核酸系の解析では，次世代シークエンサーの発展，その先の1分子長鎖シークエンサーの開発とも絡み，数年前から，1細胞でも網羅的解析が実用レベルに達している．本書では，この最新の，核酸

の解析を中心とする網羅的1細胞解析を，改めて「シングルセル解析」とよぶこととし，実際にシングルセル解析を研究に使うために必要な知識をまとめることとした．

なぜ今シングルセル解析なのか？

　1細胞からcDNAライブラリーを作製しようとする先駆的な研究はあるものの（例えば，文献1）シングルセル解析への動きは，次世代シークエンサーが実用化された2007年あたりから本格化した．日本では2005年に神原秀記を代表とする特定領域「ライフサーベイヤ」が開始されたため，きわめて早い時期からシ

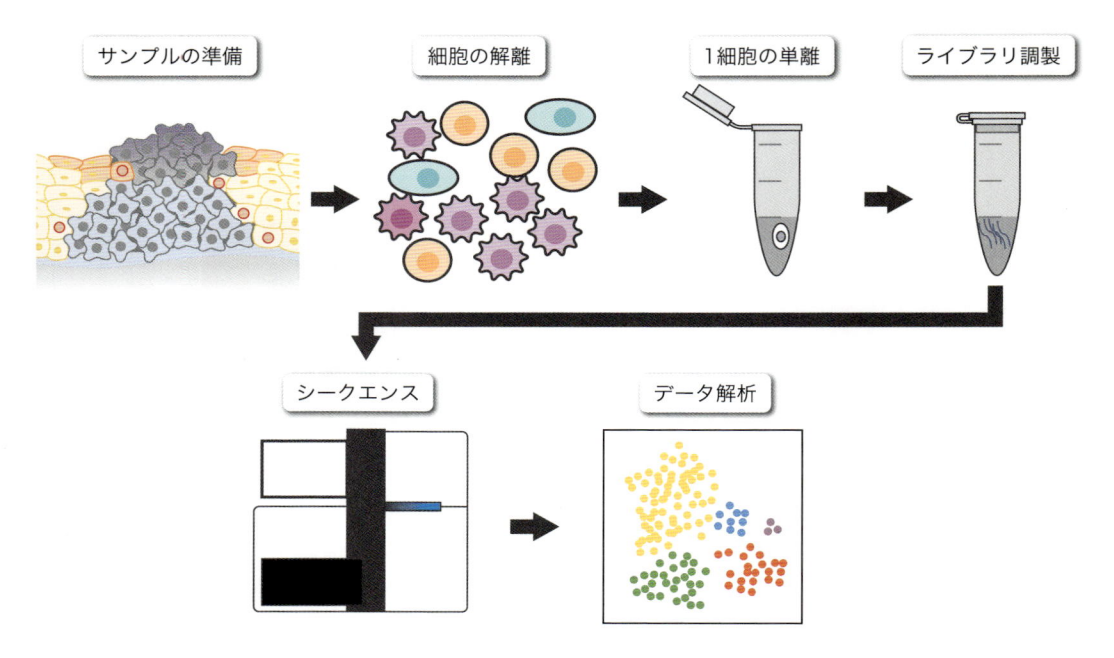

図2　シングルセル解析の流れ

ングルセル解析に取り組んできたといえる．このため，シングルセル解析の分野では，早い時期から研究を開始したスウェーデンと並んで，それなりの存在感を示している．

　ただ，多くの研究者へのシングルセル解析の普及を考えると，2012年に米国のバイオベンチャーのフリューダイム社がC1という1細胞のcDNA自動合成装置を発売したことが大きい[2]．この機器の発売は，それまでシングルセル解析とは縁の薄かった多くの研究者（特にゲノム分野の研究者）がシングルセル解析をはじめる契機となった．シングルセル解析については，その後，マイクロドロップレットを使った10x Genomics社によるChromiumという機器[3]も発売され，処理できる検体数も飛躍的に伸び，今日にいたっている．

　一般に，機器の開発には，マーケットの小さい研究用機器でも二桁の億円という資金が必要である．ベンチャー資金の乏しい日本では，方法論がアカデミアレベルで開発されても，なかなか，機器を開発して発売にまでもって行くことが大変であり，結局，新しい機器の開発・販売では，欧米，特にアメリカが，環境的に有利となっている．日本で，シングルセル解析への取り組みは早かったものの，機器の発売に遅れたのは，このようなベンチャー環境の違いが大きい．

　本書は核酸系のシングルセル解析を，全くシングルセル解析の経験がない人でもできるようにと，企画させていただいた（図2に概要を示す）．実際，浮遊細胞や組織からトリプシンなどで分離された細胞についての，ゲノム変異解析，トランスクリプトーム解析，エピゲノム解析は，プロトコール的にも成熟してきており，詳細は，プロトコール編に譲るが，多数の細胞や組織を対象にできる核酸系のオミクス解析は，ほぼすべてできるようになりつつある．情報解析的にも，急速に解析パッケージが充実しはじめており（変化が速く，本書でも追随できてない部分もあるが），専門外の研究者でも，一通りの解析を行い，美しい図をつくることができるようになってきた．したがって，医学・生物学分野の研究者にとって，シングルセル解析方法が自身の研究にどう役立つか，一度，真剣に考えてみ

第1の課題：生体内・組織内の空間的位置情報

位置情報の欠落

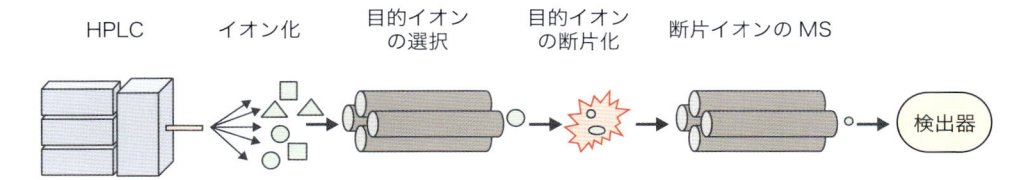

第2の課題：感度・精度（プロテオームを例に）

HPLC イオン化 目的イオン の選択 目的イオン の断片化 断片イオンのMS

検出器

図3 シングルセル解析の課題

るべき時期に来ているように思う．レビュー編では，それを考えるうえでのヒントになるように，さまざまな分野でのシングルセル解析の現状を紹介していただいた．

シングルセル解析ができるようになると，これまで夢と思っていたような研究ができるようになる．そのよい例は，体細胞変異の研究である．体細胞変異の解析はがんで研究が進んでいた．その理由は，がんは少数の細胞に由来するクローン細胞集団であり，多数の細胞相手の方法論で体細胞変異が検出できたためである．シングルセル解析により，普通の細胞でも，体細胞変異が検出できるようになった．今後は，さまざまな医学・生物学的現象に体細胞変異が関係していることが明らかになるだろう．特に，がん以外の疾患において，成因としての体細胞変異の役割が明らかになってくるものと考えられる．新技術を導入し，結果を得て論文になるまでに，2，3年の時間がかかることを考えると，まだまだ技術的課題があるものの，シングルセル解析の導入を考えて，そろそろ準備してもよいころと考えられるのである．

シングルセル解析の課題と展望

核酸系のシングルセル解析の課題はさまざまあるが，現在，最大の課題は，生体内・組織内の空間的位置情報を保ったままシングルセル解析ができないところである（図3）．ここが，位置情報そのものが得られるイメージングなどの他の1細胞解析技術と大きく異なる．例えば，組織切片のイメージを得ていても，細胞をトリプシンなどでバラバラにして分離する過程で，個々の細胞のイメージ上での位置情報は失われてしまうのである．

ただ，現状でも，少数の細胞をGFPなどであらかじめマーキングしておいて，蛍光画像で得られる位置情報とトランスクリプトーム解析で得られるGFPなどの情報とをマッチさせ，特定の細胞の位置情報を得るなど，いろいろな工夫が行われている．逆に，遺伝子発現と細胞の位置をマッチさせることのできる実験系をもっていれば，他のグループが得ることのできない情報を，いち早くシングルセル解析で得ることができる．

この場合は，方法論の限界が有利に働くわけである．

第2の課題は，感度・精度の問題である．ヒトは2倍体で，相同染色体のDNAを同じと考えても，1細胞に同じDNAは2分子しかない．そこでシングルセルのゲノム解析では，1分子レベルの計測感度と精度が求められる．RNAについても，1つの細胞の細胞質に存在するpolyAをもつRNAの総数は数10万～100万分子であるが，あるRNA種の発現分子数と，RNA種の数の間には，べき乗測（power law）が成り立つと考えられているので，大雑把に，細胞あたり1万分子発現しているRNAは10種類，1,000分子発現しているものは100種類，100分子発現しているものは1,000種類，10分子発現しているものは1万種類，1分子発現しているものは10万種類程度と考えられている．そこでRNAのシングルセル解析でも，できれば，1分子レベルの計測感度と精度が望ましい．

核酸はPCRなどで分子を増殖することができるので，ある程度，この問題に対応できており，それゆえに実用レベルに達しているとも言える．ただ，PCRなどの増殖手段も，テンプレートが1分子となると，プライマーが対合できるかどうかが確率的になり，増殖できない部分が出てくる．したがって，ゲノムのシングルセル解析では，ゲノムの6～8割程度の配列が得られるのが現在の限界である．また，相同染色体の両対立遺伝子情報が得られる率はさらに低い．RNAの解析でも，発現量の低いRNA種は，ライブラリー中に存在せず，大量のシークエンスをしても捕まらない場合も多くなるので，注意が必要である．

なお，精度・感度については，機器側の問題もある．DNAのシークエンサーは，DNA分子を増幅したり，直接，計測したりすることができ，ほぼ1分子レベルの測定精度に達している．一方，プロテオームで使用される質量分析計では，最終的な計測部分であるイオンカウンターは1分子レベルの感度・精度をもっているものの，イオン化の効率や，質量分析計に投入されたイオンのうちイオンカウンターに到達するものの割合を考えると，液体クロマトグラフィーなどで分離された時点で，同じものが1,000分子程度ないと1カウ

ントにならないという問題を抱えている（図3）．タンパク質はPCRなどで増殖できないので，この点は大きな問題で，1細胞レベルのプロテオームが進まない理由となっている．

一方，細胞内に分子が大量にあれば質量分析計は1細胞解析に有効である．本書では扱わなかったが，1細胞のメタボロームが注目されている背景にはそれがある．例えばATPなどは，細胞中に1 mM程度の高い濃度で存在する．細胞の容積を（$10 \times 10 \times 10 \, \mu$mから）$10^{-12}$ L程度と考えると，ATPは1細胞中に10^8～10^9の分子が存在することになる．こう考えると，数十から100 nMレベルの低分子は，イオン化効率にもよるが，現在の質量分析計でも，1細胞レベルで計測可能であろう．ここでの課題はどのように1細胞から低分子を分離し質量分析計に導入するか，そのthrough-putをどのように上げるか，ということになる．

以上のような課題はあるものの，関連した技術の改良・開発は急速であり，現在のシングルセル解析の泣きどころの，位置情報が失われる問題も数年内に解決されるのではないかと考えている．国際的に，シングルセル解析で，ヒトを構成する全細胞の標準遺伝子発現地図をつくろうという動きもはじまっている（Human Cell Atlas）．このようなデータが得られると，位置情報がきっちりとれなくても，情報学的な手段で特定部分に存在する細胞種とその相互作用をモデル化することが可能になるかもしれない．シングルセル解析が医学・生物学研究において，標準的な方法となる時期も近いと考えてられる．

◆ 文献

1）Brady G & Iscove NN：Methods Enzymol, 225：611-623, 1993
2）Fluidigm: C1 system. http://cn.fluidigm.com/products/c1-system（2017年7月閲覧）
3）10x Genomics. https://www.10xgenomics.com/（2017年7月閲覧）

2 がん研究とシングルセル解析

油谷浩幸

近年の大規模な腫瘍ゲノム解析により，同一腫瘍組織内における遺伝子変異の不均一性，さらには悪性化に伴うドライバー変異の蓄積が示された．また，腫瘍組織内にはがん幹細胞が存在し，腫瘍組織はゲノムおよびエピゲノムにおいて多様な細胞の集団である．腫瘍増殖を制御するためには幹細胞ニッチを形成する微小環境を含めたエピジェネティック制御の理解が必要と考えられ，1細胞レベルでの解析への期待が大きい（図1）．

はじめに

次世代シークエンサーによるゲノム解析技術の進歩につれて，単一細胞のエピゲノム，トランスクリプトームなどの包括的生命情報を取得することが可能となっ

た．腫瘍細胞コピー数異常に着目して細胞集団内の不均一性についての解析結果が報告されたのがまだ数年前であり，細胞分化や幹細胞研究，細胞集団の不均一性やクローン進化といったがんの生物学における基本的課題に関して一細胞の解像度でデータ取得が急速に

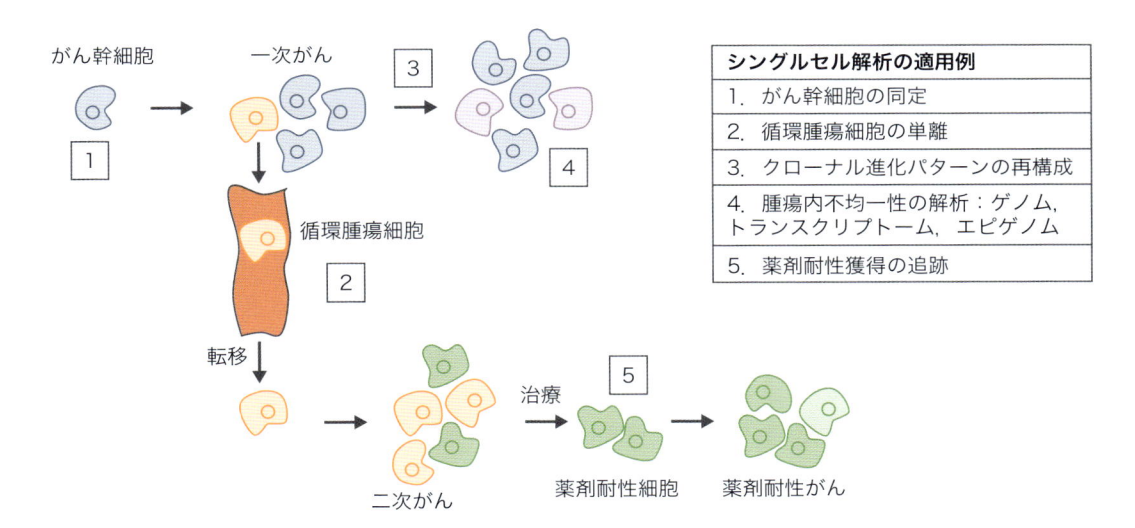

図1　1細胞解析とがん研究
がんの悪性化，すなわち原発腫瘍の不均一性から再発・転移，薬剤耐性のメカニズム解明に1細胞レベルの解析が必要とされる（文献1より引用）．

進んでいる．さらに最近数年間の急速な技術開発によって1細胞ごとにゲノム，トランスクリプトーム，エピゲノム解析が可能となり[1]，ゲノム変異の不均一性に加えて集団内の細胞構成の特定やオープンクロマチンやクロマチン相互作用を解析可能となり，腫瘍幹細胞の解析にも用いられている[2]．

ゲノム解析

2011年にCold Spring Harbor研究所のWigler研究室のNic Navin（現MDアンダーソンがんセンター）らは乳がんの原発組織および肝転移巣からがん細胞を単離し，細胞ごとに全ゲノム増幅を行い，コピー数プロファイルから系統樹を作成した[3]．さらにゲノム増幅技術の改良によって比較的均一にゲノム全体を増幅することが可能となり，遺伝子変異解析を行った[4]．コピー数変異が早期に生じたのに対して，塩基変異は徐々に蓄積して腫瘍内のゲノム多様性をもたらすことを報告した．中国BGIのJun Wangらは，増幅効率の改良などを独自に行い，骨髄増殖性疾患症例の骨髄から採取した検体の1細胞エクソーム解析を行い，データが得られた58細胞はほぼモノクローナルだったと報告している[5]．一方，淡明細胞型腎細胞がん症例の腫瘍組織から1細胞エクソーム解析を行い，ゲノム変異の不均一性が予想以上に高いことを報告した[6]．

固形腫瘍では腫瘍塊が大きくなればサブクローン間での競合は限られ，多様性を調べるためにマルチプルサンプリングを必要とするのに対して，血液腫瘍ではサブクローンの出現，消失を末梢血でモニタリングできる．トロント大学のJohn Dickらのグループは急性骨髄性白血病（AML）患者の診断時，寛解時，再発時の末梢血中リンパ球のターゲットシークエンスを行い，DNMT3A変異がNPM1c変異に先行して生じていることを検出している[7]．同グループはさらに白血病幹細胞の再発への関与を解明するために，AML初回診断時，再発時検体のゲノム解析および移植実験を行うことによって治療抵抗性の細胞は診断時に存在している

こと，再発には2通りのパターンがあることを見出している．再発がいわゆる幹細胞・前駆細胞の特徴を有する白血病幹細胞に由来する症例と，stemness遺伝子発現シグネチャーを有する白血病細胞に由来する場合が認められている（図2）．今後のAML患者のマネジメントのうえでも有用であり，stemnessを標的とした再発防止が重要だと結論づけている[8]．

以上のように，同一症例からのマルチプルサンプリングや経時的に収集した検体のゲノム解析によって1細胞レベルの腫瘍内不均一性およびクローン進化の実態が明らかにされつつあり，細胞の系統学的解析が進められている[9]．しかしながら，これまでの手法の課題は，特定の細胞がどこに存在するかという空間的な情報が得られない点である．網羅的な解析ではないが，STAR-FISH（specific-to-allele PCR-FISH）という手法は塩基変異とコピー数異常を同時に検出できる[10]．HER2陽性乳がんにおいて未治療時にも多くの症例でPIK3CA変異陽性細胞が少数存在し，化学療法によって選択的に残存することを示し，ネオアジュバント化学療法において考慮すべきであると提唱した（図3）．

トランスクリプトーム解析

遺伝子発現プロファイルは個々の細胞の表現型であり，正常組織あるいは腫瘍組織を構成する細胞の同定，幹細胞あるいは前駆細胞から成熟した細胞への分化プロセスの解明に有効である．1細胞トランスクリプトーム解析技術に関しては，本書において多くの手法が紹介されているので，最近の総説論文[11]と合わせて参照されたい．

Mario Suvà（Massachusetts General Hospital）とAviv Regev（Broad研究所）らはグリオーマの腫瘍組織の1細胞解析を精力的に進めている．まず，悪性膠芽腫の組織からソーティングによって回収した個別の細胞からSMART-Seq法によって430細胞のトランスクリプトーム解析を行い，同一症例の腫瘍内に発現プロファイルの異なるサブグループが混在することを

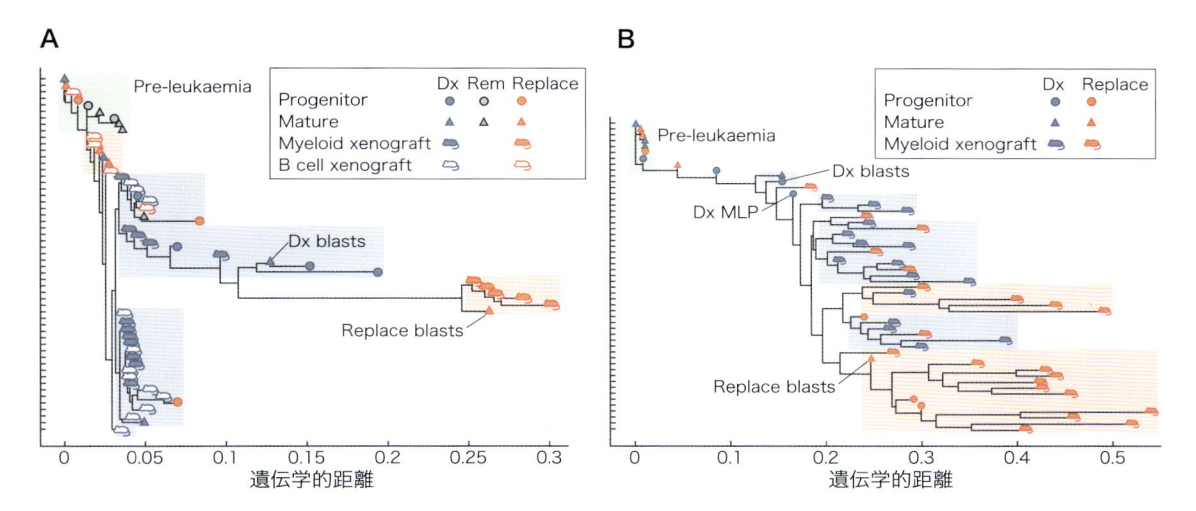

図2　急性骨髄性白血病再発における遺伝子変異の経時的観察

白血病発症前（緑），初発時（青）および再発時（赤）の遺伝子変異をデジタルPCRによって解析．**A)** 幹細胞・前駆細胞の特徴を有する白血病幹細胞に由来する症例．再発クローンの変異は初発クローンには検出されない．**B)** stemness遺伝子発現シグネチャーを有する白血病細胞に由来する症例．再発クローンの変異は非白血病の造血幹細胞に低頻度で検出される（文献8より引用）．

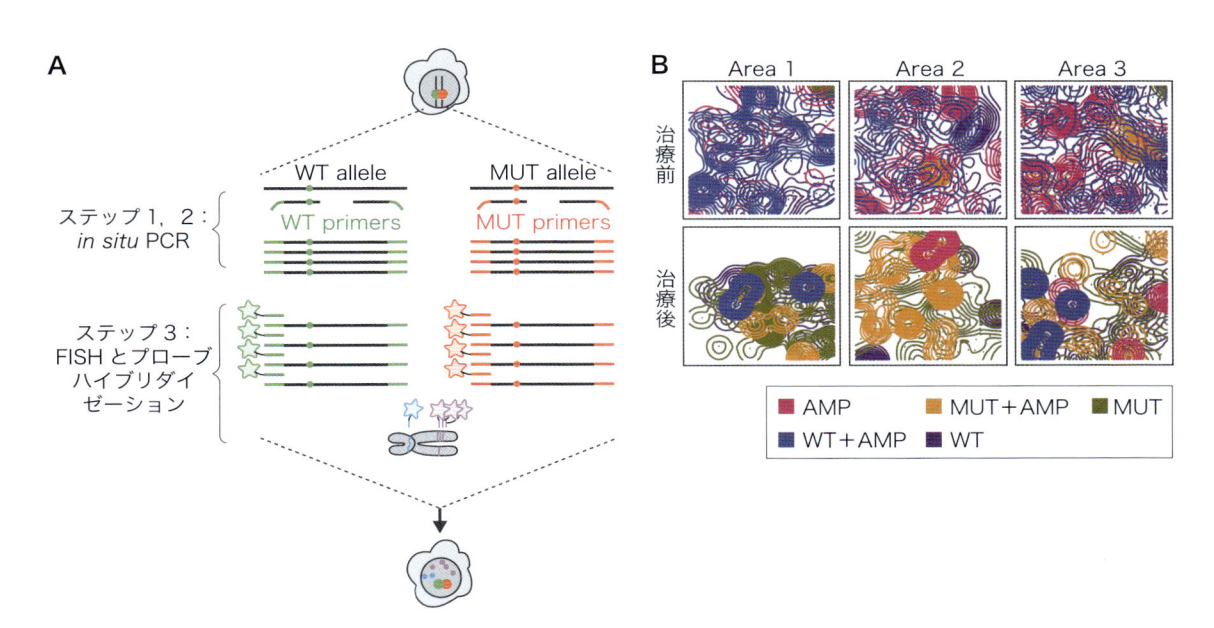

図3　STAR-FISH法による遺伝子増幅と変異の同時解析

A) STAR-FISH法の概要．**B)** 腫瘍内のトポロジー　治療後に *HER2* 増幅（AMP）と *PIK3CA* 変異（MUT）陽性の細胞が増加する（A，Bは文献10より引用）．

示し，既知の膠芽腫のサブタイプを特徴づける遺伝子の発現がみられた[12]．さらにグリオーマの悪性化と発生分化の経路およびエピゲノム機構との関係を解明するために，低悪性度グリオーマである*IDH*遺伝子変異陽性の乏突起膠腫（オリゴデンドログリオーマ）から4,347細胞の解析を行った[13]．大部分の腫瘍細胞はグリア細胞としてのプログラムに則って分化しているのに対して，少数のサブ集団は未分化で神経幹細胞の発現パターンを有していた．さらに*IDH*変異陽性の星状膠腫（アストロサイトーマ）10症例からの9,879細胞を解析し，両者の腫瘍は3つのサブ集団（アストロサイトとオリゴデンドロサイトの系譜に従い分化した非増殖性の腫瘍細胞と未分化の神経幹細胞腫瘍幹細胞）からなる分化ヒエラルキーを共有していると考えられた．一方，星状膠腫では微小環境を構築する細胞としてミクログリアに対してマクロファージが優位であり，

高悪性度の腫瘍では未分化細胞の割合が増加していた（図4）[14]．

前述の論文ではセルソーターにより1細胞をウェルに分取し，cDNA合成からシークエンスライブラリ作製を行っているが，1万を超える細胞の解析を行うためには反応試薬およびシークエンス試薬の高コストが課題である．マイクロ流路を用いた1細胞分取システムとしてC1システム（フリューダイム社）が提供され，1細胞解析の普及に貢献した．なお，流体回路内で細胞を捕捉するため，目的とする細胞のサイズによって捕捉効率が影響される．最近ではdropletを用いて1細胞ごとにcDNA合成を行うことで数千〜数十万細胞のトランスクリプトーム[15]を実施した報告も相次いでいる[16]．同一細胞のゲノムおよびトランスクリプトーム解析法も報告されている[17]．さらにJay Shendureら〔Washington大学（UW）〕は，dropletや流

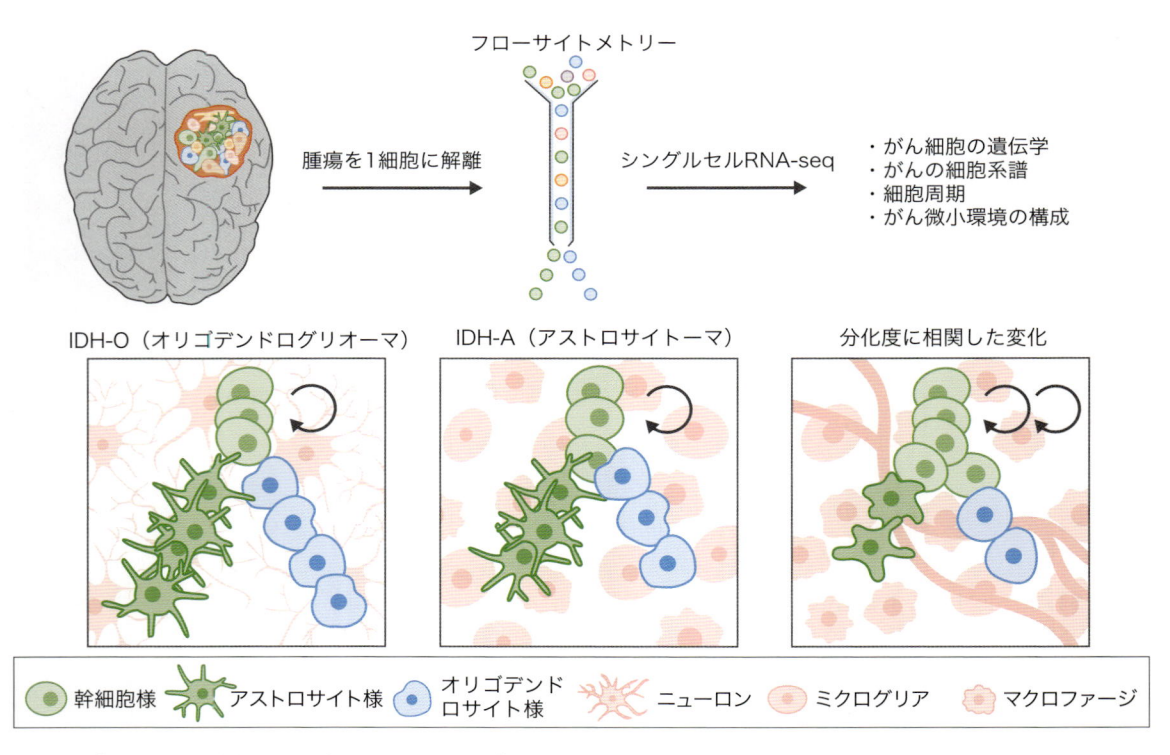

図4　グリオーマ腫瘍の1細胞トランスクリプトーム
IDH変異陽性グリオーマはオリゴデンドログリオーマあるいはアストロサイトーマ様のクローンおよび未分化性の高いクローンから構成されている（文献14より引用）．

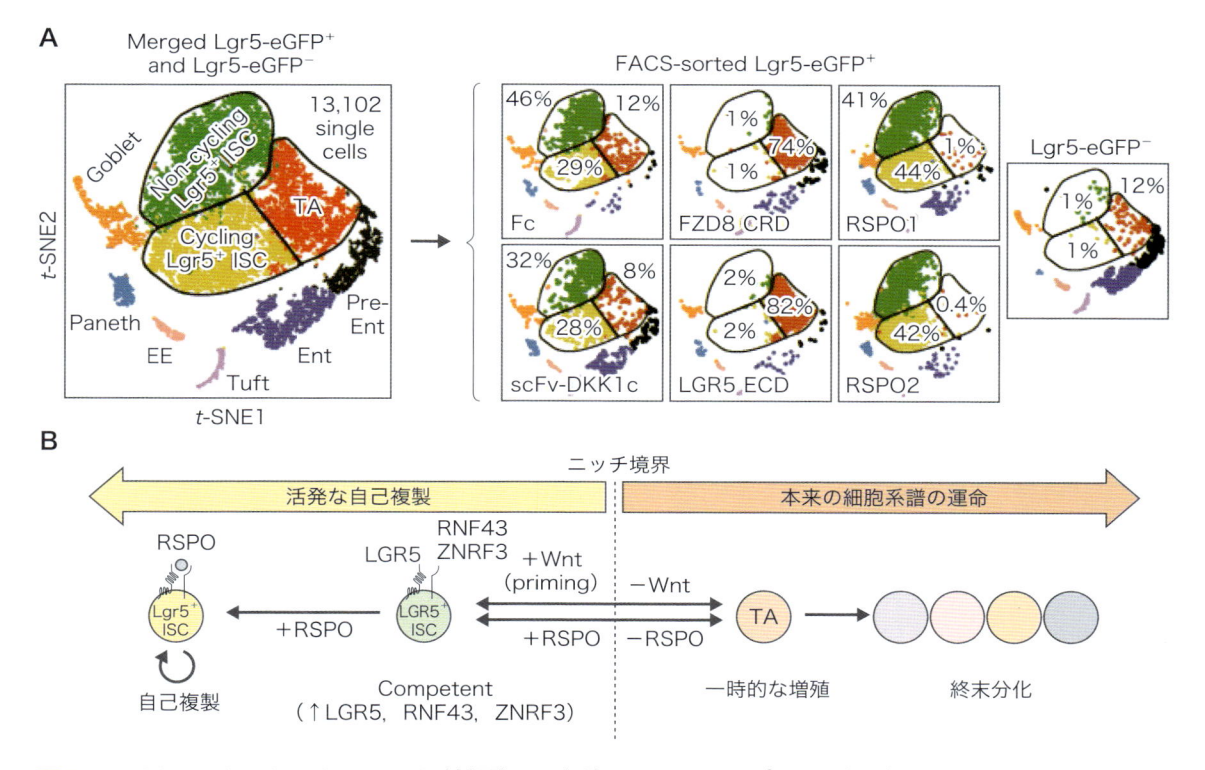

図5　FACSソートしたマウスLgr5陽性細胞の1細胞トランスクリプトーム解析

A) 11,177のLgr5-eGFP陽性細胞と1,925の陰性組胞から構成される13,102細胞のt-SNE解析．前者はcycling, non-cycling, transit amplifying（TA）の3つのクラスターに分かれ，刺激条件によって構成割合が変動する．EE：enteroendocrine, Ent：enterocyte, pre-ent：pre-enterocyte. **B)** 提唱されたモデル．WntおよびRSPOのサプライがないと自己複製せずに最終分化する（A，Bは文献20より引用）．

体回路を用いずに細胞あるいは核ごとにバーコードインデックスを付加する手法を開発している[18]．

　組織幹細胞の研究においてはその数がきわめて少ないことから，1細胞解析が有用である．Quake研究室（Stanford大学）のDalerba（現Columbia大学）らはヒト大腸粘膜および腺腫，ゼノグラフト組織のシングルセル発現解析を定量的RT-PCRで行った．腫瘍組織内の細胞にはLGR5陽性細胞をはじめ発現多様性があり，1細胞から形成された腫瘍がオリジナルの腫瘍の多様性を反映することを示した[19]．

　最近ではCalvin Kuo（Stanford大学）らはLgr5陽性の腸管幹細胞（ISC）に対するWntおよびR-spondin（RSPO）の影響についてシングルセル解析を行ってい

る（図5）[20]．RSPOリガンドとWntリガンド両方の存在が未分化性に維持に重要である．すなわち，Wntタンパク質のみではLgr5[+] ISCの自己複製を誘導できないが，RSPO受容体の発現を維持することにより基本的な自己複製能をもたらし，RSPOリガンドが幹細胞の増殖を活発に誘導し，その広がりの程度を決定する（図5）．

　前述のゲノム変異解析と同様に空間的情報がきわめて重要であるのでsingle molecule-FISH[21] およびその改良法としてSeqFISH[22] やMERFISH（multiplexed error-robust FISH）[23] が報告されている．またFISSEQ法は*in situ* シークエンス解析の手法であり，George Church研究室で開発された[24]．さらに生きた

細胞でのRNAイメージングを可能とするプローブとして TIVA (transcriptome *in vivo* analysis) –tagがつくられている[25]。大概の手法は細胞培養が主体であるので組織検体での解析法の開発が期待される。

エピゲノム解析

前述したがん細胞間の遺伝子発現の多様性，ひいては細胞の表現型の可塑性を制御するメカニズムとしてエピジェネティクスが重要な役割を担っている[26]。解析技術の難易度が高いことから，現時点では解析法の開発が主体である。例えば，DNAメチル化解析においてはメチル化シトシンを識別するためにメチル化されていないシトシンをウラシルに転換するbisulfite処理が広く用いられているが，DNAを分解することから1細胞の解析には不向きと考えられていた。メチル化感受性の制限酵素を用いるRRBS法を1細胞解析用に改良した手法[27]も報告されているが，制限酵素部位に依存した情報に限定される。九州大学の伊藤らが開発したPBAT法はアダプター付加をbisulfite処理後に行うことで少量のDNAからの解析を可能としており[28]，さらに1細胞レベルの解析を可能とすべく開発が続けられている（**プロトコール編–15**）。

近年，多数の細胞種ごとに大規模なエピゲノム標識データが得られたことにより，遠位エンハンサーによる転写制御やクロマチンドメインなどクロマチン制御とがんに関する理解が飛躍的に進んでいる。オープンクロマチン領域を検出する手法としては従来DNase 1感受性解析やFAIRE解析が用いられてきたが，微量検体の解析には不向きであった。Greenleaf（Stanford大学）により開発されたATAC–seq法[29]はトランスポゼースTn5を用いて切断部位にアダプターを付加する方法で現在広く使われている。さらに1細胞解析用に改良が進められ，流体回路チップでの反応プロトコールも提供されている[30]。同グループはK562細胞のscATAC–seq解析を行い，GATAモチーフへのaccessibilityに多様性があることを見出し，CD24高発現細胞では転写因子GATA2発現が高く，GATA結合部位へのアクセスが亢進していることが明らかとなった[31]。同グループはHoward Changらとともにトランスポゼースを細胞イメージングに応用するATAC–see法を開発している[32]。NOMe–seqと組合わせてDNAメチル化とクロマチン解析を同時に行う手法も提案されている[33]。

Jay Shendureらも1細胞レベルでATAC–seq[34]やHi–C[35]を行う手法を開発している。前者はdropletや流体回路を用いずに2段階でバーコードを導入することによって細胞ごとに固有のバーコードを付加することができる。クロマチンaccessibilityを測定した4,118細胞のデータからGM12878細胞にサブ集団を同定し，NF–κB活性の違いに起因すると考えられた。

おわりに

1細胞解析の重要性はがん研究分野のみならず，医学生物学分野でも急速に認められつつあり，解析技術の進歩は日進月歩である。末梢血中に存在する循環がん細胞を高効率に回収する技術も進んでおり，遺伝子変異や融合遺伝子検出への利用が期待されている[36][37]。シングルオミクスではなく複数のオミクス情報を収集するような技術開発が加速されることを期待するとともに[38]，蓄積される1細胞からのマルチオミクス情報を処理する情報基盤[39]の構築を準備することが肝要である。

◆ 文献
1）Prakadan SM, et al：Nat Rev Genet, 18：345–361, 2017
2）Tsoucas D & Yuan GC：Curr Opin Genet Dev, 42：22–32, 2017
3）Navin N, et al：Nature, 472：90–94, 2011
4）Wang Y, et al：Nature, 512：155–160, 2014
5）Xu X, et al：Cell, 148：886–895, 2012
6）Hou Y, et al：Cell, 148：873–885, 2012
7）Shlush LI, et al：Nature, 506：328–333, 2014
8）Shlush LI, et al：Nature, 547：104–108, 2017
9）Schwartz R & Schäffer AA：Nat Rev Genet, 18：213–229, 2017

10) Janiszewska M, et al : Nat Genet, 47 : 1212–1219, 2015

11) Ziegenhain C, et al : Mol Cell, 65 : 631–643.e4, 2017

12) Patel AP, et al : Science, 344 : 1396–1401, 2014

13) Tirosh I, et al : Nature, 539 : 309–313, 2016

14) Venteicher AS, et al : Science, 355 : , 2017

15) Macosko EZ, et al : Cell, 161 : 1202–1214, 2015

16) Zheng GX, et al : Nat Commun, 8 : 14049, 2017

17) Macaulay IC, et al : Nat Methods, 12 : 519–522, 2015

18) Cao J, et al : bioRxiv, 104844, 2017

19) Dalerba P, et al : Nat Biotechnol, 29 : 1120–1127, 2011

20) Yan KS, et al : Nature, 545 : 238–242, 2017

21) Raj A, et al : Nat Methods, 5 : 877–879, 2008

22) Lubeck E, et al : Nat Methods, 11 : 360–361, 2014

23) Chen KH, et al : Science, 348 : aaa6090, 2015

24) Lee JH, et al : Science, 343 : 1360–1363, 2014

25) Lovatt D, et al : Nat Methods, 11 : 190–196, 2014

26) Easwaran H, et al : Mol Cell, 54 : 716–727, 2014

27) Guo H, et al : Genome Res, 23 : 2126–2135, 2013

28) Miura F, et al : Nucleic Acids Res, 40 : e136, 2012

29) Buenrostro JD, et al : Nat Methods, 10 : 1213–1218, 2013

30) Buenrostro JD, et al : Nature, 523 : 486–490, 2015

31) Litzenburger UM, et al : Genome Biol, 18 : 15, 2017

32) Chen X, et al : Nat Methods, 13 : 1013–1020, 2016

33) Pott S : Elife, 6 : e23203, 2017

34) Christiansen L, et al : Methods Mol Biol, 1551 : 207–221, 2017

35) Ramani V, et al : Nat Methods, 14 : 263–266, 2017

36) Miyamoto DT, et al : Science, 349 : 1351–1356, 2015

37) Kalinich M, et al : Proc Natl Acad Sci U S A, 114 : 1123–1128, 2017

38) Macaulay IC, et al : Trends Genet, 33 : 155–168, 2017

39) Wagner A, et al : Nat Biotechnol, 34 : 1145–1160, 2016

3 免疫研究とシングルセル解析
1細胞粒度の細胞社会学

小原　收

　免疫システムは，多種類の血球細胞が協同して「自己と非自己の識別」という高次機能を司っている．この高次機能は，免疫システムを構成する血球細胞の体内動態とそれらの相互作用によって営まれているため，免疫研究は細胞社会学としての視点を色濃く持ちながら発展を続けてきた．近年のシングルセル解析の進展は，こうした免疫システムの細胞集団の機能状態を1細胞粒度の情報として記述することを可能とし，それに立脚した新しい細胞社会像へとわれわれを誘っている．

■ はじめに

　免疫システムは，「自己と非自己を区別する」という哲学的ですらある機能を果たす，きわめて「生き物」らしい高次の生体機能を司っている．この免疫システムの恒常性が破綻すると，「自己」を「非自己」と見誤って攻撃したり，その逆に「非自己」の侵入を見逃したりすることによって疾患状態がもたらされる．そのために，免疫システムの恒常性維持機構は，今もなお重要な医科学研究のテーマでもあり続けている．20世紀の半ばに生まれた分子生物学との融合により，この免疫システム機能の維持にかかわる部品＝分子の研究はわれわれに膨大な量の情報をもたらしてくれている．それでもなお，免疫・アレルギー疾患の多くが難治性であるのはなぜだろうか？ それは免疫・アレルギー疾患の多くが免疫システムの恒常性の破綻に起因するものであり，われわれが低分子医薬品によって直接対応できる分子レベルの階層よりもはるかに高次の多細胞システムの階層での機能正常化が必要とされているように筆者には思える．換言すれば，今後の免疫・アレルギー疾患の本質的な制御への挑戦には，この免疫システムの内包する多階層性を理解することが避け

られない課題のように思える．

　では，生体システムの多階層性とは何だろうか？ それは，図1に示すようなそれぞれの現象を支配している物理的なスケールを認識するところからはじまる．それぞれの階層には，それぞれの階層を規定する時間スケールと空間スケールがあり，その階層で生み出される機能を司るルールも異なっていることがほとんどである．われわれはこの70年間にわたって大きな成功を収めてきたように見える分子生物学にすべての階層の現象を還元しようとしがちであるが，分子の配列情報から機能情報が発現するというセントラルドグマが指し示す因果関係だけに目を奪われてしまっては，生体システムの多階層性に潜む問題の本質を見誤ってしまうだろう．つまり，それぞれの単一免疫細胞の視点から，それらが集合して構成されている免疫細胞社会のシステム動作原理を考える階層間をつなぐアプローチが必要とされている．これまでは多種類の血球細胞によって維持されている免疫システムの解析は，計測技術の限界のために，多数の細胞の平均値として細胞の挙動を語るしかなかった．しかし，本書で特集されているシングルセル解析の実現は，1細胞粒度で免疫細胞社会を捉え直す機会をわれわれに与えてくれてい

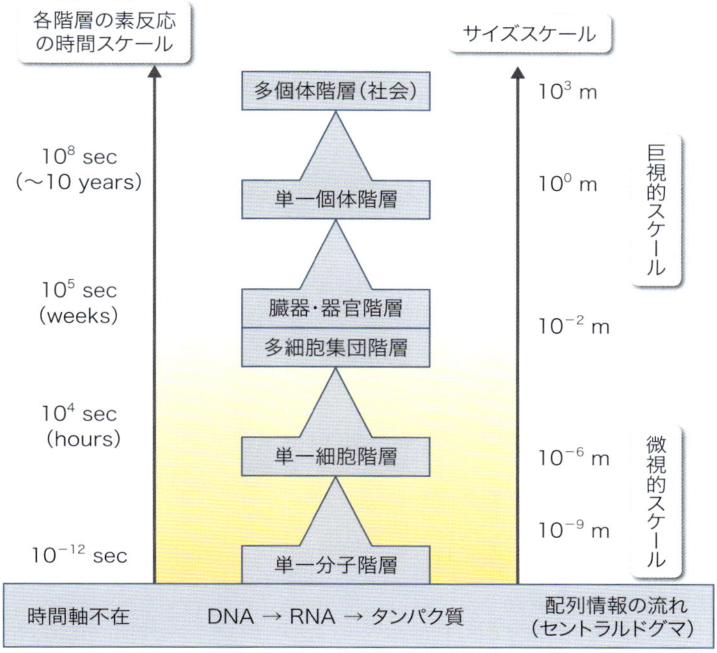

図1　生体システムの多階層性とその入れ子構造

私たちが巨視的に観察する生体システムは，物理的なスケールの階層が入れ子構造をとる多階層システムである．分子生物学はこの最底辺にある分子階層の基本原理をセントラルドグマとして規定し，それによって多くの現象を明らかにしてきた．一方，近年のイメージング技術などのハイコンテンツな巨視的階層の計測系は，逆に上位階層から下位の分子階層に向けての計測データを蓄積してきている．本稿で取り上げているシングルセル解析は，この両者のアプローチが出会う階層としての臓器・器官階層/多細胞集団階層における主要な計測方法である．

るのである．本稿では，こうしたシングルセル解析の技術革新をどのように免疫研究に活かすかについての現状と可能性を考えてみたい．

■ 免疫システムを司る細胞社会：スナップショットと時系列計測

本書でとりあげられているように，昨今のシングルセル解析の熱気は，その多くを次世代シークエンサーの出現による網羅的な遺伝子解析の実現によっている[1]．しかし，免疫学研究者は，もっと以前から1細胞生物学の洗礼を受けている事実を思い出していただきたい．それは，フローサイトメトリー技術である．細胞の表面抗原を特異的な抗体で染色することで，それぞれの細胞を1細胞粒度で識別することが可能となったのが1970年代である．こうした細胞生物学的な技術革新で1細胞粒度の細胞識別が可能になったおかげで，免疫研究者は細胞表面分子の発現パターンにより個々の免疫細胞の多様性と機能の関係を知ることから，免疫細胞社会を理解する論理を構築することができたのである．しかし，このような細胞生物学的なアプローチが1細胞粒度で進んできたにもかかわらず，技術的な限界から分子生物学的なアプローチは多数の細胞の平均値の議論から抜け出せずにいたのである（図2）．なので，免疫研究者にとっては，この両者のギャップがようやく次世代シークエンサーの出現によって解消されたことを意味している．その結果，免疫研究者にとっ

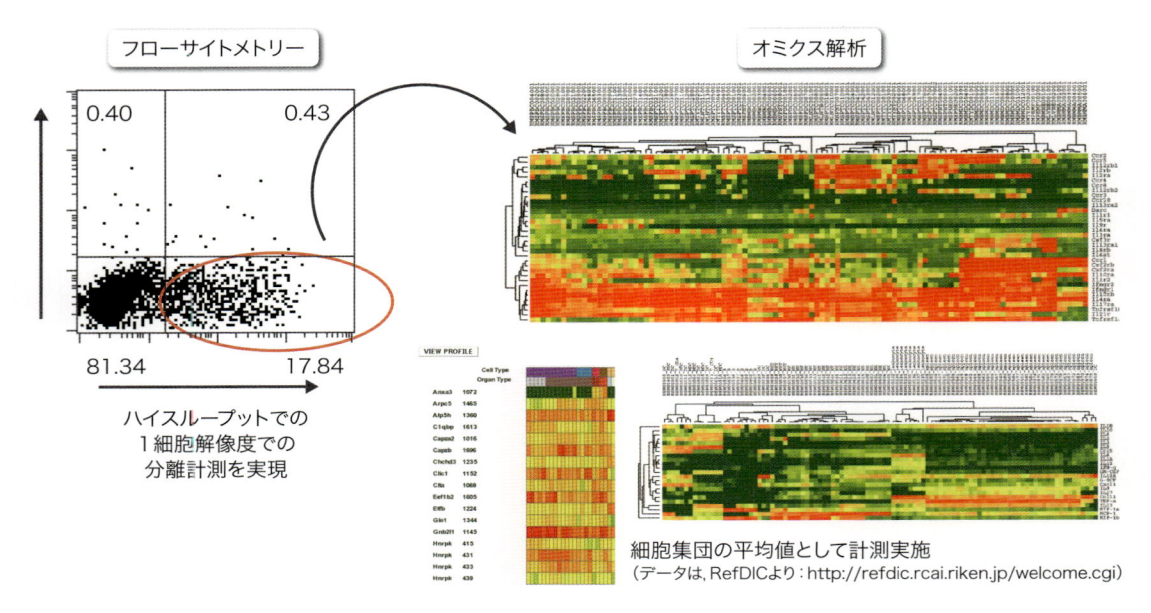

フローサイトメトリー　　　　　　　　オミクス解析

0.40　　　　0.43

81.34　　　　17.84

ハイスループットでの
1細胞解像度での
分離計測を実現

VIEW PROFILE

細胞集団の平均値として計測実施
（データは，RefDICより：http://refdic.rcai.riken.jp/welcome.cgi）

図2　これまでのオミクス解析の限界

フローサイトメトリーによって1細胞解像度での細胞状態のハイスループット計測が可能にはなっていたものの，これまで
のさまざまなオミクス計測では検出感度などの技術的制約により，「細胞集団の平均値」としてしかプロファイルデータを
得ることができなかった．

ては周知の事実であった免疫系を構成する細胞集団の
不均一性は，以前よりもはるかに高い定量性と定性性
をもって記述できるようになった．例えば，本書の別
項で述べられているように（**プロトコール編－その他
のシングルセル解析**），獲得免疫に関係する TCR/BCR
レパトア解析が1細胞粒度で実現できるようになった
ことは，獲得免疫系の分子機能と細胞機能の間の
ギャップを埋める画期的な成果である[2]．また，これ
は免疫系の細胞に限ったことではないが，それぞれの
細胞の遺伝子発現の詳細，例えば遺伝子発現されてい
るアレルバイアスの計測などは，これまで連続したプ
ロセスとして近似していた転写翻訳過程が必ずしも連
続しておらず，ゲノムの両アレルも1細胞のスナップ
ショットを見れば不均等に利用されているケースがメ
インであることまでもが明らかになってきている[3)4]．
こうした事実は，1細胞からの多数の遺伝子の mRNA
量を計測できるからこそ明らかにできた事実であり，
これまで仮定でしかなかった事象が1細胞レベルでみ

たらむしろルールだと実証された多くの例の1つであ
る[5) 6]．さらに，免疫システムのシングルセル mRNA
プロファイリングでは，これまで知られていなかった
免疫細胞集団のなかの少数細胞から構成されるサブグ
ループの存在が次々に報告されており，そのデータベー
ス化の作業も進んでいる[7]．

しかし，こうした細胞集団の1細胞粒度の遺伝子発
現プロファイルのようなスナップショット情報の意味
は，注意深く解釈しなければならない．図3にシング
ルセル解析が明らかにする情報を2種類に大別してい
るが，ある瞬間の細胞集団の細胞状態をポピュレーショ
ンとして捉えるスナップショット情報とそれぞれの単
一細胞の時間軸に沿った状態変化を多細胞にわたって
追跡する時系列情報では，われわれがデータから描け
る細胞集団像は大きく異なる．スナップショットであ
るシングルセル RNA プロファイリングなどでは，細胞
は計測時に破壊してしまうので，個々の細胞の RNA プ
ロファイルの時間変化を追うことはできない．そのか

細胞集団の不均一性（定常状態）

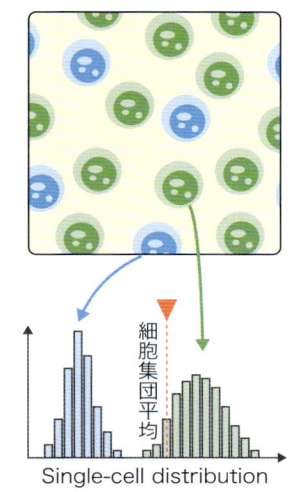

細胞集団平均

Single-cell distribution

細胞集内のサブポピュレーションの
検出と細胞集団における状態のゆらぎの検出

細胞応答の不均一性（状態遷移の不均一性）

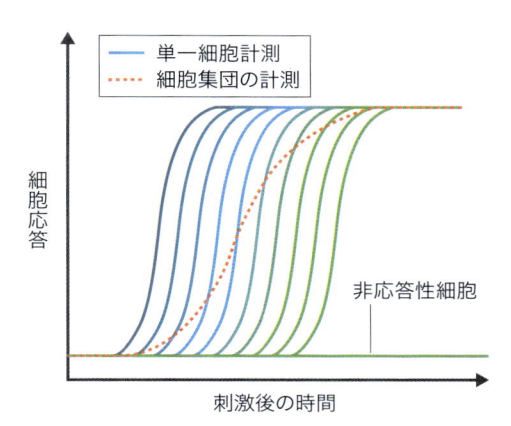

細胞状態のゆらぎと
刺激に対する時間応答性の違う
サブポピュレーションの検出

図3　シングルセル解析が明らかにすること

細胞集団の定常状態においては，スナップショット計測で細胞集団の不均一性と細胞状態のゆらぎの状態を定量的に計測できる．この定常状態の時間軸に沿った計測を行えば，それぞれのサブポピュレーションの遷移状態などの動的安定性の情報も得ることができる．細胞応答の不均一性は刺激前後のスナップショットからも検出できるが，多数の1細胞の時間軸に沿った計測が可能になればより詳細な細胞集団の1細胞粒度の刺激応答の動的挙動を知ることができる．

わり，スナップショットは多数の細胞に関して，より網羅性高く生体分子の量的プロファイルを追跡できる．この両者の特徴を適切に使い分けながら細胞社会の動的挙動をモニターしていく必要がある．

では，1細胞粒度で時間軸に沿った観察によって細胞集団の状況を計測できるようになれば，1細胞が時間経過のなかでとりうる状態のレパトアとスナップショットでみられる細胞集団の状態との間にはどのような関係が見えてくるだろうか？例えば，理想気体分子はボルツマン分布という指数関数に従ったすそ野の広いエネルギー分布をもっているが，その事実はそれぞれの気体分子が本質的に異なる性質をもっていることを意味しない．なぜなら，この場合は一定のエネルギー状態がきわめて短時間しか維持されず，分子階層の素過程にとって十分に長い時間をとれば，すべての分子の時間平均エネルギーは分子のポピュレーション

平均にほぼ近似されるからである．では，免疫細胞集団においては，細胞状態のポピュレーション平均と時間平均の間の関係はどうなっているのであろうか？そこで，われわれの研究グループはこうした免疫細胞の細胞状態の時系列動態を計測するために，次の項目で詳述するように細胞からのサイトカイン分泌を指標として，サイトカインの分泌開始点と分泌状態の持続時間を測定する系を開発した[8) 9)]．この系を用いた結果は，われわれが行う試験管内の細胞の実験の時間スケールにおいて（数時間から数日），細胞の状態の時間平均はポピュレーション平均では近似できない可能性を示唆していた[8)]．こうした1細胞粒度でみられる細胞集団の不均一性が，少数の細胞が惹起する免疫応答反応の偶発性の由来なのかもしれない．

外界からの摂動への細胞応答の不均一性と協同性

ここまで，細胞集団全体として仮想的に均一と考えられてきた定常状態の細胞集団に隠されていた不均一性をシングルセル解析が明らかにするしくみについて述べた．しかし，より生物学的に興味深いのは，絶え間なく外界からの異物の侵入にさらされているわれわれの免疫系がどのように恒常性を維持しているかである．つまり，外界からの免疫システムの摂動への応答が1細胞レベルでどのようになされているかを知りたいと考えた．そのために，非標識に細胞の状態の時間変化を実時間計測する系として，1細胞分泌タンパク質計測系をわれわれは構築した[9][10]．この計測系では非標識での高時間分解能でのタンパク質分泌計測を最優先でデザインしたが，目的に応じて細胞内シグナル伝達をモニターするセンターを導入した細胞などを使うことで，よりハイコンテンツの実時間シングルセル解析をタンパク質レベルで多数の細胞（$10^2 \sim 10^3$細胞）に対して実施可能である[9][10]．この系を用いて，われわれはヒト単球をリポポリサッカライド（LPS）で刺激したときの応答反応を計測してみた[9]．その結果，単球のLPS刺激は炎症性サイトカインのIL-1β分泌を誘導することがよく知られていたが，1細胞粒度で刺激後の応答を眺めると，同一ドナーから同一時期に調製した単球のなかのごくわずかだけしかIL-1β分泌をせず，細胞膜が破壊されてからはじめてIL-1βが細胞外に放出されていることを見出した[9]．われわれは同様な外界からの刺激による炎症性サイトカイン分泌をさまざまな免疫細胞で測定してきているが，すべての細胞が一斉にサイトカイン応答するようなケースは見たことがない．つまり，これまで均質だと思われていた外界刺激に対する応答反応も細胞集団で不均一なのが免疫システムの一般的なルールのように思われる．今のところ，われわれの1細胞からの分泌測定は細胞間の液性因子によるコミュニケーションを遮断したところで行っている．しかし，免疫システムの機能発現の基本である細胞間の相互作用を1細胞粒度で計測す

ることは，必ず実現しなければならない課題である．こうした液性因子による細胞間コミュニケーションの下で，本来高い偶発性で起きている個々の細胞応答反応がどのように制御されてロバストなシステム挙動をもたらしているのかはたいへんに興味深い問題である．なぜなら，このしくみこそが免疫細胞社会の階層でのシステム挙動を理解するための鍵を握っているからである．

おわりに：今後の期待

本書で特集されているように，1細胞レベルで網羅的な分子プロファイル計測や分子構造決定が可能となったことは計測技術の観点からは大きなブレークスルーではある．しかし，その流れを生物学的な観点から考えれば，これまで欠落していた階層のデータをようやく取得できるようになったという多階層生物学のはじめの一歩でしかない．あるいは，これで分子階層からより高次の生体システム動態を連結するための準備がようやく整ったということもできるかもしれない．細胞生物学の研究者は，自らが計測している遺伝子発現プロファイルがクローン化された細胞株であったとしても，細胞集団の平均値としての仮想的な細胞のものでしかないことを以前から認識していた[11]．このギャップを埋めるためにも，どうしてもシングルセル解析が必要だと筆者も10年前から主張していたが，それが実現となったのは大きな進歩である[12]．こうしたシングルセル解析に依拠した多階層オミクス解析の取り組みは本書の発展編で谷口によって総説されているが，免疫学だけに留まらず，現在の分子生物学が次の新しいパラダイムに移行すべき時の訪れを告げているようにも見えてくる．こうした分子細胞生物学の革新を担う中核技術として，シングルセル計測技術とそのデータを統合的に取り扱うための数理的な基盤は今後も発展を続けるであろう．それが生体システムの多階層性を踏まえた新たな生体システム制御法の創出につながっていくことを期待したい．

近年，生体システムの複雑性と個別性の理解が将来の医科学研究にも重要なことが議論されている．桜田は，この問題をクローズドシステムとオープンシステムの対比として論点を整理し，今後の展開の1つの方向性を指し示した[13]．筆者には，この問題が生物物理学の主題の1つである「生きものはどの階層で積み木細工を超えるか？」という問いかけと同根の問題を内包しているように思えてならない[14]．閉鎖系の分子階層の論理には確固たる因果関係が一見存在しており，大沢の言う「生き物」らしさは感じられないように見える．しかし，そうした分子階層にすら入出力の関係が1対1対応しない現象が存在することを示してきたのが，わが国が世界をリードしてきた1分子生物学の教えるところである[15]．では，われわれの視野に新しく入ってきたシングルセル解析はわれわれにどのような生体システムのダイナミクスと「生きものらしい」挙動を見せてくれるのだろうか？シングルセル解析が細胞集団の不均一性を記述するだけの段階は終わりを迎え，今後はその不均一性が免疫システムの恒常性にどう貢献しているかを教えてくれるに違いない．その時，シングルセル解析は免疫系の細胞社会階層を支配するどのような未知の原理を明らかにしてくれるだろうか？夢と期待が広がるばかりである．

◆ 文献

1) Neu KE, et al：Trends Immunol, 38：140–149, 2017
2) Friedensohn S, et al：Trends Biotechnol, 35：203–214, 2017
3) Suter DM, et al：Science, 332：472–474, 2011
4) Li GW & Xie XS：Nature, 475：308–315, 2011
5) Deng Q, et al：Science, 343：193–196, 2014
6) Jiang Y, et al：Genome Biol, 18：74, 2017
7) Ner-Gaon H, et al：J Immunol, 198：3375–3379, 2017
8) Shirasaki Y, et al：IUBMB Life, 65：28–34, 2013
9) Shirasaki Y, et al：Sci Rep, 4：4736, 2014
10) Liu T, et al：Cell Rep, 8：974–982, 2014
11) Levsky JM & Singer RH：Trends Cell Biol, 13：4–6, 2003
12) Ohara O：FEBS Lett, 583：1662–1667, 2009
13) 桜田一洋：実験医学，35：2–14, 2017
14) 『「生きものらしさ」をもとめて』（大沢文夫/著），藤原書店，2017
15) Yanagida T & Ishii Y：Proc Jpn Acad Ser B Phys Biol Sci, 93：51–63, 2017

4 幹細胞・発生研究と シングルセル解析

渡辺　亮

　われわれの体は1個の受精卵から発生し，数百種類以上の細胞へと分化する．自律的で多岐多様にわたる細胞分化はエピジェネティック制御により精密に行われている．この細胞運命の決定機構は発生期における系列追跡（lineage tracing）などで研究されてきたが，培養が可能な多能性幹細胞の登場によってより高速かつ詳細に調べることが可能となった．シングルセル遺伝子発現解析をこれらの実験系に適用することで細胞分化の階層性と多様性を明らかにした最近の研究を紹介する．

はじめに

　分化多能性※1をもつ胚盤胞（blastocyst）の細胞が体細胞へ分化する過程は，まず原腸陥入時に三胚葉へ分化し，さらに各々の胚葉に対応した細胞へと分化する過程からなる．多段階，そして多岐にわたる細胞分化は，ワディントンのランドスケープとよばれる複雑な地形を山の頂上部から重力に従って転がる玉で表現される（図1A）[1]．このような細胞分化の可塑性は後天的な遺伝子発現制御の変化であるヒストン修飾やDNAメチル化といったエピジェネティクス機構が規定している．細胞の分化状態は表面抗原や転写因子をはじめとするマーカー遺伝子の発現で分類されてきたが，分化の遷移過程にある細胞の転写状態を調べることが困難であった．すなわち，分化マーカーを用いた従来からの細胞の分化状態の定義では個体または臓器の発生を理解することが難しく，多様な分化状態を描写できるアプローチが求められてきた．近年のシングルセル遺伝子発現解析に数千の転写産物を定量的に検出で

きることから，個々の細胞に対して取得される遺伝子発現プロファイルからその細胞の機能が推定できる．本稿では，シングルセル遺伝子発現解析によって明らかにされた細胞分化の階層性や細胞の分化状態の多様性について概説する．

初期胚発生における 動的遺伝子発現プログラム

　哺乳類の個体の発生は，全能性※2をもつ桑実胚（morula）から栄養外胚葉（trophectoderm）または多能性をもった胚盤胞を経て，体細胞へ分化する[2]．初期発生における遺伝子発現プログラムの全体像は，入手できる細胞数が限られているために，長い間解析されてこなかったが，シングルセル遺伝子発現解析の登場で急速に解析が進んだ[3]〜[5]．従来から行われてきたRNA–FISH（RNA–fluorescence in situ hybridization）によるアレルごとの発現解析では雌性前核およ

※1　**多能性**（pluripotency）
個体を構成するすべての細胞に分化できる能力．胎盤などの胚体外組織への分化はできない．

※2　**全能性**（totipotency）
個体を構成するすべての細胞に加え，胚体外組織への分化ができる能力．

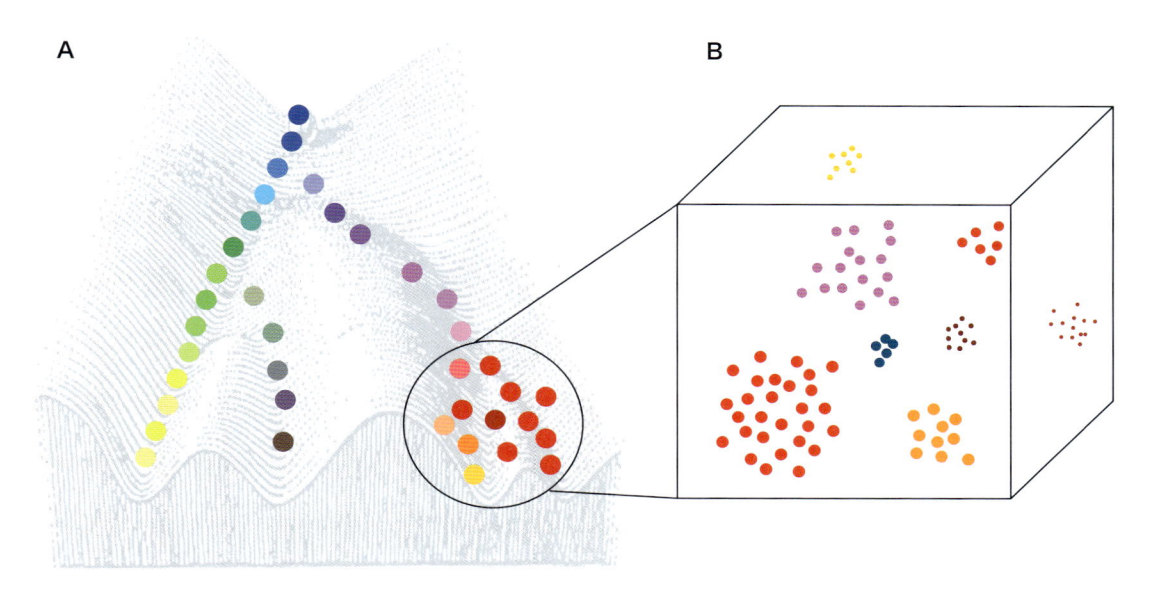

図　エピジェネティックランドスケープにおける細胞運命決定を明らかにするシングルセル解析

A）細胞分化の各段階の転写状態を明らかにすることで，細胞の分化度を規定し，細胞分化の分岐点を決定できる．**B）**多数の分化細胞の転写状態で細胞を分類することができる．

び雄性前核の見分けが可能な接合子では可能であったが，2細胞期以降の細胞には適用が難しかった．シングルセル遺伝子発現解析では，雌雄を見分ける一塩基多型（single nucleotide polymorphism：SNP）が遺伝子上に存在すれば，どのような細胞でもアレル別遺伝子発現解析が可能である[4]．さらにリードカウントに基づいたシングルセル遺伝子発現解析ではRNA-FISHに比べて定量性が高いことも特徴である．Dengらは遺伝的に距離の離れた系統の異なるマウスの交配で得た受精直後の接合子から2細胞期，4細胞期，8細胞期，16細胞期の卵割期，そして胚盤胞のシングルセル遺伝子発現解析を行った[6]．そして，雌雄の親マウスで異なるSNPの情報を用いて，発現されている遺伝子がいずれのアレルから転写されているかを解析した．その結果，接合子では母性アレルからのみの転写であり，2細胞期で多くの遺伝子が両アレルからの発現に切り替わっていた．4細胞期以降も10％程度の遺伝子は母性アレル特異的な発現を示していた．一方で，父性アレル特異的に発現する遺伝子の数は4細胞期から

増えはじめ，16細胞期に母性アレル特異的な遺伝子の数と同レベルの数で定常状態となっていた．

シングルセル遺伝子発現解析は，初期胚発生時に起こるX染色体不活性化[※3]の観察にも有用である．不活性化を受けるX染色体の選択は父性か母性のいずれかでランダムで起こることから，不活性化されるアレルは個々の細胞で異なる．細胞AがX性のX染色体のみから転写（母性アレルがX染色体不活性化）され，細胞Bでは母性のX染色体のみから転写（父性アレルがX染色体不活性化）されている場合，細胞集団を対象とした遺伝子発現解析では，細胞Aと細胞Bの平均，すなわち，父性と母性の両方のX染色体から転写が行われているような観察結果となる．そのため，シングルセルレベルでアレル別の遺伝子発現量を調べる必要がある．実際，マウスの初期発生におけるシングルセ

※3　X染色体不活性化（X chromosome inactivation）
哺乳類の雌がもつ2本のX染色体について，片方のX染色体ををDNAメチル化やクロマチン凝集などで不活性化することで，1本のX染色体しかもたない雄との遺伝子発現量の補償を行うこと．

ル遺伝子発現解析では，4細胞期では母性と父性のX染色体が同レベルで転写活性化されている一方で，16細胞期に移行する過程で父性のX染色体が転写抑制されていることが示された[6]．X染色体不活性化を担うノンコーディングRNAであるXistも父性アレルから転写されていたことより，これまでX染色体不活性化を受けるアレルは父性と母性で同じレベルと考えられてきたが，父性アレルが優先してX染色体不活性化を受けていることを示唆している[6][7]．

胚性幹細胞（embryonic stem cell：ESC）や人工多能性幹細胞（induced pluripotent stem cell：iPSC）といった培養可能な多能性幹細胞を用いた初期発生の研究もさかんに行われている．京都大学の中村らはカニクイザルの着床前後の胚における遺伝子発現変化をシングルセル遺伝子発現解析で観察した[8]．さらに，多能性の性質が異なるとされているヒトiPSCおよびマウスESCも同様にシングルセル遺伝子発現解析し，これらの細胞の多能性を遺伝子発現プロファイルで評価した．その結果，ヒトやサルといった霊長類のESCまたはiPSCは着床前の胚より樹立されているが，*in vivo*における着床後の胚体外胚葉（epiblast）に近い遺伝子発現プロファイルを示した．また，これらの細胞は均一ではなく，多能性の度合いが異なる細胞の集団であることが示された．このように，従来は均一な分化状態と思われていた細胞集団の個々の細胞は複数の分化状態にあることが示されており，シングルセルレベルで細胞状態を解析する重要性が増している．

細胞運命を規定する 細胞分化の階層性

呼吸器の発生を明らかにするために行われたマウス胎仔の肺胞上皮のシングルセル遺伝子発現解析では，肺胞前駆細胞からⅠ型およびⅡ型肺胞上皮が発生する過程が描写されたが，肺胞前駆細胞から各々のタイプの肺胞上皮細胞への分化は連続的に変化していた[9]．このような階層性のある分化状態を表現するために，最小全域木（minimum spanning tree）[※4]のアルゴリズムを用いて遺伝子発現状態が近い細胞を関連づけさせることで，分化状態に対応させた細胞の並び替え（擬似時間軸，pseudo-time course）を行うと同時に，分化の分岐点を決定する方法が開発された．この手法では，細胞がもつ時間情報（マーカー遺伝子の発現の有無など）を与えずに，シングルセル遺伝子発現解析で得られた転写状態のみで細胞の分化度を推定できることが特徴である．同様に，限られた数のマーカー遺伝子の発現だけでは説明できない個々の細胞間における分化能の不均一性が神経幹細胞や造血幹細胞で示されている[10]〜[12]．従来の手法では，分化細胞の分類を表面抗原またはレポーター遺伝子の発現で行ってきたため，これらのマーカー分子が同定できない細胞の解析が不可能であった．例えば，細胞の階層的な分化を示すためには各分化段階の細胞を識別する抗体またはレポーター遺伝子が導入された細胞を用意する必要があった．シングルセル遺伝子発現解析では，これらの分化指標分子を用いなくとも分化状態に従った細胞の並び替えができる．さらに，これまでは点と点で表現されてきた細胞分化が，シングルセル遺伝子解析によって時空間の中で連続的に変化している形で描写できるように，分化の遷移状態にある細胞の詳細な解析を可能にしている（図1B）[13]．

分化状態の多様性

細胞種の分類は，幹細胞の階層性を理解するだけでなく，臓器を構成する体細胞の機能を理解するうえで重要である．組織を構成する細胞は，立体空間の中で近傍に存在する同種あるいは異種の細胞との相互作用が細胞機能に影響を与えている[14]．そのため，空間における細胞の配置を考慮したうえで，細胞機能の関係

※4 最小全域木

すべての頂点と2頂点間に道（辺）を与えたときに閉路をもたない木の形になったグラフを全域木という．その各辺が重みの総和が最小になるように辺が構成されている全域木を最小全域木とよぶ．

を明らかにする必要がある．臓器を構成する多種類の細胞をマーカーなどであらかじめ分類することなく，シングルセル遺伝子発現解析を行い，その発現プロファイルでどのような細胞が存在するか同定するという新しい細胞分類学的アプローチが可能となった（図1B）[15]．この手法では，何種類の細胞から臓器が構成されているかだけではなく，各々の細胞における転写ネットワークも同時に取得できるのが特徴である．

　肝臓は内胚葉（endoderm），胚体内胚葉（definitive endoderm）を経て原始腸管（primitive gut）の前腸から出芽するように発生することがマウスにおける発生生物学的解析から明らかになっているが，臓器発生過程で生じる血管形成および血流が細胞分化に与える影響は明らかになっていない．横浜市立大学の武部らは，ヒトiPS細胞より分化させた肝内胚葉細胞，血管内皮細胞，および間葉系細胞を共培養することで肝臓様の組織（iPS細胞由来肝芽）を再構成することに成功した[16]．共培養によって自律的に形成されたiPS細胞由来肝芽は，平面培養に比べ高いアルブミン産生やアンモニア代謝が行われており，肝不全モデルマウスへの異所移植で血液還流が認められたうえで肝機能が回復したことから機能的な肝組織と考えることができる．彼らは，肝臓の発生過程を明らかにするために，ヒトiPS細胞から肝細胞への分化過程，および肝組織再構成モデルにおけるシングルセル遺伝子発現解析を行った[17]．ヒトiPS細胞からの分化誘導で作製された胚体内胚葉の遺伝子発現は，マウスの発生過程における前腸と最も相関が高く，より分化を進めた細胞ではマウス胎仔の肝臓との相関が高くなったことから，この分化条件は生体内における肝臓の発生過程を模倣していることが示された．肝内胚葉（hepatic endoderm）までは各ステージの細胞は均一な遺伝子発現状態を示していたが，より分化が進んだ未成熟肝細胞（immature hepatocyte），成熟肝細胞（mature hepatocyte）では，個々の細胞で分化度が前後する不均一性が認められた．さらに，平面培養された肝細胞，血管内皮細胞，間葉系細胞と，共培養によって肝芽形成された後のシングルセル遺伝子発現解析を行った．そ

して，リガンドと受容体の遺伝子発現を解析することで，異種細胞間で特異的に行われるシグナル伝達を同定した．この解析において，肝芽を構成する種類の異なった細胞は別々の検体から樹立されたiPS細胞より分化されていたため，シングルセルRNA-seqで得られたシークエンスリードの配列情報からSNPを調べ，その細胞の由来を明らかにしていることがユニークなアプローチである．

おわりに

　本稿では，発生学におけるシングルセル遺伝子発現解析の意義と実例を紹介した．紙面の都合から紹介できなかったものを含む解析例を，表にまとめた．連続する細胞分化によって個体が発生するが，この細胞分化の階層性が詳細に描写できるシングルセル遺伝子発現解析の発生学における貢献は非常に大きい．シングルセル遺伝子発現解析は，従来の分化マーカーの概念を不要とし，動的に変化する遺伝子発現プロファイルに基づいて個々の細胞の分化度を規定する．これまでは点と点で表現されてきた細胞分化が，線で描くように連続的な変化として捉えることが可能となった．そして，分化後の細胞においても転写状態に多様性があることが明らかになった．さらに，個体または臓器を構成する全細胞の転写プロファイルを取得する動きもある[18]．このように，シングルセル遺伝子発現解析は，細胞分化の階層性の詳細を提供し，細胞のもつ個性を描写する新たな発生生物学のツールとして活用されている．このような遺伝子発現量の研究に加えて，スプライシングの違い[19]やクロマチンの立体配置を解析するHi-C[20]やオープンクロマチン領域を同定するATAC-seq（Assay for Transposase-Accessible Chromatin with high throughput sequencing）[21]といったシングルセルエピゲノム解析も細胞分化研究に応用されはじめており，今後，細胞の連続的な分化状態を規定するだけでなく，シングルセルマルチオミクスによってそのメカニズムの詳細も明らかになることが予想される．

◆ 文献

1）Ladewig J, et al：Nat Rev Mol Cell Biol, 14：225-236, 2013
2）Theunissen TW, et al：Cell Stem Cell, 19：502-515, 2016
3）Guo G, et al：Dev Cell, 18：675-685, 2010
4）Xue Z, et al：Nature, 500：593-597, 2013
5）Kumar P, et al：Development, 144：17-32, 2017
6）Deng Q, et al：Science, 343：193-196, 2014
7）Sahakyan A, et al：Cell Stem Cell, 20：87-101, 2017
8）Nakamura T, et al：Nature, 537：57-62, 2016
9）Treutlein B, et al：Nature, 509：371-375, 2014
10）Dulken BW, et al：Cell Rep, 18：777-790, 2017
11）Yao Z, et al：Cell Stem Cell, 20：120-134, 2017
12）Wilson NK, et al：Cell Stem Cell, 16：712-724, 2015
13）Wagner A, et al：Nat Biotechnol, 34：1145-1160, 2016
14）Tanay A & Regev A：Nature, 541：331-338, 2017
15）Poulin JF, et al：Nat Neurosci, 19：1131-1141, 2016
16）Takebe T, et al：Nature, 499：481-484, 2013
17）Camp JG, et al：Nature, 546：533-538, 2017
18）Shapiro E, et al：Nat Rev Genet, 14：618-630, 2013
19）Song Y, et al：Mol Cell, 67：148-161, 2017
20）Stevens TJ, et al：Nature, 544：59-64, 2017
21）Corces MR, et al：Nat Genet, 48：1193-1203, 2016

◆ 参考図書

実験医学2015年1月号「シングルセル生物学」（渡辺 亮/企画）：Vol. 33 No.1, 2014

「ギルバート発生生物学」（Gilbert SF/著, 阿形清和, 高橋淑子/監訳）, メディカル・サイエンス・インターナショナル, 2015

表　シングルセル遺伝子発現解析による幹細胞・発生研究の論文例

解析対象	文献	文献番号
転写プロファイリングによる細胞運命決定		
接合子, 卵割球, 桑実胚, 胚盤胞（マウス）	Guo G, et al：Dev Cell, 18：675-685, 2010	3
接合子, 卵割球, 桑実胚, 胚盤胞（ヒト, マウス）	Blakeley P, et al：Development, 142：3613, 2015	
	Xue Z, et al：Nature, 500：593-597, 2013	
着床前胚（ヒト）	Yan L, et al：Nat Struct Mol Biol, 20：1131-1139, 2013	
着床前胚（ヒト）	Qiu JJ, et al：Oncotarget, 7：61215-61228, 2016	
着床前胚（マウス）	Fan X, et al：Genome Biol, 16：148, 2015	
着床前胚（ヒト, マウス）	Shi J, et al：Development, 142：3468-3477, 2015	
着床前胚（サル）	Wang X, et al：Genome Res, 27：567-579, 2017	
着床前後胚（サル）	Nakamura T, et al：Nature, 537：57-62, 2016	8
初期胚（マウス, ヒト）	Xue Z, et al：Nature, 500：593-597, 2013	4
ESC, エピブラスト（マウス）	Tang F, et al：Cell Stem Cell, 6：468-478, 2010	
ESC, 胚体内胚葉（ヒト）	Chu LF, et al：Genome Biol, 17：173, 2016	
ESC, 分化誘導神経（ヒト）	Yao Z, et al：Cell Stem Cell, 20：120-134, 2017	11
ESC, 分化誘導神経（ヒト）	Close JL, et al：Neuron, 93：1035-1048.e5, 2017	
iPSC, 分化誘導神経（ヒト）	Song Y, et al：Mol Cell, 67：148-161, 2017	19
ESC, 分化誘導神経（マウス）	Rizvi AH, et al：Nat Biotechnol, 35：551-560, 2017	
神経前駆細胞, 神経細胞（ヒト）	Kee N, et al：Cell Stem Cell, 20：29-40, 2017	
初期胚（マウス）	Wen J, et al：J Biol Chem, 292：9840-9854, 2017	
初期発生, 中胚葉（マウス）	Scialdone A, et al：Nature, 535：289-293, 2016	
線維芽細胞, iPSC, ESC（マウス）	Buganim Y, et al：Cell, 150：1209-1222, 2012	
線維芽細胞, iPS細胞（ヒト）	Klein AM, et al：Cell, 161：1187-1201, 2015	
線維芽細胞, 誘導神経細胞（マウス）	Treutlein B, et al：Nature, 534：391-395, 2016	
海馬（マウス）	Gao Y, et al：Cereb Cortex, 27：2064-2077, 2017	
神経幹細胞（マウス）	Dulken BW, et al：Cell Rep, 18：777-790, 2017	10
神経幹細胞（マウス）	Chung S, et al：Nature, 545：477-481, 2017	
神経細胞（マウス）	Scholz P, et al：Chem Senses, 41：313-323, 2016	

解析対象	文献	文献番号
ESC由来神経細胞（ヒト）	Close JL, et al：Neuron, 93：1035-1048.e5, 2017	
iPS細胞，神経前駆細胞（ヒト）	Hu Y, et al：BMC Genomics, 17：1025, 2016	
iPS細胞，神経前駆細胞（ヒト）	Pollen AA, et al：Nat Biotechnol, 32：1053-1058, 2014	
iPSC由来神経細胞（ヒト）	Bardy C, et al：Mol Psychiatry, 21：1573-1588, 2016	
大脳オルガノイド（ヒト）	Camp JG, et al：Proc Natl Acad Sci U S A, 112：15672-15677, 2015	
皮質（ヒト）	Furchtgott LA, et al：Elife, 6：e20488, 2017	
中脳（ヒト，マウス）	La Manno G, et al：Cell, 167：566-580.e19, 2016	
造血幹細胞および血液細胞（マウス）	Wilson NK, et al：Cell Stem Cell, 16：712-724, 2015	12
造血幹細胞および血液細胞（マウス）	Hamey FK, et al：Proc Natl Acad Sci U S A, 114：5822-5829, 2017	
造血幹細胞および血液細胞（マウス）	Nestorowa S, et al：Blood, 128：e20-e31, 2016	
造血幹細胞および血液細胞（マウス）	Zeng W, et al：Nucleic Acids Res, 44：e158, 2016	
造血幹細胞および血液細胞（マウス）	Moignard V, et al：Nat Cell Biol, 15：363-372, 2013	
血液細胞（ヒト）	Villani AC, et al：Science, 356：eaah4573, 2017	
T細胞（マウス）	Lönnberg T, et al：Sci Immunol, 2：eaal2192, 2017	
T細胞（ヒト）	Eltahla AA, et al：Immunol Cell Biol, 94：604-611, 2016	
自然リンパ球（マウス）	Suffiotti M, et al：Immunogenetics, 69：439-450, 2017	
間葉系幹細胞（マウス）	Freeman BT, et al：PLoS One, 10：e0136199, 2015	
胎仔心臓，初期胚（マウス）	DeLaughter DM, et al：Dev Cell, 39：480-490, 2016	
胎仔肺（マウス）	Treutlein B, et al：Nature, 509：371-375, 2014	9
ESC/iPSC由来耳組織（ヒト）	Ealy M, et al：Proc Natl Acad Sci U S A, 113：8508-8513, 2016	
子宮（マウス）	Wu B, et al：Stem Cell Reports, 9：381-396, 2017	
膵臓（マウス）	Qiu WL, et al：Cell Metab, 25：1194-1205.e4, 2017	
膵臓（マウス）	Zeng C, et al：Cell Metab, 25：1160-1175.e11, 2017	
膵臓（マウス）	Stanescu DE, et al：Physiol Genomics, 49：105-114, 2017	
腎糸球体（マウス）	Lu Y, et al：Kidney Int, 92：504-513, 2017	
筋芽細胞（ヒト）	Zeng W, et al：Nucleic Acids Res, 44：e158, 2016	
頸動脈小体（マウス）	Zhou T, et al：J Physiol, 594：4225-4251, 2016	
細胞分類／異種細胞間相互作用		
生殖細胞（ヒト）	Li L, et al：Cell Stem Cell, 20：891-892, 2017	
精巣（ヒト）	Neuhaus N, et al：Mol Hum Reprod, 23：79-90, 2017	
初期胚，脳，肝臓，精巣（マウス）	Chen J, et al：Nat Protoc, 12：566-580, 2017	
ESC（マウス）	Grün D, et al：Nat Methods, 11：637-640, 2014	
ESC（マウス）	Kumar RM, et al：Nature, 516：56-61, 2014	
ESC（マウス）	Klein AM, et al：Cell, 161：1187-1201, 2015	
ESC（マウス）	Welch JD, et al：Nucleic Acids Res, 44：e73, 2016	
ESC（マウス，ヒト）	Mantsoki A, et al：Comput Biol Chem, 63：52-61, 2016	
ESC，前駆細胞，体細胞（ヒト）	Teschendorff AE & Enver T：Nat Commun, 8：15599, 2017	
ESC，神経前駆細胞（ヒト）	Korthauer KD, et al：Genome Biol, 17：222, 2016	
ESC（マウス）	Buettner F, et al：Nat Biotechnol, 33：155-160, 2015	
間葉系幹細胞（ヒト）	Zhao X, et al：PLoS One, 11：e0149171, 2016	
神経細胞（マウス）	Lacar B, et al：Nat Commun, 7：11022, 2016	
胎児脳（ヒト）	Liu SJ, et al：Genome Biol, 17：67, 2016	
成人脳，胎児脳（ヒト）	Darmanis S, et al：Proc Natl Acad Sci U S A, 112：7285-7290, 2015	
新生児脳（ヒト）	Habib N, et al：Science, 353：925-928, 2016	
iPSC/胎児由来神経幹細胞（ヒト，チンパンジー）	Mora-Bermúdez F, et al：Elife, 5：e18683, 2016	

解析対象	文献	文献番号
iPSC由来神経組織（ヒト）	Handel AE, et al：Hum Mol Genet, 25：989-1000, 2016	
iPSC由来神経組織（ヒト）	Schwartz MP, et al：Proc Natl Acad Sci U S A, 112：12516-12521, 2015	
ESC/iPSC由来人工脳組織（ヒト）	Quadrato G, et al：Nature, 545：48-53, 2017	
iPSC由来人工脳組織（ヒト）	Birey F, et al：Nature, 545：54-59, 2017	
神経組織（マウス，ヒト）	Nichterwitz S, et al：Nat Commun, 7：12139, 2016	
神経（マウス）	Fuzik J, et al：Nat Biotechnol, 34：175-183, 2016	
皮質（マウス）	Tasic B, et al：Nat Neurosci, 19：335-346, 2016	
中脳組織（マウス）	Poulin JF, et al：Cell Rep, 9：930-943, 2014	15
後脳組織（マウス）	Okaty BW, et al：Neuron, 88：774-791, 2015	
海馬，皮質（マウス）	Zeisel A, et al：Science, 347：1138-1142, 2015	
皮質（マウス）	Tasic B, et al：Nat Neurosci, 19：335-346, 2016	
皮質（マウス）	Cadwell CR, et al：Nat Biotechnol, 34：199-203, 2016	
皮質（マウス）	Fuzik J, et al：Nat Biotechnol, 34：175-183, 2016	
皮質（マウス）	Chen R, et al：Cell Rep, 18：3227-3241, 2017	
感覚神経（マウス）	Usoskin D, et al：Nat Neurosci, 18：145-153, 2015	
感覚神経（マウス）	Li CL, et al：Cell Res, 26：967, 2016	
感覚神経（マウス）	Scholz P, et al：Chem Senses, 41：313-323, 2016	
線条体（マウス）	Gokce O, et al：Cell Rep, 16：1126-1137, 2016	
嗅粘膜（マウス）	Saraiva LR, et al：Sci Rep, 5：18178, 2015	
網膜双極神経（マウス）	Shekhar K, et al：Cell, 166：1308-1323.e30, 2016	
網膜（マウス）	Macosko EZ, et al：Cell, 161：1202-1214, 2015	
内耳（マウス）	Burns JC, et al：Nat Commun, 6：8557, 2015	
膵臓（マウス，ヒト）	Baron M, et al：Cell Syst, 3：346-360.e4, 2016	
膵島細胞（ヒト）	Wang YJ, et al：Diabetes, 65：3028-3038, 2016	
膵臓（ヒト）	Li J, et al：EMBO Rep, 17：178-187, 2016	
膵臓前駆細胞（マウス）	Stanescu DE, et al：Physiol Genomics, 49：105-114, 2017	
造血幹細胞（マウス）	Tsang JC, et al：Genome Biol, 16：178, 2015	
造血幹細胞（マウス）	Kowalczyk MS, et al：Genome Res, 25：1860-1872, 2015	
T細胞（マウス）	Proserpio V, et al：Genome Biol, 17：103, 2016	
ヘルパーT細胞（マウス）	Wang C, et al：Cell, 163：1413-1427, 2015	
ヘルパーT細胞（マウス）	Gaublomme JT, et al：Cell, 163：1400-1412, 2015	
iPSC由来人工肝組織（ヒト）	Camp JG, et al：Nature, 546：533-538, 2017	17
毛根幹細胞（マウス）	Yang H, et al：Cell, 169：483-496.e13, 2017	
融合細胞（マウス，ヒト）	Freeman BT, et al：Sci Rep, 6：23270, 2016	
融合胚（ブタ）	Bai L, et al：PLoS One, 11：e0153093, 2016	
アリル別遺伝子発現変化とX染色体不活性化		
接合子，卵割球，胚盤胞（マウス）	Deng Q, et al：Science, 343：193-196, 2014	6
ESC，胚様体（マウス）	Marks H, et al：Genome Biol, 16：149, 2015	
ESC，エピブラスト（マウス）	Chen G, et al：Genome Res, 26：1342-1354, 2016	
着床前胚（ヒト）	Petropoulos S, et al：Cell, 165：1012-1026, 2016	
線維芽細胞（マウス），T細胞（ヒト）	Reinius B, et al：Nat Genet, 48：1430-1435, 2016	
ESC（マウス）	Kim JK, et al：Nat Commun, 6：8687, 2015	
初期胚，生殖細胞（マウス）	Li X, et al：Sci Rep, 7：3729, 2017	
ESC（ヒト）	Sahakyan A, et al：Cell Stem Cell, 20：87-101, 2017	7

5 シングルセル解析による神経科学の新展開

Adrian W. Moore，谷口浩章，上口裕之

脳神経系の特徴は，ニューロンの形態がきわめて複雑であり，多種多様なニューロン間の連結により情報の伝達と処理を担う回路網が構築されることにある．シングルセル解析技術を駆使した研究は，ニューロンのダイナミックな局所シグナルおよび細胞クラス特異的な機能を明らかにし，回路構築と作動を司るメカニズムの解明に迫りつつある．本稿では，トランスクリプトミクス解析とイメージング技術を中心に，神経科学分野におけるシングルセル解析の現状と展望を概説する．

はじめに

単一ニューロンから伸びる複数の神経突起は，それぞれに特異的な働きが割り当てられた細胞内機能ドメインであり，これら微細な機能ドメインの作動機序を理解するためには，シングルセルを対象とした空間分解能に優れた解析技術が要求される．さらに，脳神経組織は多種多様なタイプのニューロンが連結したネットワークで構成されており，シングルセルオミクス解析などによる個々の細胞のプロファイリングに立脚した研究が必須である．このように，神経科学はシングルセル解析のメリットを最大限に享受することができる研究分野であり，シングルセル解析技術の進歩なくして脳の理解はあり得ないと言っても過言ではない．以下，ニューロンの多様性を理解するための研究と，ニューロンの極性（特に，神経突起の働き）を理解するための研究に項目分けをして，神経科学分野におけるシングルセル解析の現状と展望を概説する．

ニューロンの多様性を理解するためのシングルセル解析

われわれは膨大な情報を処理するために数えきれない神経活動を行い，生命活動を巧みに制御している．その活動を定義している1つの要素が，遺伝子の発現であり，遺伝子発現解析を通してわれわれの脳の活動の一部を垣間見ることが可能となる．世界的にも神経科学分野におけるシングルセルトランスクリプトミクス解析は多く行われており[1][2]，本項ではそれらの研究に関して触れるとともに，われわれが考える今後の神経科学分野でのシングルセルトランスクリプトミクス解析の展望に関して報告する．

1. 細胞タイプの同定・リスト化

シングルセルトランスクリプトミクス解析によって得られる主な情報は，組織を構成するさまざまな細胞で発現される遺伝子群の情報であり，それにより，分子（遺伝子）構成要素によって区分された細胞タイプのリストである．すなわち，シングルセルトランスクリプトミクス解析を用いることでわれわれは，神経システムの膨大な細胞の複雑さによって妨げられてきた

脳機能における多くの問題に取り組むことができ，結果として神経科学の研究に革命をもたらすであろうと考えている．超解像度顕微鏡法が遺伝学および細胞生物学研究において活用されると同様に，シングルセルトランスクリプトミクス解析を用いることで，正常時，および罹患した神経細胞の遺伝子発現状態を測定し，そのデータを情報化することで神経医学領域にも展開することが可能となる．

脳の複雑さは複数のレベルにあると考えられる．過去のシングルセルトランスクリプトミクス解析により，異なる細胞種間でトランスクリプトーム構成に大きな差があることが明らかにされている．最近の研究では，単一のニューロンが，他の単一細胞で明らかにされたより多くの遺伝子を発現することが示されている．さらに，これらの単一のニューロンから得られる遺伝子転写物は，非ニューロンにおける転写物とは異なり，複雑であるだけでなく，特性においても，例えば非エキソン配列において高い発現量を示すことが知られている[3]．

次に，Ramon y Cajal が描いた神経回路図からも明らかになっているように[4]，神経システムの複雑さのさらなる重要な要素は，膨大なニューロンの多様性である．よって，哺乳動物において，ニューロンの系統的分類は，神経システムをその基本的構成要素に分解するための重要な方法でありわれわれが取り組むべき課題である．一般的に，細胞の同一性は，複数の遺伝子の組合わせ発現によって定義されると考えられている．よって，そのような単一細胞から得られた遺伝子転写物を明らかにすることで，細胞の情報をリストアップし分類することが可能となる．

すなわち，単一細胞ニューロン転写物を解析することは，既知のニューロンの多様性についてのわれわれの知識および見解を広げ，そして新しい細胞種を発見するための強力な手掛かりとなるということである．例えば，最近の脳皮質単細胞の遺伝子プロファイリングでは，Sst-Chodl ニューロンとよばれる新しい介在ニューロン型を遺伝子転写物の情報をもとに明らかにしている[5]．この細胞は，脳のこの領域において Chon-drolectin を発現する唯一の細胞型である．このように，シングルセルトランスクリプトミクス解析の結果は，遺伝子発現をもとに異なる細胞タイプを同定してリスト化することであり，また，各細胞タイプで発現する遺伝子群の情報を得ることで，異なるニューロンタイプの遺伝子発現プロフィールを用いて，シナプスおよび他の細胞外刺激を統合し，処理し，応答するニューロンを特定することが可能となる．Sst-Chodlニューロンの例をあげると，シングルセルトランスクリプトミクス解析により，この新しい細胞型に固有な複数の細胞表面受容体を含むリスト（例えばHcrtr1，Chrm2およびGpr126）が作成され，Sst-Chodlニューロンの機能の解明の新展開を迎えることとなった．

2. ニューロンの多様性に基づく分子ツールの開発

さらに，シングルセルトランスクリプトミクス解析によりニューロンの多様性を分類することで，神経疾患や，神経システムのつながり，動物行動を研究する分子ツールを開発することが可能となる．特定のニューロンタイプが神経変性に対して脆弱である理由を理解するためには，シングルセルトランスクリプトミクス解析が重要な出発点である．例えば，パーキンソン病（PD）においては，中脳ドーパミン作動性（DA）ニューロンが特に損害を受けやすいことが知られている[6][7]．また，この領域において，黒質緻密部（SNc）の腹側層のニューロンにおいて感受性に差が生じることが知られている．例えば，DAニューロンのシングルセルトランスクリプトミクス解析を行うことで，DAニューロンの性質が脳全体で異なることが示されており，SNcの腹層に発現するSox6とAldh1a1の同時発現によって定義される特定のDAニューロン型は，PDの動物モデルにおいて最も脆弱性の高い細胞集団であると報告されている[8]．

神経回路のマッピングを達成するために必須となるコネクトームは，シングルセルトランスクリプトミクスによる精度の高いニューロン分類により明らかにすることが可能となる．コネクトームを明らかにするこ

とで，われわれはどういったニューロンタイプが存在するかを知ることが可能になる（ニューロンマッピング）．次に，特定のゲノム遺伝子座にCreおよび他のドライバーを挿入し，特定のニューロンを追跡することが可能となる．例えば，蛍光タンパク質または遺伝子改変ウイルスを用いることで特定のニューロンをラベルしたり，そのニューロンから特定の遺伝子を欠損させて，その遺伝子の機能を探ることが可能となる．また，ニューロン特異的なドライバー遺伝子を同定することで，ニューロン活動の操作を可能にすることができる．ニューロン活動を視覚化し，動物行動におけるニューロンおよび回路機能を測定するためにも使用することができ，多岐にわたって応用が可能な情報源となる．

3. 活動に連動したトランスクリプトーム変化

一方，ニューロンのトランスクリプトームのダイナミクスは恒常的なものではなく，外部刺激などの活性によって調節される．複数の遺伝子発現の組合わせにより，各ニューロンが少なくとも微妙に異なる配線を有する．シングルセルトランスクリプトミクス解析を行うことで，個々のニューロンが受けているさまざまな興奮性，抑制性，調節性を経時的判断することができる．これらの活動に連動して発現する遺伝子を制御する転写プロセスに対して，一時的な遺伝子発現のスナップショットを作成することが可能ではあるが，経時的にはニューロンの機能は多くの遺伝子座で細胞発現状態の間で変動することを念頭に研究を進めなければならない．最近の研究では，数百の2峰性遺伝子，すなわち単細胞でオンまたはオフのいずれかとなる遺伝子が報告されている[9]．これらのことからも，ニューロンの活動と経時的なシングルセルトランスクリプトミクス解析が不可欠であると考える．

4. 体細胞変異と遺伝的モザイク症

同一のニューロンタイプにおいて，ゲノムはDNAの重複や欠失によって異なる機能をもつことが知られている．例えば，最近の研究では，異なるニューロンタイプを示す一塩基変異体のレベルが報告されている[10]．突然変異が偶発的に起こり，遺伝という形で次世代に伝えられることから，ゲノム中遺伝子変異は，種の進化の歴史を示す遺伝子事象に類似した方法で各細胞の歴史を示すことになる．シングルセルトランスクリプトミクス解析では，これらの体細胞変化を用いて細胞系譜を追跡することができ，人為的に変異マーカーを導入することも可能である．最近ではヒト大脳皮質細胞集団の系統樹を作成するために，シングルセルにおけるゲノムおよびトランスクリプトームを解析し，神経システムに存在する細胞タイプの多様性がどのように生まれるかを理解するという試みもなされている．もちろんのことだが，変異型ゲノムを有するニューロンは，異なるトランスクリプトームを発現することとなる．よって，遺伝的モザイク症が，神経疾患においても起こりうることが予想される．例えば，統合失調症は，皮質ニューロンにおける染色体モザイクと関連しており[11]，海馬ニューロンにおける可動要素活性の上昇を示していることが知られている．また，APP（アミロイド前駆体タンパク質）遺伝子座の増幅がアルツハイマー病患者の脳で報告されているなどが代表例としてあげられる[12]．

最後に，シングルセルトランスクリプトミクス解析に用いられる各種細胞分離法について簡単にまとめたが（表1），他の専門分野でも同様の方法が紹介されていること，またPoulinらの報告において詳細な検討がなされていることから[1]，方法論に関する情報は，これらを参照いただきたい．

ニューロンの極性を理解するためのシングルセル解析

ニューロンは一般的には長い軸索と複数の樹状突起をもつ複雑な形態を呈し，これら神経突起は生体情報の送達と受容など異質の機能を担っている．また，神経回路の発生再生過程において標的へ向かって伸長す

表1　神経科学分野におけるシングルセル単離法とその実施例

	利点	問題点	神経科学分野における実施例
フローサイトメトリー	・多くの細胞を短時間で処理が可能である ・比較的ピュアな細胞を得ることが可能である ・死細胞を除去することができる	・機器の導入に費用がかかる ・抗体もしくは蛍光タンパクで細胞をラベルする必要がある ・ある程度のサンプル量が必要である	13
磁気細胞分離法（MACS）	・比較的ピュアな細胞を得ることが可能である ・比較的安価である ・細胞へのダメージが少ない ・微量のサンプルにも使用できる	・抗体磁気ビーズを必要とする	13
レーザーキャプチャーマイクロダイセクション	・組織などから細胞を選択的に収集することが可能である ・細胞形態など画像データと結果の比較が可能である ・固定などしたサンプルからのデータ取得が可能である	・機器の導入に費用がかかる ・少量のサンプルしか採取できない	14
マイクロ流路	・サンプル作成が簡便である ・細胞へのダメージが少ない	・細胞選択性がない ・処理量に制限がある	15, 16
マイクロドロップレット（微小液滴）	・サンプル作成が簡便かつ迅速である ・細胞へのダメージが少ない	・細胞選択性がない ・ある程度のサンプル量が必要である	16
マイクロピペット・微細針吸引	・顕微鏡などで細胞を見ながら操作が可能である ・細胞へのダメージが少ない ・電気生理など他の解析を同時に行うことが可能である	・多数の細胞を処理できない ・ピペットから細胞をチューブなどに移す際に確認できない ・小さな細胞には向かない ・粘性が高い，接着性が高い細胞などサンプルの状態によっては使用できない	17
レーザーピンセット	・顕微鏡などで細胞を見ながら操作が可能である ・小さな細胞の操作が可能である	・レーザーの強度により細胞にダメージが与えられる ・多数の細胞を処理できない	18

る神経突起（特に軸索）は，突起内の近接部位（約10μmの範囲）に相反するシグナルを生成して，伸長方向を制御するための極性を生み出すことができる[19]．このようなニューロン内部の部位特異的な機能を解明することは，神経回路構築のしくみを理解し，その神経回路が機能を発現するメカニズムを知るために，必要不可欠な課題である．シングルセル解析は，細胞内で繰り広げられるシグナル伝達の時空間ダイナミクスを理解するための主要な研究手法として，今後も重大な役割を担っていくであろう．本項では，伸長過程の軸索突起の先端部（成長円錐）に着目し，ニューロンの極性化および回路構築を制御する細胞内シグナルの研究における，シングルセル解析の重要性を概説する．

　成長円錐は神経組織の細胞外環境に存在する多種多様な軸索ガイダンス分子を受容し，成長円錐の局所（ガイダンス分子を受容した成長円錐の一部の領域）で細胞内シグナルを生成する．多くの場合この局所細胞内シグナルの本体は，カルシウムイオン（Ca^{2+}）あるいは環状ヌクレオチドなどのセカンドメッセンジャーであり，これらシグナルが成長円錐を横方向（軸索と直交する方向）に極性化して旋回運動を誘発する[20]．このような一連のプロセスは軸索ガイダンスあるいは成長円錐ガイダンスとよばれ，軸索をシナプス後細胞へ誘導して神経回路を正確に構築するための基本原理であると考えられている[21][22]．軸索ガイダンスは成長円錐局所での極性化シグナルへの細胞応答であるため，単一細胞内の微細領域を解析対象とした研究が必須である．成長円錐局所で極性化シグナルを人為的に操作するための実験手法および成長円錐局所での極性化シグナルの検出方法が確立されつつあり（図1），これら

局所シグナル生成

・微細ガラス管を成長円錐の片側にセットし，軸索ガイダンス分子を細胞外から投与
・成長円錐局所へのレーザー光照射によるシグナル分子の活性化と不活性化
・局所レーザー光照射による機能分子の相互作用の制御
・レーザー光ピンセットによる機能分子の物理学的操作

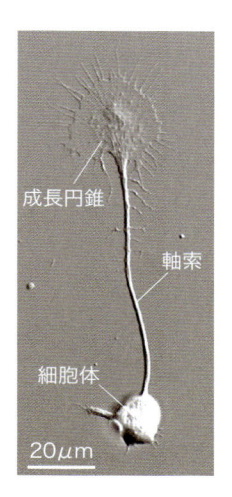

成長円錐
軸索
細胞体
20μm

局所シグナル検出

・シグナル伝達を可視化するための分子プローブの開発
・高解像度生細胞タイムラプスイメージングによるシグナル動態の可視化（各種超解像度顕微鏡，全反射照明蛍光顕微鏡など）
・シングルセルオミクス（成長円錐の片側からのサンプリングが可能）

図1 細胞内シグナル研究のためのシングルセルイメージング

培養した単一ニューロンを顕微鏡下で観察し，実験的に生成した局所シグナルへの細胞応答を可視化解析したり，ニューロン局所でのシグナル動態を検出したりするための各種研究手法．図は，脊髄後根神経節ニューロンの顕微鏡写真．

のシングルセル解析技術を組合わせることで，成長円錐ガイダンスなどのニューロン極性化を制御する細胞内メカニズムの研究が進展している．

　成長円錐が細胞外ガイダンス分子に遭遇すると，遭遇側の細胞質でセカンドメッセンジャー濃度が上昇し，セカンドメッセンジャー高濃度側への旋回（誘引）あるいは低濃度側への旋回（反発）が誘起される．セカンドメッセンジャーである環状ヌクレオチドのうち，環状アデノシン一リン酸（cAMP）は誘引性シグナルとして，環状グアノシン一リン酸（cGMP）は反発性シグナルとして作動する．また，小胞体（細胞内 Ca^{2+} ストア）から細胞質へ放出された Ca^{2+} は誘引性シグナルとして，細胞外から細胞質へ流入した Ca^{2+} は反発性シグナルとして働く．これらのセカンドメッセンジャーは成長円錐内部での細胞膜輸送を拮抗的に制御するが，細胞外ガイダンス分子の働きで細胞質セカンドメッセンジャー濃度が非対称化するため，結果的に細胞膜輸送も非対称化して成長円錐の旋回運動が引き起こされる[20]．

　小胞体から放出された Ca^{2+}（誘引性シグナル）が細胞外からの Ca^{2+}（反発性シグナル）と異なる細胞応答を媒介できるのは，それぞれの Ca^{2+} 供給源を特異的に

認識するセンサーが存在するためであるが，そのセンサー分子の実体は長らく不明であった．われわれは，図1に示すシングルセル解析の各種手法を用いて，小胞体由来 Ca^{2+} のセンサー分子としてミオシン Va を同定し，ミオシン Va が膜小胞の輸送を促進して成長円錐の誘引性旋回を駆動する一連のプロセスを明らかにした（図2）．小胞体にはリアノジン受容体とイノシトール三リン酸受容体などの Ca^{2+} チャネルが存在し，誘引性ガイダンス分子はこれら Ca^{2+} チャネルの開口を介して小胞体表面に限局した Ca^{2+} 高濃度領域（Ca^{2+} ミクロドメイン）を形成する．小胞体 Ca^{2+} チャネルに結合したミオシン Va は，静止状態では細胞内膜小胞を小胞体につなぎ止めているが，Ca^{2+} チャネル近傍の高濃度 Ca^{2+} を検出するとチャネルから解離し，結果として膜小胞も小胞体から遊離される．その後，膜小胞は微小管に沿ってキネシンの働きで成長円錐の先導端へ運ばれ，形質膜へエキソサイトーシスされることで成長円錐の旋回を駆動する．このミオシン Va を介した膜小胞の輸送制御は，生体内での神経回路構築に重要なメカニズムであることも示された[23]．

　以上，イメージング技術を中心としたシングルセル解析が，細胞内微細領域におけるシグナル伝達の時空

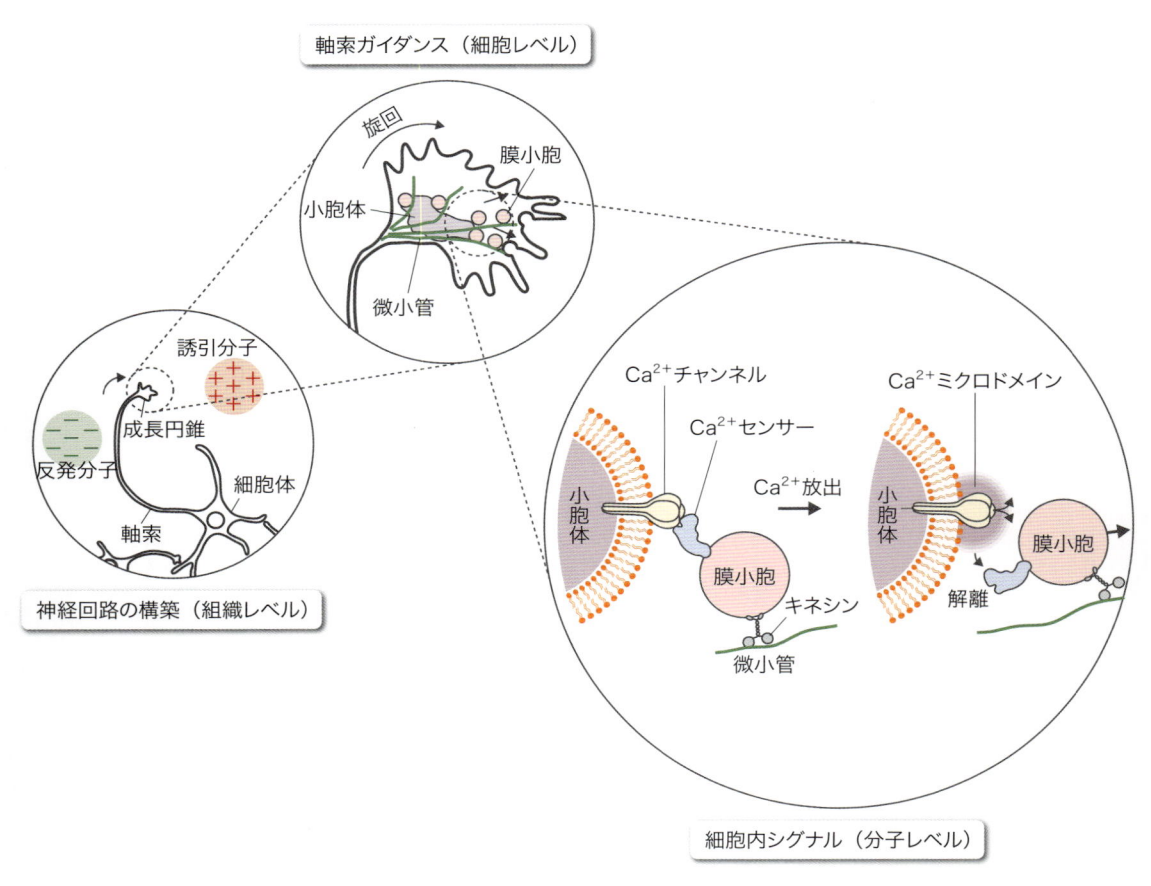

図2 組織〜細胞〜分子レベルでの神経回路構築のメカニズム

間ダイナミクスおよびその機能的意義の解明に役立った具体例を紹介した．シングルセル解析により得られた分子レベルでの知見が，細胞から組織レベルへと階層を超えた生命現象の理解に貢献した研究である．

おわりに

　今後は，シングルセル解析により，神経活動などを遺伝子発現レベルで明らかにするだけではなく，細胞の個々のゲノム，さらにはエピゲノム状態も追跡することが可能となる．これらの解析が実現されることで，神経システムの多様性が，ニューロン型の違いだけで

はなくシングルセルレベルの変異や，エピゲノムに支配されることが明らかになるであろう．ニューロンの多様性が情報としてのコーディングの深みを高めることができるという仮説は，現在，計算モデルにおいて提唱されている．シングルセル解析技術に関しても，ニューロンの回路形態および機能に対するニューロンの転写多様性の重要性も，ゲノムおよびエピゲノムの多様性を考慮して行わないとならない時代が到来している．このことからシングルニューロンという単一の細胞情報源から複数分野の「-omes」を抽出することがわれわれに課された次なる課題であると解釈できる．トランスクリプトーム解析やイメージング技術などのシングルセル解析と神経科学との融合により，われわ

れが脳の非常に複雑かつ美しくデザインされた情報処理機能を理解する日は遠くないのではないだろうか.

◆ 文献

1 ） Poulin JF, et al：Nat Neurosci, 19：1131–1141, 2016

2 ） Harbom LJ, et al：Bioessays, 38：157–161, 2016

3 ） Dueck H, et al：Genome Biol, 16：122, 2015

4 ） Ramón y Cajal S：Bull Los Angel Neuro Soc, 17：5–46, 1952

5 ） Tasic B, et al：Nat Neurosci, 19：335–346, 2016

6 ） Brichta L & Greengard P：Front Neuroanat, 8：152, 2014

7 ） Sulzer D & Surmeier DJ：Mov Disord, 28：715–724, 2013

8 ） Poulin JF, et al：Cell Rep, 9：930–943, 2014

9 ） Lovatt D, et al：Nat Methods, 11：190–196, 2014

10） Lodato MA, et al：Science, 350：94–98, 2015

11） Yurov YB, et al：Schizophr Res, 98：139–147, 2008

12） Bushman DM, et al：Elife, 4：, 2015

13） Gokce O, et al：Cell Rep, 16：1126–1137, 2016

14） Nichterwitz S, et al：Nat Commun, 7：12139, 2016

15） Zeisel A, et al：Science, 347：1138–1142, 2015

16） Macosko EZ, et al：Cell, 161：1202–1214, 2015

17） Fuzik J, et al：Nat Biotechnol, 34：175–183, 2016

18） Moriya S, et al：Biochem Biophys Res Commun, 435：562–566, 2013

19） Vitriol EA & Zheng JQ：Neuron, 73：1068–1081, 2012

20） Tojima T, et al：Nat Rev Neurosci, 12：191–203, 2011

21） Chao DL, et al：Nat Rev Neurosci, 10：262–271, 2009

22） Yogev S & Shen K：Annu Rev Cell Dev Biol, 30：417–437, 2014

23） Wada F, et al：Cell Rep, 15：1329–1344, 2016

6 環境微生物研究に革命をもたらしたシングルセル解析

本郷裕一

　環境中の微生物種の多くは培養困難であり，そうした微生物を種ごとに研究するには，シングルセルレベルでの解析以外に，ほとんど手段はない．本稿では，シングルセル・ゲノミクスを中心に，環境微生物研究における1細胞レベルでの解析の重要性を，実際の例をあげながら述べる．

はじめに

　細菌（真正細菌），アーキア（古細菌），原生生物（単細胞真核生物）などの微生物は，生態系の基盤を成すとともに，感染症研究をはじめ，農業や，食品・医薬品分野での産業応用など，人間社会にとっても重要な存在である．われわれ自身も大腸に百兆個もの細菌を保有しており，それらは健康に密接に関係している．ところが，腸内細菌を含め，環境中の多くの微生物系統群は培養に成功していない．例えば，単離培養株が存在する細菌門は2017年時点で30あるが，それ以外に40以上もの門レベルの系統群が，DNA配列のみでその存在を知られている．種数で言えば，99％以上が未培養である．こうした種群は「難培養（性）微生物」とよばれ，培養を前提とした従来の微生物学では研究不能であった．

　難培養微生物の研究が本格的にはじまったのは，rRNA配列に基づく分子系統学的な微生物同定法が開発された1990年代以後である．環境試料から抽出したDNAを鋳型として，小サブユニット（原核生物は16S，真核生物は18S）rRNA遺伝子をPCR増幅，クローニング，配列解析することで（メタ16S/18S解析とよぶ），多様な未培養微生物系統群の存在がはじめて明らかとなった．rRNA配列を取得できれば，その配列が由来する微生物細胞を蛍光 *in situ* ハイブリダイゼーション（fluorescence *in situ* hybridization：FISH）によって，環境試料中で特異的に検出することも可能である．

　しかしながら，rRNA配列によって未培養微生物の同定・検出ができても，それら微生物の機能は不明のままである．未培養微生物の機能を解明するには，ゲノム解読が近道であるが，例えば大腸菌のゲノム完全長配列を取得するには数μgのDNAが必要であり，これは10^{10}以上の細胞数に相当する．不完全なゲノム（ドラフト・ゲノム）配列であっても最低10万細胞は必要となる．したがって，単離培養できなければ不可能ということになる．

　そこへ登場したのがメタゲノミクス（metagenomics）である．これは，微生物群集全体のDNAを抽出・断片化して，ランダムに配列解析するもので，2000年代半ば以後，動物腸内，海洋，土壌など，あらゆる環境試料を対象として行われるようになった．メタゲノミクスは，環境微生物研究における第2の革命であり，微生物群集全体としての機能の推定・比較に威力を発揮してきた．最近，メタゲノム配列から個々の原核生物種のゲノム配列を再構築する画期的な情報解析手法も開発され，大きな成果をあげているが[1] [2]，常に上手くいくわけではない．個々の配列断片の由来

を同定するのは容易ではなく，微生物種ごとの機能は曖昧なままであることが多い．

こうした状況下で，未培養微生物種ごとのゲノム解読の決定的な手段として，シングルセル・ゲノミクス（single-cell genomics）の開発が進められてきた．2011年以後，シングルセル・ゲノミクスの実践的成果が出はじめており，環境微生物研究において，メタ16S解析，メタゲノミクスに次ぐ，第3の革命と言ってよい（表1）．本稿では，シングルセル・ゲノミクスの概要と実際の成果を述べ，その重要性を明らかにする．また微生物を対象としたシングルセル・トランスクリプトミクス（転写産物解析）と，物質の取り込みを検出するNanoSIMS（nano-scale secondary ion mass spectrometry）についても簡単に紹介する．

微生物シングルセル・ゲノミクスの開発

シングルセル・ゲノミクス開発の端緒となったのは，Laskenらのチームが2002年に発表した，ヒト数細胞からの全ゲノム増幅（whole genome amplification: WGA）である[3]．これは，ファージ由来のPhi29 DNA

ポリメラーゼとランダムな配列のプライマーを組合わせることでゲノム全域を複製し，数時間で数μgのDNA産物を得るというものである．同酵素は，単体で二本鎖DNAを解離しながら数10 kbを複製することが可能で，90℃以上での変性を含むサイクルを必要としない．30℃一定で数時間以上反応させるだけでよく，等温全ゲノム増幅とよばれる．図1に示したように，新生鎖も複製の対象となって多重に反応が進行するため，多重置換増幅（multiple-displacement amplification：MDA）ともよばれる．その結果，図1のような複雑な構造をもつ，多様なサイズの二本鎖DNAが最終産物となる．3′→5′エキソヌクレアーゼによる校正性能が高いため，1回の複製でわずか$10^{-6}\sim10^{-7}$/塩基しかエラーが入らない[3][4]．

MDA産物の配列解析は，ヒトなど哺乳類の1細胞ごとの変異（特定領域のコピー数や1塩基変異など）の検出とともに，未培養微生物の細胞ごと，つまり種ごとのゲノム解読という点で，大きく注目された．しかし微生物，特に細胞サイズの小さい原核生物のシングルセル・ゲノミクスを確立するには，大きな障害がいくつもあり，その1つが細胞の単離である．原核細胞の体積は平均的な真核細胞の1/1,000程度であり，真核細胞を簡便に単離可能なフリューダイム社のC1

表1　環境微生物研究における手法の比較

	メタ16S/18S解析	メタゲノミクス	シングルセル・ゲノミクス
群集構造解析	◎	○	△
群集機能解析	×	◎	△
優占種機能解析	×	○	◎
優占種以外の機能解析	×	△	◎

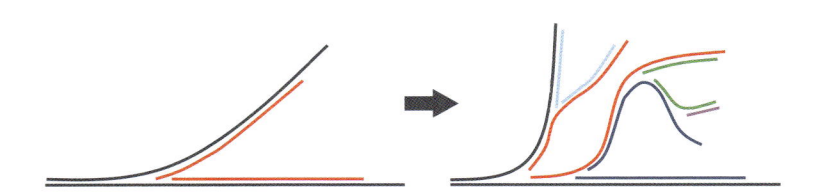

図1　Phi29 DNAポリメラーゼによる多重置換増幅（MDA）の概念図

Single-Cell Auto Prep System などは使用できない．前述のLaskenらのチームは2005年に，FACS（fluorescence-activated cell sorter）を用いた大腸菌の単離とMDAを試み，少なくともゲノムの一部の増幅を確認した[5]．実際に細菌1細胞からのゲノム配列解析を試みたのはZhangら（2006）で，ゲノム既知のシアノバクテリアをモデルとして解析したところ，6割程度の完成度のゲノムが得られた[6]．Zhangらは，MDA過程で生じるキメラ配列の低減のための試行錯誤も行っている[6][7]．

外来あるいは試薬内在性の混入DNAと，MDAの過程で生じるゲノム増幅バイアスも重大な問題である．2007年，QuakeとLaskenらの共同研究チームは，FACSによる細菌細胞単離とμLスケールでのMDAに代えて，微細流路とnLスケールの微小反応炉からなる装置を開発し，混入DNAの比率と増幅バイアスの低減をめざした[8]．液量を少なくするか，トレハロースなどによる分子クラウディング効果によって増幅バイアスを低減できることが，実験的に示されている[9][10]．

Marcyら（2007）は，この微細流路装置によって，未培養細菌門の1つであるTM7に属する細菌のゲノム部分配列取得に成功したが，技術的には不完全で，得られたデータの品質も低かった[11]．こうした微細流路系やマイクロマニピュレーションによる顕微鏡下での細菌1細胞分取が試みられる一方で，FACSによるハイスループットな細菌細胞分離法の最適化も進められていった．その代表がBigelow LaboratoryのStepanauskasらのチームによるもので[12]～[14]，彼らは後にSingle Cell Genomics Centerを創立し，世界中からシングルセル・ゲノミクスを委託されるようになった[15]～[19]．

FACSによる細菌細胞単離とμLスケールでのMDAは，成功率が高いとは言えず，成功してもゲノム完成度の平均は30～70％程度に留まることが多い．これは，0.3～2.0μmの細菌サイズがFACSによる分離限界に近いこと，混入DNAを除去しきれないこと，増幅バイアスの他，MDAの前処理で使用する水酸化カリウム（KOH）のみでは溶解しにくい細胞が含まれるた

め，などの理由による．さらに，ほぼランダムに細胞を分取するため，目的の微生物種を取得できたかは，解析するまでわからない．生細胞のFISH処理後にFACSを行うことで，特定細菌種群をMDA可能な状態で分取することも可能ではあるが，1細胞ゲノムの完成度が大幅に落ちてしまうこともあり[20]，これまでの成果は少ない．

以上，微生物を対象としたシングルセル・ゲノミクス開発の概要を述べたが，現在ではFACSによる微生物細胞単離とμLスケールでのMDAが，実用可能なレベルに最適化されており，多数の研究で使用されている．諸問題はあるものの，ハイスループット性を活かして，数打てば当たる，という方式である．いずれにしても現時点では，シングルセル・ゲノミクスで完全長のゲノム配列を再構築するのはほぼ不可能であり，数多くの断片からなるドラフト・ゲノムを取得することになる．これは前述のような諸問題の他，細胞をアルカリ溶液で溶解し，DNAを一本鎖に変性する過程で，DNAを損傷するためと考えられている．それでもシングルセル・ゲノミクスは，未培養微生物の機能推定に絶大な力を発揮してきた．次に，その実践例を紹介する．

微生物シングルセル・ゲノミクスの実践例

表2に微生物シングルセル・ゲノミクスの成果を報告した代表的な論文を示した．このなかでも，1つの集大成と言える論文がRinkeら（2013）のものである．Rinkeらは，海水，淡水，熱水，泥土，浄化槽などのサンプルを用い，FACSで1細胞ずつに分離した201個の原核生物細胞について，MDAと配列決定を行った[19]．その結果，それぞれ数10～数100以上の断片（コンティグ）からなるドラフト・ゲノムを再構築した．ちなみに，MDA産物の配列同士の結合（アッセンブル）には，一般的な解析プログラム（アッセンブラー）が使用できない．これは，増幅バイアスがあ

表2 微生物シングルセルゲノム解析例

著者	環境	標的微生物	掲載雑誌	年
Yoon et al.[17]	海洋	ピコビリ藻類	Science	2011
Swan et al.[13]	深海	未培養細菌群	Science	2011
Hess et al.[22]	腸内	多様な未培養細菌	Science	2011
McLean et al.[41]	排水管	未培養門 TM6	PNAS	2013
Campbell et al.[26]	口腔	未培養門 SR1	PNAS	2013
Lloyd et al.[18]	海底	未培養アーキア	Nature	2013
Haroon et al.[29]	浄化槽	未培養 ANME-2d	Nature	2013
Rinke et al.[19]	多様	多様な未培養門	Nature	2013
Wilson et al.[24]	海綿	新門 Tectomicrobia	Nature	2014
Kashtan et al.[15]	海洋	*Prochlorococcus*	Science	2014
Engel et al.[16]	腸内	2種の腸内細菌	PLoS Genetics	2014
Labonté et al.[14]	海洋	細菌とファージ	ISME J	2015
Yuki et al.[28]	腸内	細胞表面共生細菌	Environ Microbiol	2015
Ohkuma et al.[27]	腸内	細胞内共生細菌	PNAS	2015
Eloe-Fadrosh et al.[25]	温泉	新門 Kryptonia	Nat Commun	2016
Starnawski et al.[23]	海底	未培養門 OP9 など	PNAS	2017

るためで，SPAdesなどのシングルセル・ゲノミクス用に開発されたプログラムでコンティグを作成する必要がある[21]．得られた201個のゲノムの完成度を，既知の原核生物ゲノムの90％以上で保存されているシングルコピー遺伝子のリストを指標として推定したところ，5〜100％とばらつきがあり，平均は40％であった．また，100％とは完全長の意味ではなく，あくまでもシングルコピー遺伝子のカバー率である．201個のゲノムは，16S rRNA遺伝子配列に基づくと，29の未培養系統群に属しており，OP1，OP11，OD1など，15以上にのぼる細菌・アーキアの未培養門のものを含んでいた．これにより，多くの未培養微生物門の全く未知であった機能の推定に成功しただけではなく，ゲノム情報を用いた，より正確な原核生物系統樹の作成も可能となった[19]．

シングルセル・ゲノミクスとメタゲノミクスを組合わせて，両者の長所を活かし，より完成度の高いゲノム配列を再構築する研究も行われるようになっており[22][23]，"Tectomicrobia"[24]や"Kryptonia"[25]などの未培養細菌新門の発見と機能推定につながっている．こうしたきわめて新規性の高い細菌ゲノムの解析により，これまで細菌ドメインでは知られていなかった代謝系やイレギュラーなコドンの使用など[19][26]，画期的な発見が多くなされている．

筆者自身の共同研究では，シロアリ腸内に特異的に共生する木質分解性原生生物の，その細胞内あるいは細胞表面に共生する細菌種のシングルセル・ゲノミクスを行っている[27][28]．例えば，原生生物*Dinenympha* spp.の細胞表面にあたかも鞭毛のように常に付着共生している"*Candidatus* Symbiothrix dinenymphae"（図2）というシロアリ腸内での優占細菌種の機能はこれまで全く未知であったが，FACSで1細胞単離，MDA，配列解析を行ったところ，最大82％の完成度のドラフト・ゲノム配列の取得に成功した．配列相同性から遺伝子の機能を予測したところ，数多くの植物多糖分解酵素を保有しており，原生生物だけではなく，

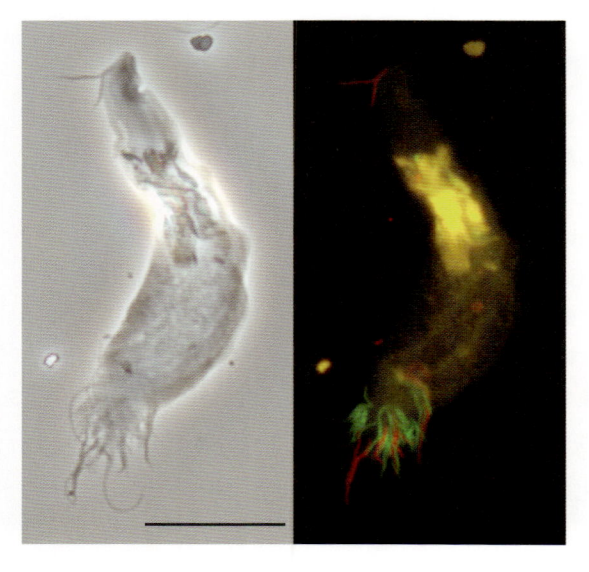

図2 シロアリ腸内原生生物*Dinenympha porteri*と細胞表面共生細菌

位相差顕微鏡像（左）と蛍光顕微鏡像（右）．FISHにより スピロヘータ（赤色）と"*Symbiothrix*"（緑色）を検出． 黄色は原生生物細胞に取り込まれた木片の自家蛍光．ス ケールバー＝ 20 μm.

その共生細菌もシロアリの木質消化に大きく貢献している可能性がはじめて示唆された[28]．

このように，各生態系において優占的だが未培養であった微生物種の役割解明も，シングルセル・ゲノミクスによって飛躍的に進んでいる[13] [18] [28] [29]．また，原生生物や原核生物のシングルセル・ゲノミクスを行う過程で，それらの共生細菌やウイルスのゲノムを再構築できることも多く，これまで未知であった種間相互作用の解明にもつながっている[14] [17] [30] [31]．培養可能な細菌系統群が標的であっても，環境中の多数の細胞をシングルセルゲノム解析することで，ごく近縁な細菌集団内に，「隠れた」機能的多様性が存在することも明らかにされている[15] [16]．

■ 微生物のシングルセル・トランスクリプトミクス

原核生物のシングルセル・トランスクリプトミクスは，その細胞サイズの小ささなどから，技術的に困難で，まだ実用レベルではない．一方，原生生物については，モデル真核細胞で開発が進んでいるシングルセル・トランスクリプトミクスの技術を応用した解析が

はじまっている．原生生物の場合，FACSあるいはマイクロマニピュレーションで1細胞を単離するが，哺乳類の細胞と異なり，細胞の溶解が困難であったり，転写産物が容易に分解してしまったりするなど，原生生物種ごとの手法の最適化が必要となる．特に，5 μm以下の小型の原生生物を対象とする場合には，まだ技術課題が多く[32]，顕著な成果が出るのは，これからであろう．

■ 微生物のnanoSIMS解析

未培養微生物の機能をゲノムあるいは転写産物から推定できても，実際にその機能をもつ確実な証拠とはならない．nanoSIMSは，高分解能をもつ二次質量分析法のことで，原理は他書に譲るが，1 μmサイズの細胞の安定同位体比を定量可能である．これにより，網羅的な生理機能の特定は無理でも，^{13}Cでラベルした炭酸や^{15}NでラベルしたN$_2$の固定能などを検出可能である．さらにFISHと組合わせることで，どの微生物細胞がその機能をもつかを特定できる．例えばThompsonら（2012）は，海洋の光合成プランクトンであるハプト藻の一種に付着共生する未培養シアノバ

クテリアが炭酸同化はせずに窒素固定を行い，宿主との間で炭素と窒素の栄養交換を行っていることを，nanoSIMSとFISHの併用で，1細胞レベルで明らかにしている[30]．同共生細菌のゲノム配列自体も，MDAによって少数細胞から取得されたものである[33]．また，McGlynnら（2015）は，メタン酸化アーキアと硫酸還元細菌の共生機構解明の一端として，^{15}Nラベルしたアンモニアの取り込みを，FISHと組合わせて1細胞レベルで評価している[34]．

おわりに

これまでに述べたように，メタ16S/18S解析，メタゲノミクスに続くシングルセル・ゲノミクスの開発によって，これまで全く正体不明であった難培養微生物系統群に関する知見が飛躍的に増加している．これらの解析を組合わせることで，各長所（表1）を活かした，総合的解析を行うことができる．さらに，FISHとnanoSIMSも活用することで，環境試料中での局在と，特定の化合物の取り込みも検出できるようになった．

シングルセル・ゲノミクスについては技術課題も多く，さらなる進歩が望まれる．増幅バイアスを低減するMALBAC（multiple annealing and looping based amplification cycles）法など，Phi29 DNAポリメラーゼを使用するMDAとは異なる全ゲノム増幅手法も開発されているが[35]，90℃以上での変性サイクルを含むことや校正機能が低いことから，より正確なゲノム配列の取得をめざす目的にはやや不向きかもしれない[4]．また，反応液量を極小化することで増幅バイアスと混入DNAの低減を可能とする微細流路系[8][36]やMIDAS（microwell displacement amplification system）法も考案されているが[10]，装置を自作する必要があり，効率や信頼性の問題からも，普及に至っていない．さらに，2017年には，DLP（direct library preparation）法という，nLスケールの反応炉中で，1細胞ゲノムのトランスポゾンによる断片化とタグ付け（タグメンテーション）を行ってPCR増幅する手法と[37]，

LIANTI（linear amplification via transposon insertion）という，同様にタグメンテーションする際にT7プロモーターを挿入し，RNAポリメラーゼで複製後に逆転写反応でDNA鎖を調製する手法が発表され[38]，いずれも従来のMDAやMALBAC法などよりも増幅バイアスが少ないとしているが，微生物細胞，特に細菌に適用可能なのかは不明である．

こうした全ゲノム増幅手法の改良のなかで，環境微生物のシングルセル・ゲノミクスにおいて画期的な2本の論文が2017年に発表された．1つは，直径20 μm程度のドロップレットに原核生物1細胞を封じ込め，各ドロップレット中のゲノムをバーコードラベルしながらPCRで全ゲノム増幅するというものである[39]．これにより，数万個の1細胞ゲノムを短時間で取得し，まとめてゲノム配列解析することが可能となった．配列解析後に，バーコード（特定の塩基配列）を指標として各シングルセルゲノムに分類できる．ただし，DNAシークエンサーの能力が律速段階となるため，現時点では1細胞あたりのゲノム完成度は1%以下しか得られない．2つ目の論文は，Stepanauskasらのチームによるもので，Phi29 DNA polymeraseの高温耐性変異体を用いることで，45℃での全ゲノム増幅反応を可能とした[40]．これによって，より短時間での全ゲノム増幅を達成するとともに，ゲノム完成度が飛躍的に高くなったという．今後の展開に期待したい．

◆ 文献

1）Wrighton KC, et al：Science, 337：1661-1665, 2012
2）Brown CT, et al：Nature, 523：208-211, 2015
3）Dean FB, et al：Proc Natl Acad Sci USA, 99：5261-5266, 2002
4）de Bourcy CF, et al：PLoS One, 9：e105585, 2014
5）Raghunathan A, et al：Appl Environ Microbiol, 71：3342-3347, 2005
6）Zhang K, et al：Nat Biotechnol, 24：680-686, 2006
7）Lasken RS and Stockwell TB：BMC Biotechnol, 7：e19, 2007
8）Marcy Y, et al：PLoS Genet, 3：1702-1708, 2007
9）Pan X, et al：Proc Natl Acad Sci USA, 105：15499-15504, 2008
10）Gole J, et al：Nat Biotechnol, 31：1126-1132, 2013
11）Marcy Y, et al：Proc Natl Acad Sci USA, 104：11889-11894, 2007

12) Stepanauskas R and Sieracki ME : Proc Natl Acad Sci USA, 104 : 9052–9057, 2007

13) Swan BK, et al : Science, 333 : 1296–1300, 2011

14) Labonté JM, et al : ISME J, 9 : 2386–2399, 2015

15) Kashtan N, et al : Science, 344 : 416–420, 2014

16) Engel P, et al : PLoS Genet, 10 : e1004596, 2014

17) Yoon HS, et al : Science, 332 : 714–717, 2011

18) Lloyd KG, et al : Nature, 496 : 215–218, 2013

19) Rinke C, et al : Nature, 499 : 431–437, 2013

20) Clingenpeel S, et al : ISME J, 8 : 2546–2549, 2014

21) Bankevich A, et al : J Comput Biol, 19 : 455–477, 2012

22) Hess M, et al : Science, 331 : 463–467, 2011

23) Starnawski P, et al : Proc Natl Acad Sci USA, 114 : 2940–2945, 2017

24) Wilson MC, et al : Nature, 506 : 58–62, 2014

25) Eloe-Fadrosh EA, et al : Nat Commun, 7 : 10476, 2016

26) Campbell JH, et al : Proc Natl Acad Sci USA, 110 : 5540–5545, 2013

27) Ohkuma M, et al : Proc Natl Acad Sci USA, 112 : 10224–10230, 2015

28) Yuki M, et al : Environ Microbiol, 17 : 4942–4953, 2015

29) Haroon MF, et al : Nature, 500 : 567–570, 2013

30) Thompson AW, et al : Science, 337 : 1546–1550, 2012

31) Pramono AK, et al : Microbes Environ, 32 : 112–117, 2017

32) Liu Z, et al : ISME J, 11 : 1282–1285, 2017

33) Tripp HJ, et al : Nature, 464 : 90–94, 2010

34) McGlynn SE, et al : Nature, 526 : 531–535, 2015

35) Zong C, et al : Science, 338 : 1622–1626, 2012

36) Landry ZC, et al : Methods Enzymol, 531 : 61–90, 2013

37) Zahn H, et al : Nat Methods, 14 : 167–173, 2017

38) Chen C, et al : Science, 356 : 189–194, 2017

39) Lan F, et al : Nat Biotechnol, 35 : 640–646, 2017

40) Stepanauskas R, et al : Nat Commun, 8 : e84, 2017

41) McLean JS, et al : Proc Natl Acad Sci USA, 110 : E2390–2399, 2013

プロトコール編

シングルセル解析の実際

1 シングルセル解析のための一細胞調製法

伊藤隆司

　シングルセル解析を行うには，単一細胞を何らかの形で調製する必要がある．そのやり方には，顕微鏡下に手動で選り分ける方法から，セルソーターやLCMなどの既存の確立された機器を用いる方法，さらには最近になって登場した専用のマイクロフルイディクス装置を使う方法まで，実にさまざまである．あらゆる技術がそうであるようにそれぞれの調製法には利点と弱点があるので，対象とする細胞の特性と研究の目的に応じて適切な方法を選択することが肝要である．

はじめに

　一言で単一細胞の調製と言ってもさまざまな場合が想定される．対象が培養細胞のように比較的均一な細胞集団なのか，あるいは組織のように雑多な細胞が混在するヘテロな集団なのか，というのが1つの重要な点である．後者の場合でも，ヘテロな集団から特定のサブ集団を抜き出して解析したい場合もあれば，そのまま集団全体を俯瞰したい場合もあるだろう．比較的均一な集団やヘテロな集団全体を解析する場合には，単一細胞が分離できさえすればよい．一方，特定のサブ集団に着目する場合には，当該細胞を濃縮してから単一細胞を分離するか，当該細胞を選別しつつ単一細胞として回収する．ヘテロな細胞集団をまるごと解析する場合には，形状や大きさの異なる細胞でも同等の効率で捕捉・解析できる必要がある．また，そもそもどれくらいの数の細胞を出発材料として調製可能なのか，そしてどれくらいの数の細胞を解析したいのか（あるいは解析できる予算があるのか），そのあたりも重要なポイントになる．これら諸々を念頭に置きながら，以下の代表的な方法に関する概説をお読みいただきたい[1][2]．

マニュアルピッキング

　最も原始的な単一細胞調製法は，適切に希釈した細胞懸濁液をマイクロタイタープレートのウェルに分注して，一細胞であることを顕微鏡で確認するやり方であろう．また，顕微鏡下でマイクロピペットあるいはマイクロマニピュレータを用いて手動で単一細胞をとり出す手法は，受精卵を扱う場合などによく用いられてきた方法である．

　きっちりとつくり込まれた高額の専用機器はある意味で融通が利かないが，手動操作は原始的であるがゆえにスキルさえあれば自由度は高い．例えば，時間軸に沿った観察に基づいて，特定の細胞を経時的にとり出すことが可能である．出芽酵母の老化研究では，1個の細胞から出芽してくる娘細胞をマイクロマニピュレータで順次分離することで寿命を数える．この操作は複製回数が1回ずつ異なるゲノムをもつ単一娘細胞のシリーズを調製していることに他ならないし，母細胞の方は出芽回数が正確にわかるので複製老化研究の貴重な材料になる．また，造血幹細胞の分裂で生じた2個の娘細胞をとり分けて遺伝子発現プロファイルを比較することによって，細胞分裂が均等分裂（幹細胞

が2つ生まれる分裂）なのか不均等分裂（幹細胞と前駆細胞が1つずつ生まれる分裂）なのかを明らかにすることもできる[3]．そのポイントは単一幹細胞から生じた娘細胞のペア（paired daughter cells）を比較する点にある．これらの手の込んだ細胞調製はマニュアル操作でないと実施が困難である．

そこまで特殊な場合でなくとも，単一細胞のピッキングはそれなりに面倒であり，それを簡便に行うための専用培養ディッシュ QIAscout（キアゲン社）も市販されている．QIAscout はマイクロラフトとよばれるトレーがアレイ状に連結された構造となっており，その上に細胞を播いて培養する．顕微鏡観察によって単一細胞の付着が確認されたマイクロラフトを下から針で刺すと，そのマイクロラフトだけをアレイから簡単に取り外せる．取り外したマイクロラフトは磁性を帯びており，磁石を利用して容易にチューブなどに移せるので，そこに付着している単一細胞を確実に採取できる．

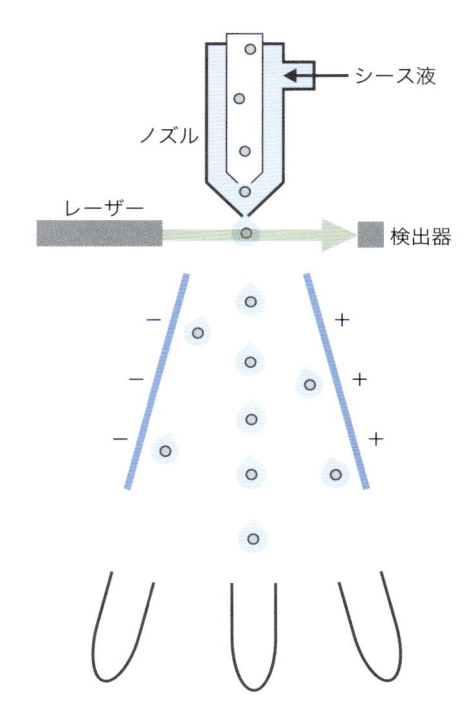

図1　セルソーターの原理

セルソーター

細胞の分離装置としてセルソーター（ソーティング機能を備えたフローサイトメーター）が脳裏に浮かぶ読者も多いだろう．セルソーターは，流液中の標識細胞にレーザーを照射して測定した蛍光値に基づいて個々の細胞を含む液滴が形成される際に適切な荷電を与え，その荷電を利用して液滴（つまり単一細胞）を分取する装置である（図1）．最大の利点は，多数のパラメーターによって特異性高く定義された細胞集団を高速かつ自動的に分離できることである．細胞を1つずつマイクロタイタープレートウェルに分取できるのもシングルセル解析の出発点として魅力的である．

セルソーターの使用に際しては留意点がいくつかある．まず，目的の細胞を検出できる蛍光標識抗体類が必要である．次に，重要でありながら見過ごされがちな点であるが，単一細胞の懸濁液を調製せねばならない．浮遊系細胞の場合には問題にならないが，組織中の細胞の場合には，組織を適切に処理して単一細胞に分散させねばならない．単一細胞になっていないと思わぬ間違いにもつながりかねない．セルソーターの前処理用キットが各種市販されているが，組織を単一細胞に分散する条件が目的細胞に深刻なダメージを与えないか（生存能を大きく損なわないか）については，ゲノムはさておきトランスクリプトームを調べる場合には確認しておいた方がよい．また，セルソーターは，分離中の細胞を高流速と高電荷に晒すので，脆弱な細胞には不向きなこともある．せっかくのシングルセル解析によって見えてきたはずの不均一性がじつはセルソーターやその前処理におけるダメージの不均一性であっては全く洒落にならない．なお，セルソーターを流すには相当数の細胞数が必要とされ，含有率があまりに低い細胞の分離がうまくいかないこともある．こうした限界を念頭に置いたうえで，自分の実験系にセルソーターが利用可能か検討する必要がある．免疫や幹細胞のラボではセルソーターを所有しているところ

も少なくないし，共通機器として設置されている研究機関も多いだろう．身近にあるセルソーターの性能を調べ，使用経験の豊富な研究者に相談するところからはじめるのがよいだろう．

レーザーキャプチャーマイクロダイセクション（LCM）

レーザーキャプチャーマイクロダイセクション（LCM）は顕微鏡下の組織片から望みの単一細胞や細胞集団を切り出す方法である．各社から専用装置が販売されており，専用フィルム上に置いた組織片をスライドステージに倒立してセットしておいて目的細胞の周囲にレーザーを照射で切離して重力で落下させる方式や，標本上に置いた熱可塑性フィルムをレーザー照射で溶かして直下の細胞と融合させることで細胞を回収する方式（図2），さらにはスライドグラス上で切離した細胞を強力なレーザーパルスで飛び上がらせて回収する方式などが用いられている．

LCMの最大の利点は顕微鏡で直視下に望みの細胞を回収できる点にあり，一細胞解析データを組織中の位置情報と紐づけることが容易である．パラフィン包埋あるいは凍結の標本が利用可能で必要に応じて染色もできるので，より詳細な形態・表現型情報とも紐づけられる．また，セルソーターやマイクロフルイディクスといった流路系とは対照的に，細胞の分散処理が不要である点も魅力である．一方，セルソーターや微小液滴を用いるシステムに比較すると，取り扱える細胞の数は少なくならざるを得ない．単一細胞を正確にとり出せるか否かは，レーザー照射の正確さに依存する．遠慮すると隣接細胞の細胞質が混入してくるし，踏み込み過ぎると目的細胞の細胞質の一部を失う．ちなみに，顕微鏡で見ると言ってもカバースリップは置けないので，解像度が不十分で目的細胞の選別に熟練が必要になる場合もある．また，レーザー照射によってDNAやRNAが損傷される場合もあることに注意する．

なお，LCMは，シングルセル解析を超えたサブシン

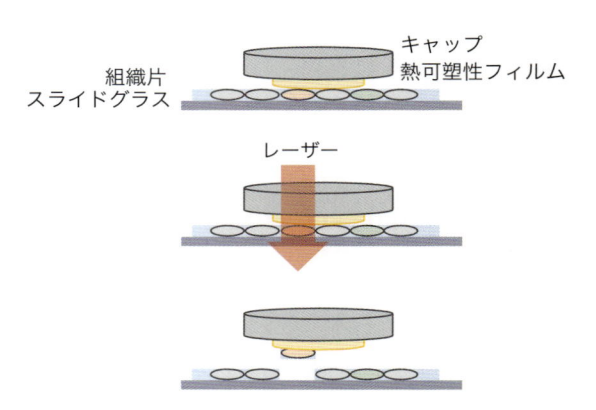

図2　LCMの原理

グルセル解析にも使える．極性をもった細胞ではmRNAの分布も不均一で，例えば神経細胞では細胞体（soma）と軸索（axon）と樹状突起（dendrite）では局在するmRNA分子種が異なる．そこまで踏み込んで調べようとすると，LCMかマイクロキャピラリによる細胞質採取を用いざるを得ない．核内高次構造解析法として注目されているGAM（Genome Architecture Mapping）[4]では超薄切片からLCMで個々の細胞核切片をとり出してDNA配列決定を行う．超薄切片とLCMの組合わせは，細胞内における分子の分布に踏み込むサブシングルセル解析において重要な手法になるだろう．

マイクロフルイディクス装置

最近のシングルセル解析で特に注目されているのがマイクロ流体工学（マイクロフルイディクス）に基づくシステムである．その最大の利点は，単一細胞を分離するのみならず，細胞溶解やそれ以降の実験操作とも一体化・統合化できる点にある．これらの装置はバルブ型とドロップレット型に大別できる[5]．

1. バルブ型

バルブ型装置の特徴は，集積流体回路（integrated fluidic circuit：IFC）に導入した細胞や溶液を，印加圧

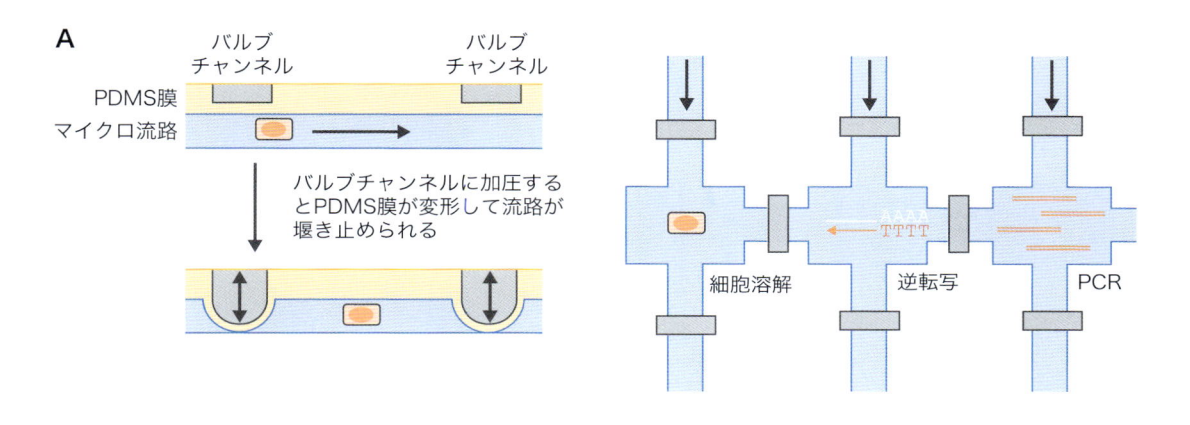

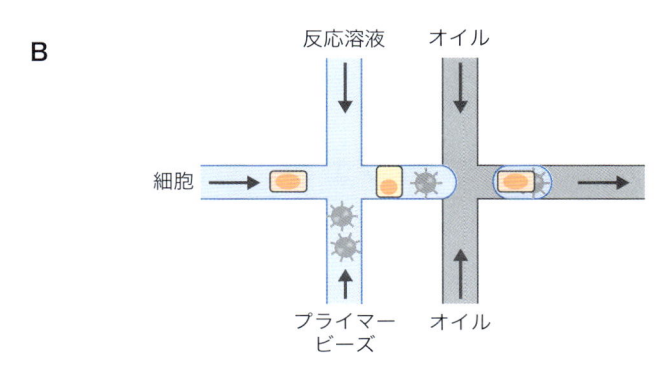

図3　マイクロフルイディクス装置の原理
A) バルブ型，B) ドロップレット型.

力とバルブ開閉を操作することによって，自在に操れるところにある（図3A）．その代表はフリューダイム社のC1システムで，単一細胞懸濁液を導入するとマイクロ流路内に設置された独立のチャンバーに細胞が1つずつ分取される．分取された細胞は顕微鏡で観察できるので，生存率の確認や各種染色を施すことも可能である．捕捉が確認できたら，チャンバーに順次必要な試薬を送液して，細胞を溶解して以降のさまざまなアプリケーションに供する．一細胞解析用装置としては老舗で多数の使用例が報告されており，さまざまなアプリケーションも用意されている．一方，細胞の捕捉はサイズに基づく完全に物理的なものなので，サイズが適合していないとうまく捕捉できないし，逆に複数細胞が捕捉される可能性もある．取り扱える細胞数の上限

はIFCのデザインに規定されるので，現行システムでは96個ないし800個である．したがって，比較的均一な細胞集団の解析には適しているが，ヘテロな細胞集団から含有率の低い細胞を探すような目的には向かない．厳密な反応制御が必要なケースに向く方式である．

2. ドロップレット型

　ドロップレット型装置は，マイクロ流路中をキャリア液として流れるオイルの中に水性の微小液滴（microdroplet）を形成させ，それらを細胞捕捉および反応のチャンバーとして利用するものである（図3B）．Dropseq[6]とinDrop[7]の発表以来，特に大きな注目を集めている．この方式のポイントは，個々の微小液滴が細胞1個とバーコード配列をもったプライマーの付いた

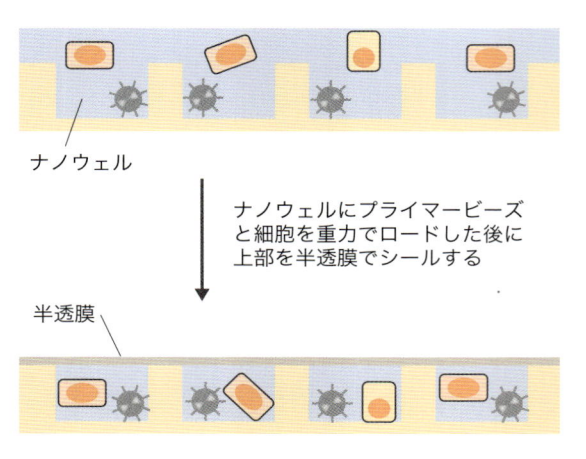

ナノウェル

ナノウェルにプライマービーズ
と細胞を重力でロードした後に
上部を半透膜でシールする

半透膜

図4 ナノウェルの原理

ビーズまたはハイドロゲル1個を含むように調整する点にある．この微小液滴中で細胞を溶解し，Drop-seqの場合はmRNAとoligo-(dT)のハイブリダイゼーションによるビーズ上へのキャプチャまでを，inDropの場合にはUV照射でハイドロゲルからリリースされたプライマーによるcDNA合成までをそれぞれ行う．その後は，エマルジョンを破壊して，微小液滴中の水溶液をひとまとめにしたバルク状態で反応を進める．この方式の最大の利点は，多数の単一細胞（数千〜数万）を取り扱える点である．いろいろな大きさの細胞にも対応可能なので雑多な細胞種からなる組織の解析に適している．捕捉効率は手法により異なり2〜4％から60〜90％とされるが[8]，複数の細胞が同一の液滴中に取り込まれることもある．また，捕捉効率が高いinDropであっても投入する細胞数としては10^4以上が望ましいとされており，インプットの細胞数が少ない場合には向かない[8]．このタイプの装置は各社から発売されており，例えば10x Genomics社ChromiumシステムではinDropの変法を実施できるし[9]，バイオ・ラッド ラボラトリーズ社の装置とイルミナ社のキットでも同様の解析が可能である．一方，Drop-seqを開発したMcCarroll研究室からは装置自作のためのマニュアルも公開されている．

■ ナノウェル

手動やLCMでピックできる細胞数には一定の限界がある．それを超える数の単一細胞を扱いたいのだがセルソーターもマイクロフルイディクス装置もない．そんな場合に有望なのが，サブナノリットルスケールのウェル（ナノウェル）である．マイクロ流路や専用ディスペンサーと組合わせたナノウェルの系もあるが，単一細胞をナノウェルに落とし込む際に重力による沈降を使えば特殊な装置は要らない（図4）．例えば，最近報告されたSeq-Wellでは86,000個のナノウェルに単一細胞とバーコード付きpoly(dT)ビーズ1つを重力で落とし込んだ後，ウェル上部を半透膜でシールすることによってコンタミネーションとRNAの喪失を防ぎつつ，透析による溶液交換を利用して細胞溶解とmRNA捕捉を実現している[10]．シールをはがしてビーズを回収してバルクでライブラリを作製すればよいのは，マイクロフルイディクスの系と同様である．特殊な装置が不要であるのみならず，セルソーターもマイクロフルイディクス装置の弱点であるインプットの細胞数が限られている場合にも有効な手段である．

表1　代表的な一細胞調製法

	利点	弱点
マニュアルピッキング	・特別な装置が不要である ・確実に望みの細胞を取得できる	・熟練が必要とされる ・スループットが低い
セルソーター	・細胞の選択性が高い ・高速で分離できる	・大量の細胞が必要になる ・細胞を分散させる必要がある ・ダメージを受ける細胞がある
レーザーキャプチャー マイクロダイセクション（LCM）	・組織内の位置情報等が得られる ・大量の細胞を必要としない ・細胞を分散させる必要がない	・熟練が必要とされる ・隣接細胞の混入の危険性がある ・スループットが低い
マイクロフルイディクス バルブ型	・下流の操作と統合できる ・大量の細胞を必要としない ・複雑な反応を厳密に制御できる	・解析細胞数が限定される ・細胞を分散させる必要がある ・細胞サイズに制限がある
マイクロフルイディクス ドロップレット型	・下流の操作と統合できる ・大量の細胞を解析できる ・細胞サイズの制限が少ない	・少量の細胞には適用できない ・細胞を分散させる必要がある
ナノウェル	・特別な装置が不要である ・下流の操作と統合できる ・少量の細胞でも処理できる	・解析細胞数が限定される ・細胞を分散させる必要がある ・細胞サイズに制限がある

おわりに

　本稿では代表的な一細胞調製法の原理を概説した．それぞれに利点と弱点があることがご理解いただけただろうか（表1）．自分の実験系や研究目的にはどの調製法が最も適しているのかをよく考えたうえで，原著論文やメーカーの資料を読み，さらには実際にそれを使用している研究者に問い合わせるなどして，実験計画を立案されることをお勧めする．

◆ 文献

1）Hu P, et al：Front Cell Dev Biol, 4：116, 2016
2）Macaulay IC, et al：Trends Genet, 33：155–168, 2017
3）新井文用：医学のあゆみ，258：293–298，2016
4）Beagrie RA, et al：Nature, 543：519–524, 2017
5）Prakadan SM, et al：Nat Rev Genet, 18：345–361, 2017
6）Macosko EZ, et al：Cell, 161：1202–1214, 2015
7）Klein AM, et al：Cell, 161：1187–1201, 2015
8）Zilionis R, et al：Nat Protoc, 12：44–73, 2017
9）Zheng GX, et al：Nat Commun, 8：14049, 2017
10）Gierahn TM, et al：Nat Methods, 14：395–398, 2017

ハイスループットシングルセル技術

scRNA-seq、T 細胞受容体 (TCR)/抗体遺伝子解析

細胞ソーティング、ゲルビーズ/細胞培養

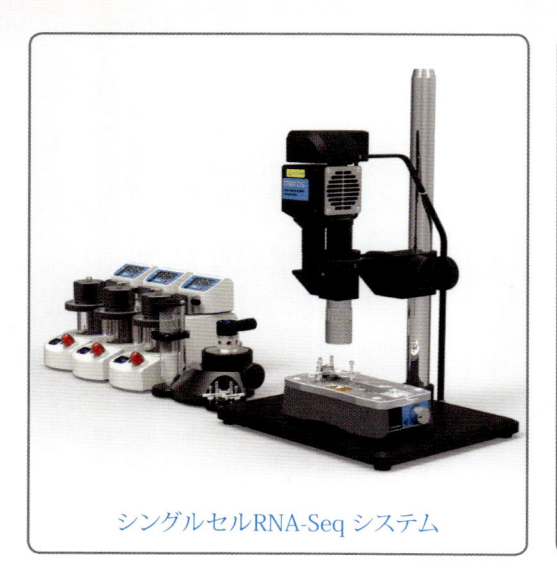

シングルセルRNA-Seq システム

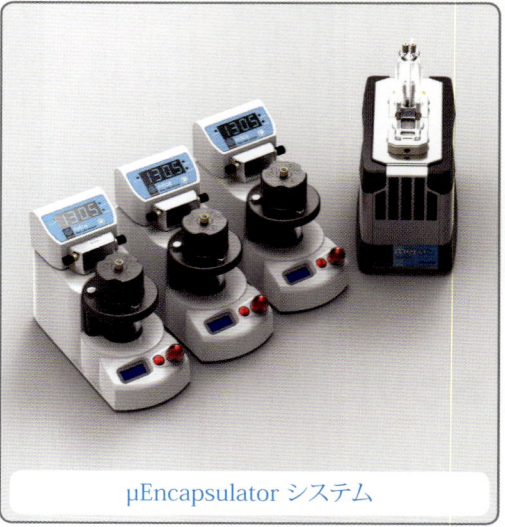

μEncapsulator システム

シングルセルRNA-SeqシステムによるDrop-seqの流れ

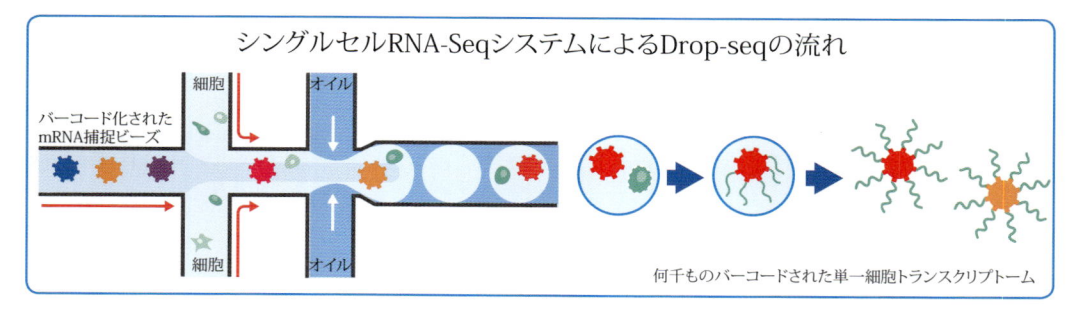

バーコード化された
mRNA捕捉ビーズ

細胞

オイル

細胞

オイル

何千ものバーコードされた単一細胞トランスクリプトーム

シングルセル分離 ▷ cDNA合成・増幅 ▷ シーケンス ▷ データ解析

- 多くのサンプル量を迅速に、高再現性で単離
- フレキシブルに多種多様な手法、プロトコールに対応

2 シングルセル解析における前処理の意義

永澤　慧，鹿島幸恵，関　真秀，鈴木　穣

　シングルセル解析と総称されるように，単一細胞におけるゲノム，トランスクリプトーム，エピゲノムの計測が可能となっている．その実践には，単一細胞の解析という目的は画一にしつつも多様な手法が開発，実用化されている．広く用いられている手法は，その細胞分取の手法から，①マイクロ流路を用いるもの，②液滴を用いるもの，③フローサイトメトリーなどの物理的手法を用いるもの，④ナノウェルを用いるもの，に大別される．これらの手法には，それぞれに応じた試料の調製が必要となる．本稿では，それぞれの手法の特性を概説し，それらを踏まえた試料調製の手順を詳解する．

はじめに

　がんにおける薬剤耐性あるいは転移能の獲得細胞の出現機序の解明，免疫反応における初期応答あるいは応答終結シグナル発生細胞の同定と解析，さまざまな発生系譜における幹細胞の同定など，少数の細胞集団の解析が，その後の細胞系全体の挙動に決定的な役割の解明に本質的な情報を与える局面が，近年，数多く報告されている[1]〜[3]．従来の細胞集団を解析するいわゆるバルクの解析では，これら集団中に少数しか存在しない細胞の解析は困難である．得られる信号強度のなかで，少数細胞に由来するものが集団中に埋没してしまうからである．そこで，単一細胞を個々に解析しようという試みは以前から取り組まれてきた．これらは，シングルセル解析と総称される[4]．しかし，単一細胞の分取，核酸の抽出および極微量な抽出核酸の加工のすべての段階において，熟練した手技を要したために，その解析は一部の専門家に限られたものであった．

　フリューダイム社が，その工程を全自動化し，シングルセル解析を万人が再現性よく行えるようになってから5年が経過した．その後の進展は著しく，次々と異なる方法論による手法が開発，実用化されている．代表的な商用シングルセル解析システムだけでも10x Genomics 社の Chromium システム，バイオ・ラッドラボラトリーズ社の ddSEQ システム，WaferGen 社の ICELL8 システムなど，多岐にわたっている．さらに新しく BD Biosciences 社が新型システムを上市するという．本稿では，これらを便宜的にその細胞分取手法の観点からマイクロ流路を用いるもの，液滴を用いるもの，フローサイトメトリーなどの物理的手法を用いるもの，ナノウェルを用いるものに大別した．細胞の分取に用いるそれぞれの手法に依存して，それに対応した前処理が必要となる．本稿では，それぞれの手法と，その制約条件を概観し，それぞれの手法において前処理過程での留意点を詳解する．

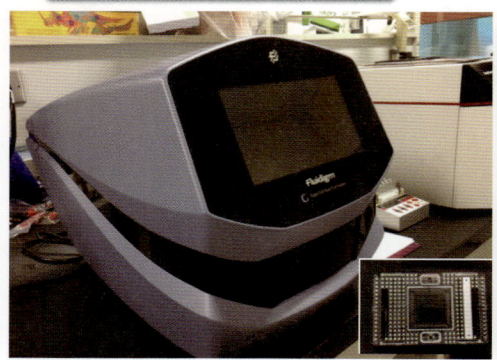

A C1装置本体と反応プレートの外観

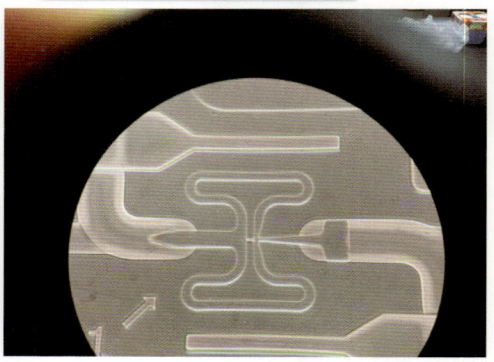

B 反応プレート内部マイクロ流路

図1　フリューダイム社C1システム
本システムでは，単一細胞の分離は，マイクロ流路を細胞に循環させることにより行われる．

それぞれのプラットフォームの特性

1. フリューダイム社C1システム

　本システムでは，単一細胞の分離は，マイクロ流路に細胞を循環させることにより行われる（図1）[5]．流路中には，96個（あるいは800個）のノズルが構成されている．ノズルにトラップされた細胞は，その後，それぞれのノズルに個別に連結されているナノ反応チャンバーへと移送される．それぞれのチャンバー内で個々の細胞は独立に溶解され，次の段階のチャンバーに入った試薬と混合される．並行に配置された合計6個のチャンバーの中で，逆転写，PCRによるcDNAの合成反応が順次，全自動で進行する．最終的に溶出される反応産物は，単一細胞由来のcDNA増幅産物であり，個別のウェルごとに溶出され，回収される．

　C1システムは，それぞれの反応を厳密にまた細胞間で比較的均一に制御できる系として，現在でも広く用いられているシステムである．ただし，解析対象細胞数が実装可能なノズル・ナノ反応チャンバーの数に制限されるために，一度に取扱可能な細胞数は，後述のシステムに劣る．また，マイクロ流路を用いることから，細胞が支障なくマイクロ流路を通過，ノズルにト

ラップされることが不可避な要件として存在する．そのため，試料調製および実験計画について以下のような制約が発生する．

1）流路に導入する細胞径に制限がある

　想定されるより大きな細胞であれば，流路が逼塞し，また小さな細胞であれば，ノズルに捕捉されない．実際，C1システムでは，3種類の異なる流路径が提供されており，あらかじめ推定あるいは検討した細胞径に応じて，適当なものを選択する．逆に，多様な細胞径からなる雑多な細胞集団を導入した場合，それぞれの細胞径に応じて，捕捉される確率が異なる．そのため，一般に異なる細胞の同一計測，あるいはある細胞種の細胞集団中の頻度推定には不適である．特に，個々の細胞への分離が不十分である細胞塊が混入していた場合，あるいは組織由来の残滓などが混入していた場合，流路が逼塞されることで，すべてのノズル・チャンバーで反応が進行しないことがある．

2）円滑なマイクロ流路内に細胞が循環するために，細胞形態も想定された範囲である必要がある

　死細胞など，変形した細胞は効率よく単離することができない．そのため凍結した細胞あるいはRNA*later*などの核酸保存剤で保存された細胞は，一般に解析に用いることができない．セルバンカーなどの細胞保存液を用いて凍結したものは細胞種によっては用いるこ

とが可能であるが，保存状態での遺伝子発現に対する影響については検証が必要となる．

3）細胞濃度についても比較的厳密に制御する必要がある

細胞濃度が濃いと同一のノズルに複数の細胞が捕捉される確率が高まる（単一細胞が正しく捕捉されていることは目視で個々のノズルについて確認する）．逆に，薄い場合には細胞がトラップされないノズルが増加する．（至適な濃度で用いた場合でも捕捉率は90%程度である．ただし，5,000細胞程度と，他のシステムに比して入力に用いることのできる細胞数が少ない状況でも実施が可能である．

4）反応が終夜反応であり，同時に1台，1回あたりの反応で1条件の細胞群しか解析できない

すなわち96細胞のシングルセル解析を刺激の有無など，同時に2セット行う際には，2台の機器が必要になる．

これら，使用上の制約の多いシステムではあるが，それらを考慮しても，C1システムは堅牢なシステムであって，他のシステムにない利点を有する．

第一に，物理的に分かれた形で細胞ごとにRNA-Seqライブラリーが構築されるために，解析の結果，興味のある細胞が発見された場合，その細胞に特化した読み足し，再解析が可能である．第二に，C1システムでは，そのデータ解析において，比較的容易に生物学的な解釈が単独に可能である．実際のところ，1万個の細胞を解析するにしても，そのシークエンスデータの取得に供することができるのは，一般的にイルミナHiSeqでの1レーン分，約2〜3億本の配列が上限である．単純にC1システムで取得される96細胞で均等に分割した場合，1細胞あたり数200〜300万シークエンス程度のデータ取得量になるが，これは通常の意味で遺伝子発現を志向したRNA-Seq解析を行うには下限の数である（細胞あたり10万のmRNA分子が存在し，その長さが1 kbである仮定した場合，10 rpkm＝10タグ/100万リードが1分子/1細胞にあたるが，これが200万リード読んだ場合，20タグ取得される）．また細胞間で比較的均一な数のリードが得られ

るために，細胞間でのバイアス，発現量正規化などの問題が軽減される．また，本稿での詳細は割愛するが，本システムが現在のところATAC-Seq法を用いて単一細胞エピゲノム解析を安定的に行える唯一の全自動システムである（プロトコール編-16）[6]．

2. 10x Genomics社Chromiumシステム

本システムにおいては，単一細胞の分離はマイクロ径の液滴（マイクロドロップレット）によって行われる（図2）．ここでは，個々の細胞は，分離された後に限界希釈され，流路に投入される．細胞流路がビーズをもった細胞溶解液の流路と合流した直後に，有機溶媒流路と交差し，そこで液滴が形成される．液滴は，確率的に単一の細胞を内包する形で形成され，これにより複数の細胞の混在を阻止する．以下の反応はそれぞれの液滴のなかで進行する．cDNA反応の合成までを行った後に，液滴を破砕，5,000〜1万細胞分の混合物として回収する．これに対してPCR増幅，断片化，アダプター付加を行い，次世代シークエンス解析に供される[7]．本システムは物理的に複雑なマイクロ流路あるいはナノ反応チャンバーを用いた緻密な反応制御系ではないために，C1システムで見たような細胞径に関する厳しい制約は存在しない．

1）異なる細胞径の細胞を同一の条件で解析可能である

細胞径および形状に由来するバイアスが明示的には存在しないために，複数種の細胞の解析に適する．変形した細胞，場合によっては損傷した細胞を解析に用いることも可能である．また，一度の反応で，最大8セットの細胞群についての解析を行うことが可能であるために，細胞の輸送および保存の観点から，実験計画が容易である．

2）機器に導入する細胞懸濁液における細胞濃度が高い場合，複数の細胞が1つの液滴に封入され，混入した形でのデータが取得される可能性が上昇してしまう

複数細胞が混入したデータについて，これを明示的

A

Chromium装置本体とSingle Cell 3′ Chipの外観

B

Single Cell 3′ Chip内部マイクロ流路

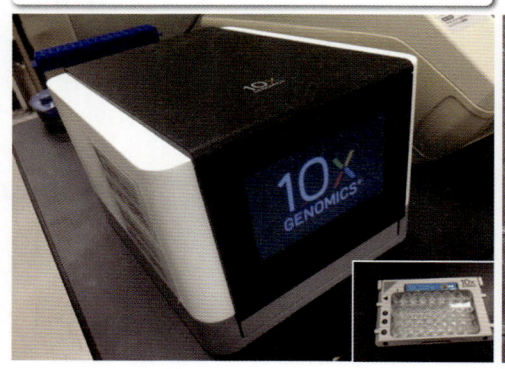
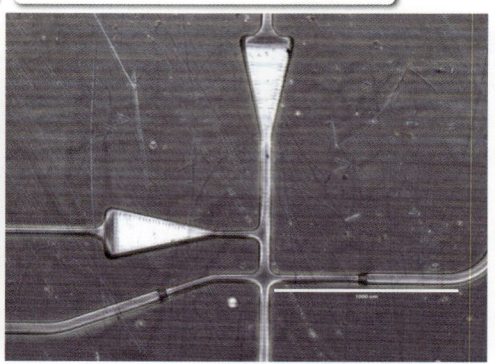

図2　10x Genomics社Chromiumシステム
本システムにおいては，単一細胞の分離はマイクロ径の液滴によって行われる.

に判別する手法はない．複数細胞の混入は確率的に発生し，最大5％（至適条件で1％）発生すると見積もられている．また細胞密度が小さい場合，取得される細胞数が減少するが，その影響はさほど顕著ではない．ただし，一定のデッドボリュームが存在するために，出発材料として5万程度の細胞数が必要となる．

3）一般に個々の液滴内での反応効率は高くないと想定される

そのため測定の成否が，個々の細胞が含有するmRNA量に強く依存する．mRNA量の少ない血球系細胞においては，時として取得されたRNA–Seqデータ中に多くのPCRシスター[※1]由来の配列が含まれる．また細胞によって，1細胞あたりに得られるRNA–Seqタグ数が大きく異なるために，何らかの正規化が必要であると考えられるが，その情報解析について決定的な方法論が存在しない．

4）HiSeq 1レーンを用いてシークエンス解析を行った場合，シークエンス深度が決定的に不足する

2億リードを1万細胞で分割した場合，細胞あたりのタグ数は2万となり（実際はこれが数千から数十万まで広く分布する），低〜中発現量の遺伝子については数タグでの遺伝子発現解析を強いられる．細胞に特化

した読み足し，再解析も不可能である．最近，バイオ・ラッド ラボラトリーズ社から発売が開始されたddSEQについても，同様に液滴を用いた反応であり，その特性のほとんどを共有する（図3）．ddSEQでは解析可能な細胞数がChromiumの約1/10程度であり，細胞の集団頻度の解析には性能が劣る．しかしその反面，細胞あたりのシークエンス深度は改善されることとなる．また，ddSEQシステムではcDNA増幅時にPre-amplificationを行わないために，PCRシスターの生成率も低く抑えられる．

3. フローサイトメトリーその他のシステム

C1システム上市以前から，フローサイトメトリーなどの従来的な手法で細胞を分取する手法が用いられてきた．前述のシングルセル解析に特化した機器を必要としないために，簡易的な単一細胞の分離法として広く用いられている．これらの手法においては，分離さ

※1　PCRシスター

単一の分子に由来するPCR増幅産物のこと．これを複数回カウントすると，遺伝子発現の取得が不正確になることが知られている．PCRシスターはUMI（Unique Molecular Index）とよばれるバーコード配列で区別することができる．

A

ddSEQ装置本体外観

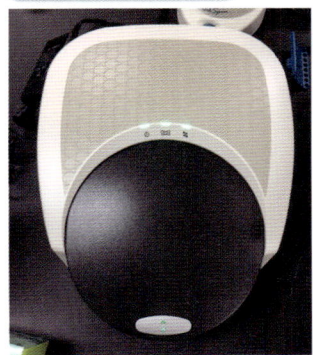

B

ddSEQ Single-Cell isolatorにカートリッジをセットしたところ

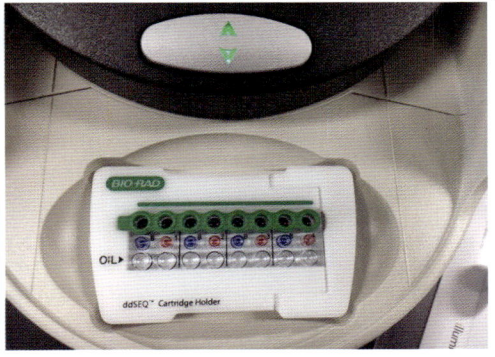

図3　ddSEQ
本システムにおいては，単一細胞の分離はマイクロ径の液滴によって行われる．

れた細胞は96 wellあるいはそれ以上のwellのプレート中に分取され，通常の人手での操作，あるいはロボットを用いた反応に供される．従来は，研究機関あるいは作業者間での差異が問題となることが多かった系であるが，各素反応における細かな工夫とある程度のプロトコールの画一化が進んだ結果，非専門家でも比較的安易に実施が可能なまでになっている．細胞径，細胞の形状についてもフローサイトメトリーで扱える限りにおいては問題なく，組織に由来する残滓も通常のフローサイトメトリーの過程でのフィルターにより除去される．ただし，一度に処理が可能な細胞数は依然として限られており，また一般に各細胞における反応スケールが大きくなることから反応効率が問題になることが多い．

4. ナノウェルを用いたシステム

最近になって，細胞分離に微小ウェルが穿たれたポリマー片を用いる実験系の構築が報告された[8]．ここでは細胞は，自由落下により，ポリマー片あたり10万程度のウェルに分離される．細胞はあらかじめ各ナノウェルに分取されたビーズと個別に反応する．それぞれの細胞に由来するcDNAは，それぞれのビーズが有する固有の配列で末端ラベルされた後に，回収され，

混合物としてPCR増幅，断片化，アダプター付加が行われる．ウェルに支障なく分離される限りにおいては，細胞径，細胞形態に関する制約は大きくない．また，残滓の混入も全体には影響しない．一切の機器を必要とせず，また細胞を封入した状態で反応を中断させることも可能であるため，病院などの非専門研究機関の外にあっても実施可能である．しかし実際上，微量の試料を人手で取り扱う必要があるために，実験者に一定の技術水準が要求される．本システムを採用するメーカーも現れると思われるが，その際，それぞれに技術的な困難をどのように改善していくのかも注目される．

各プラットフォーム特性を考慮した試料調製要件

いずれのシステムにおいても，それぞれの制約に十分に留意して試料を調製する．システムによって，最低限必要な細胞の濃度，数，および，得られる細胞数も大きく異なっているので，目的のサンプルの採取可能な量や得たい情報にあったシステムを選択する必要がある．表1にシングルセルRNA–Seqに用いることのできる代表的な3つのシステムの特徴についてまとめた．

表1　各システムの特徴と解析細胞数

	フリューダイム社 C1 システム（96 well）	10x Genomics 社 Chromium システム	バイオ・ラッド ラボラトリーズ社 ddSEQ システム
系の特徴（利点）	・キャプチャーされた状態での細胞の観察が可能 ・細胞間でタグ数のばらつきが少なく，発現量正規化等の問題が軽減される ・特定の細胞の読み足し，再解析が可能	・同時に解析可能な細胞数が最も多い ・異なる細胞径の細胞を同一の条件で解析可能	・多くの細胞を同時に解析することが可能 ・異なる細胞径の細胞を同一の条件で解析可能
系の特徴（不利点）	・一度に取扱可能な細胞数やサンプル数は他システムに劣る ・細胞径や形状に制限がある	・1 細胞あたりのタグ数が細胞間で大きく異なるために，何らかの正規化が必要 ・特定の細胞の読み足し，再解析は不可能	・1 細胞あたりのタグ数が細胞間で大きく異なるために，何らかの正規化が必要 ・特定の細胞の読み足し，再解析は不可能
必要細胞数（必要細胞濃度）	200～1,000 cells/sample（66～333 cells/μL）	870～17,400 cells/sample（100～2,000 cells/μL） *目標出力細胞数によって異なる	11,250 cells/sample（2,500 cells/μL）
解析可能出力細胞数/反応	最大96 cells×1 sample	約500～10,000 cells×8 samples	約300 cells×4 samples

Protocol Worksheet SMART-Seq v4 No Stain（Rev B），ChromiumTM Single Cell 3' Reagent Kits v2 User Guide, Illumina Bio-Rad SureCellWTA3'LibraryPrep Reference Guide を参考に作成.

実施例：マウス腎臓組織片からの単細胞懸濁液の調製

マウス腎臓組織からのシングルセル調製のプロトコールの例を示す.

1）準備

・コラゲナーゼ溶液：DMEM High Glucose（和光純薬工業社，#044-29765）に下記①②を溶解し，③を行う.

　①Collagenase Type IV：終濃度1 mg/mL（シグマ アルドリッチ社，#C5138）

　②DNase I：終濃度20 units /mL（プロメガ社，#M6101）

　③0.45 μm filter を通す

・10%FBS 含有 DMEM

・PBS（－）

・恒温水槽

・セルストレーナー（100 μm など使用する細胞のサイズにあったものを適宜準備）

・Red Blood Cell Lysis Solution〔BD Bioscience 社，#555899（BD Pharm Lyse）〕

2）処理の実際

　①腎臓1 mm 片にコラゲナーゼ溶液1 mL を加える（図4）.

　②37℃10分間インキュベートする.

　③P1000 チップの先端を切ってピペッティングでほ

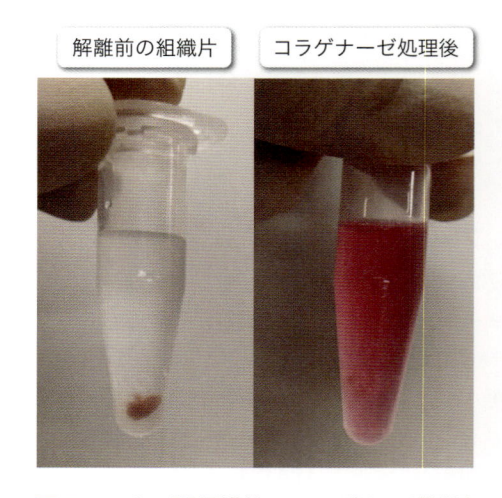

解離前の組織片　　コラゲナーゼ処理後

図4　マウス腎組織片のコラゲナーゼ溶液による溶解

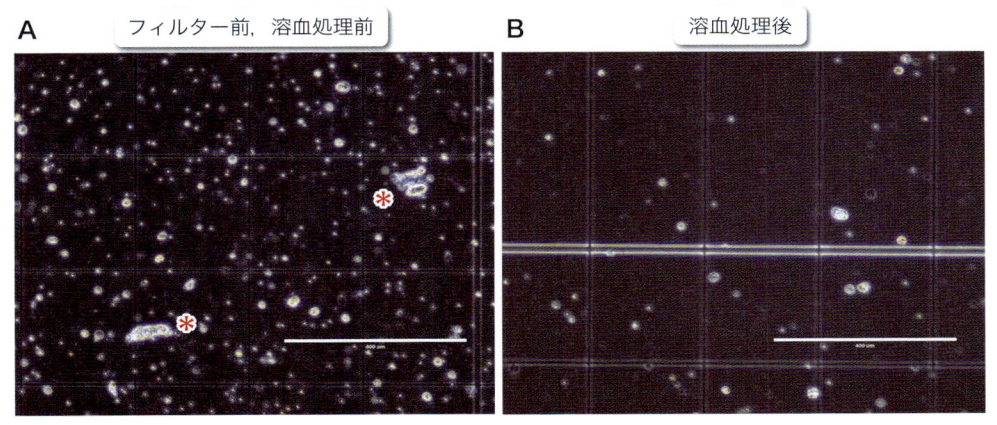

A フィルター前，溶血処理前　　**B** 溶血処理後

＊このような粗大なバルク細胞は後の工程に影響を及ぼすため，フィルターで取り除く

図5　フィルター・溶血処理前後の細胞懸濁液の様子

ぐす．

④セルストレーナー100 μm を通す（粗大な組織構造物，残渣を取り除く．**図5A**）．

⑤前述濾過液を，セルストレーナー20 μm に通す（赤血球および Single Cell の分離）．

⑥Red Blood Cell Lysis Solution を使用し，赤血球を溶血させる（試薬の取扱説明書参照のこと．**図5B**）．

⑦300×g で5分間遠心後，上清を廃棄する．

⑧適切なバッファーに細胞を再懸濁する．

⑨シングルセル解析に用いる．

おわりに

本稿で紹介したいずれのシステムにおいても，機器に導入する前に，個々の細胞を分離，単一細胞を調製する必要がある．そのために，各システムの特性を理解し，最適な分取，輸送，保存方法を選択するかが重要な要素となる．実際に多くの試行がくり返され，がん，発生など，多様な分野において，それぞれのシステムを用いた実施例の報告が相次いでいる．特に，最近，米国のグループが皮膚がん組織について解析を行っ

た例は興味深い．彼らは集団中に存在する多種多様な細胞を解析し，がん細胞，がん支持細胞，浸潤免疫細胞の構成する「細胞エコシステム」としてがんを再定義した[9]．免疫チェックポイント阻害剤の開発など，少数細胞あるいは細胞微小環境を標的とした薬剤の解析あるいは生物学的現象の理解には，同様のアプローチが強力な情報を与えるという．

しかし，組織から単一細胞をいったん分解すれば，その組織中での位置情報が失われる．「細胞エコシステム」といっても，どの細胞がどの細胞と直接相互作用しているのか，あるいはその細胞が組織上，どの位置に属するのかを理解することなしには，がん組織中に存在する多種類の細胞の多様なふるまいを完全に理解することは不可能である．相互に異なる微小環境中に位置するために，同一の細胞種あるいはモノクローナルな細胞間にあっても，完全に同様のトランスクリプトーム像を示す細胞は1つとして存在しないと思われる．この課題に対応するために，組織から自由拡散を限定してRNAを融解させた後に，その維持情報を縦走したバーコードオリゴの膜に写像する「Spatial Transcriptome」法も報告された[10]．依然，単一細胞の解像度には至らないものの同様の位置情報を保持する手法の開発がいくつかの研究機関，企業で急速に進行中

であるという．これらの手法の多くは，固定組織を出発材料とすることから，本稿で記したものとは別の形で，その前処理に関する制約が課せられることになる．これらも含めて，それぞれのシステムにどのような技術的な制約条件が存在するにせよ，さまざまな角度から単一細胞レベルでの情報の取得が可能になったことは意義深い．これらのシステムを駆使して，近い将来，本質的に多様な細胞集団の解析が要求される組織レベルでの解析から，多くのブレークスルーをもたらすことが期待される．

◆ 文献

1） Treutlein B, et al：Nature, 509：371-375, 2014
2） Greaves M & Maley CC：Nature, 481：306-313, 2012
3） Navin N & Hicks J：Genome Med, 3：31, 2011
4） Macaulay IC, et al：Trends Genet, 33：155-168, 2017
5） Pollen AA, et al：Nat Biotechnol, 32：1053-1058, 2014
6） Buenrostro JD, et al：Nature, 523：486-490, 2015
7） Zheng GX, et al：Nat Commun, 8：14049, 2017
8） Gierahn TM, et al：Nat Methods, 14：395-398, 2017
9） Tirosh I, et al：Science, 352：189-196, 2016
10） Ståhl PL, et al：Science, 353：78-82, 2016

3 1細胞RNA-Seqデータ解析

露﨑弘毅，二階堂 愛

本稿では，細胞個々の遺伝子発現量を計測する1細胞RNA-Seqのデータ解析を説明する．はじめに，基本的なデータ解析の一連の流れについて，次に目的に応じて異なる解析方法を紹介する．最後に今後の1細胞RNA-Seq研究の展開についてわれわれの見解を述べる．

はじめに

1細胞オミクス技術の登場により，これまでの細胞集団の平均的なプロファイルを計測するバルク実験では観測できなかった，細胞個々の異質性（heterogeneity）が理解されてきた．1細胞DNA-Seqや1細胞ATAC-Seqといった，ゲノム・エピジェネティクスを計測する技術は，いわばそのような異質性の"原因"を見る技術であるのに対し，1細胞RNA-Seqは，下流のトランスクリプトームを見る技術であり，リードアウト（Readout）すなわちその細胞の機能発現（"結果"）を計測する技術である．同一のゲノム情報をもつ体細胞が，発生や環境応答で細胞機能が変化するのは，このRNA発現量の変化によるものである．

1細胞RNA-Seqでは，研究者が本来見たい，細胞ごとの異質性という微細なシグナル（図1左）は，実験手技上のノイズ（テクニカルノイズ）が上乗せされた状態で観測される（図1右）．これは微量なRNAを捕捉・増幅して観測するうえで，シークエンスまでの過程でさまざまな実験上のエラーを含むためである．テクニカルノイズの影響と細胞の異質性を区別するには，綿密な品質管理（quality control：QC）や，ノイズにロバストな解析手法なしでは，無意味な解析結果になりかねない．そのため，データ解析はその研究の進展を左右する重要なステップとなっている．

1細胞RNA-Seq解析ではこのように注意すべき点が多く，1細胞RNA-Seq特化型と謳う解析手法は乱立している．ここでは，数ある手法のなかでも，極力われわれが実際に利用しているものを中心に焦点を当て，そのデータ解析方法を概説する．なお，ここで紹介する解析手法は，本稿の最後に，付表としてまとめる．

データ解析の基本手順

ここではまず，どのような1細胞RNA-Seq研究でも行われる，基本的なデータ解析手順を紹介する（図2）．

1. デマルチプレックス，トリミング

1細胞RNA-Seqでは，細胞分取のしかたが，①マニュアルピペッティング，②セルソーター，③流路（Fludigm C1），④ドロップレット（Drop-Seq[1] / inDrop RNA-Seq[2] /10x Genomics Chromium[3]）など多岐にわたる[4] [5]〔詳しくは，プロトコール編-RNA（トランスクリプトーム）解析を参照〕．シークエンスの際には，各細胞由来のcDNA配列を混合するため，シークエンス後に，cDNAに連結された細胞固有の人工的なDNA配列（セルバーコード）をたよ

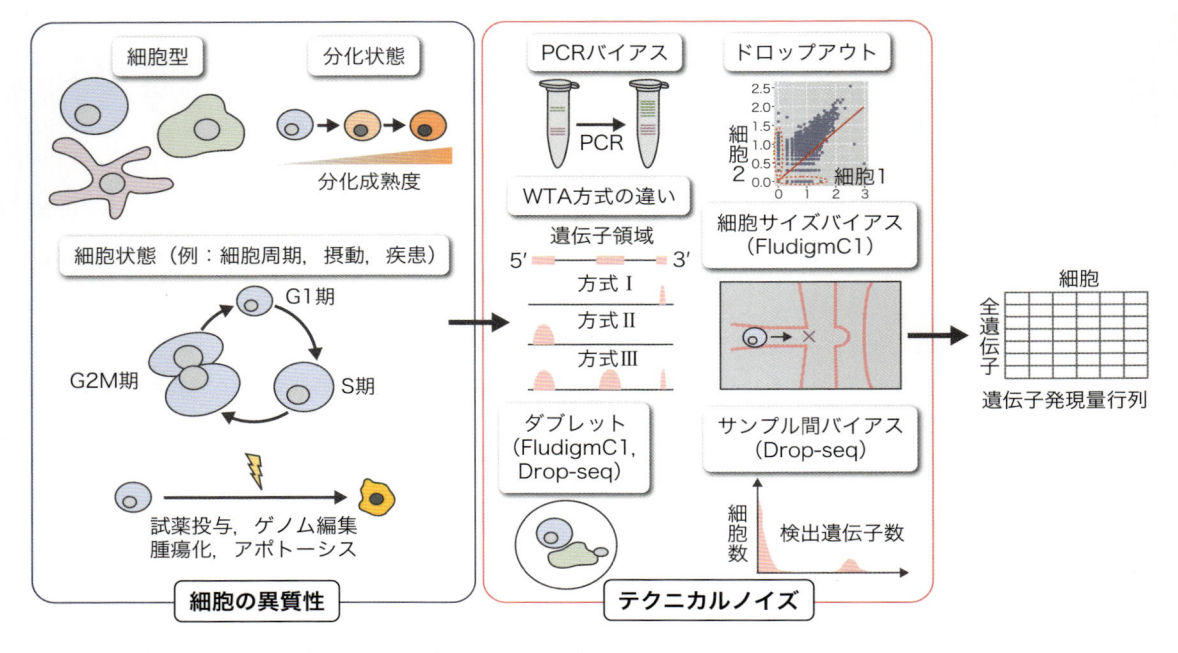

図1 1細胞RNA-Seqに含まれるシグナルとノイズ

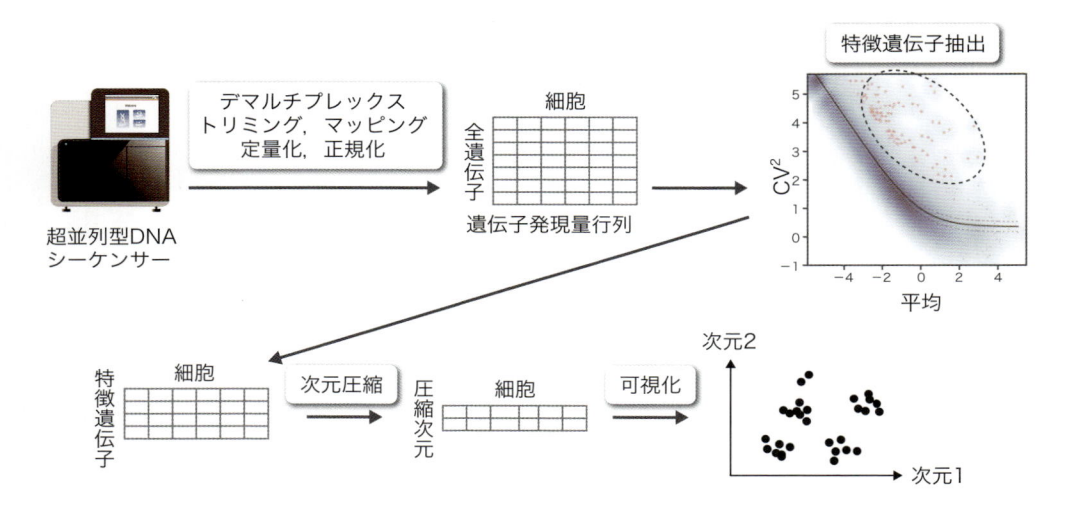

図2 基本的な1細胞RNA-Seqデータ解析の流れ（前半）

りに，リードを1細胞ごとに分別（デマルチプレック
ス）する必要がある．

　①，②，③の場合では，イルミナ社が公開している
bcl2fastq（http://jp.support.illumina.com/down-loads/bcl2fastq_conversion_software_184.html）と
いうソフトウェアで，ベースコールファイル（BCL）
をデマルチプレックスし，細胞ごとのリード配列ファ
イル（FASTQ）を取得する．

```
NS500723:26:HL5FJBGXX:2:22212:9673:17083        16      mouse_chr1      3018689 1       60M     *
0       0       ATGTTCTGTAGATATCTGTCAAGTCCATTTGTTTCATCACTTCTGTTAGTTTCACTGTGT    AAAAAEEAE/E
EEEAEEEEEEEEEEE//<E/EEEEEEEE/AE<AA//<EAAAAE/AEE         XC:Z:CAATGAGTATTC      XF:Z:INTERGENIC PG:Z:
STAR    RG:Z:A  NH:i:3  NM:i:0  XM:Z:ATGGATGT    UQ:i:0  AS:i:59         セルバーコード
NS500723:26:HL5FJBGXX:1:21201:12223:15218    UMI    16      mouse_chr1      3018696 1       60M     *
0       0       GTAGATATCTGTCAAGTCCATTTGTTTCATCACTTCTGTTAGTTTCACTGTGTCCCTGTT    AAAAAEEAEEA
A/E<E//EE//E/AEEE<EAEAE/EEA//A/EEEE//AA/6A/<<6<AA       XC:Z:ATTTAACCTCGA      XF:Z:INTERGENIC PG:Z:
STAR    RG:Z:A  NH:i:3  NM:i:0  XM:Z:CCGAGTGG    UQ:i:0  AS:i:59
NS500723:26:HL5FJBGXX:2:11112:7219:12721        16      mouse_chr1      3018696 1       60M     *
0       0       GTAGATATCTGTCAAGTCCATTTGTTTCATCACTTCTGTTAGTTTCACTGTGTCCCTGTT    AAAAA/AA//E
EEEEE//E<A//A/E<//AA<EAA</////<AE6/AAEAAE/A/EEAA       XC:Z:ATTTAACCTCGA      XF:Z:INTERGENIC PG:Z:
STAR    RG:Z:A  NH:i:3  NM:i:0  XM:Z:CCGAGTGG    UQ:i:0  AS:i:59
NS500723:26:HL5FJBGXX:2:23102:14894:5844        16      mouse_chr1      3018696 1       60M     *
0       0       GTAGATATCTGTCAAGTCCATTTGTTTCATCACTTCTGTTAGTTTCACTGTGTCCCTGTT    AAAA/A<EEEE
EE6A/AEEEEEEEAEEA/<//<AAAEA/A<EEEE</6<<///<EA<AA       XC:Z:ATTTAACCTCGA      XF:Z:INTERGENIC PG:Z:
STAR    RG:Z:A  NH:i:3  NM:i:0  XM:Z:CCGAGTGG    UQ:i:0  AS:i:59
```

図3　セルバーコード，UMIが併記されたBAMファイル

1細胞RNA-Seqは通常のRNA-Seqとは異なり，cDNA増幅時のPCRプライマー配列が，FASTQファイルに含まれるため，Trimmomaticやfastq-mcfなど配列トリミングツールでこれら配列を除去する[6)~8)]．

④の場合は，Drop-Seqでは，drop-Seq tools（http://mccarrolllab.com/dropseq/），10x Genomics Chromiumの場合は，Cell Ranger（https://support.10xgenomics.com/single-cell/software/pipelines/latest/what-is-cell-ranger）など，実験手法ごとに独自のツールを利用して，デマルチプレックスする．ただし，①，②，③では1 FASTQファイル＝1細胞だが，④の場合は，プールバーコードによる分別をするだけである（理由は後述）．つまり，1 FASTQファイル＝1実験であり，各細胞の配列はまだFASTQの中に混在している．

2. マッピング，定量化

①，②，③の場合，FASTQファイルが取得できたら，GENCODE，Ensembl，RefSeqなどの各生物種の参照ゲノム配列，参照トランスクリプトーム配列にリード配列をマッピングし，各遺伝子がどの程度発現しているのかを定量化する．ゲノム配列にマッピングする場合，1細胞RNA-Seqでは，細胞の数だけマッピングする必要があるため，STARやHISAT2など高速なプログラムが好まれる．マッピング結果であるBAMファイルから，featureCountで，遺伝子ごとのリードカウントを取得する．トランスクリプトーム配列にマッピ

ングする場合は，Sailfish，Salmon，RSEM，kallistoといったツールが利用される．参照配列をトランスクリプトーム配列にしたほうが，計算は早く終わるが，新規遺伝子・アイソフォームを検出したい場合は，ゲノム配列を利用する．

④の場合は，基本的に計測細胞数が数千～数万もの大規模なものになり，細胞ごとにFASTQファイルの出力，マッピング，定量化を行うことが困難になる．そのため，**1.** で得られた実験ごとのFASTQを，セルバーコード，分子バーコード（UMI[※1]）の対応関係をまとめたBAMファイルに変換し（Unaligned BAM，Barcoded BAMなどとよばれる．図3），マッピングもこの1 FASTQファイル単位で済ますことで，多数の細胞ごとのマッピング・定量化計算を回避している（https://support.10xgenomics.com/genome-exome/software/pipelines/latest/output/bam）．drop-Seq tools，Cell Rangerともに，遺伝発現量はUMIカウント値を出力する．

※1　UMI

Unique molecular identifiersの略．Molecular barcodeともよばれる．1細胞RNA-Seqでは，1細胞にごくわずかに含まれるRNAを検出する必要があるため，RNAをcDNAに逆転写しPCRやIVT（in vitro transcription）反応で増幅させる．この際にRNAの長さやGC含量などによって増幅されやすさが異なるPCRバイアスが生じ，発現定量性が問題になる．UMIは，6～8文字のランダムなDNA配列であり，1分子を識別するバーコードとして利用される．1分子のcDNAに1つのバーコード配列が付加され，ともに増幅される．そのため，PCRでいくら増幅バイアスがあっても，1遺伝子につき何種類のUMIが対応しているのかをカウントすれば，細胞内でのある遺伝子のRNAコピー数を正確に見積もることができる．

3. 正規化

1細胞ごとのcDNA配列は，シークエンスされる量がばらつくため，細胞間で正当に発現量を比較するためには，リードカウント値そのものではなく，正規化した値を用いる必要がある．これまでにRPKM，FPKM，TPMなどさまざまな正規化法が提案されている[6)~8)]．これらは前述の定量化ツールが出力する値であるため，それを用いる．UMIカウントの場合においても，細胞ごとのUMIカウントの総和で割ったり，さらに細胞ごとの平均値を掛けたりする[3)]．ERCC RNA Spike-In Mix[※2]もサンプルに混ぜている場合，これらの値を使って正規化するGRM，SAMstrtといった手法も提案されている[4) 5)]．

後述する次元圧縮の段階では，さらに対数変換した値を利用した方が，適切な結果になる場合が多い．これは，生物学的な意味をもつ遺伝子発現変動が数倍の差ではなく，桁が変わるような変動をする場合が多いためである．対数変換では，0を変換できないため，得られた発現量にpseudocountという小さな値を足してから変換する．1や0.01が慣習的に使われているが，ツールによって異なる場合があるため注意が必要である．

4. 特徴遺伝子抽出

通常のRNA-Seqと1細胞RNA-Seqで大きく違うところは，1細胞RNA-Seqは，データセット内に何の細胞がどのぐらい含まれているのかが事前にはわからない場合が多い点である．そのため，後述する次元圧縮の際に，クラスタリングしたり，ある細胞型を規定する

マーカー遺伝子とクラスターの関連を目視して判断する．データ解析で，細胞型とその比率を明らかにするには，データの質が重要である．まず，できるだけノイズをとり除き，細胞型ごとにクラスターを分離できる特徴的な遺伝子の占める割合を増やしたい．そこで，高発現な遺伝子だけを使う，分散が大きい遺伝子だけを使う，といった工夫がアドホックに行われている．そのなかでも比較的広く利用されているやり方として，Highly Variable Genesの抽出がある[9)]．これは，すべての細胞で得られた平均発現量に対して，発現量の分散が大きい遺伝子を検出するという方法である．平均発現量をx軸，遺伝子の二乗変動係数〔$CV^2 = (標準偏差／平均)^2$〕をy軸にしたプロット上で，非線形回帰を行い，曲線から大きく離れた遺伝子を検出し，後の解析に利用するやり方である（図2右上）．

5. 次元圧縮，QC

特徴遺伝子×細胞の遺伝子発現量行列が完成したら，細胞間の類似関係を理解するために，行列の次元圧縮を行う（図2）．1つの細胞は遺伝子の数だけ次元をもつベクトルとして表されるが，これをなるべくデータの情報を損なわないようにしつつ，人がデータを俯瞰できるように二，三次元のベクトルに変換する．圧縮方法としては，主成分分析（principal component analysis：PCA），拡散マップ（Diffusion Map），t-SNE[※3]などが広く利用されている[4) 5)]．ドロップアウト[※4]を考慮したZIFA（zero inflated factor analysis）という次元圧縮法も提案されている[4) 5)]．元

の遺伝子発現プロファイルが類似した細胞同士は，圧縮次元空間上でも距離が近く，似たもの同士でクラスターを形成する．

　細胞型・細胞状態が同じ細胞同士はクラスターになる場合が多い．ただし，注意すべき点としては，実験エラーなどで低クオリティなデータ点同士でも，クラスターを形成する場合があることである（図4左上）．生物学的に意味ありげなクラスターが，後々ただのアーティファクトだった，とならないためにも（筆者は何度も経験している），「まずは徹底的にQC，小難しい解析はその後」である．QCとしては，1細胞ごとのFastQC[6]〜[8] のスコアや，マッピング率，検出遺伝子数，エントロピー，FACSの情報（細胞の大きさ，組成，死細胞か）などで次元圧縮の図のデータ点に色付けしたり，集計をする．ここでクラスターを形成する低クオリティなデータは総合的な判断のもと削除し，再度次元圧縮，QC，必要に応じてデータを削除という作業をくり返す．

　QCとしては，その他にも，細胞分取の際にウェルプレートを利用した場合は，ウェル内・間で系統的にノイズが含まれていないか，目的の細胞が含まれているか（マーカー遺伝子×細胞の行列での階層的クラスタリング），rRNAやミトコンドリアRNAなど，本来マッピングされないRNAにマッピングされていないか，RSeQCで遺伝子上・ゲノム上のどの位置にマッピングされる傾向があるか（これはどの1細胞RNA-Seq手法を利用したかに依存する），同じ細胞型同士で発現が相関しているか，サンプル間のERCC RNA Spike-Inの値が直線性を示しているか，あらゆる状況を想定してQCを行う．

※4　ドロップアウト

RNAの発現量が低かったり，構造上の特徴により，逆転写プライマーでの捕捉率低下や増幅バイアスが生じ，シークエンスされにくい遺伝子がある．このような遺伝子は，実験上のエラーにより，ある細胞では検出されたRNAが，他の細胞では検出されないというドロップアウト現象が起きる．そのため，1細胞RNA-Seqの遺伝子発現行列に含まれる0という値は，「ドロップアウト」と「発現していない」2つの可能性があるため，どのようにこれらを識別し，解析するかが1細胞RNA-Seq解析の大きな課題の1つである．また，ドロップアウトしないまでも，細胞間の遺伝子変動が，このようなテクニカルなノイズでないかを判断することも重要な課題である．

　計測器具，計測日など実験環境（バッチ）の違いにデータが強く影響されている場合がある．これをバッチエフェクトといい，次元圧縮の結果を見ると，バッチごとに固まっているのが確認できる．バッチエフェクトをとり除く方法として，マイクロアレイ時代からあるComBatという手法が利用されている．また，細胞周期の状態（G1，S，G2/M）ごとにクラスターが形成される場合もあり，この影響もノイズととらえる場合は，scLVMという手法が利用される．

6. クラスタリング

　5. で十分にQCができたと判断したら，データセット内に何種類の細胞型が含まれるかを判定する．そのために，クラスター解析により，細胞を分類しラベル付けする（図4左下）．1細胞RNA-Seqデータ解析では，古典的な階層的クラスタリング，k-meansといった手法よりも，細胞間の類似グラフを利用したグラフベースのスペクトラルクラスタリング，Louvain-Jaccard法，Infomap法や，細胞の密度に注目した密度ベースのDBScanといった手法の方が，性能がよいとされている[1]〜[5]．SNN-Cliq，BackSpinなどいくつか1細胞RNA-Seq特化型と謳っているクラスタリング手法もある[4][5]．

　注意すべき点としては，アルゴリズムがクラスターと判定したからといって，生物学的にそのクラスターに何か意味があるとは限らない．また連続的に遺伝子発現が変化する細胞データ（例：擬時間解析，後述）では，非常にクラスターに分けづらいが，離散的な細胞状態の切り替わりはみられる．そのため，クラスタリングを省略して，次の**7. 細胞型同定**のステップの段階で，手作業でクラスターを決定する場合も多い．

7. 細胞型同定

　ここでは，圧縮次元空間上での各クラスターが何の細胞型なのかを判定するステップに入る（図4下段中央〜右）．方法としては，クラスターごとに，マーカー遺伝子の発現量や，発現変動遺伝子（differentially expressed gene：DEG），エンリッチメント解析で変

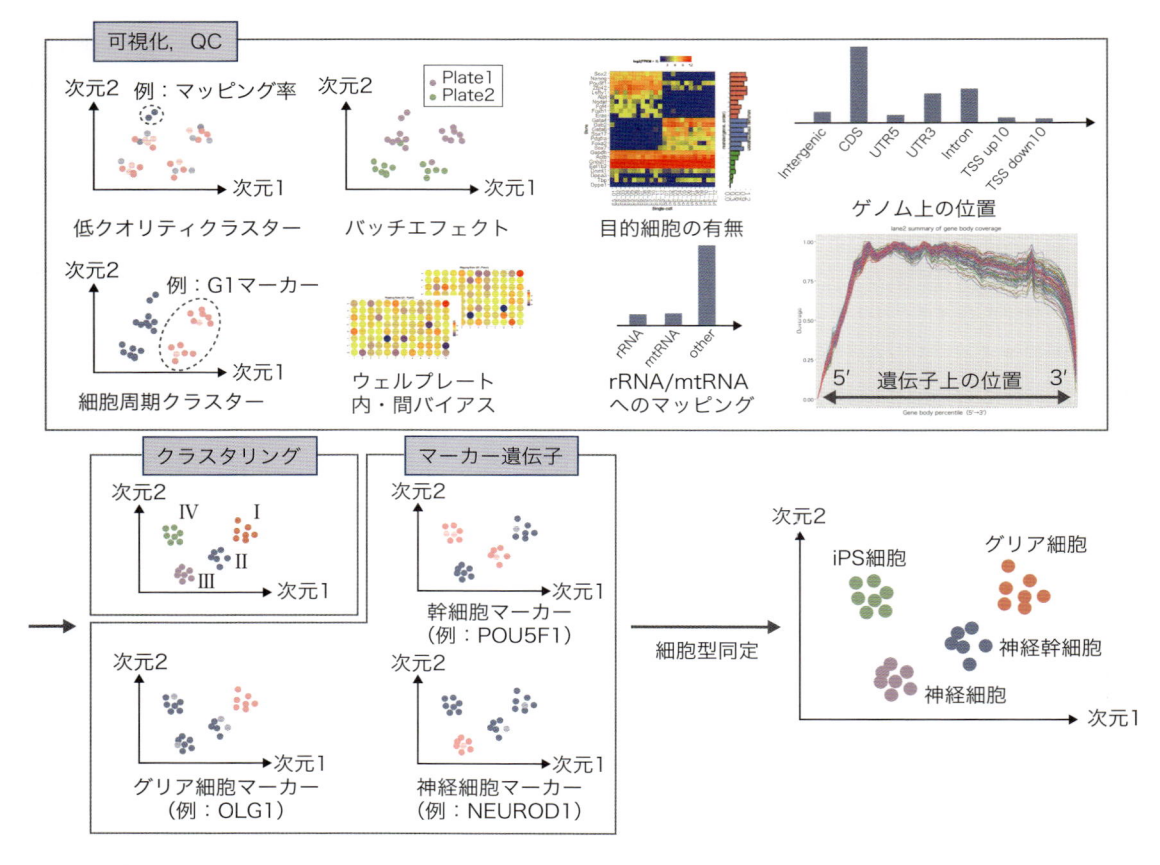

図4 基本的な1細胞RNA-Seqデータ解析の流れ（後半）

動した機能タームを確認し，細胞型に関する過去の知識と照合して細胞型を推定する．

SINCERA[10] という解析パイプラインでは，遺伝子発現データベースEBI Expression Atlasに格納されているさまざまな細胞型のうち，手元の細胞データでのDEGのリストが類似したものを候補細胞型として推薦する，Cell Type Enrichment Analysis という方法を提案している．

目的別のデータ解析手法

以下は，1細胞RNA-Seq論文でよく見る，代表的な3種類のデータ解析を紹介する[4]．

1. 多クラスデータ解析

種類の異なる細胞が協調して機能する臓器に対して1細胞RNA-Seqを行い，どのような細胞型が含まれているのか，また各細胞型は，どのような遺伝子を特異的に発現するのか（マーカー遺伝子）を調べる（図5左）．

クラスタリングや細胞型同定の後，各クラスターで特異的なDEGを検出する．DEG検出には，通常のRNA-Seqでも利用されるDESeq，edgeR[7]〜[9] の他，ドロップアウトを考慮したSCDE，D3E，scDD，MASTといった手法も利用されている[4][5]．DEGを検出するだけでなく，通常のRNA-Seqでも使われるGO（gene ontology）・パスウェイ解析（例：DAVID，GSEA）や，GO-PCA，PAGODAといった，機能レベルの解釈

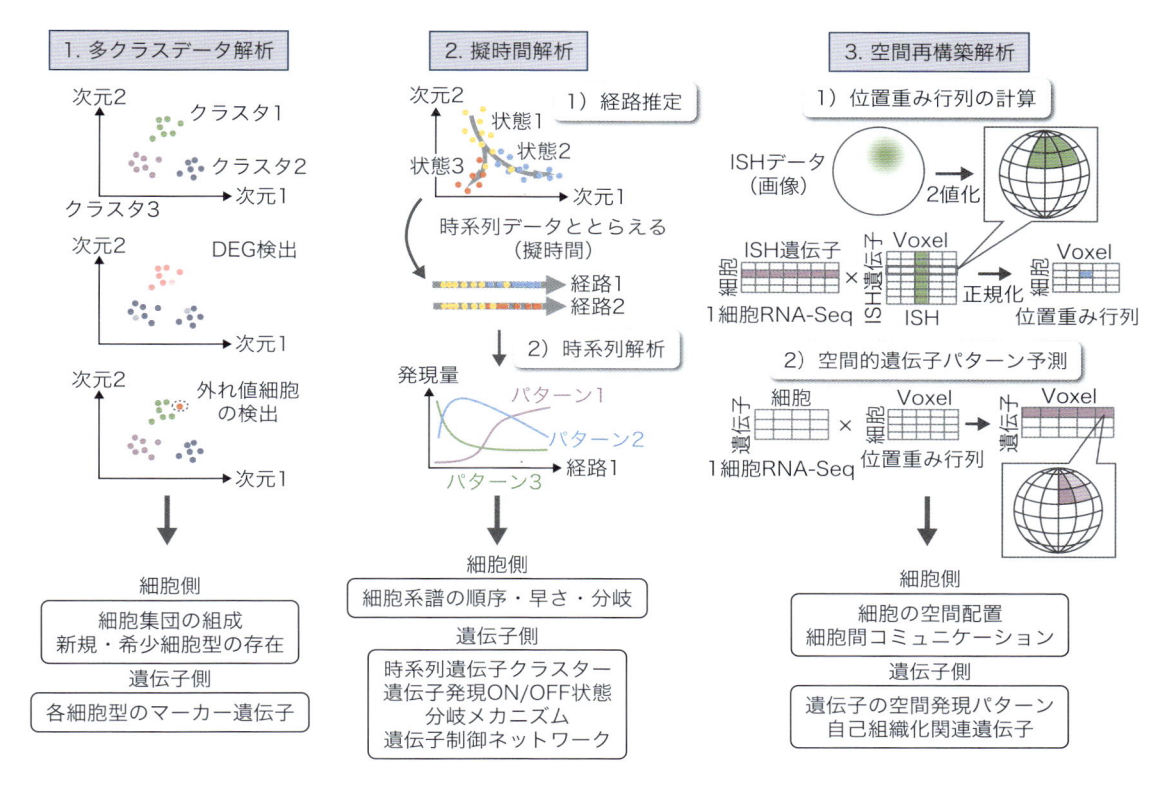

図5　目的ごとの1細胞RNA-Seqデータ解析

を行うツールも利用される.

　クラスタリングの段階ではクラスターとして分離されなかったが，外れ値的に特定の遺伝子を高発現させている外れ値細胞（希少細胞）が含まれる場合もある．RaceID[11]という手法では，クラスタリングの後に，再度外れ値細胞を別クラスターとして分離する処理を行う．さらにStemIDでは，希少細胞の分化ポテンシャル（エントロピーと細胞分化の分岐数）を考えることで，幹細胞であるかどうかをデータのみから判定する．

2. 擬時間解析

　細胞分化や摂動実験（例：試薬投与）など，遺伝子発現が連続的に変化する現象を対象とし，どのように細胞型・細胞状態が変化したのか，遺伝子発現はどのように変わったのかを調べる（図5中央）．圧縮次元空間で見たときに，細胞型・細胞状態が連続的に変化す

るため，圧縮空間上の位置から変化の度合いを見積もれる．この推定された変化度合いを擬時間（pseudo-time[9]）という．擬時間解析は，「経路推定」と，「時系列解析」の2ステップで構成される．

　経路（または系譜ともいう）の推定では，あらかじめPCA，ICA，拡散マップなどで次元圧縮したデータを用い，圧縮空間上で細胞がどのような順番で別の細胞型・細胞状態へと変化していったのかをデータから再構築する．Monocle[9]のMinimum Spanning Tree，Monocle2のPrincipal Graph，Wanderlustのk–NN Graphなどいくつかの方法がある．またLatent Dirichlet Allocation（LDA）を利用して次元圧縮し，細胞系譜（木構造）の推定や細胞の状態変化を可視化するCellTree（発展編–3参照）というツールもある．

　経路が推定された後は，経路上の距離を擬時間とし，各種時系列解析の手法が適用される．例えば，擬時間

上でどのような発現パターンがあるのか，トレンド解析や，時系列クラスタリング，隠れマルコフモデルによる発現状態のON/OFF推定などが行われる．

ところで，1細胞RNA-Seqの擬時間データは，通常のRNA-Seqの時系列データと比べて，より正確な遺伝子制御ネットワーク（GRN）が推定できると期待されており，SCODE[14]という手法が開発されている（詳しくは発展編–5を参照）．

3. 空間再構築解析

細胞がどのようにして，自分自身の位置を把握し，周囲の細胞と協調して，組織構造をつくるのかは，発生学の重要なテーマである．このような研究では，細胞配置とその配置をつくり出す遺伝子の対応関係を得たい．1細胞RNA-Seqでは，実験手技上，個々の細胞を分離して採取するため，組織内の細胞位置情報は失われてしまう．細胞を分離・破壊せず，細胞の位置を常に把握した状態で，細胞内のRNA量を計測する *in situ*-Sequencing（例：FISSEQ）という実験はあるが，まだ普及しておらず，今のところ細胞数も遺伝子数も大規模に計測するのは困難である．そのため，1細胞RNA-Seqデータから，もとの細胞の位置を予測し，その配置を"再構築"する解析手法が提案されている（図5右）[4] [5] [14] [15]．当初は，PCAのPC1〜3までを実際の三次元空間と見立てて，利用するという方法もとられていたが，精度のうえで問題があった．最近では，ISH（*in situ* hybridization）で計測された画像データを利用する方法が主流である．この方法は「細胞の位置重み行列の計算」と，「遺伝子の空間発現パターン推定」の2ステップで構成される．

細胞の位置重み行列とは，1細胞RNA-Seqで計測された細胞が，もとの空間上のどの位置にいる可能性が高いのかを示す，確率分布表である．これは，ISHで計測された遺伝子セットの空間発現パターンを参考にして，1細胞RNA-Seqでの同じ遺伝子セットの発現パターンから推定される．

遺伝子の空間発現パターンとは，前述の確率分布表をもとに計算される，空間上の位置ごとの遺伝子発現量の期待値である．1細胞RNA-Seqで計測された遺伝子のうち，ISHが計測されていないものについても，推定値として，空間発現パターンが取得できる．

おわりに

1細胞RNA-Seq解析にかかわる，今後発展が期待されるテーマを2つ紹介する．

1つ目は，大規模細胞データ解析である．前述したように10x Genomics Chromium[3] など，ドロップレットベースの技術が開発されており，今後も開発・利用がさかんに行われる．それに伴い，ヒトの全細胞種を計測する，Human Cell Atlasが開始している（https://www.humancellatlas.org）．正常な状態での細胞の遺伝子発現は計測しつくされるので，その後の展開としては，プロジェクトデータの再利用や，自分のデータとメタ解析する研究が行われる．またデータはどんどん巨大化するので，ビッグデータ解析技術は必須となる．

2つ目は，遺伝子発現以外の1細胞データとのデータ統合である．エピゲノムやゲノム・クロマチン構造の1細胞シークエンスデータと統合することにより，これまでバルクの実験では見えなかった現象を捉えることができるだろう．また，1細胞内で同時にゲノムやRNAを計測できる実験手法も提案されている．これははじめに説明したように，細胞という1つの空間内で起きる現象の"原因"と"結果"を同時に計測することであるため，より細胞の性質の理解に迫れるはずである．ただし，研究事例の数なさや，検出精度に問題があり，得られた結果の解釈困難性が常につきまとう．これらのデータをどのように評価し，データ統合するかは今後の重要な研究テーマとなるだろう．

前述のいずれの場合においても，従来の解析手法だけでは立ち行かない状況になる．新しい計測法を理解しつつ，新しいインフォマティクス技術を開発する，熱意みなぎる読者の参入が待たれる．

◆ 文献

1）Macosko EZ, et al：Cell, 161：1202-1214, 2015
2）Klein AM, et al：Cell, 161：1187-1201, 2015
3）Zheng GX, et al：Nat Commun, 8：14049, 2017
4）Kumar P, et al：Development, 144：17-32, 2017
5）Poulin JF, et al：Nat Neurosci, 19：1131-1141, 2016
6）「次世代シークエンサー DRY 解析教本（細胞工学別冊）」（清水厚志，坊農秀雅/監），学研メディカル秀潤社，2015
7）「次世代シークエンス解析スタンダード NGS のポテンシャルを活かしきる WET&DRY（実験医学別冊）」（二階堂愛/編），羊土社，2014
8）「NGS アプリケーション RNA-Seq 実験ハンドブック 発現解析から ncRNA、シングルセルまであらゆる局面を網羅！（実験医学別冊）」（鈴木 穣/編），羊土社，2016
9）Brennecke P, et al：Nat Methods, 10：1093-1095, 2013
10）Guo M, et al：PLoS Comput Biol, 11：e1004575, 2015
11）Grün D, et al：Nature, 525：251-255, 2015
12）Trapnell C, et al：Nat Biotechnol, 32：381-386, 2014
13）Trapnell C：Genome Res, 25：1491-1498, 2015
14）Matsumoto H, et al：Bioinformatics, 2017
15）Satija R, et al：Nat Biotechnol, 33：495-502, 2015
16）Achim K, et al：Nat Biotechnol, 33：503-509, 2015
17）Fan X, et al：Genome Biol, 16：148, 2015
18）Sheng K, et al：Nat Methods, 14：267-270, 2017

付表　1 細胞 RNA-Seq で利用される解析ツールの一覧表

ツール名	解析ステップ	特徴
bcl2fastq	デマルチプレックス	イルミナ社が提供する BCL ファイルを FASTQ ファイルに変換するコマンドツール
Drop-Seq tools	デマルチプレックス	McCarroll 研究室が提供する Drop-Seq データの解析全般を行うコマンドツール
Cell Ranger	デマルチプレックス	10x Genomics 社が提供する Chromium データの解析全般を行うコマンドツール
Trimmomatic（Bolger AM, 2014）	トリミング	Paired-end リードに対応
Fastq-mcf（Aronesty E, 2011）	トリミング	Homo polymer 配列に関するオプションが豊富
STAR（Dobin A, 2012）	マッピング	ゲノム配列に対する高速なマッピングツール
HISAT2（Kim D, 2015）	マッピング	ゲノム配列に対する高速なマッピングツール
featureCounts（Liao Y, 2014）	定量化	ゲノム配列へのマッピング結果をもとに定量化を行う
Sailfish（Patro R, 2014）	マッピング＆定量化	トランスクリプトーム配列へのマッピングと定量化を行う．超高速
Salmon（Patro R, 2015）	マッピング＆定量化	Sailfish の後継ツール．超高速
Kallisto（Bray NL, 2016）	マッピング＆定量化	トランスクリプトーム配列へのマッピングと定量化を行う．超高速
GRM（Ding B, 2015）	正規化	ERCC RNA Spike-In Mix の値を利用した正規化
SAMstrt（Katayama S, 2013）	正規化	ERCC RNA Spike-In Mix の値を利用した正規化
Highly Variable Genes（Brennecke P, 2013）	特徴遺伝子抽出	平均値に対して，変動係数（発現量のばらつき）が大きい遺伝子の抽出
PCA（Pearson K, 1901＋Hotelling H, 1933）	次元圧縮	細胞の分布（主成分スコア）や，細胞型と遺伝子の関連の強さ（因子負荷量）の情報を同時にとり出すことができる．1 細胞 RNA-Seq では，含まれるクラス（亜集団）が多いため，高次の PC まで注意深く観察すべき（PC1 ～ 30 など）．R では prcomp, princomp といった関数を利用
Diffusion Map（Angerer P, 2016）	次元圧縮	連続的な次元圧縮の図が得られるため，経路推定がしやすい．R では destiny パッケージを利用
t-SNE（van der Maaten LJP, 2012）	次元圧縮	クラスターがはっきりと分離されるため，どのような亜集団がいるのか俯瞰するのに便利．R では tsne, Rtsne パッケージを利用
ZIFA（Pierson E, 2015）	次元圧縮	ドロップアウトした遺伝子の値の補完と次元圧縮を交互に推定
FastQC	QC	FASTQ ファイルに対する QC
RSeQC（Wang L, 2012）	QC	マッピング結果に対する QC
ComBat（Johnson WE, 2007）	ノイズ除去	バッチエフェクトの除去
scLVM（Buettner F, 2015）	ノイズ除去	細胞周期の影響の除去

ツール名	解析ステップ	特徴
階層的クラスタリング	クラスタリング	細胞間の距離行列をもとに，クラスターの階層構造を推定
k-means（MacQueen J, 1967）	クラスタリング	ランダムに設定したクラスター中心をもとに，細胞にクラスターラベルを割り当てる，非階層的なクラスタリング
スペクトラルクラスタリング（Luxburg U, 2007）	クラスタリング	細胞間の類似度グラフの分割問題として解く，グラフベースなクラスタリング
Louvain-Jaccard（Blondel VD, 2008）	クラスタリング	グラフベースなクラスタリング
Infomap（Rosvall M, 2008）	クラスタリング	グラフベースなクラスタリング
DBSCAN（Ester M, 1996）	クラスタリング	細胞の密集度合いをもとにした密度ベースなクラスタリング
SNN-Cliq（Xu C, 2015）	クラスタリング	グラフベースなクラスタリング
BackSpin（Zeisei A, 2015）	クラスタリング	細胞と遺伝子の同時クラスタリング（Bi-clustering）
SINCERA（Guo M, 2015）	細胞型同定	手元のデータと Expression Atlas の DEG リストの比較により，データに何の細胞型が含まれているのかを推定する
DESeq（Anders S, 2010）	DEG 検出	Bulk-cell RNA-Seq で広く利用されている
edgeR（Robinson MD, 2010）	DEG 検出	Bulk-cell RNA-Seq で広く利用されている
SCDE（Kharchenko PV, 2014）	DEG 検出	ドロップアウトを考慮
D3E（Delmans M, 2016）	DEG 検出	転写バーストをモデル化している
scDD（Korthauer KD, 2016）	DEG 検出	単峰性の分布以外での分布間の比較も考慮
GSEA（Tamayo S, 2005）	機能アノテーション	2 群間での変動ランキングに着目し，変動が大きい傾向にある遺伝子と関連した機能タームを検出．実装は Broad Institute が配布したデスクトップ型のものや，Bioconductor パッケージなど多数存在．機能タームは MSigDB（Liverzon A, 2011）で公開されたものをダウンロードして使用
DAVID（Huang DW, 2009）	機能アノテーション	Web ブラウザ上でさまざまな図や機能タームリストが得られる
GO-PCA（Wagner F, 2015）	機能アノテーション	PCA の各 PC での因子負荷量で遺伝子をソートしておき，各 PC ごとに GSEA を行う
PAGODA（Fan J, 2016）	機能アノテーション	MSigDB などで規定された遺伝子セットごとに PCA を行い，有意に PC1 の分散が大きい遺伝子セットだけに絞り込む．それらの遺伝子セットの PC1 のスコアにどのようなパターンがあったのか，階層的クラスタリングを行う．求めたクラスター中心と，関連する GO，パスウェイ，遺伝子名，t-SNE の図を一度に俯瞰することで次元圧縮では分離できないような亜集団を特定する．前処理として Highly Variable Genes のような特徴遺伝子抽出や，Web ブラウザベースの GUI も含む．
RaceID（Grün D, 2015）	外れ値細胞検出	t-SNE で次元圧縮，k-means でクラスタリングした後，外れ値的に発現量が変動した細胞をさらに別のクラスターとする
StemID（Grün D, 2016）	体性幹細胞検出	RaceID の Version2 の機能．t-SNE で次元圧縮後，クラスター間のつながりを計算し，より多くのクラスターとつながるクラスターを，幹細胞クラスターとする
Monocle（Trapnell C, 2014）	擬時間解析	ICA で次元圧縮後，Minimum Spanning Tree による経路推定，擬時間に沿って変動する遺伝子を VGAM により推定，時系列クラスタリング
Monocle2	擬時間解析	Monocle の Version2．DDRTree で次元圧縮，Principal Graph による経路推定
Wanderlust（Ocone A, 2015）	擬時間解析	次元圧縮は行わず，k-NN Graph により経路推定
Waterfall（Shin J, 2015）	擬時間解析	擬時間上での遺伝子発現に対し，隠れマルコフモデル（HMM）により，発現量の ON/OFF 状態を推定
CellTree（duVerle DA, 2016）	擬時間解析	LDA でとり出したトピックが，細胞の系譜でどのように変化するのかを可視化
SCODE（Matumoto H, 2017）	擬時間解析	遺伝子制御ネットワークを高速に推定
3D PCA（Durruthy-Durrthy R, 2014）	空間再構築解析	PCA で PC1〜3 までを算出．球面に主成分スコアを貼り付け
Achim らの手法（Achim K, 2015）	空間再構築解析	教師データとして，ISH 画像データを利用
Seurat（Satija R, 2015）	空間再構築解析	教師データとして，ISH 画像データを利用．データの QC，次元圧縮，欠損値補完などさまざまな解析手法が実装された統合解析ツール

4 ゆらぎ・ばらつきの諸問題（生物／測定由来）

大野雅恵，谷口雄一

　生命現象を1細胞レベルで測ることではじめて見えてくる重要な特徴に，"ゆらぎ"と"ばらつき"がある．"ゆらぎ"は1細胞の性質の時間的な変化を指すのに対し，"ばらつき"は細胞ごとの性質の不均一性を指す．1細胞計測技術が発達したことで，こうしたゆらぎ・ばらつきを正確に捉え，マクロな生命現象とのかかわり合いを調べることが可能になってきた．本稿では，ゆらぎ・ばらつきに関する最近の研究について紹介するとともに，計測を行ううえでの現行の技術の限界・問題点について議論したい．

はじめに

　今日の生命科学を支えてきたゲル電気泳動や蛍光光度測定などの分子生物学的手法．これらの手法においては，たくさんの細胞をすりつぶして測定を行うことにより，細胞の特性の平均値の解析を行う．一方で1細胞生物学的手法においては，それぞれの細胞のふるまいの個別の測定を行う．

　1細胞を個別に観ることの根源的なメリットはどこにあるのだろうか？　例えば警察組織で考えた場合，従来の分子生物学的手法は，組織全体の犯人の検挙数や検挙率の推移を調べることに相当するのに対し，1細胞生物学的手法は，一つひとつの部署がどのような工夫を行ってどのような成果をあげたかを個別に調べることに相当する．組織をよりよくしようと考える場合には前者のような全体的な情報を参考にするのも1つの手段であるが，後者のようにそれぞれの部署の工夫や成功・不成功の情報を参考にするのも1つの手段であることは言うまでもない．つまり1細胞解析を行う大きなメリットは，生命現象を機能単位である一つひとつの細胞ごとに分割して観ることで，各々の"現場"の状況を加味した微視的な生命理解を行える点にある．

　個々の細胞に分けたときの生命反応の性質を端的に理解するために用いられる概念，それがゆらぎとばらつきである．ゆらぎは1細胞の性質の時間的な変化，ばらつきは各細胞間の性質の不均一さを指すものとして用いられる．分子生物学で導かれる"平均値"とは対比的な概念にあると言えるかもしれない．本稿では，1細胞固有の性質であるゆらぎ・ばらつきのメカニズムと生理学的意義，そしてその測定法について解説する．

ゆらぎ・ばらつきの発生原理

　細胞は，ゆらぎ・ばらつきの性質を生来備えている（図1A）[1]．この性質は，ヒト組織の各細胞や大腸菌のクローンなど，遺伝学的に等しいとされている同一のゲノム配列をもった細胞同士であっても例外ではない．たとえゲノム配列は同一でも，遺伝子の発現反応はDNAにRNAポリメラーゼなどの分子が確率論的に結合することによって起こるため，遺伝子発現産物の数は時間ごとにゆらぎ，細胞間でのばらつきが常に生じる．このように遺伝子を超越して細胞個体間に遺伝子発現量の差異が生まれる現象は，生物学的ノイズ，も

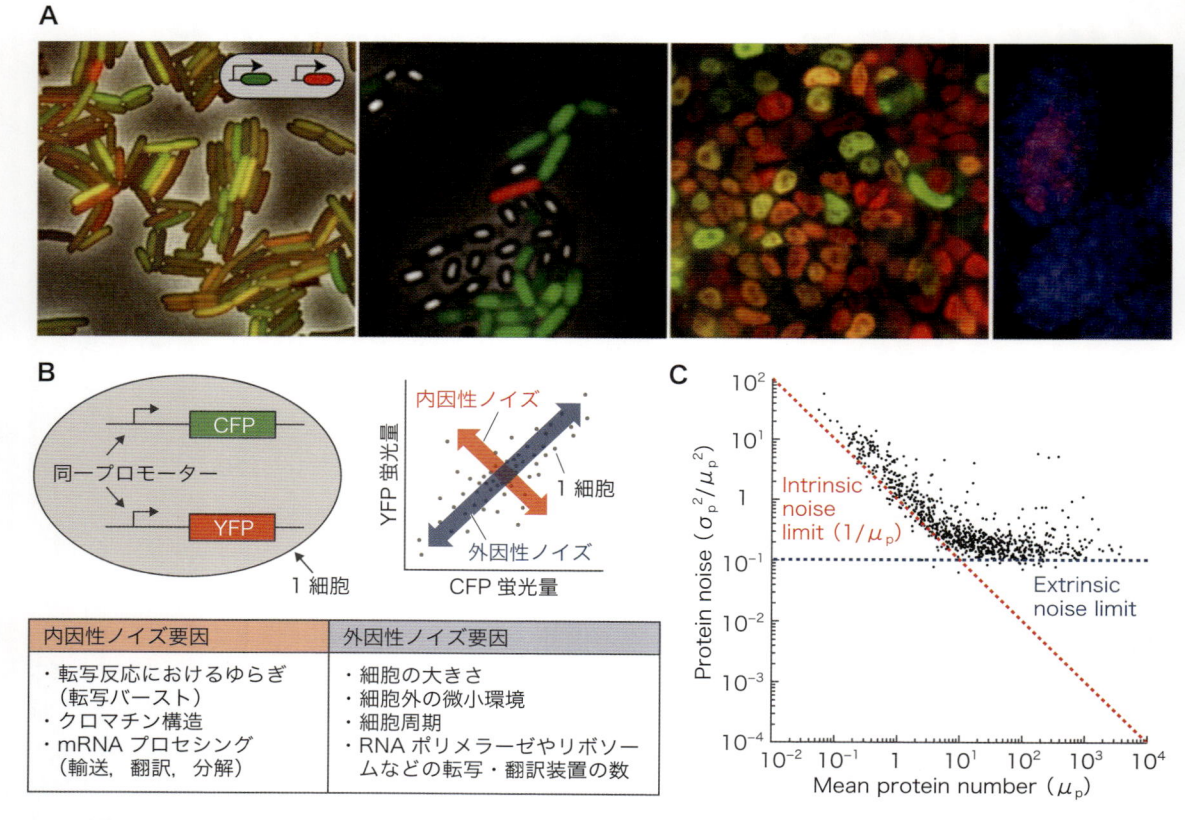

図1 細胞におけるゆらぎ・ばらつき

A) さまざまな生物におけるゆらぎ・ばらつき現象．左より順に，大腸菌，枯草菌，ES細胞，線虫胚の例を示している．いずれの細胞も遺伝的に同一であるが，遺伝子の発現量（異なる色であらわす）にはばらつきが生じている．**B)** 内因性ノイズと外因性ノイズ．両者のノイズ成分は，同一プロモーターの下で発現する2つの遺伝子の発現量の，相関しない成分（内因性ノイズ）と相関する成分（外因性ノイズ）として区別することができる（上）．2つのノイズ成分の主な要因を表内に記した（下）．**C)** ノイズの2成分性．各遺伝子において，細胞当たりのタンパク質の平均発現量（X軸）とノイズの大きさ（Y軸）をプロットしたものを示した．発現量の逆数に比例する内因性ノイズと，発現量に対して一定の外因性ノイズの2つに分けることができる（Aは文献1，B上は文献2，B下は文献3，Cは文献4よりそれぞれ引用）．

しくは単にノイズとよばれ，従来の遺伝学を超えた生命理解の礎になりうるものとして注目されている．

　遺伝子発現ノイズは，内因性ノイズと外因性ノイズとよばれる2種類の成分からなり立っていることが知られている（図1B）[2]．内因性ノイズは，細胞内での転写・翻訳反応における遺伝子発現産物の確率的な生成・分解によって発生するノイズ成分で，数分オーダーの時間的なゆらぎを伴う．これに対し，外因性ノイズは，各々の細胞がもつ分子状態に由来するもので，数

時間以上のスケールの遅いゆらぎを伴う．両者のノイズ成分の占める割合は遺伝子発現産物の量に依存しており，例えば大腸菌においては，10コピー数以下の遺伝子発現産物は内因性ノイズが優勢を占め，10コピー以上の遺伝子発現産物は外因性ノイズが優勢を占めることが明らかになっている（図1C）[4]．

　内因性ノイズと外因性ノイズは定量的な理解が進んでおり，数理モデルを用いてこれをあらわすことが可能である．内因性ノイズの発生は，転写・翻訳過程を

考慮した遺伝子発現の反応スキーム：

$$\text{DNA} \xrightarrow{k_1} \text{mRNA} \xrightarrow{k_2} \text{タンパク質}$$
$$\gamma_1 \downarrow \qquad \gamma_2 \downarrow$$
$$\text{分解} \qquad \text{分解}$$

によってうまく説明できることがわかっている[4]．このスキームに従った場合，例えば1細胞に含まれるmRNAの個数の確率分布は，ポアソン分布：

$$p(m) = \frac{\lambda^m e^{-\lambda}}{m!}$$

で表される．ここでmはmRNAの個数を表し，$\lambda = k_1/\gamma_1$の関係式が成り立つ．これに対してタンパク質の個数の確率分布は，ガンマ分布：

$$p(n) = \frac{n^{a-1} e^{-n/b}}{\Gamma(a) b^a}$$

で表される．ここでnはタンパク質の個数，$\Gamma(.)$はガンマ関数を表し，$a = k_1/\gamma_2$，$b = k_2/\gamma_1$の関係式が成り立つ．一方で，外因性ノイズは細胞ごとの反応速度定数のばらつきとして考慮することができ，例えば内因性・外因性ノイズを含めた場合のタンパク質の個数の確率分布は，

$$p(n) = \int_0^\infty \int_0^\infty \frac{x^{a-1} e^{-x/b}}{\Gamma(a) b^a} f(a) g(b) \, da \, db$$

で表すことができる．ここで，$f(a)$，$g(b)$は速度パラメータa，bのばらつき分布を表している．

ゆらぎ・ばらつきの生理学的意義

　ゆらぎ・ばらつきは，細胞にとってはなくすことができない存在であるが，生命はこの性質をときにうまく利用し，ときにうまく無効化することによって巧みに生命反応を実現している．次にいくつかの具体例についてご紹介したい．

1. 単細胞生物の環境適応とゆらぎ・ばらつき

　大腸菌などの単細胞生物は，ゆらぎ・ばらつきを，絶えず変化する外界の環境に適応するために利用している．例えば，クローンの細菌細胞の集団に抗生物質を添加すると，抗生物質に対して抵抗性をもつ個体が集団の一部に現れる現象がある〔パーシステント現象（図2A）〕．興味深いのは，抵抗性をもつ個体の多くではゲノムの変異が起こっていないことであり，したがってそれより下流の遺伝子発現の階層における何らかのゆらぎ・ばらつきがその発生に関与していると考えられる．過去の研究からは，比較的に細胞分裂速度の遅い個体が抵抗性をもちやすいことが知られており，つまり細菌集団内の一部の細胞があえて確率的に休眠状態に入ることで，種としての絶滅を防いでいると推測されている[5]．一方で枯草菌においては，貧栄養の環境下におかれたときに，芽胞とよばれる外部からのストレスに対して高い耐久性をもつ細胞構造が形成される．このとき，数は少ないものの，一部の枯草菌は，細胞外のDNAをとり込むコンピテントな状態になることが知られている．この外来DNAを受容する現象は，個体間に遺伝的に多様性を生み出して環境耐性を得る可能性を高める効果があると考えられている（図2B）[6]．

2. 多細胞生物におけるゆらぎ・ばらつきの軽減

　一方で多細胞生物では，さまざまな性質をもつ細胞が適切な場所およびタイミングで生まれる必要があり，ゆらぎ・ばらつきは厳密に制御されている．例えば，哺乳類の胚発生においては，体軸形成や器官・組織形成を行うための細胞の分化が，ほぼ決まったタイミングで，ほぼ決まった場所において行われる．特に古くから研究されてきた線虫やホヤの発生過程では，受精卵から成体になるまでの間，個々の細胞がどのように分化していくかがあらかじめ決まっている．つまりこれらの発生過程では，どの細胞においてどのタイミングで遺伝子発現を活性化させるか，あるいは抑制させ

るかを決める遺伝子発現のネットワークが確立しており，これに基づいて決定論的に個々の細胞の運命が定められる．

　ゆらぎ・ばらつきを軽減化させるメカニズムの例としては，分節時計のシステムが知られている（図2C）[7]．脊椎動物において体節を等間隔でつくるために必要とされる分節時計は，複数の遺伝子の発現を周期的に変化させることによって形成される．この時もしゆらぎ・ばらつきが有意に存在すると，それぞれの細胞の遺伝子発現の位相にはずれが生じ，正確に分節形成が行えなくなってしまう．ところが分節形成に関与する遺伝子には，細胞間で発現が同調できるようなネットワークが備えられており，これによって発現のノイズを軽減し，分節時計が正確な周期を生み出すことができる．別の代表的な例としては，ハエの胚発生のシステムがあげられる（図2D）[8]．ハエは発生の際，複数の細胞核が1つの細胞質を共有した多核性胞胚を形成する．この胚の中では，各細胞核の中で転写されたmRNAが核外に出ると細胞質の中で共有される．このため，それぞれの核内における転写反応はばらついていても，細胞質内のmRNAのばらつきは平均化によって抑えられ，正確な胚発生を行うことができる．

3. 細胞の運命決定とゆらぎ・ばらつき

　一方で，細胞の運命決定にゆらぎ・ばらつきがそのまま利用されるケースも存在する．例えば，マウスの胚性幹細胞においては，多能性の維持に関与する転写因子Nanogの発現量が時間的に激しくゆらぎ，また細胞ごとに大きくばらついていることが知られており[9]，これにより各細胞の分化状態の運命決定は確率論的に行われる．また別の例としては，三毛猫の毛色（白・黒・茶）がある[10]．毛色を茶色にする遺伝子はX染色体上に存在するため，片方のX染色体が不活化されるメス猫においては，色素遺伝子の活性化・不活性化がランダムに起きる．そのため，活性化された細胞においては，毛色は茶色になるが，不活化された細胞においては，黒色になる．一方で白色の毛は，常染色体上の遺伝子が発現した細胞で，その他の色を抑えることで発

生する．また，ハエの網膜を構成する2種類の個眼のモザイク状の配置も確率的に決定される（図2E）[11]．個眼の中の色の認識にかかわる光受容体細胞は，吸収波長の異なるロドプシンを発現することで，青色光感受性か緑色光感受性かに分かれる．どのロドプシンを発現するかは，転写因子spinelessの確率的な発現が一定の閾値を超えるか否かに依存しており，これによりランダムな個眼のパターンが形成される．

　細胞ごとのばらつきは，抗がん剤の投与の成功率にもかかわっている．腫瘍組織は，均一ではなく，ヘテロな細胞の集まりであることが知られている．このため抗がん剤を投与しても，腫瘍組織の中の一部の細胞は抗がん剤に対して高い抵抗性を示す状態になっているため，すべてのがん細胞を完全に死滅させることはより困難となる．これらの少数のがん細胞は，再発や遠隔転移など臨床上の有害事象が生じる大きな要因となっており，そのばらつき・ゆらぎの性質を理解することは医療の観点からも重要といえる．

■ ゆらぎ・ばらつきをいかにして正確に捉えるか？

　一般的に測定系はノイズ（測定ノイズ）をもっている．1細胞の微小なゆらぎ・ばらつきを測定する際には，こうしたノイズと見分けがつかなくなる可能性があり，データを解釈する際には注意が必要である．ここではゆらぎ・ばらつきの測定の際に気を付けるべきことについて述べたい．

　まず気を付けるべきことは，測定系のサンプリングエラーである．例えば，RNAシークエンシングを用いて一つひとつの細胞のmRNA量を測定する場合，シグナルとして得られるのは，mRNAのうちシークエンシング反応が成功したごく一部のものだけであり，得られる値は実験ごとに毎回確率的に変動する．この場合，たとえ各細胞が等しいmRNA量をもっていたとしても，得られるmRNAのシグナルは，各細胞で異なった値をもつことになり，結果，ノイズと各細胞のばらつきを見

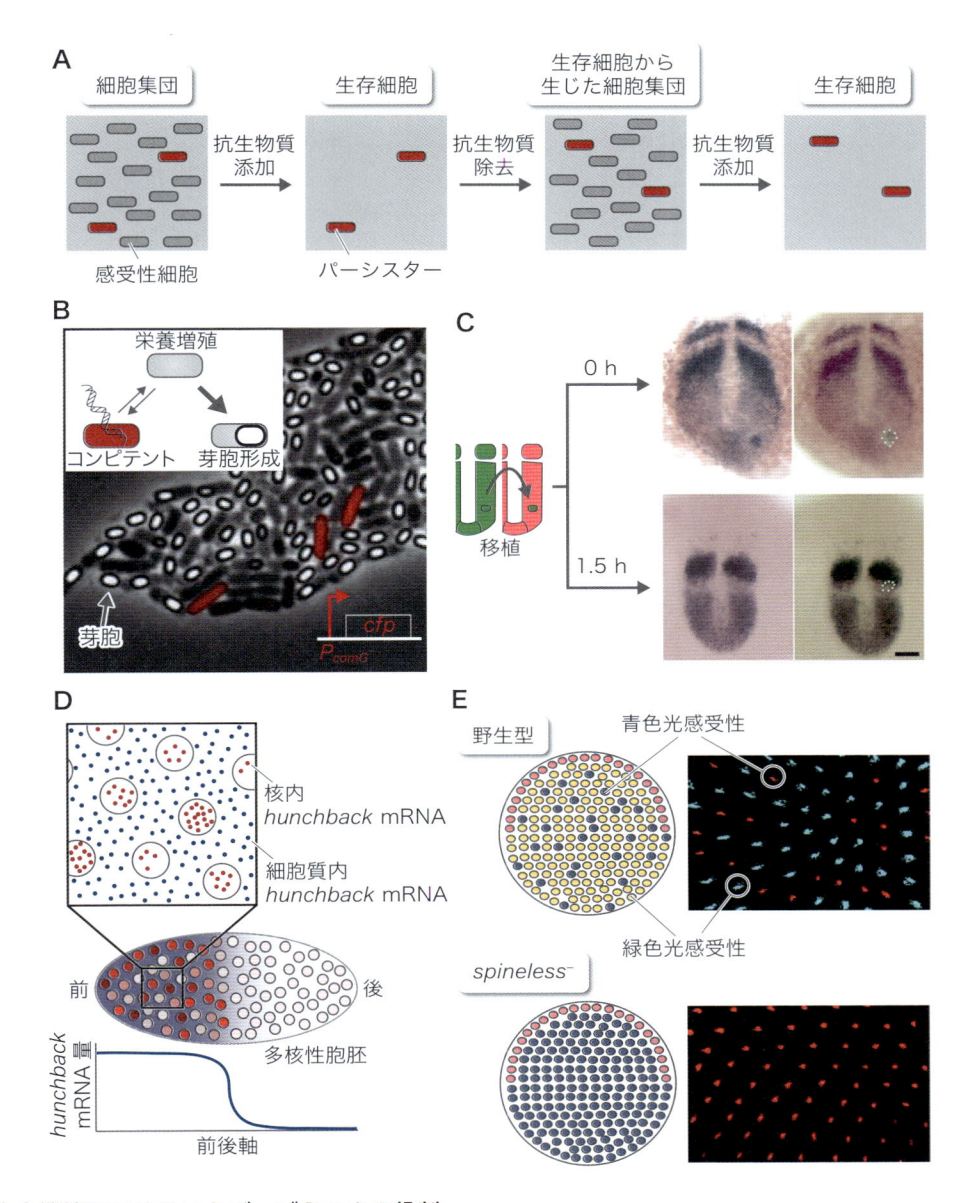

図2　生命機能におけるゆらぎ・ばらつきの役割

A) 大腸菌のパーシステント現象．細菌集団に抗生物質を添加した際，各細胞の個性のばらつきのために，一部の細胞だけが生き残る現象を指す．ゲノムの変異を伴っていないため，生存細胞に対して抗生物質を再度添加すると同じ割合の細胞が死滅するものの，遺伝子の配列は生き残りの前後で保存される．**B)** 枯草菌のコンピテンシーの獲得．貧栄養環境になると，一部の細胞が外来DNAを取り込めるコンピテントな状態になり，遺伝的多様性を増大させて種の全滅を防ぐ．**C)** ゼブラフィッシュの分節時計のロバスト性．ゼブラフィッシュの体節形成にはhairy遺伝子の周期的な発現変化が中心的な役割を果たしている．細胞間で発現量が同調するしくみが備えられており，位相の異なる細胞を移植した場合（上）でも，1.5時間後には位相が同じになっている（下）．**D)** ショウジョウバエの多核性胞胚．一つひとつの核内のhunchback遺伝子の発現量は確率的にゆらいでいるが，複数の細胞核が1つの胚内で共有されている構造になっているため，安定的に前後軸間での発現量の差が生まれる．**E)** ショウジョウバエ網膜の個眼のパターン性．網膜内の個眼は青色光受性になるか緑色光受性になるかが確率的に決まっており，個眼ごとに特別なしくみがなくても一定の色の割合のパターンが形成される（上）．パターン形成にはspineless遺伝子がかかわっており，欠損させた場合にはパターン性が消失する（下）（Bは文献6，Cは文献7，Dは文献8，Eは文献11よりそれぞれ引用）．

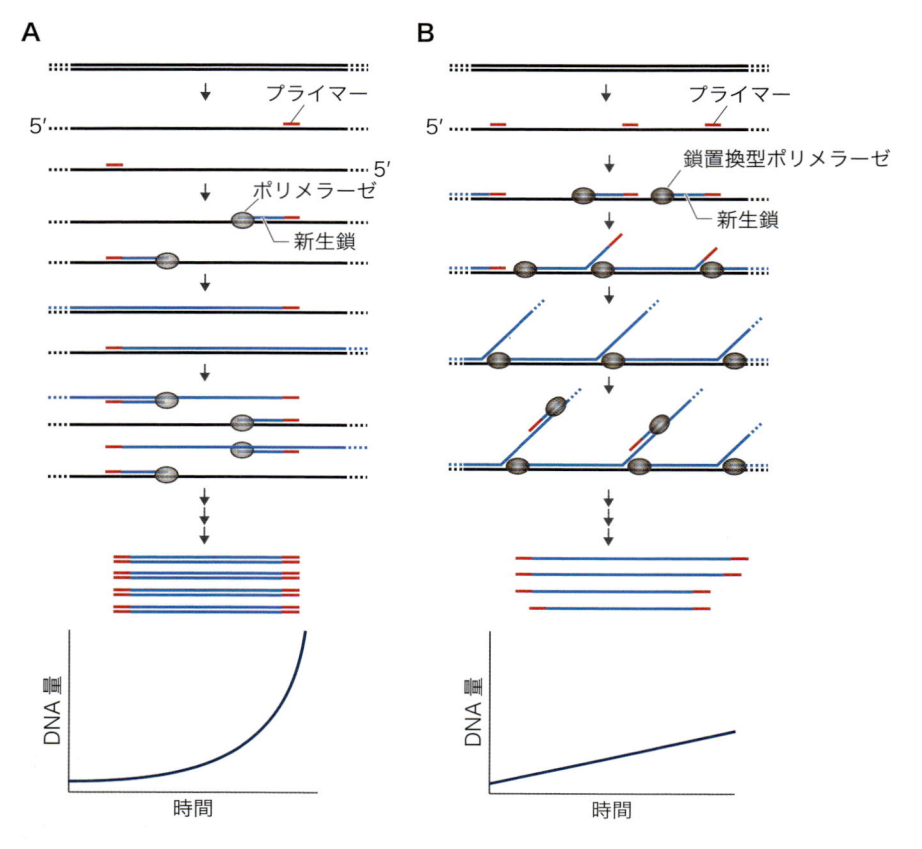

図3　次世代シークエンシングにおけるDNA鎖の増幅

A）指数関数的増幅の例．DNA2本鎖の両方が鋳型となるような形で増幅をくり返すことにより，DNA産物が指数関数的に増加する．**B）**線形的増幅の例．DNA2本鎖のうち片方しか一度に鋳型とならないような形で増幅をくり返すことで，DNA産物が線形的に増加する．

分けることが困難になる．このケースにおいては，mRNAの個数に注目するのが1つの方法である．シークエンシング反応の成功確率が十分に小さな場合，実験ごとに得られるmRNAの個数の変動はポアソンノイズとしてみなすことができ，その標準偏差はmRNAの個数の平方根に等しいと考えることができる．これに従うと，細胞間のシグナルのばらつきが個数の平方根よりも十分大きい場合にはmRNA量のばらつきとほぼ同値とみなすことができ，それほど大きくない場合には細胞間のmRNA量のばらつきη_{mRNA}をシグナルのばらつきη_{signal}の二乗から個数nの逆数を引いたものの平方根として得ることができる〔$\eta_{mRNA} = (\eta_{signal}^2 - 1/n)^{0.5}$〕．

次世代シークエンシングを用いて計測を行う場合には，さらに測定系のバイアス（測定バイアス）に気を付ける必要がある．次世代シークエンシング解析では多くの場合，DNA断片をPCRで増幅して作製したライブラリに対してシークエンシング反応を行って各断片の数を測定する．このとき，PCRのプロセスではDNA断片の個数をサイクルに応じて指数関数的に増幅するため，増幅効率がよいDNA断片とそうでないDNA断片，もしくはサイクルの初期に増幅がうまくいったDNA断片とそうでないDNA断片との間で，得られるリード数に大きな差が生じる（図3A）．これを避けるには，PCRサイクルの数をできる限り減らすのも1つの方法

であるが，その分測定感度は悪化することになる．そこで提案されているのが，線形的にDNA増幅を行う方法である（図3B）[12]．例えば，鎖置換性ポリメラーゼとランダムプライマーを用いて一定温度で自発的に複製反応を行うことで，線形的にDNA増幅を行うことが可能となり，これにより増幅バイアスが軽減されることが報告されている．他の解決法としては，*in vitro* transcriptionを使って線形増幅を行う方法[13]や，各DNA断片にあらかじめ異なるバーコードを結合させてからPCR増幅を行って後で見分ける方法[14]なども提案されている．

　一方で，細胞内のmRNAやタンパク質量を正確に測定する手法としては，蛍光イメージングを用いた手法が知られている．例えば，細胞内のmRNAに蛍光オリゴヌクレオチドを結合させることでその数を定量化する方法[15] [16]や，タンパク質に蛍光標識抗体，またはGFPを結合させることでその数を定量化する方法[4]がよく用いられている．蛍光を用いる方法の場合，一般的に蛍光オリゴヌクレオチドやGFPを結合させる方法は反応がシンプルなために効率が高く，増幅も必要ないため前述のエラーは生じにくくなる．しかし一方で，トランスクリプトームなどの全分子の解析を行うには，マイクロ流体デバイス[4] [16]やオリゴヌクレオチドのライブラリ[15]などを用いる必要があり，準備や測定に手間がかかるうえ，多種類の分子種の分別がシークエンシングほどには明確に行えないという欠点があるため，目的に応じて使い分ける必要がある．

おわりに

コンピューターなどの人工機械は，ゆらぎやばらつきが存在すると，それらはノイズやエラーとなり，うまく機能することはできなくなる．一方で細胞は，ノイズやエラーと共存し，むしろそれらを活用して機能に結び付けるという，きわめてユニークな性質を有している．細胞のこうした融通性をうまく利用した人工機械の構築については，現在人工知能やニューラルネットワークの分野で議論がはじめられつつあるが，生命システムのさらなる理解によりこうした動きは加速していくものと考えられる．1細胞測定によってゆらぎ・ばらつきの生理学的意義が解明されていくことにより，ノイズを許容するという生命システムの本質とも言えるしくみを利用した，新しいものづくりや医療のスタイルが実現されるかもしれない．

◆ 文献

1) Eldar A & Elowitz MB：Nature, 467：167–173, 2010
2) Elowitz MB, et al：Science, 297：1183–1186, 2002
3) Chalancon G, et al：Trends Genet, 28：221–232, 2012
4) Taniguchi Y, et al：Science, 329：533–538, 2010
5) Balaban NQ, et al：Science, 305：1622–1625, 2004
6) Süel GM, et al：Nature, 440：545–550, 2006
7) Horikawa K, et al：Nature, 441：719–723, 2006
8) Little SC, et al：Cell, 154：789–800, 2013
9) Ochiai H, et al：Sci Rep, 4：7125, 2014
10) Schmidt–Küntzel A, et al：Genetics, 181：1415–1425, 2009
11) Wernet MF, et al：Nature, 440：174–180, 2006
12) Dean FB, et al：Proc Natl Acad Sci U S A, 99：5261–5266, 2002
13) Hashimshony T, et al：Cell Rep, 2：666–673, 2012
14) Shiroguchi K, et al：Proc Natl Acad Sci U S A, 109：1347–1352, 2012
15) Lubeck E, et al：Nat Methods, 11：360–361, 2014
16) Chen KH, et al：Science, 348：aaa6090, 2015

5 血球系細胞シングルセル解析のための細胞分取

黒滝大翼，田村智彦

血球系は多種多様な細胞によって形成され，これらの細胞の分化のしくみや機能を理解するためにフローサイトメトリーなどのシングルセルレベルの解析手法が用いられてきた．最近ではシングルセル RNA シークエンスなど網羅的にシングルセルレベルで遺伝子発現を解析できる方法が開発され，次々と新知見が得られている．本稿ではフリューダイム社 C1 Single-Cell Auto Prep システム（以下，C1）を用いてシングルセル RNA シークエンスを行うための血球細胞調製法について紹介する．

はじめに

　血球系は大まかな分類でも T 細胞，B 細胞，NK 細胞，好中球，好酸球，好塩基球，マスト細胞，単球，樹状細胞，血小板（巨核球），赤血球（赤芽球）などによって構成されるきわめて複雑なシステムである．これらの細胞群は骨髄に存在する造血幹細胞から中間的な前駆細胞段階を経て産生されると考えられている．そしてさまざまな血球細胞が相互にかかわることで免疫応答や血液凝固反応などが引き起こされ，その異常はさまざまな疾患の原因ともなっている．しかし，血球細胞の機能や分化の分子メカニズムは未だ不明な点が多い．

　これまでのフローサイトメトリーを用いた研究によって造血幹細胞，造血前駆細胞，成熟血球細胞は主に 10 種類以下の表面マーカー（あるいは少数の細胞内分子）の発現パターンの違いによって同定されてきた．しかし一様と思われてきた細胞集団のなかにじつは機能的に異なる亜集団が含まれており，細胞集団がどんどん細分化されてきたのがこれまでの血液学・免疫学の流れであったと言える．このような細胞集団細分化の流れに終止符を打つ（かもしれない）革命的技術が最近開発されてきた．その代表例がマスサイトメトリー[*1]やシングルセル RNA シークエンスである．特にシングルセル RNA シークエンスはすべての遺伝子の RNA 発現を解析することができるという利点があり，さらに C1 などの周辺機器が充実してきたことで比較的実施しやすい技術になってきた．本稿ではわれわれが実際に C1 を用いてシングルセル RNA シークエンスを行った造血前駆細胞を例にその調製法について詳述する．

　C1 を用いた場合には 100 個あるいは 800 個程度の細胞から RNA の抽出や cDNA の合成・増幅を行うことが想定される．そのため数十種類の細胞が含まれるような検体（例えば，バルク

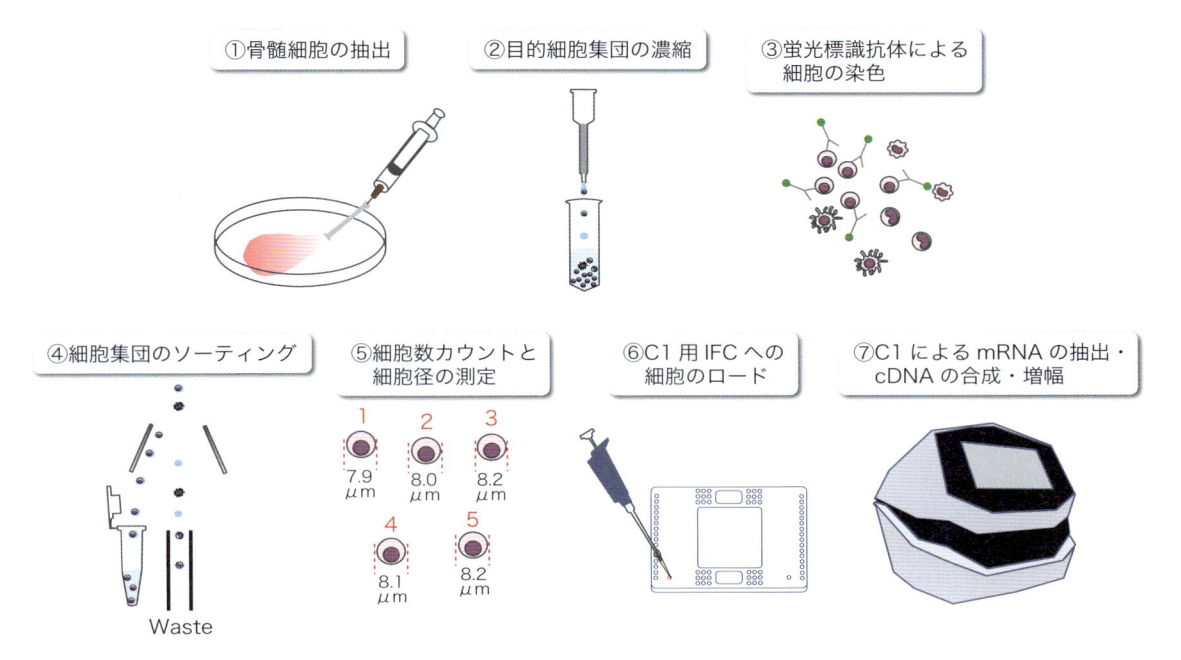

図1　C1 を用いた骨髄細胞シングルセル解析のフローチャート
①マウス後脚から大腿骨と脛骨を摘出し，注射器を用いて骨髄細胞を回収する．②目的細胞集団を磁気ビーズを用いて濃縮する．③種々の蛍光標識抗体で細胞を染色する．④目的の細胞集団をフローサイトメーターにより精製する．⑤細胞数と細胞径を測定する．⑥細胞径に合った C1 IFC に細胞をロードする．⑦C1 により RNA の抽出と cDNA の合成・増幅を行う．

の骨髄細胞や脾臓細胞）からそのまま C1 による処理を行うのは難しい．そこでわれわれは最初にある程度均一と考えられている細胞集団を磁気ビーズとフローサイトメーターにより分離し，その後 C1 による処理を行っている（図1）．

準備

1. 実験動物

☐ マウス（C57BL/6J）

2. 試薬

☐ Phosphate-buffered saline（PBS）
☐ Fetal bovine serum（FBS）
☐ FACS buffer（3% FBS 含有 PBS）
☐ 7-Amino-Actinomycin D（7-AAD, シグマ アルドリッチ社, #A9400-1MG）*2

＊2　死細胞の核を染色するのに用いる．7-AAD 1 mg を 50 μL のメタノールに溶解し，20 mL の PBS にて終濃度 50 μg/mL に調製する．

- ☐ 各種蛍光標識抗体（分離する細胞種によって抗体の組合わせは異なる）
- ☐ 各種成熟血球細胞および骨髄前駆細胞濃縮用磁気ビーズと分離装置[3]

- ☐ C1 Single-Cell Reagent Kit for mRNA Seq（フリューダイム社, #100-6201）
- ☐ SMART-Seq v4 Ultra Low Input RNA Kit for the Fluidigm C1 System（タカラバイオ社, #635025）[4]

3. 器具

- ☐ 26G注射針（テルモ社, #NN-2613S）
- ☐ 10 mL シリンジ（テルモ社, #SS-10SZ）
- ☐ はさみ
- ☐ ピンセット
- ☐ 10 cm ディスポーザブルペトリディッシュ
- ☐ C1 Single-Cell mRNA Seq IFC（フリューダイム社, 以下C1 IFC）
- ☐ 血球計算盤（ヱルマ社）
- ☐ 1.5 mL チューブ
- ☐ 15 mL チューブ
- ☐ 50 mL チューブ
- ☐ 40 μm 細胞分別用ナイロンメッシュ（共進理工社, #PP-40N）
- ☐ Falcon 70 μm セルストレーナー（コーニング社, #352350）

4. 機器

- ☐ 細胞径測定機能付き自動細胞計数装置（コールターカウンター, Cellometer auto 2000 など）
- ☐ FACSAria（BD Biosciences 社）[5]

- ☐ C1 Single-Cell Auto Prep システム（フリューダイム社）
- ☐ 冷却遠心機（15 mL チューブ, 50 mL チューブ用）
- ☐ 微量高速冷却遠心機（1.5 mL チューブ用）

5. ソフトウェア（参考）

- ☐ ImageJ（https://imagej.nih.gov/ij/）

プロトコール

　ここでは骨髄細胞の分離からC1でのcDNA合成・増幅までの一般的なプロトコールについて記載する．C1の操作に関しては他稿に詳述されているため簡潔に記載する．

1. 骨髄細胞の分離と蛍光標識抗体による染色

❶ マウスを安楽死させる．

❷ マウスの大腿骨・脛骨を摘出する（図2A）．

❸ 骨端をはさみで切断し氷冷したFACS bufferで骨髄をフラッシュする（図2B，C）[6][7]．

　　　*6　CD115など一部の表面マーカーは室温で長時間放置すると発現が減少するためすばやく骨髄
　　　　　細胞を分離し氷上に置く（われわれはマウス1匹あたり10分を目安に骨髄細胞抽出を行っている）．
　　　*7　これ以降の操作では基本的に氷上あるいは4℃で細胞を処理し，細胞を温めないように注意する．

❹ 4℃，300×g，10分間遠心し，上清を除く．

❺ 細胞をFACS buffer 2 mLにてよく懸濁し（P1000マイクロピペットにて20回程度ピペッティング），70 μmセルストレーナーを通して骨片などを除去する．

❻ FACS bufferを8 mL加えて細胞数をカウントする[8][9]．

　　　*8　必要に応じて溶血バッファーによる溶血を行った後細胞数カウントを行う．
　　　*9　チュルク液（和光純薬工業社，#277-09491）を用いることで赤血球が含まれるサンプルでも血球計算盤でカウントすることができる．

❼ 4℃，300×g，10分間遠心し，上清を除く．

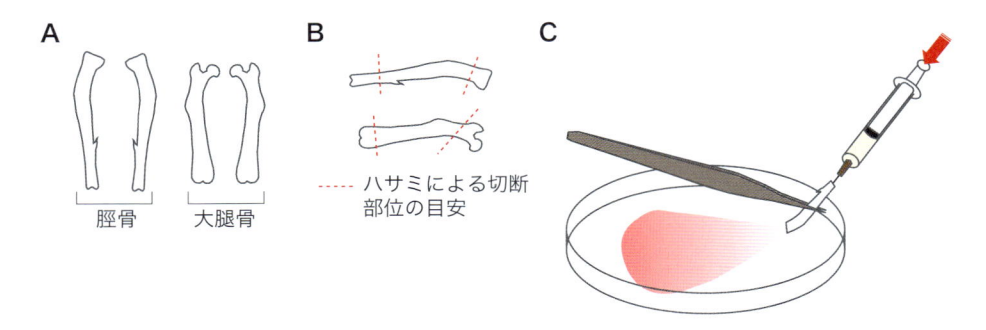

図2　骨髄細胞の抽出

A）マウス後脚から筋肉や靭帯などを剥離し，大腿骨と脛骨を摘出する．B）骨端を切断する．切り方によっては骨が割れることがあるので注意する．C）骨をピンセットでつかみFACS bufferで骨髄を抽出する．注射器のプランジャーを断続的に押しこむと抽出しやすい．泡立てないように注意すること．

⑧ 細胞集団濃縮用磁気ビーズにて目的の細胞集団を濃縮する[*10].

> [*10] 骨髄細胞集団を濃縮するためのさまざまなキットが販売されているため目的に応じて使用する.

⑨ FACS buffer にて⑧で濃縮した細胞を懸濁する.

⑩ 蛍光標識抗体を添加する[*11][*12].

> [*11] 蛍光標識抗体を添加する前にFc受容体阻害抗体を添加しブロッキングを行う場合もある. われわれは抗CD16/32抗体（BioLegend社, #101302, クローン名:93）を使用している.
> [*12] 添加する抗体の量に関しては予備実験を行い検討する.

⑪ 4℃, 30〜90分間静置する[*13][*14].

> [*13] 添加する抗体の種類によって適切な反応時間は異なるので注意する.
> [*14] 15分に1回の間隔で細胞を撹拌することで細胞の凝集を防ぐ.

⑫ 大容量（細胞懸濁液に対して20倍以上）のFACS bufferを添加する.

⑬ 4℃, 300×g, 10分間遠心し, 上清を除く.

⑭ FACS bufferにて細胞を 1.0×10^7 cells/mL に懸濁して $40\ \mu m$ 細胞分別用ナイロンメッシュを通す.

⑮ 7-AAD（最終濃度 $0.25\ \mu g/mL$）を添加する.

2. FACSAriaによるソーティングと細胞数および細胞径の測定

❶ FACSDIVAソフトウェアでFSC（前方散乱光）・SSC（側方散乱光）によるゲーティングや7-AAD陽性細胞（死細胞）の除外などを設定する（図3A）[*15].

> [*15] FACSAriaの操作方法に関しては製品マニュアルや既刊（参考図書など）に詳しく記載されているため, それらも参照することを勧める.

❷ 目的とする細胞集団にゲートする.

❸ 1.5 mLチューブに $700\ \mu L$ のFACS bufferを添加後に何度か転倒混和し, 室温で5分間静置する[*16][*17].

> [*16] これによりチューブのブロッキングを行う.
> [*17] 1.5 mLチューブはタンパク質低吸着チューブでなくても問題はない. 実際われわれはグライナー社の1.5 mLリアクションチューブ（#616201）を使用している.

❹ 前述❸のチューブを微量高速冷却遠心機でスピンダウンしFACSAriaの細胞回収用Sort Collection Deviceにセットする（図3B）.

❺ 30,000個の細胞を直接1.5 mLチューブにソーティングする[*18][*19].

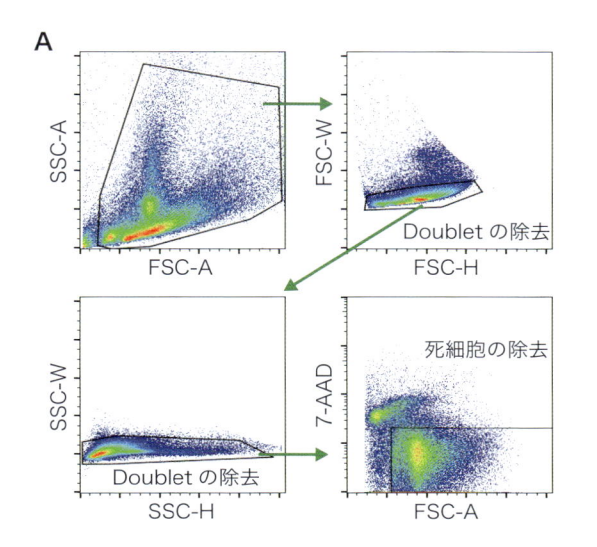
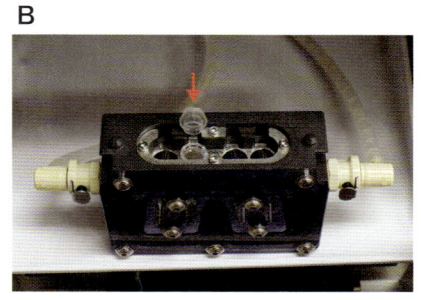

図3　FACSAria のソーティングの設定

A) 死細胞や doublet を除くためにソフトウェア上でゲートをかける．B) FACSAria の Sort Collection Device に FACS buffer でブロッキングした 1.5 mL チューブをセットする．

* 18　FACSAria の Sample Injection Chamber および Sort Collection Device の冷却機能を使って細胞を温めないようにする．
* 19　ソーティングした細胞が 1.5 mL チューブ内の FACS buffer に直接入るように注意深く設定する．

❻ 4℃，300×g，10 分間遠心する[20]．

* 20　ペレットの位置がわかるようにチューブのヒンジ部分を外側に向けて揃える．

❼ P1000 マイクロピペットを使って慎重に上清を除去し，約 30 μL の上清を残す[21][22]．

* 21　このとき，細胞ペレットは見えないので誤って細胞を吸わないように注意する．
* 22　ブルーチップは先端が太いためブルーチップの先にさらにイエローチップを装着することで細かく上清を除くことが可能になり便利である．

❽ 7 回慎重にピペッティングする．

❾ 血球計算盤や自動細胞計数装置により細胞数カウントと細胞径の測定を行う[23][24]．

* 23　細胞径の測定は C1 でのサンプル調製のために必須である．細胞径により C1 IFC のサイズを変更する必要がある．現在 mRNA-Seq 用の C1 IFC は 5–10 μm，10–17 μm，17–25 μm が販売されている．血球計算盤で細胞径の測定を行う場合，血球計算盤のグリッド線とともに画像を取り込み ImageJ による解析を行う（https://www.fluidigm.com/binaries/content/documents/fluidigm/marketing/single-cell-preparation-guide-ebook/single-cell-preparation-guide-ebook/fluidigm%3Afile に詳しい）．あらかじめ細胞径については十分に検討を行い本実験を行う前に C1 IFC のサイズを決定しておくとよい．

> *24 細胞のサイズをあらかじめ調べておいた場合には細胞数カウントを行わずより少ない細胞数で C1 でのサンプル調製を行うことも可能である．経験的には FACSAria のソーティングカウントの 7 割程度の細胞が回収できる．しかし細胞が十分取れる場合には細胞数をカウントすることを勧める．

⓾ 細胞を FACS buffer で適切な密度に懸濁する[*25]．

> *25 大きい血球系細胞（10〜25 μm）は 3.0×10⁵ cells/mL に，小さい血球系細胞（5〜10 μm）は 6.0×10⁵ cells/mL に懸濁する．

3. C1 による細胞調製

C1 のプロトコールに従って細胞のロードや cDNA 合成を行う．具体的には以下の流れで行う．

❶ C1 IFC のプライミング．

❷ 新しい 1.5 mL チューブに C1 Single-Cell Reagent Kit for mRNA Seq に含まれる Suspension Reagent 3 μL と 2–⓾で調製した細胞懸濁液 7 μL を添加しピペッティングにより優しく混和する[*26]．

> *26 細胞株の場合には Suspension Reagent と細胞懸濁液の比は 4：6 だが，血球系細胞や生体内から採取した細胞の場合は 3：7 にすることで細胞を適切に浮遊させることができる．

❸ C1 IFC への細胞のロード（図4）．

❹ 顕微鏡下で C1 IFC の各 capture site に 1 つの細胞がロードされているかチェックする[*27]．

> *27 細胞が入っていないあるいは複数の細胞が入っている capture site は必ず記録する．通常 7〜8 割の capture site に 1 つの細胞が入っていることを確認できるはずである（残りの capture site は 0 個あるいは 2 個以上となる）．

❺ C1 により細胞溶解，cDNA 合成，cDNA 増幅を行う．

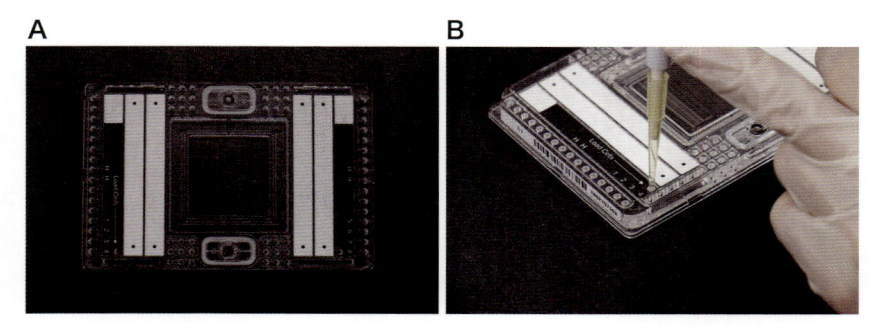

図4　C1 IFC への細胞のロード
A) C1 IFC の外観．**B)** C1 IFC に細胞懸濁液を添加する．

❻ cDNA を回収する.

❼ qRT–PCR による確認および RNA–seq による遺伝子発現の解析を行う[*28].

> ＊28　RNA-seq 用のライブラリ調製法は C1 のプロトコールに詳しく記載されているため本稿では記載しない.

実験例

　われわれは血球細胞分化における転写因子の役割について研究を進めてきた[1)～4)].　転写因子は遺伝子発現やクロマチンの状態を DNA 配列特異的に制御し,　細胞分化制御において中心的役割を担っている.　今回われわれは造血分化の最上流に位置する前駆細胞集団の 1 つであるリンパ球系多能性前駆細胞（lymphoid–primed multipotent progenitor：LMPP）[5)] における血球細胞運命決定の分子メカニズムを調べるためにシングルセル RNA シークエンスを行った（投稿準備中）.　その結果,　転写因子遺伝子の発現パターンに heterogeneity があることがわかった.　本稿では発現パターンの確認のため転写因子遺伝子のシングルセル qRT–PCR 解析を行ったので実験例として報告する.　なお C1 にはシングルセル qRT–PCR に特化したプロトコールも存在しており（https://www.fluidigm.com/binaries/content/documents/fluidigm/resources/c1–delta%E2%80%90gene–pr–100%E2%80%904904/c1–delta%E2%80%90gene–pr–100%E2%80%904904/fluidigm%3Afile）,　発現が低い遺伝子でシングルセル qRT–PCR を行いたい場合にはそちらを検討することを勧める.

　実験例で用いた試薬・消耗品は前述プロトコールと基本的に同じだが,　蛍光標識抗体と C1 で用いた試薬・消耗品の詳細について示す.

☐ Brilliant Violet 421 標識抗 CD150 抗体（BioLegend 社,　クローン名：TC15–12F12.2,　#115926）

☐ PE 標識抗 CD135 抗体（BioLegend 社,　クローン名：A2F10,　#135306）

☐ PE/Cy7 標識抗 Sca–1 抗体（BioLegend 社,　クローン名：D7,　#108114）

☐ eFluor 660 標識抗 CD34 抗体（eBioscience 社,　クローン名：RAM34,　#50–0341–82）

☐ APC/Cy7 標識抗 CD117 抗体（BioLegend 社,　クローン名：2B8,　#105826）

☐ C1 Single–Cell Open App IFC, 5–10 μm（フリューダイム社,　#100–8133）[*29]

> ＊29　一般的にシングルセル RNA シークエンスを行う際には C1 Single-Cell mRNA Seq IFC を用いて cDNA の合成を行うことが多いが,　われわれは細胞へのダメージを考慮して C1 IFC への細胞のロードを 4℃で行っている.　そのため C1 カスタムスクリプトに対応できる C1 Single-Cell Open App IFC を使用している.

☐ Open App Reagent Kit（フリューダイム社,　#100–8920）

☐ SMARTer Ultra Low RNA Kit for the Fluidigm C1 System（タカラバイオ社,　#634832）[*30]

＊30 本実験を行った時点ではSMART-Seq v4 Ultra Low Input RNA Kit for the Fluidigm C1
System は販売されていなかったため，古いバージョンの試薬を用いている．

実験手順の詳細（LMPP の分離と解析に特化して記載）

❶ 前述の通りにマウス骨髄細胞を分離する．

❷ Lineage Cell Depletion kit（ミルテニーバイオテク社，#130-090-858）とautoMACS
Pro Separator（ミルテニーバイオテク社）を用いて取扱説明書に従って前駆細胞画分を濃
縮する＊31．

＊31 われわれの経験では Lineage Cell Depletion kit は取扱説明書の半量でも十分に前駆細胞を
濃縮することができる．このときバッファーや試薬の比率をプロトコールと同じにすることが
重要である．autoMACS Pro Separator の分離プログラムは Deplete あるいは Depletes を
使用している．

❸ 前述の蛍光標識抗体を添加し，4℃で90分間静置して細胞を染色する＊32．

＊32 抗CD34抗体は4℃で90分間反応させることでS/N比が高い染色が可能になる．

❹ FACSAria II によりブロッキング済の 1.5 mL チューブに LMPP を直接 30,000 個程度ソー
ティングする＊33．

＊33 われわれは細胞へのダメージを考慮しノズルサイズは 100 μm に設定している．

❺ 遠心後 Cellometer auto 2000 により細胞数カウントと細胞径の測定を行う＊34．

＊34 この方法により測定したマウスLMPPの細胞径は9.0 μm程度であったため，本実験例ではC1
IFCのサイズを5～10 μmに決定した．

❻ 細胞を FACS buffer により 6.0×10⁵ cells/mL に調製して氷上に置く＊35．

＊35 細胞径が5～10 μmであったため6.0×10⁵ cells/mL に調製した．

❼ C1 のプロトコールに従って C1 IFC を priming する．

❽ Open App Reagent Kit に含まれる Suspension Reagent 3 μL と❻で調製した細胞懸
濁液 7 μL を添加しピペッティングにより優しく混和する．

❾ 8 μLの❽で調製した細胞懸濁液を❼で priming した C1 IFC にロードする＊36．

＊36 われわれは細胞へのダメージを抑えるために4℃で細胞をロードしている．

❿ C1 のプロトコールに従って cDNA 合成と増幅を行う．

❶ **C1 IFC から cDNA を回収する**[*37].

> *37　ウェルによって若干の違いはあるが約 3 μL の cDNA 溶液が回収できる．あらかじめ 96 well プレートに Open App Reagent Kit に含まれる C1 DNA Dilution Reagent を 10 μL 添加し，その中に回収した cDNA を入れる（合計約 13 μL）．

❷ **回収できた cDNA を 1 μL 用いて qPCR を行う**[*38].

> *38　qPCR は一般的な試薬・機器を使えば問題はない．われわれは THUNDERBIRD SYBR qPCR Mix（東洋紡社，#QPS-201）と CFX96 Touch リアルタイム PCR 解析システム（バイオ・ラッド ラボラトリーズ社）を使用している．

実験結果

今回 C1 により増幅したマウス LMPP の cDNA を用いて転写因子 X と内在性コントロールとして *Gapdh* の RT-qPCR 解析を行った（図 5B）．転写因子 X は LMPP においてはほとんど発現しないと考えられているが，今回のわれわれの解析から限られた亜集団（LMPP 全体の 10% 程度）において転写因子 X が強く発現することがわかった．

おわりに

本稿では C1 でシングルセル RNA シークエンスを行うための細胞調製プロトコールを紹介したが他にもさまざまな手法が開発されている．10x Genomics 社の Chromium Controller は一つひとつの細胞をドロップレット内で高速に処理するきわめてスループットが高いシステムであり 100 〜 10,000 個以上の細胞を同時に処理することが可能で，cDNA 合成の際に index 付加を同時に行うことができる．バイオ・ラッド ラボラトリーズ社の ddSEQ Single-Cell Isolator

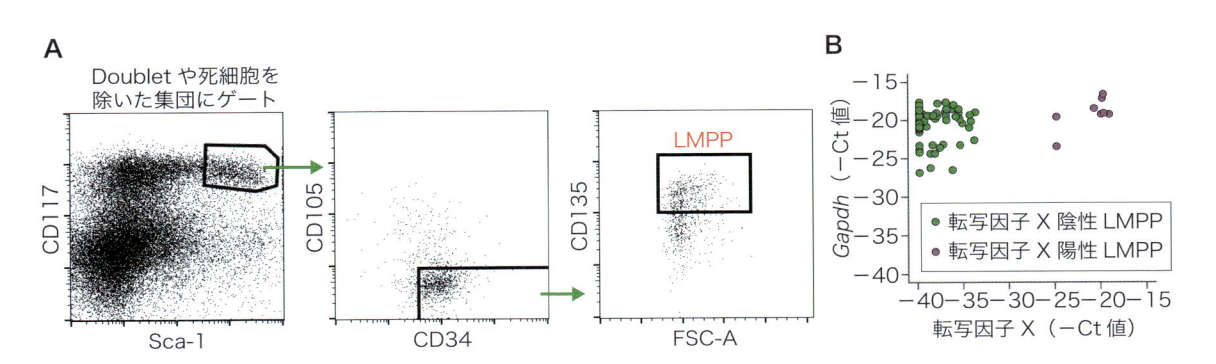

図 5　LMPP のゲーティングと qRT-PCR 解析

A) マウス LMPP のゲーティングストラテジー．**B)** シングルセル qRT-PCR による *Gapdh* と転写因子 X の発現解析．qPCR で得られた Ct 値を用いてそれぞれの LMPP をプロットしている．

は300〜1,200細胞の処理が可能であり，やはりindex付加を同時に行うことができる．またフローサイトメーターでシングルセルソーティングした細胞を手動あるいはロボットで処理することでシングルセルRNAシークエンスを行う手法も多数報告されている[6)7)]．発現遺伝子の検出感度やランニングコスト，そして解析できる細胞数はシステムによって大きく異なるため，研究の目的に応じたシステムを使用することが重要である．

　血球系細胞は単離が比較的容易であり，少数の細胞が分化や免疫応答に重要な役割を果たすことも多いためシングルセル解析が本領を発揮できる分野と言える．しかし初学者がシングルセルRNAシークエンスを行うには，①細胞の単離とcDNAの合成・増幅およびライブラリの調製，②次世代シークエンサーによる配列解析，③得られたシークエンス情報からの発現データの解析（バイオインフォマティクス）と3段階のボトルネックが存在する．これら研究を進めるうえでの障壁に対して種々の機関でサポートを行っている場合もあるので，よく調べてそれらを活用することも重要である．勇気をもって最初の一歩踏み出すことでそこには未開の美しい世界が広がっているかもしれない．

謝辞

　原稿の執筆に関しまして貴重なご意見をいただきましたフリューダイム株式会社の甲斐渉さん，写真撮影に協力していただいた横浜市立大学医学部免疫学教室の吉成正裕さん・川瀬航さんに心から感謝申し上げます．

◆ 文献

1 ）Kurotaki D, et al：Blood, 121：1839–1849, 2013
2 ）Kurotaki D, et al：Nat Commun, 5：4978, 2014
3 ）Kurotaki D & Tamura T：J Interferon Cytokine Res, 36：433–441, 2016
4 ）Sasaki H, et al：Blood, 125：358–369, 2015
5 ）Adolfsson J, et al：Cell, 121：295–306, 2005
6 ）Jaitin DA, et al：Science, 343：776–779, 2014
7 ）Sasagawa Y, et al：Genome Biol, 14：R31, 2013

◆ 参考図書

「新版 フローサイトメトリー　もっと幅広く使いこなせる！」（実験医学別冊　最強のステップUPシリーズ）」（中内啓光/監，清田 純/編），羊土社，2016

オルガノイドからの1細胞分取
ヒトiPS細胞を用いた肺の分化研究への応用

山本佑樹，後藤慎平

　ヒト多能性幹細胞から目的の臓器細胞に分化させるには「ミニ臓器」とも形容されるオルガノイドをつくることが有用である．オルガノイドは自己組織化の機序によって，不均一な細胞種を含むことが多い．シングルセルRNA-seqはそれぞれの細胞種やその分化機序の解明に有用である．本稿ではオルガノイド分化誘導法を利用してヒトiPS細胞から分化させた肺胞上皮幹細胞の不均一性を解明するため行った実際の手法をご紹介する．

はじめに

　近年のヒト多能性幹細胞研究の発展により臓器特異的な細胞を分化誘導することが可能となり，既存の方法では入手困難なヒト細胞をつくり出すことが可能になった[1]．また，多くの臓器特異的な細胞の分化誘導法では臓器の発生期を模した段階的な分化によって，生体からは入手困難な胎児期の未分化状態の細胞など活発な組織形成能をもつ細胞を量産することが可能となり，実際の臓器に近い三次元構造を試験管内で再現する，いわゆるオルガノイド培養が盛んに行われるようになってきた[2]．われわれの研究室でもヒト多能性幹細胞からオルガノイド培養により気道や肺胞上皮細胞を分化誘導する技術を開発することができた[3] [4]．われわれはII型肺胞上皮細胞が，肺胞幹細胞として，肺の再生やさまざまな疾患の病態解明に重要な細胞であることに着目し，効率のよい分化誘導法を開発し，さらに長期間培養することが可能になったため，今までは困難だったiPS細胞由来肺胞幹細胞の詳細な解析を行うことができるようになった．

　そのなかでわれわれは，分化誘導された肺胞幹細胞の形態が不均一であることに気づいた．細胞集団の不均一性を詳細に評価しその意義を探索する手段として，近年，一細胞レベルでのRNA-seqを用いた遺伝子発現解析の有効性が注目されており，バイオインフォマティクスと併せて細胞の発生や分化の過程が詳細に解明されてきた[5]．そこでわれわれはiPS細胞から分化誘導された肺胞幹細胞をオルガノイドから取り出し，一細胞レベルでの解析により細胞集団の不均一性を特徴づけるサブグループを見出し，それらを区別する遺伝子セットの同定を試みた．またマウス肺胞発生におけるシングルセルRNA-seqのデータベースとの対応を調べることで，不均一な細胞集団であるiPS細胞由来肺胞幹細胞が，ヒトII型肺胞上皮発生過程で出現する細胞系譜をよく再現できている可能性が示唆された．本稿では，iPS細胞由来の臓器特異的細胞をオルガノイドの状態から一細胞レベルで分取し，次世代シークエンサーを用いた遺伝子発現解析に至る過程について，細胞分取の実践的なプロセスを中心にご紹介したい（図1）.

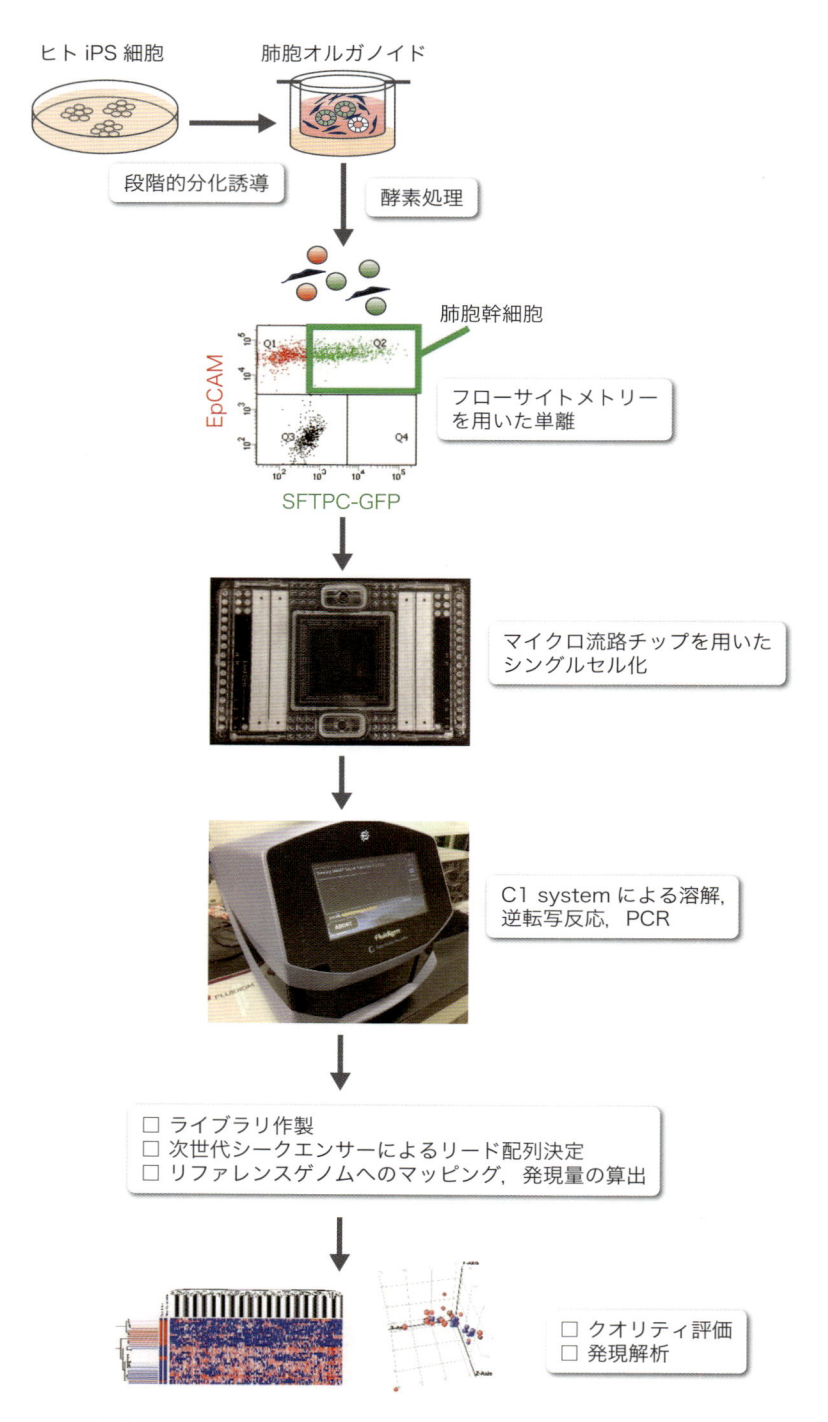

図1　本実験のフローチャート

準備

1. 細胞

　今回の解析の目的は特定の細胞集団（iPS 細胞由来肺胞幹細胞）における不均一性の解析である．われわれの研究室では，肺胞幹細胞の特異的分化マーカーである SFTPC（surfactant protein C）の GFP レポーター iPS 細胞株を樹立しており，FACS により SFTPC 陽性肺胞幹細胞だけを単離することができるので，これを利用し，iPS 細胞から肺胞前駆細胞を分化誘導後，オルガノイド培養によって SFTPC 陽性細胞を含む肺胞オルガノイドを作製した．そして肺胞オルガノイドからシングルセル状態の SFTPC 陽性肺胞幹細胞をサンプルとして準備した．

2. 試薬

☐ D-PBS（−）（ナカライテスク社，#14249-24）

☐ 0.1 % Trypsin/EDTA（サーモフィッシャーサイエンティフィック社，#25200-072 を D-PBS（−）で希釈）

☐ DMEM（ナカライテスク社，#08459-64）

☐ FBS（サーモフィッシャーサイエンティフィック社，非働化して使用）

☐ 7.5% Bovine Serum Albumin（BSA）（サーモフィッシャーサイエンティフィック社，#15260-037）

☐ Y27632（LC Laboratories 社，#Y5301：dH_2O で 10 mM のストック溶液を作製）

☐ 抗ヒト EpCAM（CD326）-APC 抗体（ミルテニーバイオテク社，#130-091-254）

☐ Propidium Iodide（ナカライテスク社，#29037-76：dH_2O にて 1 mg/mL のストック溶液を作製）

☐ SMART-Seq v4 Ultra Low Input RNA Kit for Sequencing（タカラバイオ社，#634891）

☐ RNA spike-in controls（Spike 1，4 and 7）（サーモフィッシャーサイエンティフィック社，#AM1780）

☐ Nextera XT Kit（イルミナ社，#FC-131-1096）

調製の必要な試薬

❶ 2% FBS/DMEM の作製

　非働化 FBS 10 mL を DMEM 培地（500 mL）に混和して作製する[*1]．

　　*1　2% FBS/DMEM は使用直前まで 4℃で保管しておく．

❷ FACS バッファー（Y27632 含有 1% BSA/PBS）の作製

　7.5 % BSA 76 mL を D-PBS（−）500 mL に混和して 1% BSA/PBS を作製する．そのうち 50 mL をチューブに分取して，50 μL の 10 mM Y27632 ストック溶液を添加する（最終濃度：10 μM）．遮光して 4℃に保存する．

3. 器具

☐ 滅菌済メス

□ 滅菌済ピンセット

□ 滅菌済ディッシュ

□ セルストレイナー40 μm メッシュ（グライナー社，#542040）

□ セルストレイナーキャップ付き5 mL ラウンドチューブ（BD Biosciences 社，#352235）

□ セルカルチャーインサート12 ウェルプレート（コーニング社，#353180）

□ 5 mL ポリプロピレン ラウンドチューブ（BD Biosciences 社，#352063）

4. 機器・ソフトウェア

□ BD FACSAria II セルソーター（BD Biosciences 社）

□ C1 Integrated Fluidic Circuit（IFC）10–17 μm（フリューダイム社，#100–6041）

□ C1 Single–Cell Auto Prep システム（フリューダイム社）

□ HiSeq 2500（イルミナ社）

□ ELAND version 2（イルミナ社）

プロトコール

　当研究室では，肺胞幹細胞を分化誘導するためにiPS細胞由来肺胞前駆細胞と胎児肺線維芽細胞の共培養法をマトリゲルを基質とした三次元環境下で行っている．この手法によりオルガノイド構造を形成することで，SFTPC陽性肺胞幹細胞が誘導される．実際のオルガノイド作製時には200 μLの50%マトリゲルに細胞を懸濁し，セルカルチャーインサート（12ウェルプレート）上に播種して作製する．最終的には厚みをもった構造体となるので，細胞を効率的に取り出すためには，細胞へのダメージを最小限に留めながら比較的長時間の酵素処理を行う必要がある．肺胞オルガノイドには肺胞幹細胞だけでなく，他の上皮成分や線維芽細胞など間葉系細胞も含有されている．今回は単一の細胞集団に絞った不均一性の解析を行うため，回収した細胞からFACSをはじめとするセルソーターを用いてSFTPC陽性細胞を単離分取する．分取した細胞をマイクロ流路チップ上でシングルセル化し，そのままチップ上でライブラリ作製，次世代シークエンサーを用いたシングルセルRNA-seq解析へと進む．

1. オルガノイドから細胞を回収する

❶ 事前に処理するオルガノイドの個数と同数の15 mL チューブと必要量（1本あたり6 mL）のD–PBS（−）を分注して準備する[*2]．

> ＊2　オルガノイド個数が3個までの場合は，1本のチューブで行うことが可能である．

❷ オルガノイドをセルカルチャーインサートごととり出し，清潔なシャーレの上で軽くタッピングすると容易にオルガノイドをとり出すことができる（図2）．

❸ ピンセットで培養体を押さえながら，メスを用いて細かくミンチ状に切断する[*3]．

> ＊3　細かくし過ぎると細胞のダメージが大きいので，2 mm程度を目安とする．一度に3個のオルガノイドまで処理可能である．

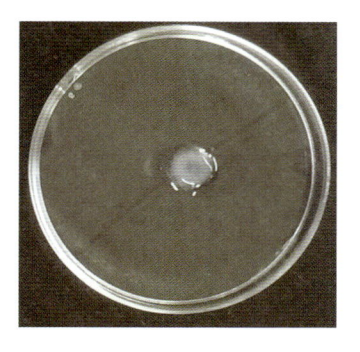

図2　肺胞オルガノイド
セルカルチャーインサートから6 cm
ディッシュの上にとり出した状態
（プロトコール**1**–**❷**）.

図3　肺胞オルガノイドの酵素処理
左：断片化した肺胞オルガノイドを5分間0.1 % Trypsin/
EDTA で処理した状態（プロトコール**1**–**❼**）.
右：左図の状態からさらに5分間0.1 % Trypsin/EDTA で処
理して，15回ピペッティングを行った後の状態（プロトコー
ル**1**–**❽**）.

❹ シャーレを D–PBS（−）2 mL で3回洗って，オルガノイド断片を空の15 mL チューブに
回収する.

❺ 4℃，1,000 rpm，5分間で遠心する.

❻ 上清を吸引したあと，0.1 % Trypsin/EDTA を2 mL/チューブに入れる[*4].

＊4　　1チューブで3個のオルガノイドを処理する場合は，3 mLの0.1 % Trypsin/EDTA を使用
する.

❼ 恒温槽37℃で振盪しながら5分程度経過したら，恒温槽から引き上げ1,000 µL のフィル
ター付きチップを用いて10回ゆっくりピペッティングを行う（図3左）. この操作によりオ
ルガノイド断片は，かなり細かくなる.

❽ また恒温槽に戻して5分後，**❼**と同様に恒温槽からチューブを引き上げ，今度は15回ピペッ
ティングの操作をくり返す[*5]. この時点で固形状のものは，ほぼ見えなくなる（図3右）.

＊5　　このピペッティング操作が細胞を効率的に回収する際に重要となる. 操作が速すぎると細胞の
ダメージが大きくなり，回収量が低下する. また操作が不十分だと基質のマトリゲルが多量に
残存析出し，その後の実験操作がやりにくくなる.

❾ 直前まで冷却していた2% FBS/DMEM を8〜10 mL/チューブ添加し，トリプシンの反応
を停止させる. すぐに事前に4℃に冷却しておいた遠心機で1,000 rpm，7分間で遠心す
る[*6].

＊6　　この工程はすべて冷却しながら行うことが重要である. 必ず4℃で冷却した2% FBS/DMEM
を用いる. これらを行わなかった場合，基質のマトリゲルが再度固相化して析出し，その後の
実験操作での細胞回収が困難になる.

⑩ 上清をピペットで吸引して回収し，別の15 mLチューブに移す．残ったペレットをFACS バッファー5 mLに回収する[*7]．

> [*7] なお，培地吸引の際にペレットぎりぎりまで吸引すると，ペレットのすぐ上にある残存している マトリゲルの層が吸引され同時にペレットも吸引されてしまうことがあるので注意する．

⑪ 前述で回収した上清は4℃で1,000 rpm，5分間で再度遠心する[*8]．

> [*8] この工程は上清の残存マトリゲルと一塊になっている細胞成分をさらに回収するためである．

⑫ 上清を吸引し，残ったペレットを⑨で回収した細胞とあわせ細胞懸濁液を作製する．

⑬ 細胞数をカウントし，必要抗体量を計算する[*9]．

> [*9] 1ウェルあたり$0.5 \times 10^6 \sim 1.0 \times 10^6$個程度の細胞を回収できる．

⑭ 細胞懸濁液を1,000 rpm，5分間，4℃で遠心する．

⑮ 上清を吸引し，細胞1.0×10^7個あたり$10\,\mu$LのEpCAM–APC抗体を加えFACSバッファーで10倍に希釈する．4℃で20分間静置して反応させる．

⑯ 抗体反応終了後の細胞懸濁液に5 mLのFACSバッファーを添加し，1,000 rpm，5分間，4℃で遠心する．

⑰ 上清を吸引後，5 mLのFACSバッファーを加えて混和し，4℃，1,000 rpm，5分間遠心する．

⑱ 上清を吸引し，細胞$8.0 \times 10^6 \sim 1.0 \times 10^7$個/mLになるようにFACSバッファーを用いて細胞懸濁液を作製する．

⑲ 作製した細胞懸濁液を40 μmセルストレイナーに通す[*10]．

> [*10] 細胞懸濁液にはマトリゲルや細胞の残渣などが多く含まれており，そのままストレイナーキャップ付きチューブに通すとかなり難渋するため，事前に面積の大きなストレイナーに通した方がよい．

⑳ 細胞懸濁液量の1/1,000のPIを添加し，ストレイナーキャップ付きチューブに移す．

㉑ 細胞回収用のポリプロピレンラウンドチューブにFACSバッファー1 mLを入れておく．

2. FACSによる肺胞幹細胞回収

❶ 1で回収したオルガノイド構成細胞よりBD Aria IIセルソーターを用いてSFTPC陽性細胞を回収する．解析対象とする肺胞幹細胞は，APC（EpCAM）陽性，GFP（SFTPC）陽性の細胞集団に相当するため，その部位をゲーティングして細胞を分取する．1–㉑で準備し

たラウンドチューブに細胞を回収する.

❷ 2.0×10^5 個程度の細胞回収をめざす* 11.

> *11　実際の解析に使う細胞数は数十〜数百細胞と少ないが,後述の一細胞化の過程で洗浄などの行程があり,細胞数が少ないと細胞ペレットが見えにくく操作が難しくなるため,多めの細胞回収を行っている.もちろん,解析対象とする細胞が少数しか分取できないタイプのものの場合,この限りではない.

❸ 回収した細胞の一部をフローサイトメトリーで再解析し,目的とした細胞集団が実際に高純度で分取されているかどうか確認する.

❹ 回収細胞を $4℃$, $1,000$ rpm, 10 分間遠心する.

❺ 細胞を FACS バッファー $500\,\mu$L に懸濁して細胞数をカウントする.

3. マイクロ流路チップを用いた一細胞化および cDNA ライブラリの作製

❶ C1 single-cell RNA-seq の cDNA ライブラリ作製マニュアルに従って Lysis Mix, Reverse Transcription (RT) Reaction Mix, PCR Mix および RNA Spikes Mix を調製準備する* 12.

> *12　RNA Spikes Mix は最終的にサンプルのクオリティ評価に用いる.Lysis Mix に混ぜて用いる.

❷ 使用する C1 system を用いて C1 IFC のプライミングを行う.この工程で 15 分弱時間がかかるので,その間に後述の工程に進む.

❸ 細胞を $2.5 \times 10^2/\,\mu$L に調製する.

❹ 細胞懸濁液 $4\,\mu$L とキットの Suspension Reagent $6\,\mu$L を混和する* 13.

> *13　マニュアルでは細胞懸濁液 $40\,\mu$L と Suspension Reagent $60\,\mu$L と書いてあるが,前述の量で充分である.最終的にローディングする細胞は $200 \sim 1,000$ 個であり,それより多くても少なくてもシングルセル化がうまくいかない可能性があるので注意する.

❺ プライミングが終了した C1 IFC の所定の位置に Cell Mix $6\,\mu$L をローディングし,C1 を用いて細胞をシングルセル化する.この工程には 60 分強かかるので,その間に以下の工程に進む* 14.

> *14　ローディングする際に IFC に気泡が入らないように注意する.

❻ 200 細胞による Bulk control を作製する.残った元の細胞懸濁液(❹で準備)を卓上遠心機でペレットダウンする.

❼ 上清を捨てて,Cell Wash buffer 1 mL を添加してピペッティングする.

❽ ペレットダウンし,上清を除去して❼をくり返す.

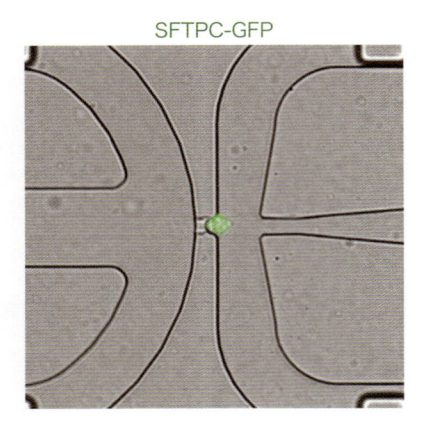

SFTPC-GFP

図4　シングルセル化されたSFTPC陽性肺胞幹細胞

C1 IFC10-17 μm上でシングルセル化され，ウェルにキャプチャーされた状態（プロトコール**3**–⓬）.

❾ 上清を除去後，細胞を200個/μLになるようにCell Wash bufferを用いて細胞懸濁液を調製する.

❿ 細胞懸濁液を1 μL分取し，❶で準備したLysis Mix 2 μLと混和してマニュアルに定められた条件でサーマルサイクラーを用いてlysisを行う.

⓫ lysis後のサンプルで，❶で準備したRT Mix，PCR Mixを用いてマニュアルの条件に従ってRT，PCRを行う.

⓬ シングルセル化が完了したIFCをC1からとり出し，顕微鏡で観察しながら，各ウェルに一細胞ずつ分取されているか確認して記録する（図4）[*15].

> *15　細胞が重なると，複数の細胞があるのか一細胞なのか判別が難しい場合がある. 顕微鏡の焦点を変えたりして，丁寧に観察する.

⓭ IFCの所定の位置に❶で準備したLysis Mix，RT Mix，PCR Mixを入れて，C1を用いてオンチップでcDNA作製までを一度に行う[*16].

> *16　8時間程度かかる. オーバーナイトで翌日の回収時間を設定できる.

⓮ 産物を回収し，Nexteraを用いたライブラリ構築，次世代シークエンサーを用いた解析に進む.

実験例

　次世代シークエンサーによって得られたリードのデータを，Illumina ELAND ver2を用いてリファレンスゲノム上にマッピングし，RPKM（reads per million tags per kilobase mRNA）で発現量を算出した.

　プロトコール**3**–⓬において，一細胞化が確認できなかったwellに対応するサンプルについ

ては，この時点で解析対象から除外する．シングルセル RNA–seq における，標準的なクオリティ評価方法は定まっていない．論文を検索しても，グループごとに異なる手法を用いていることが多い．われわれのグループでは鈴木ら[6]の既報を参考に，① 添加した Spike-in RNA コントロールに対応する発現量が各細胞集団の平均の ±2 S.D. の範囲内に収まっている，② Spike-in RNA に対応するリード数が，総リード数の 30 ％以内に収まっている，③ リファレンスゲノムにマッピングされるリード数が 100,000 以上である，という 3 条件をすべて満たすサンプルを解析に用いることとしている．これら解析サンプルに関しては，細胞集団間および各細胞集団内での一細胞サンプルとプロトコール **3–❻**で作製した 200 細胞 bulk control との間での各遺伝子における平均発現量の相関係数も見て参考にしている（図5）．そのうえで，Treutlein ら[5]の既報を参考に，ハウスキーピング遺伝子として ACTB および GAPDH の発現量をみて，どちらかが所属細胞集団の ±S.D. 内に収まるサンプルを最終的な発現解析対象としている．

　前述の過程を経て得られたシングルセルにおける発現量データを種々のソフトを用いて解析する．今回得られた iPS 細胞由来 SFTPC 陽性肺胞幹細胞のシングルセル遺伝子発現プロファイルをもとに，主成分分析を行ったところ図6のような結果が得られた．この細胞分布を規定するコンポーネントを解析したところ，II 型肺胞上皮細胞のマーカー遺伝子を発現する肺胞幹細胞のなかに I 型肺胞上皮細胞のマーカー遺伝子を発現する細胞が不均一に混在していた．そこで，I 型肺胞上皮細胞のマーカー遺伝子の発現に応じてこれらの細胞のグループ化を行った．グループ間の遺伝子プロファイルを比較して有意変動遺伝子群が検出し，クラスター解析を行うと，不均一性に関与すると思われる 3 つの遺伝子セットを同定することができた（図7）．こうした情報から細胞集団の不均一性とその意義を見出すことが可能となる．

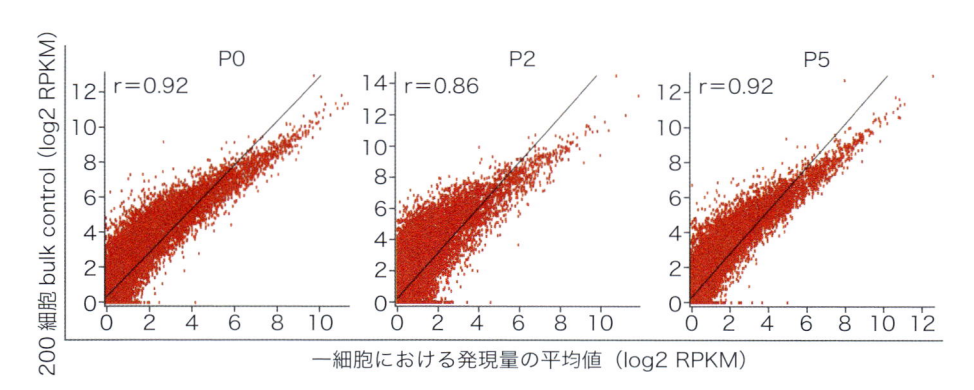

図5　各遺伝子におけるシングルセル発現量の平均値と 200 細胞バルクコントロールとの比較

長期継代培養（P0, P2, P5）した SFTPC 陽性肺胞幹細胞の各パッセージ条件におけるシングルセル発現量の平均値と 200 細胞バルクコントロールの発現量を解析した遺伝子ごとにプロットし，相関係数を求めた．

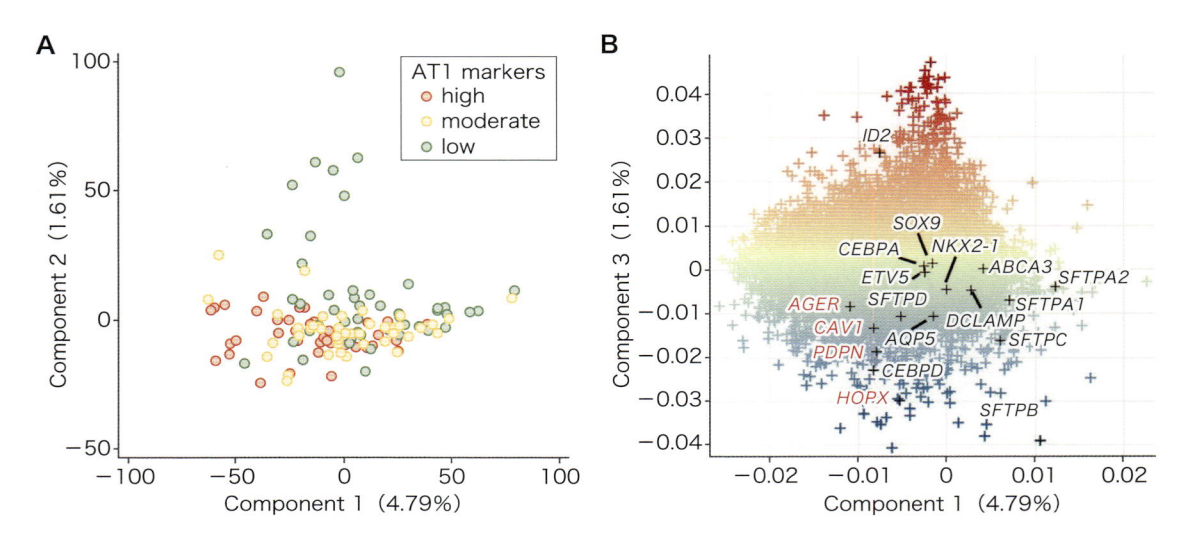

図6　iPS細胞由来肺胞幹細胞の遺伝子発現をもとに行った主成分分析

A) シングルセル化したiPS由来肺胞幹細胞に対して遺伝子発現量をもとに主成分分析を行った．1つのプロットが一細胞に相当する．プロットの色は，代表的I型上皮細胞マーカー（AT1 marker；PDPN，HOPX，CAV1，AGER）を赤：3～4個，黄：2個，緑：0～1個，発現した細胞を示す．**B)** Aと同じ解析で，各主成分に反映されている遺伝子の重みをもとにプロットしたもの．表記しているのは，肺胞発生における重要な遺伝子群．赤字で示したのは，今回細胞の分類に使用したI型上皮細胞マーカー．

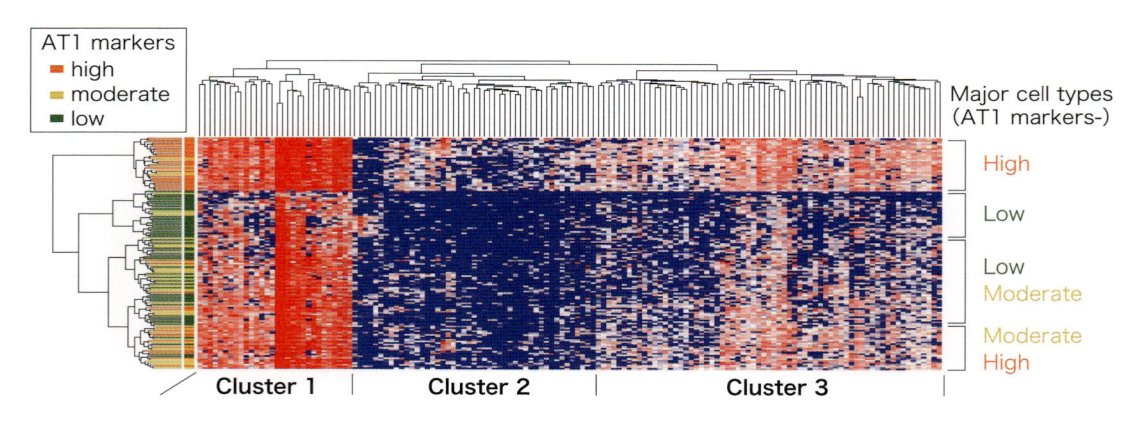

図7　クラスター解析による肺胞幹細胞の不均一性に関与する遺伝子セットの同定

肺胞幹細胞におけるI型上皮細胞マーカー遺伝子の発現度合いをもとにシングルセルをグループ化し，有意変動遺伝子を抽出してクラスタリングを行った．異なるプロファイルをもつ3つの遺伝子セットが同定された．

■ おわりに

　　実験例で示した通り，シングルセル発現解析を行うことによって，iPS細胞などから分化誘導した臓器特異的細胞の性質や不均一性を詳細に評価することができる．この手法は将来的な

再生医療や創薬への応用の際に品質評価という実用的観点[7]に加えて，ヒトの臓器発生や幹細胞分化過程をモデリングすることができる点で新しい知見をもたらす可能性があるという点でたいへん魅力的である．実際，一細胞を擬似時間軸（pseudotime）に沿って並べ直すことで分化過程を一細胞レベルで追跡したり[8]，オルガノイドのような多様な細胞で構成されるモデルにおいて細胞間相互関係を解析したり[9]するなど，さまざまな解析手法・ソフトウェアの進歩が目覚ましい．今後は，さらに解析細胞数を増やしたり，解析手法を改善したりすることで，複雑な細胞社会の詳細な解明への応用が期待される．

謝辞

本稿の執筆にあたり，シングルセルRNA-seqを御指導してくださった鈴木穣先生はじめ鈴木研究室のスタッフの皆様，共同研究にご協力くださった河野隆志先生にこの場を借りて，心より厚く御礼申し上げます．

◆ 文献

1) Shi Y, et al : Nat Rev Drug Discov, 16 : 115–130, 2017
2) Clevers H : Cell, 165 : 1586–1597, 2016
3) Gotoh S, et al : Stem Cell Reports, 3 : 394–403, 2014
4) Konishi S, et al : Stem Cell Reports, 6 : 18–25, 2016
5) Treutlein B, et al : Nature, 509 : 371–375, 2014
6) Suzuki A, et al : Genome Biol, 16 : 66, 2015
7) La Manno G, et al : Cell, 167 : 566–580.e19, 2016
8) Trapnell C, et al : Nat Biotechnol, 32 : 381–386, 2014
9) Camp JG, et al : Nature, doi:10.1038/nature22796, 2017

7 組織からの 1 細胞分取

橋本真一，上羽悟史

1 細胞解析にとって細胞の分離は重要なステップである．各組織からの細胞分離は組織状態によって異なる．1 細胞解析の場合，今までのバルク細胞での分散と異なり，生存率と分離細胞数の収量を最大限にすることが，その後の解析にとって重要である．今回，がん組織を中心とした単離法の 1 つとして，いくつかのタンパク質分解酵素と核酸分解酵素を使用した例を紹介する．

はじめに

　近年，1 細胞解析技術が進み，多くの組織の多様性が解析されるようになってきた．これらの 1 細胞解析にとって細胞の分離は重要なステップである．しかしながら，未だ組織の状態に対応した分散方法が確立されてないのが現状である．特に神経，炎症，がんなどの各組織からの細胞分離は組織状態や細胞の種類によって異なる．例えば，組織に浸潤した免疫細胞は比較的単離しやすいが，逆に，線維化組織など組織における細胞の結合が強固の場合，分離が難しく生存率も低下する傾向にある．これらの状態を考慮しながら，特定の分解酵素〔コラゲナーゼ，ディスパーゼ，トリプシン，サーモリジン，エラスターゼ，プロナーゼ（非特異プロテアーゼ）などによる分解〕と核酸分解酵素を組合わせて細胞を分散する．本稿では，がん組織を中心とした単離法の 1 つを紹介する．

準備

- □ 眼科用ハサミ
- □ 10 mL シリンジ
- □ 3，6，10 cm シャーレ
- □ 注射針 18G
- □ フィルター（セルストレーナー）40 μm，100 μm
- □ 37℃に設定した振盪恒温槽：10 mL の RPMI（または 10 mM HEPES）を 50 mL チューブに加え，温めておく．
- □ Liberase TH Research Grade（シグマ アルドリッチ社，#5401135001）
  リベラーゼはいくつかの酵素がブレンドしてある．Liberase TH はコラゲナーゼ（collagenase）とサーモリジン（Thermolysin；消化効率–高）が含まれている．場合によっては，

Liberase TH より Thermolysin の濃度が低い Liberase TM Research（消化効率－中）か，Thermolysin の代わりにディスパーゼ（Dispase）が入っている Liberase DH Research（消化効率－低）を使用する場合もある．

□ タンパク質分解酵素を自分でブレンドする場合は以下の酵素を組合わせて使用する．
　2 mg/mL コラゲナーゼ（和光純薬工業社，#032–22364，ストック濃度：100 mg/mL in RPMI），0.1 mg/mL DNase I（シグマ アルドリッチ社，#11284932001，50 mg/mL in PBS），1 mg/mL Dispase II（シグマ アルドリッチ社，#4942078001，30 mg/mL in PBS）

□ Percoll（GE ヘルスケア社，#17089101）

□ HBSS，10x calcium, magnesium, no phenol red（サーモフィッシャーサイエンティフィック社，#14065）

□ RPMI（DMEM でもよい）

プロトコール

　多細胞動物の組織は，細胞と細胞外マトリクス（extracellular matrix：ECM）の構成成分であるコラーゲン，非コラーゲン性糖タンパク質，プロテオグリカンからできている．ECM は多細胞動物における組織・器官の形成および機能や形態の維持に重要な役割をもっている．これら ECM タンパク質のなかで，組織中における含有量が最も多い分子はコラーゲンである．本稿で用いる酵素としてはコラーゲン分解酵素であるコラゲナーゼとサーモリジン（耐熱性の金属プロテイナーゼで疎水性アミノ酸を含むペプチド結合を選択的に加水分解する），ディスパーゼ（金属プロテアーゼでペプチド鎖の中性，非極性アミノ酸の N 末端側を切断し，基底膜を構成する IV 型コラーゲンやフィブロネクチンをよく分解する特徴がある）と核酸分解酵素の DNase I（細胞の破壊に伴い出てきた DNA により粘性が高まり細胞の分散が妨げられるときに使用する）を使用する．

1. 検体の細片化

❶ 腫瘍片（検体）を，HBSS 20 mL を入れた新しい 10 cm シャーレ（氷上）へ移す．

❷ 手術用ナイフを用いて，腫瘍片を，約 2 mm 角に細片化する（または，腫瘍片が小さい場合，HBSS の入った 1.5 mL のチューブに入れ，ハサミで細かく刻む）．

❸ HBSS ごと腫瘍細片を新しい 50 mL 遠心分離用チューブへ移した後，遠心分離（1,300 rpm，5 分間，4℃）を行う．

❹ 上清を捨て，20 mL HBSS にて，転倒混和により洗浄する．

❺ 遠心分離および洗浄をくり返す．

❻ 遠心後上清を除き **2.** の酵素処理に進む．

　gentleMACS Dissociator（ミルテニーバイオテク社）を使用してもよいが細胞へのダメージが大きいので，できるだけ生存率を高く 1 細胞を調製するときは，チューブやシャーレにてマ

イルドに処理する方法を薦める.

2. 酵素処理・細胞分散

❶ 37℃に温めておいた RPMI 10 mL に酵素（Liberase TH）100 μL を溶かし 50 mL の遠心管に入れる.

❷ 細かくした検体〔酵素液量に対して 20%（w/w）以下になるようにする〕を入れ，恒温槽にセットして 1〜2 時間，37℃で温めながら振盪する[1][2]. その間，15〜30 分ごとにシリンジかピペットマン（1,000 μL）で組織をほぐす（生存率や細胞回収量を考えながら 2〜4 回程度）[3].

> [1] 実際には酵素と時間は前もって検討するべきである. できれば時間は 1 時間以内がよい. 酵素は使用直前に準備する. バッファーが温まっていないと酵素消化の時間が変わるので注意する.
>
> [2] 以下の処理でもいい. 酵素が入った RPMI 20 mL に細胞を入れ，100 mL の三角フラスコへ移し，37℃恒温槽内で，スターラーを低速で回転しながら 1〜2 時間，Liberase で処理する.
>
> [3] シリンジを用いる場合は，18G か 21G の針をつけた 1 mL または 2.5 mL のシリンジを用意し，ピストンをストロークして，組織塊をほぐす. シリンジのサイズは，消化液量に合わせて 1〜10 mL の間で変える. この操作は細胞の生存率，回収率に影響するので細胞の状態を見ながら丁寧に行う.

3. フィルター精製

❶ 100 μm のフィルターに細胞懸濁液を通し，遠心（1,600 rpm，5 分間，4℃）で洗浄を行う.

4. DNase I 処理

細胞分散液の粘性がなければ必要ないが，行った方が回収率がよい（粘度が高い場合は **3. フィルター精製** の段階でロスするので，酵素消化終了の 10 分前に添加するか，液量を増やして濾過する）.

❶ DNase I（終濃度 1 mg/mL，10 mg/mL ストック溶液 100 μL＋PBS 900 μL）1 mL を加え懸濁する.

❷ 氷上にて 5 分間反応を行う.

❸ RPMI 25 mL を加え，40 μm のフィルターに通す.

❹ 遠心（1,600rpm，5 分間）を行い，上清を捨てて RPMI 4.8 mL に溶解しておく.

5. Percoll 精製

フローサイトメータを使用する場合は必要ないが，細胞分散時に細胞片，RNase, DNA などがその後の 1 細胞解析を阻害する可能性があるので行う. ここでは Percoll を用いるが，がん浸潤免疫細胞など比重が合えば，Lymphoprep でも構わない. また，ヒトとマウスで比重が異なることもあるので注意する.

❶ Percoll 原液 10 mL に 10×HBSS 1 mL を加え，100％ Percoll とする．これを用いて，65％ Percoll と 20％ Percoll（懸濁液）の 2 種を調製する．

> 65％：100％ Percoll 1.3 mL＋RPMI Buffer 700 μL
>
> 20％：100％ Percoll 1.2 mL＋RPMI Buffer（細胞を懸濁したもの）4.8 mL

❷ 65％ Percoll 2 mL を 15 mL の遠心管に入れ，その上に細胞懸濁液を含んだ 20％ Percoll 6 mL を層をくずさないように加える〔壁に沿わせながら少しずつ入れる（図）〕．

❸ 遠心（室温，1,000×g，20 分間．スイング方式で遠心を行い，減速設定を SLOW にする）．

❹ 上清をパスツールピペットで除去する（20％の層の上にくるゴミ，脂を壁の周りから円を描くようにアスピレートした後，中間層付近まで除去する）．

❺ 中間層を回収（Percoll 20/65％の中間層に有核細胞のほぼすべてが入る）を回収する．

❻ RPMI Buffer で遠心洗浄する．

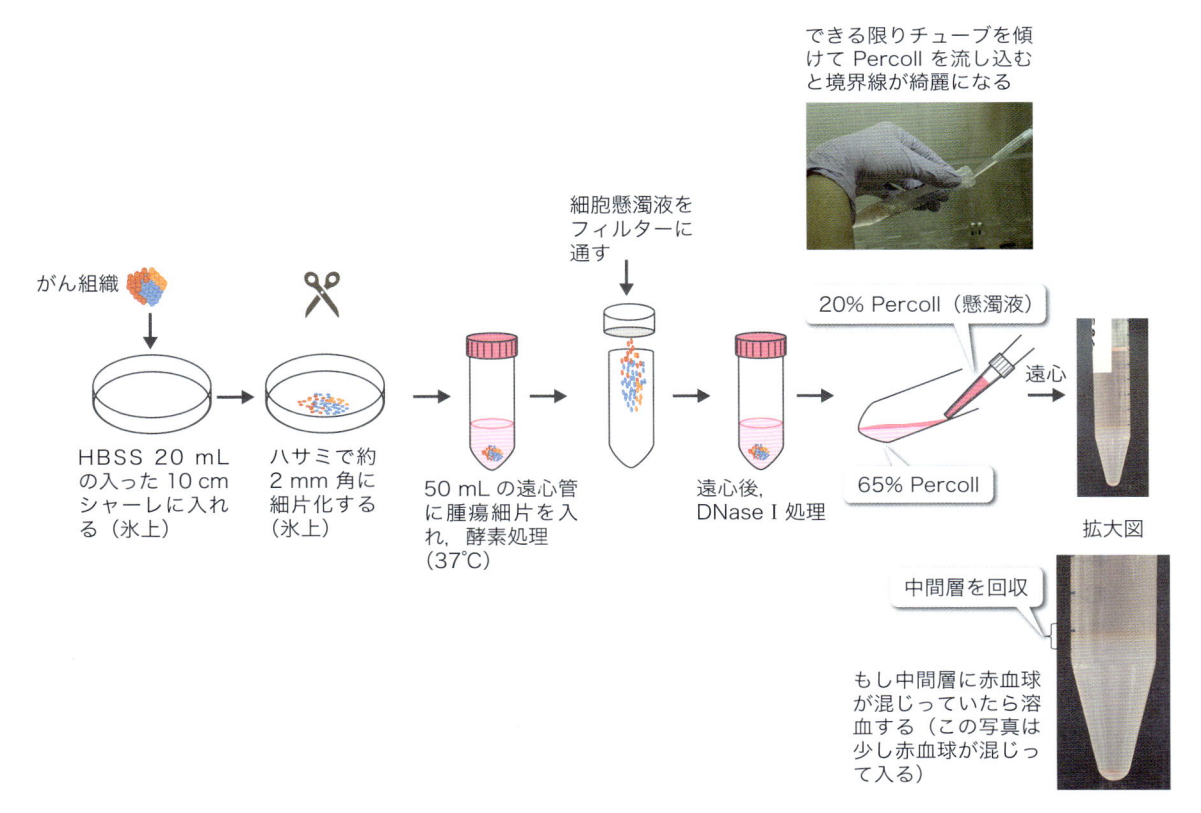

図　がん組織からの T 細胞分取のフローチャート

6. 溶血

細胞へのダメージが大きい場合もあることを考慮する．実験によっては省く．

❶ もし赤血球が残っていたら溶血する．フローサイトメータを使用する場合は必要なし[*3]．RBC Lysis Buffer（10×，ベイバイオサイエンス社，#TNB–4300–L100），Red Blood Cell Lysis Solution（10×，ミルテニー社，#130–094–183），ACK lysis buffer（ロンザ社，#10–548E）などを使用する．

> [*3] 赤血球が残っている場合は，細胞がダメージを受けてその破片などが赤血球を巻き込んでいる場合が多い．

❷ 使用後，RPMI Buffer（HBSS）で遠心洗浄する．

❸ PBSで溶解し低接着のマイクロチューブに移す．

7. 細胞数と生存率のカウント

❶ 細胞数と生存率を測定する．細胞生存率は70％以上が望ましいが60％以上であれば実験に用いる．

おわりに

リベラーゼは，酵素のブレンドで細胞分散を増加させ，分離細胞の生存率と機能性を低下させないようにデザインされている．これらを使用して行った多様な細胞と組織の分散法の参考例がロシュ・ライフサイエンスのwebページ[1]に示されているので参考にされたい．

1細胞解析の時代は，はじまったばかりであり，個々の組織に適合した分散技術の報告は少ない[2,3]．各実験に合った条件を検討する必要があり，それがいいデータを得るための近道である．

◆ 文献・ウェブサイト

1 ）Roche Diagnostics：Tissue Dissociation Enzymes（TDEs）Product Selection Guide Your solution to viable cells．http://www.roche–applied–science.com/wcsstore/RASCatalogAssetStore/Articles/TDEs_Selection%20Guide_2013.pdf（2017年6月閲覧）
2 ）Volovitz I, et al：BMC Neurosci, 17：30, 2016
3 ）Leelatian N, et al：Cytometry B Clin Cytom, 92：68–78, 2017

MICROJET InkJet 技術の応用分野で世界をリード

シングルセル分離装置

世界初！ InkJet技術とCMOSカメラを組み合わせた新技術を搭載

Single Cell Printer®

▌特徴
- 96、384 ウェルに 1 細胞を最速約 3 分で注入
- 1 細胞の分離成功確率は 90％程度
- 最少 5μℓ の細胞懸濁液で分離可能
- 細胞サイズのレンジを指定して分離可能
- 滅菌処理されたディスポーザブルカートリッジ
- 蛍光による染色不要

▌用途
- 細胞株開発
- シングルセルゲノミクス
- ドラッグスクリーニング
- 特定抗体産生細胞の選別

カートリッジ

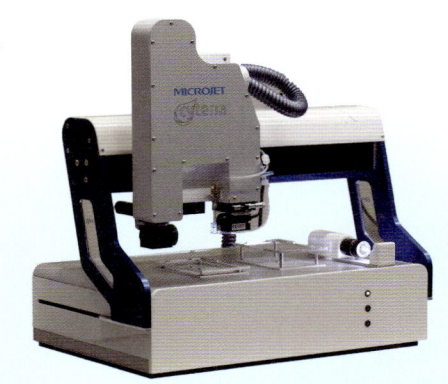

※本製品はドイツcytena社とのコラボレーション製品です

評価実績のある細胞

ヒト癌細胞株	HeLa CaSki SiHa C33a U2OS
ヒト由来細胞株	iPS B-cells Jurkat Raji HEK 293 U2OS
ヒト由来初代細胞	fibroblasts keratinocytes
動物細胞株	CHO RBL NIH-3T3 L929

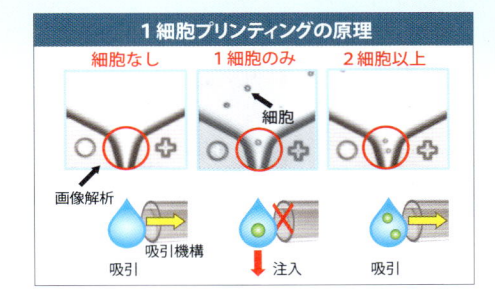

1 細胞プリンティングの原理

細胞なし　　1 細胞のみ　　2 細胞以上

細胞

画像解析

吸引　吸引機構　注入　吸引

ナノリットル高速スポッター

ディスポーザブルカートリッジ方式のInkJetヘッドを搭載

BioSpot

▌特徴
- 高速（1536 ウェル 10 秒）、高精度（CV 値 3％未満）
- 最大 12 種類の液を最少 5 ナノリットルで分注
- ディスポーザブルカートリッジにより洗浄不要
- 最大 100 ミクロンの細胞やビーズもハンドリング

▌用途
- DNA、タンパク、抗体、酵素、試薬の分注・スポッティング
- マイクロウェル、μ－TAS、流体デバイス、微細穴への液注入

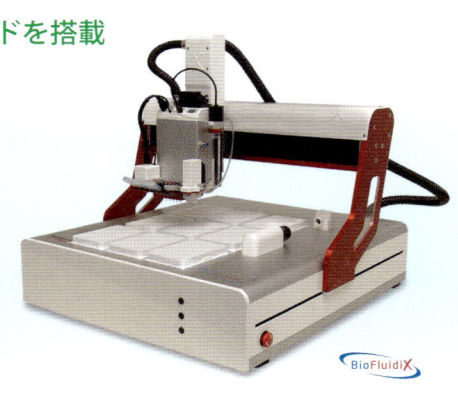

BioFluidiX

株式会社 マイクロジェット
〒184-0012 東京都小金井市中町 2-24-16
http://www.microjet.co.jp

デモや製品のお問い合わせ先
技術営業グループ

TEL　042-401-2366
sales3@microjet.co.jp

8 シングルセルゲノム解析に向けた全ゲノム増幅法

根岸　諒，吉野知子

　シングルセルゲノム解析は，1つの細胞のゲノムDNAを網羅的に解析する方法であり，がんや難培養微生物の研究において強力なツールとなると期待されている．ゲノム解析に用いられる次世代シークエンサーやマイクロアレイを用いた解析技術には数μgのDNAを必要とし，シングルセルに含まれる数fg〜数pgのDNAを解析するためには，ゲノムDNAを網羅的に増幅する全ゲノム増幅法が必要不可欠である．そこで，本稿ではシングルセルからの全ゲノム増幅法に焦点を当て，原理およびプロトコールを紹介する．

はじめに

　シングルセルゲノム解析は，がんや難培養微生物などの不均一な細胞集団を対象とした研究において強力なツールとなるポテンシャルをもっている．例えばがん研究においては，がん細胞の遺伝子変異パターンやゲノム構造などをシングルセルレベルで解析することで，転移や病状の悪化につながる性質をもつがん細胞を特定する試みがなされており，新たな抗がん剤開発への応用が期待されている．微生物研究においては，環境中に存在する微生物のゲノムをシングルセルレベルで解析し，微生物がもつ化合物の合成経路を理解することで，関連する遺伝子を資源として活用する試みがなされている．ゲノム解析には既知の遺伝子変異を検出するためにDNAマイクロアレイ解析技術が，未知の遺伝子変異の探索や未知微生物のゲノム構造の解析には次世代シークエンサーが用いられており，解析には数十ng〜数μgほどのDNAを必要とする．一般的にヒトのシングルセルはDNAを6〜7 pgしか含まない（大腸菌の場合6〜7 fgとさらに少ない）ため，これらの手法を用いて直接解析することはできない．

　そのため，シングルセルゲノム解析においては，解析の前処理としてDNAを配列に依存せず網羅的に増幅する「全ゲノム増幅（whole genome amplification：WGA）法」を用いて，シングルセルのゲノムを10^6〜10^7倍に増幅する操作を行うことが一般的となっている（図1）．近年，さまざまなメーカーからシングルセルからのWGAに対応した試薬が販売されており，初心者でも容易にシングルセルから十分量のDNAを取得することが可能となっている．一方でWGA法には複数の原理があり，それぞれ配列の正確性や，増幅の網羅性（本稿ではゲノムの何割を増幅できるかを指す），遺伝子ごとの増幅量のばらつき（増幅バイアス）が異なっている．現状，配列のミスやバイアスなくシングルセルのゲノムを増幅できるWGA法は存在しない．そのため，自分がどんなサンプルを使用し，どんなデータをとるつもりなのかによって，

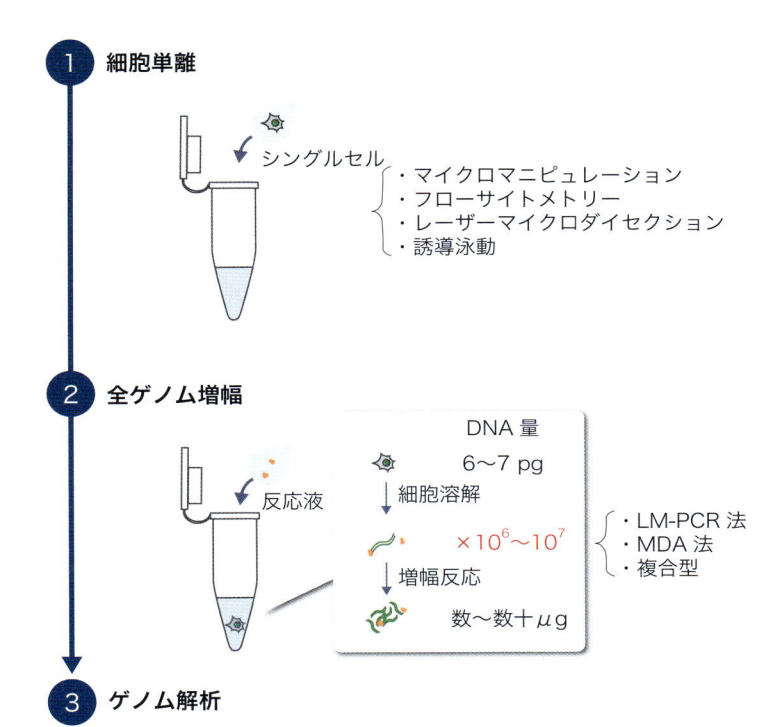

1 細胞単離

シングルセル
・マイクロマニピュレーション
・フローサイトメトリー
・レーザーマイクロダイセクション
・誘導泳動

2 全ゲノム増幅

反応液

DNA 量
$6\sim7$ pg
↓ 細胞溶解
$\times10^{6}\sim10^{7}$
↓ 増幅反応
数〜数十 μg

・LM-PCR 法
・MDA 法
・複合型

3 ゲノム解析

解析法
・次世代シークエンサー　　・CGH
・Array CGH　　・qPCR
・SNP array　　・サンガー法

図1　シングルセルゲノム解析の流れ
シングルセルをチューブに単離し，全ゲノム増幅を行う．細胞の単離方法や全ゲノム増幅法などの要素技術が多く開発されている．

　使用するWGA法を吟味する必要がある．そこで，本稿ではシングルセルの全ゲノム解析において重要なポイントとなるWGA法に関して原理を紹介し，適した解析法を解説していく．さらに，現在一般的に用いられている3種類のWGA法のプロトコールを紹介する．

WGA法の分類と特徴

　WGA法の開発はPCR法の発表直後から行われており，シングルセルを対象としたはじめての例は1992年にNorman Arnheimらのグループから報告されている[1]．初期はランダムプライマーを利用して増幅するPEP（primer–extension preamplification）–PCRや縮重プライマーを用いてPCR反応を行うDOP（degenerated oligonucleotide primed）–PCR法，アダプター配列付きのランダムプライマーを用いて二段階のPCRを行うTagged PCR法など，PCR法をベースとした手法が開発されてきた．しかし，これらの手法は再現性，ゲノムの網羅性などに課題があり，現在ではほとんど用いられていない．以降増幅効率の向上に向けた技術開発が進められ，現在販売されている試薬は主に以下の3種類の原理に基づいている．

1. Ligation-mediated PCR（LM-PCR）法

　LM–PCR法はゲノムDNAを断片化し，両末端にアダプター配列を付与することで共通のプライマーでのPCRを可能とする手法である（図2）．断片化には超音波処理や制限酵素が利用され，アダプター配列の付与はライゲーションにより行われる．本原理に基づく全ゲノム増幅試薬としてシグマ アルドリッチ社からGenomePlex Single–Cell Whole Genome Amplification Kit，Silicon Biosystems社から*Ampli*1 WGA Kitが販売されている．LM–PCR法は断片化DNAを増幅する原理上，ホルマリン固定パラフィン包埋（FFPE）サンプルや抗体染色のために固定化処理・透過処理を行った細胞などのDNAの断片化が進んだサンプルに対してもWGAを行うことが可能である．そのため，病理切片や血中循環腫瘍細胞（circulating tumor cell：CTC）などの臨床サンプルへの利用例が多い．LM–PCR法は後述のWGA法と比較してゲノムの網羅性は低い傾向があるが，コピー数多型（copy number variation：CNV）の検出精度が高い傾向があることが知られている．一方で，PCR増幅にはTaq系のDNAポリメラーゼが利用されるため，増幅反応由来の塩基置換が発生しやすいこと，次世代シークエンサー解析においては他のWGA法と比較してシークエンス深度が浅くなる傾向があり，一塩基多型（single nucleotide variant：SNV）解析には適さないといった報告がなされている[2) 3)]．

2. Multiple displacement amplification（MDA）法

　MDA法では熱変性したゲノムDNAに対し，ランダムプライマーを結合させ，phi29 DNAポリメラーゼなどの鎖置換活性を有するDNAポリメラーゼによりDNAを合成する（図3）．これにより温度変化なしに二本鎖DNAを乖離させながらDNAを合成することが可能であり，乖

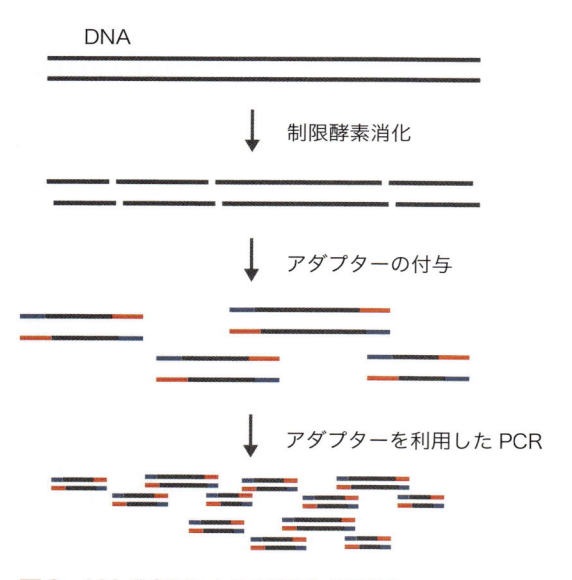

図2　LM-PCRによるWGAの原理

DNAを制限酵素などで断片化し，両末端にアダプターを付与する．これにより，1組のプライマーペアで増幅することが可能になる．

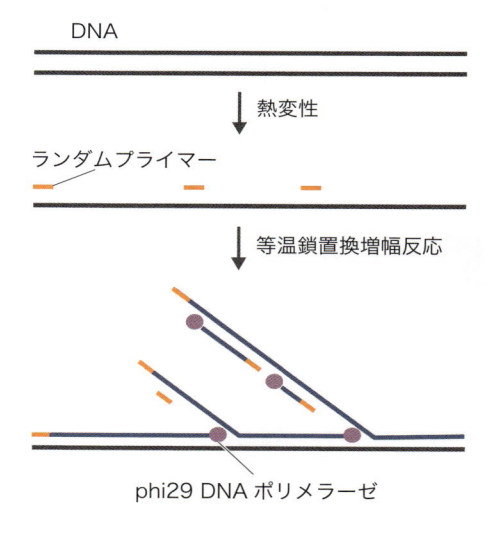

図3　MDAによるWGAの原理

phi29 DNAポリメラーゼなどの鎖置換活性を有する酵素を用いて増幅する．

離したDNAに対し新たにランダムプライマーが結合することで，連鎖的に増幅反応が進行する．本手法では10 kbを超える長大な増幅産物を合成することが可能である点と，得られる増幅産物が数十μgと，他の手法と比較して大量のDNAを合成可能である点が特徴である．特に，phi29 DNAポリメラーゼは3′→5′エキソヌクレアーゼ活性をもつため，PCRベースのWGA法と比べて複製エラー率が低く，SNV解析や，未知微生物の*de novo*シークエンスなどに適した増幅法であると考えられている．一方で，連続的に増幅をかけていくため，GC含量の違いによる増幅効率の差異の影響を受けやすく，増幅されやすい部位とされにくい部位の差（増幅バイアス）が大きいこと，配列が入れ替わったキメラDNAが合成される場合や，ランダムプライマーを利用するため，対立遺伝子の一方が増幅されず抜け落ちる“アレルドロップアウト”が発生しやすいことなどが知られている．このことから，CNV解析においてはLM–PCR法と比較して偽陽性，偽陰性が発生しやすい傾向がある．なお，phi29 DNAポリメラーゼは，FFPEサンプルなどDNAが断片化されている場合，増幅性能が大きく低下することが知られており，非固定細胞のみへの使用が推奨されている．固定細胞に対しては，同じ鎖置換活性を有する*Bst*DNAポリメラーゼを使用するなどの試みがなされている[4]．本手法を用いた単一細胞の全ゲノム増幅試薬としてキアゲン社からREPLI–g Single Cell Kit，GEヘルスケア社からillustra GenomiPhi DNA Amplification Kitが販売されている．また，近年ではTthPrimPol DNAプライマーゼを利用したTruePrime Single Cell WGA Kit（Sygnis社）も販売されている．こちらはランダムプライマーを利用せずに増幅を行うことが可能であり，通常のMDA法に比べてアレルドロップアウトが発生しにくい特徴がある[5]．

3. 複合型

　前述のように，MDA法，LM–PCR法による全ゲノム増幅法が開発されてきたが，それぞれ弱点をもつことがわかっている．近年ではこれら2種の方法を併用することで弱点を克服する試みもなされている．Rubicon Genomics社の開発したPicoPLEX法，Xieらの開発したMALBAC（Multiple Annealing and Looping–Based Amplification Cycles）法が代表的であり，それぞれタカラバイオ社，Yikon Genomics社より試薬が販売されている．これらの手法では前増幅と本増幅の2段階の増幅を行うことで全ゲノム増幅を実施する（図4）．

　PicoPLEX法では，アダプター配列をもつランダムプライマーをゲノムDNAに対しアニーリングさせ，MDA方式でDNAを合成する．その後，熱変性により解離したDNAをテンプレートとし，同様のランダムプライマーにて2本目のDNA断片を合成する．この操作を12サイクル行うことで，前増幅産物を得る．このとき得られた2本目のDNA断片は両末端に相補的なプライマー結合サイトを有し，ループ構造を形成するため，前増幅の工程ではテンプレートとして機能しない．その後，前増幅産物のアダプター配列に結合するプライマーを用いてPCRによる本増幅を行う．MALBAC法も酵素やサイクル数の違いはあるものの基本的な原理は同様である．これらの手法では，前増幅産物がMDA法の網羅性をもちながらも，定量的に増幅され，PCRにもち込まれるため，全ゲノムにわたりバイアスの少ない増幅が可能となる．実際にMALBAC法では，MDA法よりも高いCNV検出率を示したことが報告されている．一方で，一般的なMDA法と比較すると複製エラーが発生しやすく，SNV検出においては偽陽性が発生しやすいといった報告もある．

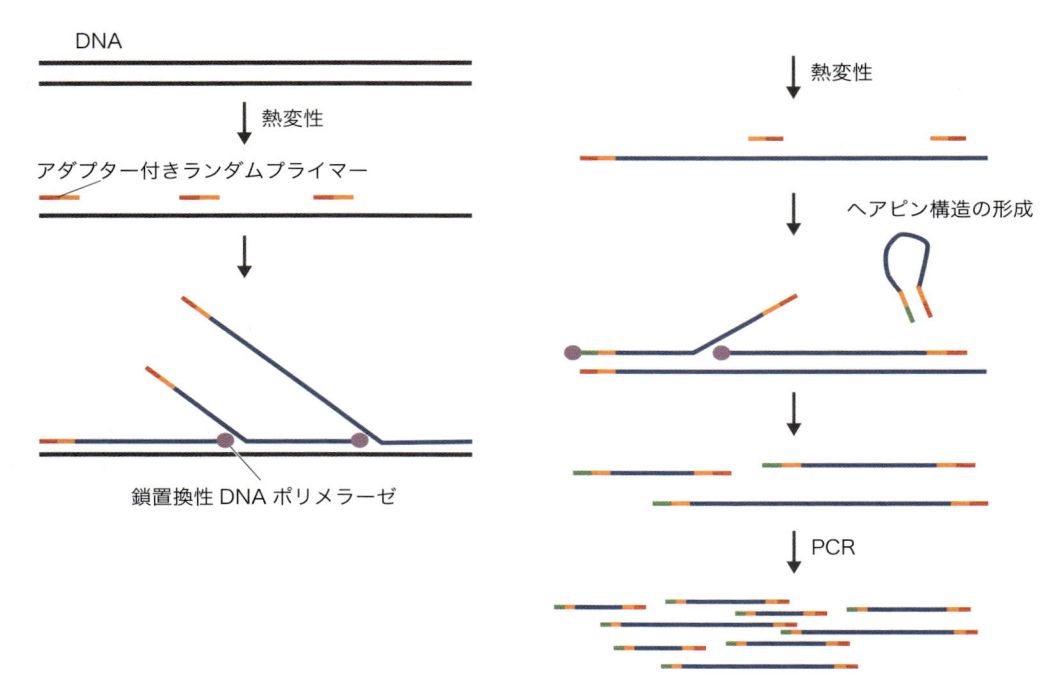

図4　複合型によるWGAの原理
耐熱性・鎖置換活性をもつ酵素を用いてプレ増幅を行う．このとき，アダプター配列を有するランダムプライマーを用いることで増幅産物の両末端にアダプターを付与する．両末端にアダプターがついた増幅産物はヘアピン構造をとり，以降のプレ増幅では増幅されない．これにより定量的に増幅をかけていくことができる．その後，プレ増幅産物はアダプターを利用したPCRにて増幅される．

　ここまでに現在用いられている単一細胞の全ゲノム増幅法について述べた．これらの手法のスペックを表1にまとめる．近年では解析プラットフォームの微量サンプルへの対応も加速化しており，いずれの全ゲノム増幅法も後段の解析を行ううえで十分な量（数μg）のDNAを取得することが可能となっている．しかしくり返しとなるが，現時点ではいずれの方法も全ゲノムを完全に増幅することはできないため，自分が扱うサンプルや，解析したい内容に合わせて手法を選択する必要があることは留意すべき点である．以降では各原理における代表的な試薬である*Ampli*1 WGA Kit（Silicon Biosystems社），REPLI–g Single Cell Kit（キアゲン社），PicoPLEX WGA Kit（タカラバイオ社）を用いたWGAのプロトコールを解説する．

準備

1. 実験機器・環境

　コンタミネーションを防ぐためにマイクロピペットはWGA専用に用意する．サーマルサイクラーも専用に用意することが好ましい．ピペットチップ（フィルター付き）やPCRチューブ

表1　全ゲノム増幅試薬の例

メーカー	名称	原理	収量	操作ステップ	所要時間	生細胞	固定化細胞	非哺乳類細胞
シグマ アルドリッチ社	GenomePlex Single Cell Whole Genome Amplification Kit	LM-PCR法	5〜10 μg	3	4.5 h	○	−	−
Silicon Biosystems社	*Ampli*1 WGA Kit	LM-PCR法	2〜5 μg	5	6.5 h	○	○	−
キアゲン社	REPLI-g Single Cell Kit	MDA法	40 μg	3	8 h	○	−	○
SYGNIS社	TruePrime Single Cell WGA Kit	MDA法	5 μg	3	3.5 h	○	−	○
GE ヘルスケア社	illustra Single Cell GenomiPhi DNA Amplification Kit	MDA法	4〜5 μg	2	2〜3 h	○	−	○
タカラバイオ社	PicoPLEX WGA Kit	複合型	3〜5 μg	3	3 h	○	−	○
Yikon Genomics社	MALBAC Single Cell WGA Kit	複合型	2〜5 μg	3	4 h	○	−	○

○：WGAに対応，−：メーカーでは推奨されていない．われわれの経験上，固定細胞においては非推奨の試薬でも増幅産物が得られる場合がある．なお，厳密な性能評価は実施していない．

はγ線滅菌済みのものを使用し，オートクレーブは行わない．また，試薬の調製・添加はクリーンベンチ内で行う．シングルセルWGAでは極微量のDNAを網羅的に増幅するため，実験環境中からのDNAの混入に非常に弱い．環境中の未知の微生物を対象とした解析では致命的な問題となりうるため，実験環境の清浄化は特に力を入れて取り組む必要がある．可能であればクリーンルームなど物理的に区画化された専用のスペースを用意したい．近年では卓上サイズでISO-1レベルの環境を整備可能な機器（オープンクリーンベンチシステム：興研株式会社）も販売されており，クリーンベンチよりもDNAの混入が発生しにくくなるといった報告もなされているため，環境整備の際にはぜひ検討してほしい*1．

*1　どれだけ環境を整備しても人が動けば埃が舞うため，コンタミネーションのリスクをゼロにすることはできない．実験者だけではなく，設備を共有するメンバー全員が実験に対して配慮することが重要である．

2. 単一細胞

　　単一細胞サンプルは限界希釈やマイクロマニピュレーション，フローサイトメトリー，レーザーマイクロダイセクションなどで調製する（各手法の詳細は**プロトコール編-7**を参考のこと）．WGAの手法によっては最初のプロセスでの反応ボリュームが5 μL以下となるため，細胞とともに反応系にもち込まれる液量は可能な限り少なく制御することが好ましい．われわれのグループでは光硬化性ハイドロゲルを用いた細胞単離技術を開発しており，以降の全ゲノム増幅法に適応可能であることを確認している[6]．

1. *Ampli*1 WGA Kit を用いた WGA

1) 細胞溶解

❶ シングルセルを 1 μL PBS が入った 0.2 mL チューブに分取する（＝単一細胞懸濁液）*2.

> *2 固定化処理を行った細胞からの増幅も可能（1～2％パラホルムアルデヒド，10～20分）．Hoechst 33342 などで核染色を行うことも可能であるが，増幅産物の収量が低下する可能性がある．なお，微生物シングルセルへの利用は推奨されていない．

❷ Lysis Reaction Mix を調製する．

☐ Lysis Reaction Mix（2 μL×10 cells）

*Ampli*1 Reaction Buffer 1	2.0 μL
*Ampli*1 Reagent 2	1.3 μL
*Ampli*1 Reagent 3	1.3 μL
*Ampli*1 Enzyme 1	2.6 μL
*Ampli*1 Water	12.8 μL
Total volume	20.0 μL

ボルテックスにて混和し，スピンダウン*3.

> *3 以降各試薬はチューブ壁面に這わせるように添加し，すでにチューブに入っている液には触れないようにする．

❸ Lysis Reaction Mix 2 μL を単一細胞懸濁液 1 μL に添加（＝単一細胞溶解液）．

❹ スピンダウンし，サーマルサイクラーで以下のプログラムを実施する．

42℃	45分（Overnight で行うことも可能）
↓	
65℃	30分
↓	
80℃	15分
↓	
4℃	∞

　処理が終わった単一細胞溶解液はステップ2Aまで4℃で保管する（オーバーナイトは不可．可能な限り早くステップ2Aに移る）．

2A) DNA の断片化

❶ 下記テーブルに従い Digestion Reaction Mix を調製する．

□ Digestion Reaction Mix（2 μL×10 cells）

*Ampli*1 Reaction Buffer 1	2.0 μL
*Ampli*1 Enzyme 2	2.0 μL
*Ampli*1 Water	16.0 μL
Total volume	20.0 μL

ボルテックスにて混和し，スピンダウン．

❷ Digestion Reaction Mix 2 μL を単一細胞溶解液 3 μL に添加する（＝断片化反応液）．

❸ スピンダウンし，サーマルサイクラーで以下のプログラムを実施する．

```
37℃              5分
↓
65℃              5分
↓
4℃               ∞
```

処理が終わった断片化反応液はステップ3まで4℃で保存する．

2B）プレアニーリング

1）2A）と並行して行ってよい．また，あらかじめ調製しておき，－20℃で保存しておくこともできる．

❶ Preannealing Reaction Mix を調製する．

□ Preannealing Reaction Mix（3.0 μL×10 cells）

*Ampli*1 Reaction Buffer 1	5.0 μL
*Ampli*1 Reagent 4	5.0 μL
*Ampli*1 Reagent 5	5.0 μL
*Ampli*1 Water	15.0 μL
Total volume	30.0 μL

ボルテックスで混和し，スピンダウン．

❷ サーマルサイクラーで以下のプログラムを実施する．

```
65℃              1分
↓1分ごとに1℃ずつ下げていく
15℃              1分
↓
15℃              ∞
```

3）ライゲーション

❶ 下記テーブルに従い Ligation Reaction Mix を調製する．

☐ **Ligation Reaction Mix（5.0 μL×10 cells）**

Preannealing Reaction Mix	
（2Bで作製したもの）	30.0 μL
*Ampli*1 Reagent 6	10.0 μL
*Ampli*1 Enzyme 3	10.0 μL
Total volume	50.0 μL

❷ Ligation Reaction Mix 5 μL を断片化反応液 5 μL に添加する（ライゲーション反応液）.

❸ スピンダウンし，サーマルサイクラーで以下のプログラムを実施する.

15℃	1 時間（Overnight で行うことも可能）
↓	
15℃	∞

4） まで4℃で保存する.

4）Primary PCR

❶ 下記テーブルに従い Primary PCR Reaction Mix を調製する.

☐ **Primary PCR Reaction Mix（40 μL×10 cells）**

*Ampli*1 Reaction Buffer 7	30.0 μL
*Ampli*1 Reagent 8	20.0 μL
*Ampli*1 Enzyme 4	10.0 μL
*Ampli*1 Water	340.0 μL
Total volume	400.0 μL

❷ Primary PCR Reaction Mix 40 μL をライゲーション反応液 10 μL に添加する.

❸ サーマルサイクラーで以下のプログラムを実施する（※＝＋1 秒 / サイクル，※※＝＋1℃ / サイクル）.

68℃	3分	
↓		
94℃	40秒	
57℃	30秒	14サイクル
68℃	90秒※	
↓		
94℃	40秒	
57℃※※	30秒	8サイクル
68℃	105秒※	
↓		
94℃	40秒	
65℃	30秒	22サイクル
68℃	113秒※	

```
        ↓
68℃            3分40秒
        ↓
4℃             ∞
```

サンプルは−20℃で保存可能.

5）精製および定量

❶ Agencourt AMPure XP Kit（ベックマン・コールター社）にて精製する.

❷ Qubit dsDNA BR AssayKit（サーモフィッシャーサイエンティフィック社）などの二本鎖DNAの定量キットで定量する.

6）解析

❶ 各解析手法のプロトコールに従って解析を行う.

注意：*Ampli*1 WGA Kitでは下記の配列を切断する制限酵素を利用するため，PCRによる解析を実施する際は増幅領域とオーバーラップしないよう調整する.

```
5′…T│T A A…3′
3′…A A T│T…5′
```

2. REPLI-g Single Cell Kitを用いたWGA

❶ Denaturation Bufferを調製する.

☐ Denaturation Buffer（Buffer D2）（3 µL×12 cells）

DTT（1 M）	3 µL
Buffer DLB	33 µL
Total volume	36 µL

❷ シングルセルを含むPBS 4 µLを0.2 mLチューブに添加する．サンプルが4 µL以下の場合，PBS sc（キット付属）で4 µLまでメスアップする[*4].

*4　固定化処理を行った細胞からのWGAには対応していない．微生物のシングルセルWGAにも利用可能.

❸ Buffer D2 3 µLを添加．タッピングにより混合し，スピンダウン.

❹ 65 ℃で10分間インキュベートする.

❺ Stop Solution 3 µLを添加（＝Denature DNA）．タッピングにより混合し，スピンダウン．サンプルは氷上に設置する.

❻ REPLI-g sc DNA Polymeraseを氷上で溶かす．他の試薬は室温で溶かす．
REPLI-g sc Reaction Bufferは溶かした後に10秒間ボルテックスする.

❼ 下記試薬を混合し，Master Mixを調製する[*5].

□ Master Mix（40 μL×1 cell）

H$_2$O sc	9 μL
REPLI-g sc Reaction Buffer	29 μL
REPLI-g sc DNA Polymerase	2 μL
Total volume	40 μL

> *5　REPLI-g sc DNA Polymerase を添加する前にボルテックスする．氷上で保管し，調製後は
> すぐに使用する．

❽ Denatured DNA 10 μL に Master Mix 40 μL を添加する．

❾ サーマルサイクラーの蓋を70℃に設定し，30℃で8時間インキュベーションする[6][7]．

> *6　半分以下の反応時間でも同等の量の増幅産物を得ることができる．また，80分程度でも数 μg
> の増幅産物が得られるため，必要以上に増幅しなくてもよい場合は反応時間を短めに設定する
> こともできる．
>
> *7　Phi29 DNA ポリメラーゼは熱に弱いため，サンプルの不用意な温度上昇に注意する．

❿ 65℃で3分処理し，REPLI-g sc DNA Polymerase を失活させる．この段階で保存が可
能．短期間ならば4℃，長期間であれば−20℃で保存する．

⓫ Agencourt AMPure XP Kit（ベックマン・コールター社）を用いて精製する．シリカカ
ラム系の精製キットも使用できるが，収量が低下する可能性がある．

⓬ Quant-iT PicoGreen dsDNA Assay Kit（サーモフィッシャーサイエンティフィック社）
などの二本鎖DNA定量キットを用いて定量する．

⓭ 各解析手法のプロトコールに従って解析を行う．

3. PicoPLEX WGA kit を用いた WGA

1）シングルセル懸濁液の調製

❶ シングルセルを0.2 mL チューブに分取する[8]．

> *8　細胞とともにもち込まれるバッファー量は2.5 μL以下にする．Mg^{2+}，Ca^{2+}，BSAを含む
> バッファーは使用不可．固定化処理を行った細胞へのWGAは推奨されていない．微生物のシ
> ングルセルへの利用例も報告されているが，推奨されていない．

❷ Cell Extraction Buffer で5 μL までメスアップする（＝シングルセル懸濁液）．サンプル
は−80℃で保存可能．

2）プレ増幅

❶ 下記試薬を混合し，Extraction Cocktail を調製する．

□ Extraction Cocktail（5 μL×5 cells）

Extraction Enzyme Dilution Buffer	24 μL
Cell Extraction Enzyme	1 μL
Total Volume	25 μL

❷ Extraction Cocktail 5 μL をシングルセル懸濁液 5 μL に添加する（＝細胞溶解液）.

❸ スピンダウンし，サーマルサイクラーで以下のプログラムを実施する.

75℃	10分
↓	
95℃	4分
↓	
12℃	∞

❹ 下記試薬を混合する.

☐ Pre-amp Cocktail（5 μL×5 cells）

Pre-amp Reaction Mix	24 μL
Pre-amp Enzyme	1 μL
Total Volume	25 μL

❺ Pre-amp Cocktail 5 μL を細胞溶解液 10 μL に添加する（＝プレ増幅反応液）.

❻ スピンダウンし，サーマルサイクラーで以下のプログラムを実施する.

95℃	2分	
↓		
95℃	15秒	
15℃	50秒	
25℃	40秒	12サイクル
35℃	30秒	
65℃	40秒	
75℃	40秒	
↓		
4℃	∞	

可能な限り迅速に次の操作に移る.

3）本増幅

❶ 下記試薬を混合し，Amplification Cocktail を調製する.

☐ Amplification Cocktail（60 μL×5 cells）

Amplification Reaction Mix	125 μL
Amplification Enzyme	4 μL
Nuclease-Free Water	171 μL
Total Volume	300 μL

❷ Amplification Cocktail 60 μL をプレ増幅反応液 15 μL に添加する.

❸ スピンダウンし，サーマルサイクラーで下記プログラムを実施する.

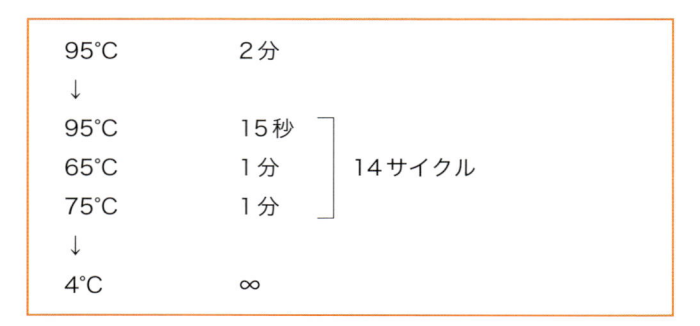

95℃	2分	
↓		
95℃	15秒	
65℃	1分	14サイクル
75℃	1分	
↓		
4℃	∞	

　　PCR のサイクル数は 16 サイクルまで増やすことができる．増幅産物は－20℃で保存できる.

4）精製および定量

❶ DNA Clean & Concentrator-5 Kit（Zymo Research 社）などのシリカカラムで精製する.

❷ 吸光度測定にて定量する.

　　増幅原理上，増幅産物に一本鎖 DNA も含まれるため，PicoGreen などの二本鎖 DNA の定量キットでは正しく定量できない.

5）解析

❶ 各解析手法のプロトコールに従って解析を行う.

実験例

1. 実施例 1（増幅の網羅性の比較）

　　単一のヒト非小細胞肺がん由来 A549 細胞をマイクロチューブに単離し，*Ampli*1，REPLI-g，PicoPLEX の 3 種の手法で WGA を行った．WGA 産物に対して，異なる染色体上に存在する 9 遺伝子をターゲットとした PCR を行い，PCR 産物が得られるかを評価することで，WGA 法の増幅の網羅性を比較した．各 10 細胞（PicoPLEX のみ 5 細胞）で評価した結果，PTEN や CAT など，REPLI-g で増幅されやすい遺伝子が *Ampli*1 や PicoPLEX では増幅されにくいといった現象や，逆の現象が起きている遺伝子がみられた（表2）．本検討では各遺伝子の 100～200 bp 程度の領域のみを解析したに過ぎないが，WGA 法によって増幅されやすい領域が異なることが示唆された．このことから，シングルセルのゲノム上の特定の遺伝子の解析を行う際には，該当領域の増幅に適した WGA 法の検討が必要であることがわかった.

表2　WGA法の増幅バイアスの比較

WGA	Yield (μg)	Gene name (loci)								
		MSH2 (2p)	PIK3CA (3q)	C6orf195 (6p)	PMS2 (7p)	PTEN (10q)	CAT (11p)	P53 (17p)	ADCYAP1 (18p)	TOP1 (20q)
Ampli1	1.7±0.5	0/10	9/10	7/10	2/10	4/10	1/10	9/10	10/10	9/10
REPLI-g	28.8±3.3	3/10	7/10	6/10	9/10	10/10	7/10	10/10	4/10	9/10
PicoPLEX	3.1±0.2	1/5	3/5	5/5	5/5	5/5	1/5	5/5	5/5	5/5

検出回数／試行回数.

2. 実施例2（遺伝子変異の検出）

われわれの研究グループでは血中循環腫瘍細胞（circulating tumor cell：CTC）の遺伝子解析にむけた技術開発を進めている。健常者血液に肺がん細胞を添加したモデルサンプルを、金属製マイクロフィルターにてフィルトレーションし、がん細胞を濃縮を濃縮した。その後、フィルター上のがん細胞と白血球に対して固定化および膜透過処理を行い抗体染色により染め分けたうえでそれぞれ単離した。WGA法を検討した結果、PicoPLEXにてWGAを行うことで、これらのシングルセルからのEGFR遺伝子のシーケンス解析が可能であることがわかり、がん細胞特有の遺伝子変異を高精度に検出することができた（図5）。

おわりに

本稿ではシングルセルゲノム解析に必須であるWGA法に関して、プロトコールを含めて紹介した。近年ではシングルセルからのWGAに対応したキットが充実しており、初心者でも増幅を行うことが可能となっている。一方で、実験環境からのコンタミネーションや、手法間での増幅バイアスの違いによるデータへの質への影響は依然として課題として残されている。特に、実験環境からのコンタミネーションは施設ごとに異なることが報告されており、コンタミネーションのコントロールはシングルセルゲノム解析の再現性・信頼性を確保するうえで解決しなければならない大きなハードルだろう。近年ではnLスケールのウェルや、ドロップレット内で全ゲノム増幅を行うことでコンタミネーションのリスクや増幅バイアスを低減することに成功した研究例も続々と発表されている[7,8]。これらの技術の市販キット化・普及によるデータのクオリティ向上が期待される。

また、これまではシングルセルゲノム解析を行った場合、トランスクリプトームなどの他の解析を並行して行うことはできなかったため、実際に細胞がどのような機能をもっていたのかを予測することは困難であった。これに対し、2016年頃から同一のシングルセルのゲノムとトランスクリプトームや、タンパク質発現を解析する手法が開発・報告されてきている[9]～[11]。今後、シングルセルに対する多角的なアプローチが可能になっていくと予想される。

解析プラットフォームの発展も顕著である。近年では各種次世代シーケンサーにおいて数ngからのライブラリー調製が可能なキットが発表されており、数μgレベルまでの増幅が必要な状況ではなくなってきた。さらに近年では、PacBio社のRSシリーズやナノポアシーケンサー

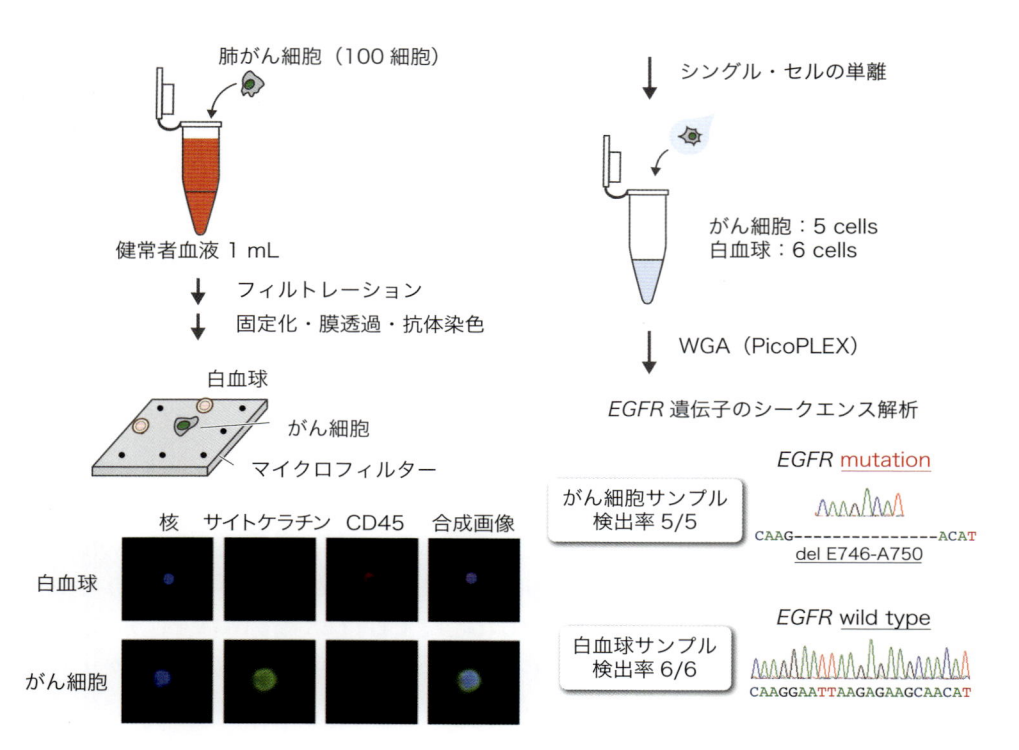

図5　シングルセルWGAによる遺伝子変異の検出

固定化・膜透過処理を行い，抗体染色した肺がん細胞と白血球を単離し，PicoPLEXによりWGAを行った．WGA産物を鋳型に *EGFR* 遺伝子をPCRにより増幅し，サンガー法により解析した．白血球からは野生型の配列が，がん細胞からは特有の欠損がみられ，シングルセルからの遺伝子変異検出が可能であった（染色画像は文献12，波形データは文献6より引用）．

どの原理的にDNAの増幅を必要としない技術も開発されている．現時点ではまだまだ精度面での課題があるが，将来的にはWGAなしでのシングルセルゲノム解析が可能になるかもしれない．

このように，シングルセルゲノム解析をとり巻く技術は急速な発展を見せている．これらの技術ががんの不均一性と転移との関係性の解明や，環境中の難培養微生物群からの有用遺伝子の発見など，数多くの知見の獲得につながることを期待している．

◆ **文献**

1 ）　Zhang L, et al：Proc Natl Acad Sci U S A, 89：5847–5851, 1992
2 ）　de Bourcy CF, et al：PLoS One, 9：e105585, 2014
3 ）　Hou Y, et al：Gigascience, 4：37, 2015
4 ）　Aviel-Ronen S, et al：BMC Genomics, 7：312, 2006
5 ）　Picher ÁJ, et al：Nat Commun, 7：13296, 2016
6 ）　Yoshino T, et al：Anal Chem, 88：7230–7237, 2016
7 ）　Gole J, et al：Nat Biotechnol, 31：1126–1132, 2013
8 ）　Nishikawa Y, et al：PLoS One, 10：e0138733, 2015
9 ）　Macaulay IC, et al：Nat Methods, 12：519–522, 2015
10）　Darmanis S, et al：Cell Rep, 14：380–389, 2016
11）　Hou Y, et al：Cell Res, 26：304–319, 2016
12）　Hosokawa M, et al：PLoS One, 8：e67466, 2013

9 C1 システムを用いたシングルセル全エキソームシークエンス

関　真秀，Sarun Sereewattanawoot，鈴木　穣

シングルセルゲノム解析技術の登場により，がんなどの多様なゲノムをもつ集団の多様性やその変遷について解析を行うことが可能となった．しかし，シークエンスコストの問題から，大量のシングルセルのゲノム解析を行うことはしばしば困難であり，解析対象を絞る必要に迫られる場合がある．本稿では，シングルセルゲノムの自動調製機であるC1システムによるシングルセル全エキソームシークエンス（single-cell whole exome-sequencing：scWES）のプロトコールを紹介する．

はじめに

フリューダイム社から発売されているC1システムではIFC（integrated fluidic circuit）とよばれるチップに組込まれた微細流路系を用いて物理的に細胞を1つずつキャプチャーサイトにトラップすることで最大96個のシングルセルに分離することができる（図1）．C1でのキャプチャーの効率は細胞の形状による影響を受ける．そのため，細胞径に合わせて3種類（5-10，10-17，17-25 μm用）のIFCから，適切なものを選択する必要がある．キャプチャーされた細胞は，その後，nLスケールの反応系において，細胞の溶解やゲノム増幅が行われる．nLスケールの反応系は，チューブなどのμLスケールの反応系に比べて，増幅のバイアスやコンタミネーションが少ないなどの利点があることが示されている[1]．

シングルセルゲノムの増幅法はDOP（degenerated oligonucleotide primed）–PCR法やMALBAC（multiple annealing and looping based amplification cycles）法などのさまざまな手法が開発されているが，C1では単純な反応系でかつ，一定の温度で増幅を行うことのできるMDA（multiple displacement amplification）法を採用している（図2A）．MDA法では，ランダムプライマーと鎖置換活性を有するPhi29 DNAポリメラーゼを利用する[2]．DNAにアニーリングしたランダムプライマーはPhi29 DNAポリメラーゼにより，進行方向にある鎖を解きながら伸長される．一本鎖になったDNAに新たにランダムプライマーが結合し，さらにDNAを解きながら伸長が行われる．これをくり返すことにより，一定の温度で微量なDNAからのゲノムの増幅を可能としている．MDA法は連鎖的増幅を行うため，他法に比べ，増幅される領域の均一性は低く，構造変異の検出に向かないが，フィデリティの高いPhi29 DNAポリメラーゼを利用しているため，塩基置換の解析に適している[3]．

増幅されたゲノムDNAはIFCのウェル中1細胞ごとに排出される．増幅されたゲノムDNAを断片化し，次世代シークエンサーのライブラリー調製，シークエンスを行うことでシングルセル

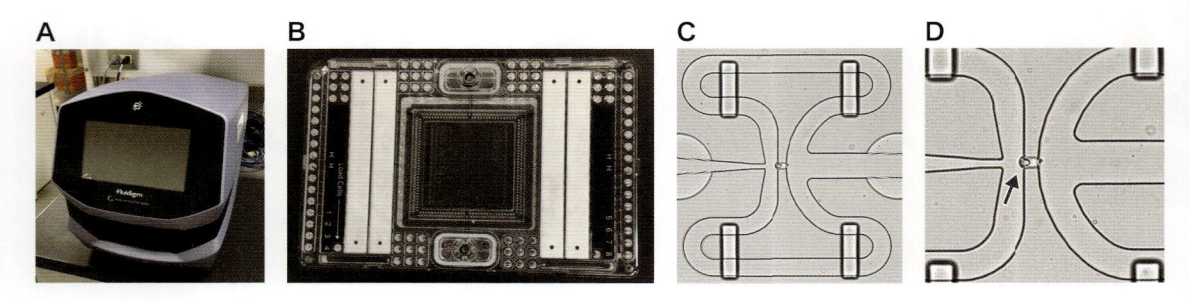

図1 C1 システム

A) C1 Single-Cell Auto Prep System の本体. **B)** IFCの写真（96細胞用）. **C)** IFCのバタフライチャンバーの写真. **D)** キャプチャーサイトの拡大図. 矢印の部分にシングルセルがキャプチャーされているのがわかる.

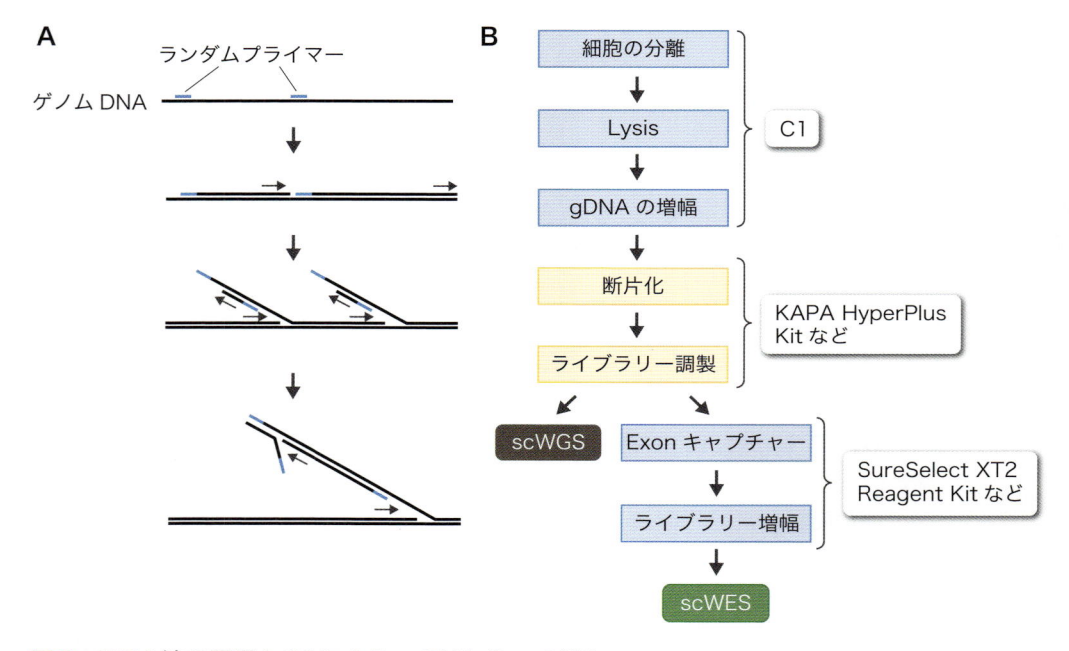

図2 MDA法の原理とC1によるscDNA-Seqの流れ

A) MDA法の原理. Phi29 DNA ポリメラーゼの伸長，鎖置換活性による1本鎖DNAの遊離，ランダムプライマーのアニーリングをくり返すことで増幅が行われる. **B)** scWGSとscWESの流れの概略を示した.

全ゲノムシークエンス（single-cell whole genome sequecing：scWGS）を，Exomeキャプチャーを行ってからシークエンスすることでシングルセル全エキソームシークエンス（single-cell whole exome sequencing：scWES）を行うことができる（図2B）. 本稿では，C1とアジレント・テクノロジー社のSureSelect XT2，日本ジェネティクス社のKAPA HyperPlus Kitを組合わせた方法によるscWESのプロトコールについて紹介する.

準備

　本プロトコールは "Using C1 to Generate Single-Cell Libraries for DNA Sequencing（フリューダイム社）"[4], "KAPA HyperPlus Kit Technical Data Sheet（KAPA Biosystems社）"[5], "KAPA HyperPlus / KAPA Hyper Prep Kit Form マニュアル（アジレント・テクノロジー社）"[6], および, "SureSelect XT2 Target Enrichment System for Illumina Sequencing（アジレント・テクノロジー社）"[7] に基づいて作成した.

　フリューダイム社のプロトコールに記載されている通り, Nextera Rapid Capture Kit（イルミナ社）を使用して行うこともできる.

1. 試薬・消耗品

- ☐ Illustra GenomiPhi V2 DNA Amplification Kit（GEヘルスケア社, #25-6600-30）
- ☐ C1 Single-Cell Auto Prep Reagent Kit for DNA Seq（フリューダイム社, #100-7357）
- ☐ C1 Single-Cell Auto Prep IFC for DNA Seq 5-10 μm（フリューダイム社, #100-5762）
  もしくは, C1 Single-Cell Auto Prep IFC for DNA Seq 10-17 μm（フリューダイム社, #100-5763）
  もしくは, C1 Single-Cell Auto Prep IFC for DNA Seq 17-25 μm（フリューダイム社, #100-5764）
- ☐ Qubit dsDNA HS Assay Kit（サーモフィッシャーサイエンティフィック社, #Q32851）
  もしくは, Quant-iT PicoGreen dsDNA Reagent（サーモフィッシャーサイエンティフィック社, #P11495）
- ☐ Agencourt AMPure XP（ベックマン・コールター社, #A63880）
- ☐ KAPA HyperPlus Kit（KAPA Biosystems社, #KK8514）
- ☐ Nuclease-Free Water（サーモフィッシャーサイエンティフィック社, #AM9932）
- ☐ SureSelect XT2 Reagent Kit HSQ（HiSeq用）（アジレント・テクノロジー社, #G9661Bなど）
- ☐ SureSelect XT2 キャプチャーライブラリー Human All Exon V6+COSMIC など（アジレント・テクノロジー社, #5190-9312など）
- ☐ Dynabeads MyOne Streptavidin T1（サーモフィッシャーサイエンティフィック社, #65601）
- ☐ High Sensitivity DNA Kit（アジレント・テクノロジー社, #5067-4626）
  もしくは, High Sensitivity D1000 ScreenTape（アジレント・テクノロジー社, #5067-5584）および High Sensitivity D1000 Reagents（アジレント・テクノロジー社, #5067-5585）

オプション

- ☐ LIVE/DEAD Viability/Cytotoxicity Kit for mammalian cells（サーモフィッシャーサイエンティフィック社, #L3224）（蛍光による生死判定を行う場合）

2. 装置

- ☐ C1 Single-Cell Auto Prep System（フリューダイム社, #100-7000）

- ☐ Qubit 3.0 フルオロメーター（サーモフィッシャーサイエンティフィック社，#Q33216) もしくは，プレートリーダー
- ☐ Agilent 2100 Bioanalyzer（アジレント・テクノロジー社），もしくは，Agilent 4200 TapeStation（アジレント・テクノロジー社）
- ☐ 顕微鏡
- ☐ 磁気スタンド
- ☐ 真空乾燥遠心機
- ☐ Nutator Mixer などのシェーカー

オプション

- ☐ 蛍光顕微鏡（蛍光による生死判定を行う場合）
- ☐ Agilent Bravo NGS Workstation（アジレント・テクノロジー社）（ライブラリー調製の自動化を行う場合）

プロトコール

1. 試薬の調製

☐ LIVE/DEAD Staining Solution（オプション）

C1 DNA Seq Cell Wash Buffer	1,250 μL
Ethidium homodimer–1	2.5 μL
Calcein AM	0.625 μL

☐ DTT Mix

Nuclease Free Water	193.1 μL
Sample Buffer（GE）	2.3 μL
Reaction Buffer（GE）	2.3 μL
C1 DTT	2.3 μL

☐ Lysis Mix

C1 DNA Seq Lysis Buffer	13.5 μL
C1 DTT	1.5 μL

☐ Reaction-Enzyme Mix

C1 DNA Seq Reaction Buffer	30 μL（45 μL）[*1]
DTT Mix	21 μL（31.5 μL）[*1]
Enzyme Mix（GE）	3 μL（4.5 μL）[*1]

[*1] バルク細胞を用いたコントロールを作製する場合には，カッコ内の分量を混合する.

2. 細胞懸濁液の調製

❶ 接着細胞の場合は，できるだけシングルセルに解離させる.

❷ C1 DNA Seq Cell Wash Buffer や培地などで2回washを行う.
大きなごみや細胞塊を除くために，洗浄後の懸濁液をセルストレーナーに通す.

❸ 細胞は66〜333 cells/ μL[*2] に調整.

＊2　もし，キャプチャー効率が悪い場合には700 cells/ μL程度にする.

3. IFCのプライム （図3）

❶ IFCの緑で示した2つのウェル＊3に200 μLずつC1 Harvest Reagentを加える.

＊3　このウェルはスプリングで蓋をされているので，蓋をピペットの先で押して中に試薬を注入する. バネの部分に流路があるため，加えた後に揺らして試薬が端に偏らないようにする.

❷ 青で示した40個のウェルに20 μLずつC1 Harvest Reagentを加える＊4.

＊4　以降，試薬を加える際はIFCのウェルの底に泡が入らないように注意する.

❸ 赤で示した2つのウェルに20 μLずつC1 Preloading Reagentを加える.

❹ 黄色で示したウェルに20 μLのC1 DNA Seq Cell Wash Bufferを加える.

❺ 紺で示した2つのウェルに15 μLずつC1 Blocking Reagentを加える.

❻ IFCの底についているビニールを剥がす.

❼ 試薬を加えたIFCをC1にロードし，C1の画面上で"DNA Seq: Prime"を選択してPrimeをスタートさせる＊5.

＊5　プライム完了まで約10〜12分程度かかる.

4. 細胞のキャプチャー （図4）

❶ 緑で示したウェルに20 μLのC1 DNA Seq Cell Wash Bufferを加える.
（オプション）蛍光による生死判定を行う場合は，Wash Bufferの代わりにLIVE/DEAD Staining Solution 20 μLを加える.

❷ 青と赤で示したウェルからフロースルーを除く.

❸ 細胞懸濁液とSuspension Reagentを6：4の比率＊6で混合し，Cell Mixを作製し，黄色のウェルに6 μL加える＊6.

＊6　混合してから時間が経つとMixをつくったチューブに細胞が沈殿，あるいは，浮いてしまっている可能性があるので，ピペッティングしてから加える.
細胞の密度によっては6：4の比率だとウェルに加えた後に浮力で細胞が浮いてしまい，流路取り込まれないことがある. キャプチャー効率が悪い場合は，7：3に比率を変更すると改善する可能性がある.

❹ IFCをC1にロードし，行わない場合は"DNA Seq: Cell Load"をC1の画面上で選択してCell Loadをスタートさせる＊7.
（オプション）染色による細胞の生死判定を行う場合は"DNA Seq: Load & Stain"を選択する.

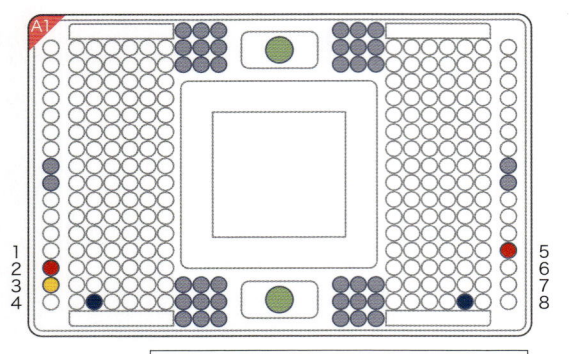

- 🟢 Harvest Reagent 200μL
- 🔵 Harvest Reagent 20μL
- 🔴 C1 Preloading Reagent 20μL
- 🟡 C1 DNA Seq Wash Buffer 20μL
- 🔵 Blocking Reagent 15μL

図3 プライム前に加える試薬

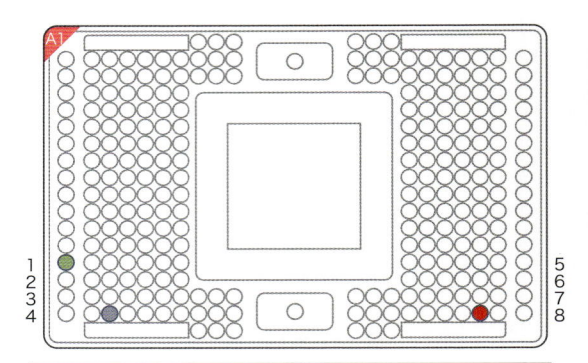

- 🟢 C1 DNA Seq Cell Wash Buffer 20μL
  もしくは，LIVE/DEAD Staining Solusion 20μL
  （染色を行う場合）
- 🔵 フロースルーを除いてから Cell Mix 6μL
- 🔴 フロースルーを除く

図4 Cell Load 前に加える試薬

> *7　Cell Load にかかる時間はおおよそ以下の通りである．染色を行うと倍近い時間がかかるため，死にやすい細胞を扱う際や遺伝子発現への影響が気になる場合は染色を行わない方がいいかもしれない．
> （染色あり）5-10μm：30分，10-17μm：65分，17-25μm：60分程度
> （染色なし）5-10μm：20分，10-17μm：35分，17-25μm：30分程度

❺ 顕微鏡を用いて細胞の96個のキャプチャーサイトのそれぞれにキャプチャーされている細胞の数や状態を観察・記録する*8．
（オプション）染色を行った場合には，蛍光顕微鏡により観察する．生細胞は緑色の，死細胞は赤色の蛍光を示す．

> *8　キャプチャーサイトの番号が一番左上から下に順に1〜48，一番右上から下に49〜96の番号が割り振られている．

5. 細胞の溶解とゲノムDNAの増幅 （図5）

❶ 緑で示したウェルに Lysis Mix 10μL を加える．

❷ 青で示したウェルに C1 DNA Seq Stop Buffer 10μL を加える．

❸ 赤で示した2つのウェルに Reaction-Enzyme Mix 24μL ずつを加える．

❹ 黄色で示した4つの四角いウェルに Harvest Reagent 180μL ずつを加える．

❺ IFCをC1にロードし，C1の画面上で "DNA Seq: Amplify" を選択する．終了時刻*9を設定し，ゲノムDNAの増幅をスタートさせる．

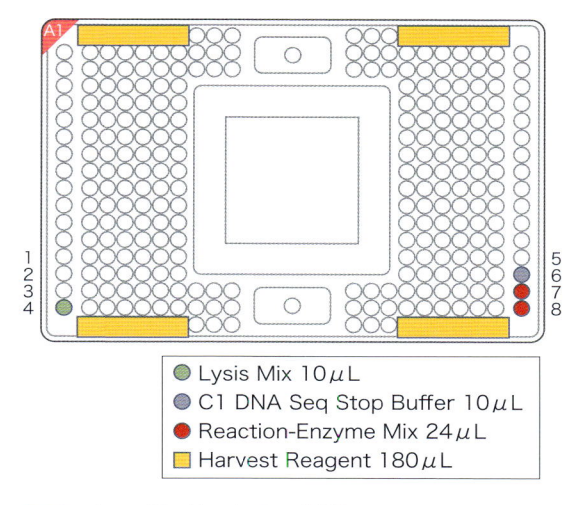

Lysis Mix 10 μL
C1 DNA Seq Stop Buffer 10 μL
Reaction-Enzyme Mix 24 μL
Harvest Reagent 180 μL

図5　Amplify 前に加える試薬

＊9　反応後，排出されるDNA溶液は3 μL程度の体積であるため，終了後，長時間置いてしまう
　　　と溶媒が蒸発してしまうので，終了時刻の後1時間以内に回収するようにする．

6. コントロールの作製（オプション）

1）細胞の溶解

❶ ポジティブコントロール，バルク細胞，ネガティブコントロール用の3本の新しいPCRチューブを用意し，それぞれに Lysis Mix 2 μL ずつ加える．

❷ ポジティブコントロール用のチューブには Illustra GenomiPhi V2 DNA Amplification Kit に付属のゲノム DNA 1 μL を，バルク細胞用のチューブには細胞のロード時に作製した Cell Mix 1 μL を，ネガティブコントロールのチューブには Nuclease Free Water 1 μL をそれぞれ加えて，5秒間ボルテックスで混合し，スピンダウンを行う．

❸ 氷上に10分間静置した後すぐに，次のステップに進む．

❹ 細胞の溶解を止めるために，C1 DNA Seq Stop Buffer 4 μL を加え，5秒間ボルテックス後，スピンダウンする．

❺ 室温で3分間静置して，その後も室温で扱う．

2）ゲノム DNA の増幅

❶ 新しい3本のチューブを用意し Reaction-Enzyme Mix 8.95 μL を分注する．**1）**で調製した溶解液 1.05 μL を加え，ボルテックスした後，スピンダウンする．

❷ サーマルサイクラーにセットし，以下のプログラムを実行し，ゲノム DNA を増幅する．

38°C	120分
↓	
70°C	15分
↓	
4°C	∞

❸ 3本の新しいチューブにC1 DNA Dilution Reagent 9 μL を分注し，増幅したDNA溶液 1 μL を加え，希釈する．ボルテックスをし，スピンダウンする．

7. 増幅したDNAの回収

❶ IFC を C1 からとり出す．

❷ 新しい96ウェルプレートにC1 DNA Dilution Reagent 10 μL ずつを加えておく．

❸ IFC に付属のプラスチックの器具でIFC の4枚の白いシールの穴に引っかけてシールを剥がす．

❹ 図6A に従い，8連ピペットを用いて，DNA溶液をC1 Dilution Reagent を分注しておいた96ウェルプレートに移す[*10]．

> [*10] 移した後のウェルとキャプチャーサイトの番号との対応は，図6Bに示した．

❺ プレートにシールをして，ボルテックスミキサーで混合してスピンダウンする．

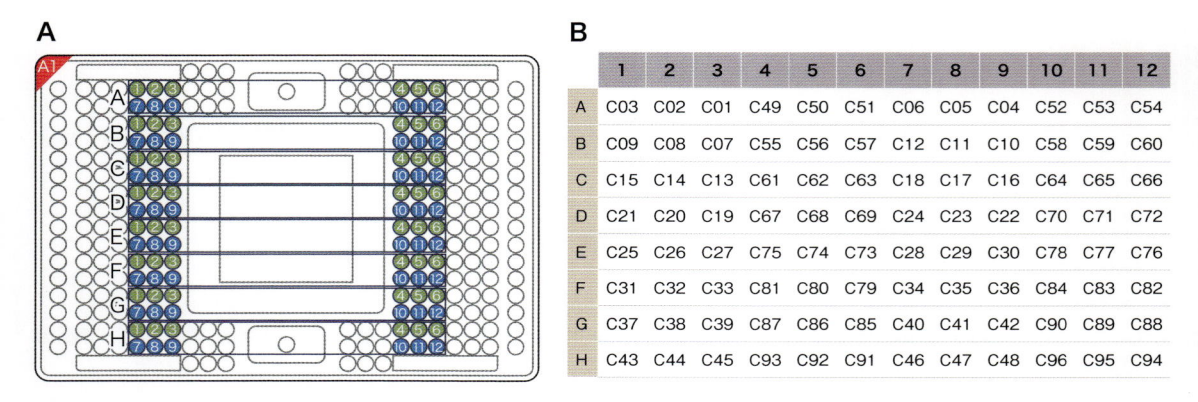

図6　増幅されたDNAの回収およびキャプチャーサイトとの対応
A) 図に示したウェル番号に従い，96ウェルプレートにDNA溶液を移す．**B)** キャプチャーサイトの番号と96ウェル上の場所との対応表．

8. DNAの定量

❶ Qubit dsDNA HS assay kit，もしくは，Quant-iT PicoGreen dsDNA Reagentを使用して，希釈済みのポジティブコントロール，バルク細胞，ネガティブコントロールおよびIFCで合成したDNAの定量を行う[*11].

> [*11]　われわれがヒト細胞由来の増幅DNAのQubitによる定量を行った際は，10～40 ng/μL程度の濃度のDNAを得ることができた.

9. DNAの断片化とライブラリー調製

本工程はアジレント・テクノロジー社のBravoを用いることで自動化が可能である.

自動化のプログラムについては，アジレント・テクノロジー社から提供されている.

1）DNAの断片化

❶ C1から得られたDNA溶液 約12 μLにNuclease-Free Water 23 μL，KAPA Frag Buffer 5 μLとKAPA Frag Enzyme 10 μLをプレートに加え，ボルテックスで混合し，スピンダウンする.

❷ サーマルサイクラーにセットし，以下のプログラムを実行し，DNAの断片化を行う.

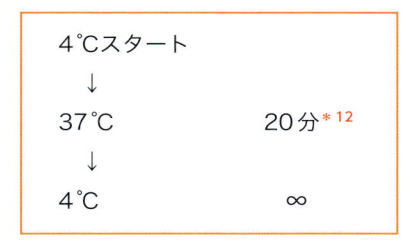

```
4℃スタート
  ↓
37℃           20分[*12]
  ↓
4℃             ∞
```

> [*12]　反応時間を変えることにより，断片化の度合いを調節することができる.

❸ 4℃に到達したら，すぐにサーマルサイクラーからとり出して氷上に移し，次の工程にすぐ進む.

2）ライブラリー調製

❶ End Repair & A-Tailing Buffer 7 μLとEnd Repair & A-Tailing Enzyme Mix 3 μLを加える．ボルテックスで混合し，スピンダウンする.

❷ サーマルサイクラーにセットし，以下のプログラムを実行する.

```
65℃           30分
  ↓
4℃             ∞
```

❸ Nuclease-Free Water 5 μL，Ligation Buffer 30 μL，SureSelect XT2 Pre-capture Index Adaptor[*13] 5 μLとDNA Ligase 10 μLをサンプルに加え，混合する.

*13 もし，合成されたライブラリーにアダプターダイマーが多い場合は，アダプターを希釈することで改善する可能性がある.

❹ サーマルサイクラーにセットし，以下のプログラムを実行し，アダプターのライゲーションを行う.

20℃	15分

❺ 反応後，AMPureXP 88 μL を加えて，ピペッティングで混合し，室温で5分間静置する.

❻ 磁気スタンドにセットし，2分間静置する.

❼ 磁気スタンドにセットしたまま，上清を除き，80% エタノール200 μL を加えて，30秒静置する.

❽ ❼のステップをもう一度くり返す.

❾ 磁気スタンドにセットしたまま，蓋を開け，3〜5分程度[14]置き，エタノールを揮発させる.

*14 乾燥しすぎたり，エタノールが残っていたりすると収量が低下するので注意.

❿ 10 mM Tris-HCl (pH 8.0) 21 μL を加え，ピペットで懸濁し，2分間静置する.

⓫ 磁気スタンドにセットし，2分間静置後，上清を新しいプレートに移す.

⓬ KAPA HiFi HotStart ReadyMix 25 μL と 10x Library Amplification Primer Mix 5 μL を加え，ボルテックスなどで混合し，スピンダウンする.

⓭ サーマルサイクラーにセットし，以下のプログラムを実行して，ライブラリーを増幅する.

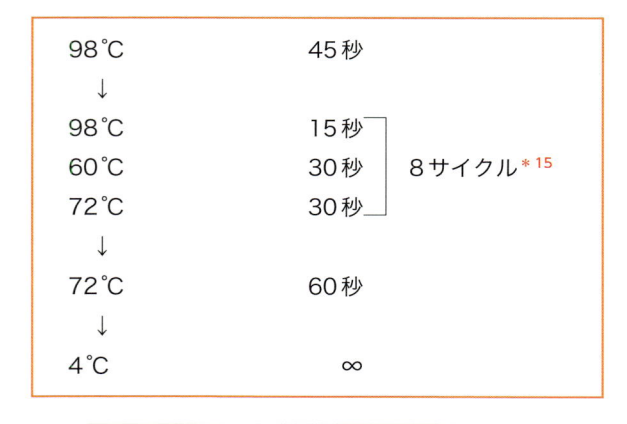

98℃	45秒	
↓		
98℃	15秒	
60℃	30秒	8サイクル[15]
72℃	30秒	
↓		
72℃	60秒	
↓		
4℃	∞	

*15 収量が不足する場合にはサイクル数を増やす.

⑭ AMPure XP 50 μL を加え，ピペッティングで混合後，5分間静置する．

⑮ プレートを磁気スタンドにセットし，2分間静置する．

⑯ 磁気スタンドにセットしたまま，上清を除き，80% エタノール 200 μL を加えて，30秒静置する．

⑰ ⑯のステップをもう一度くり返す．

⑱ 磁気スタンドにセットしたまま，上清を除き，蓋を開けたまま，3〜5分間[*16] 置き，エタノールを揮発させる．

> *16　乾燥しすぎたり，エタノールが残っていたりすると収量が低下する．

⑲ Nuclease-Free Water 20 μL を加え，ピペットで懸濁し，2分間静置する．

⑳ 磁気スタンドにセットし，2分間静置後，上清を新しいプレートに移す．

10. キャプチャーライブラリーとのハイブリダイゼーション

キャプチャーライブラリーは，アジレント・テクノロジー社からさまざまなものが販売されているので，目的に合ったものを選択する．

❶ 回収したライブラリーの濃度を TapeStation High Sensitivity Kit もしくは Bioanalyzer High Sensitivity DNA Kit で測定を行う．

❷ 各ライブラリーの DNA 量が 187.5 ng[*17] ずつになるように，8サンプル[*17] を新しいチューブで混合して，プールする．

> *17　必要 DNA 量とプールするサンプル数はキャプチャーライブラリーによって異なる．前述の分量とサンプル数は，ヒトやマウスのエクソームライブラリーに対応している．それ以外については，SureSelect XT2 のマニュアル[7] を参照されたい．

❸ 遠心真空乾燥機で DNA 溶液の水を完全に蒸発させ，ペレットを Nuclease-Free Water 7 μL で懸濁し，PCR チューブやプレートに移す．

❹ プールしたサンプル 7 μL と SureSelect XT2 Blocking Mix 9 μL をピペッティングで混合し，サーマルサイクラーにセットし，以下のプログラムを実行してプライマーのブロッキングを行う．

95℃	5分
↓	
65℃	∞[*18]

> *18　5分以上処理し，使用するまでそのまま 65℃ で保持する．

❺ SureSelect RNase Block と水を 1:3 の比率[19] で混合して希釈する．1プール 2 μL[19] ずつ使用するので，必要量調製する．

[19] 希釈の比率と希釈液の使用量はキャプチャーライブラリーのサイズによって異なる．前述の比率と分量は，30 Mb エクソームライブラリーはそれ以下のサイズのライブラリーを用いる場合は，SureSelect XT2 のマニュアル[7] を参照されたい．

❻ RNase Block 希釈液 2 μL とキャプチャーライブラリー 5 μL をピペッティングで混合後，さらに，SureSelectXT2 Hybridization Buffer 37 μL を加えてピペッティングで混合し，スピンダウンする．使用するまで，室温において置く．

❼ ❻で調製した混合液 44 μL を❹の 65℃で保持しておいたサンプルに添加し，ピペッティングで混合する．

❽ そのまま 65℃で 24 時間以上処理して，ハイブリダイズさせる[20]．

[20] 乾燥しないようにきちんと蓋またはシールをしておく．蒸発して 52 μL 以下になってしまうとキャプチャーの効率に悪影響が出る．

11. エキソンキャプチャー

1）ビーズと試薬の準備

❶ SureSelect XT2 Wash 2 を 65℃の恒温槽で温めておく．

❷ Dynabeads MyOne Streptavidin T1 をボルテックスミキサーで撹拌してビーズの沈殿を懸濁する．

❸ 懸濁したビーズ 50 μL をサンプル数分新しいチューブもしくはプレートに分注する．

❹ SureSelect XT2 Binding Buffer 200 μL を加え，ピペッティングで混合する．

❺ 磁気スタンドにセットし，無色透明になったら，上清を除去する．

❻ ❹と❺を 2 回くり返す．

❼ SureSelect XT2 Binding Buffer 200 μL でビーズを懸濁する．

2）キャプチャー

❶ サンプルを 65℃のサーマルサイクラーに入れたまま，ピペットで吸い，1）で調製したビーズ 200 μL の入ったチューブまたはプレートに移してゆっくり 3〜5 回ピペッティングして混合する[21]．

[21] ❶〜❺は室温で行う．

❷ Nutator Mixer などのシェーカーで室温で 30 分間撹拌する．

❸ スピンダウンした後，磁気スタンドにセットする．無色透明になったら，上清を除去する．

❹ 200 μL の SureSelect XT2 Wash1 をビーズに加え，ピペッティングで完全に懸濁し，スピンダウンする．

❺ 磁気スタンドにセットし，無色透明になったら，上清を除去する．

❻ 65℃で温めた SureSelect XT2 Wash2　200 μL を加え，ピペッティングでビーズを完全に懸濁する* 22．

　　　* 22　❻〜❾はできるだけビーズを65℃に保つとキャプチャーの特異性が高まる．

❼ 蓋またはシールしてから65℃のサーマルサイクラーにセットし，5分間インキュベートする．

❽ 磁気スタンドにセットし，無色透明になったら上清を除く．

❾ ❻〜❽のステップを5回くり返す．

❿ バッファーを完全に除き，Nuclease-Free Water 30 μL を加え，ボルテックスでビーズを懸濁する* 23．

　　　* 23　ビーズ懸濁液は4℃で一晩，冷凍で長期保存が可能．

12. キャプチャーしたライブラリーの増幅

❶ 新しい PCR チューブに Nuclease-Free Water 9 μL, Herculase II Master Mix 25 μL, XT2 Primer Mix 1 μL を加え，ボルテックスで混合し，スピンダウンする．

❷ **11** で調製したビーズの懸濁液を 15 μL 加え，ピペッティングで混合する．

❸ サーマルサイクラーにセットし，以下のサイクルで PCR を行い，ライブラリーの増幅を行う．

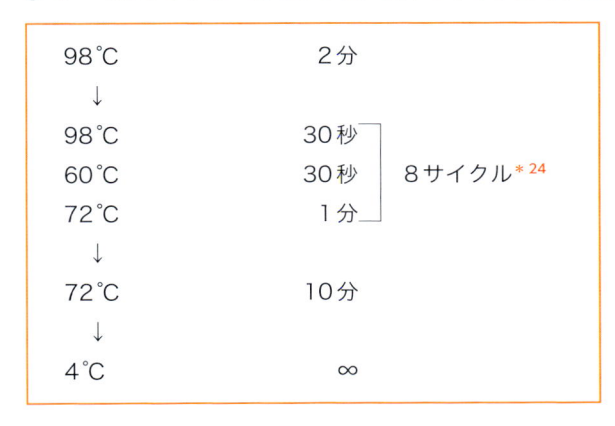

98℃	2分	
↓		
98℃	30秒	
60℃	30秒	8サイクル* 24
72℃	1分	
↓		
72℃	10分	
↓		
4℃	∞	

　　　* 24　サイクル数はキャプチャーライブラリーサイズによって異なる．エクソームライブラリー（> 1.5 Mb）では，8〜10サイクル．それ以下のサイズのキャプチャーライブラリーを用いる場合は，SureSelect XT2 のマニュアル[7] を参照されたい．

❹ AMPure XP を 90 μL 加えて，PCR したサンプルに加え，ボルテックスで混合し，スピンダウンし，室温で 5 分間静置する．

❺ 磁気スタンドにセットし，3〜5 分程度静置し，透明になったら上清を除く．

❻ 磁気スタンドにセットしたまま，上清を除き，70 % エタノール 200 μL を加えて，1 分間静置する．

❼ ❻のステップをもう一度くり返す．

❽ スピンダウンして，磁気スタンドにセットし，ピペットでエタノールを除く．

❾ 磁気スタンドにセットしたまま，蓋を開け，3〜5 分間[*25]置き，エタノールを揮発させる．

> [*25] 乾燥しすぎたり，エタノールが残っていたりすると収量が低下する．

❿ 30 μL の Nuclease-Free Water で乾燥したビーズをピペッティングで完全に懸濁し，室温で 2 分間静置する．

⓫ 磁気スタンドにセットし，2 分程度静置して，透明になったら，上清を新しいチューブに回収する．

⓬ 回収したライブラリーの濃度を TapeStation High Sensitivity Kit もしくは Bioanalyzer High Sensitivity DNA Kit で測定を行う．

13. データ解析

　前述の方法で得られたライブラリーをイルミナ社のシークエンサーでシークエンスすることで，scWES データが得られる．得られたデータは通常の WES と同様にゲノム配列に QC，トリミング，BWA などによるマッピング，GATK などを用いたバリアントの検出を行う．ただし，scWES や scWGS では，増幅される領域の偏りやアレルのドロップアウトが起こったりする点については十分に留意する必要がある．

実験例

　今回，全血より LymphoPrep（リンパ球分離溶液）で調製したヒト末梢血単核細胞（peripheral blood mononuclear cells：PBMC）を前述のプロトコールで調製した scWES のデータを例として示す．各細胞でエキソン領域にリードが濃縮されていることが確認できる（図 7A）．また，リード数とキャプチャーライブラリーの領域のカバー率との関係を比較したところ，リード数が多い細胞ほど，高いカバー率を示す傾向があった．今回示したデータでは低デプスでのシークエンスしか行っていなかったが，十分なリード数でシークエンスを行えば，ある程度高い割合で目的の領域のシークエンスを取得ができると考えられる（図 7B）．

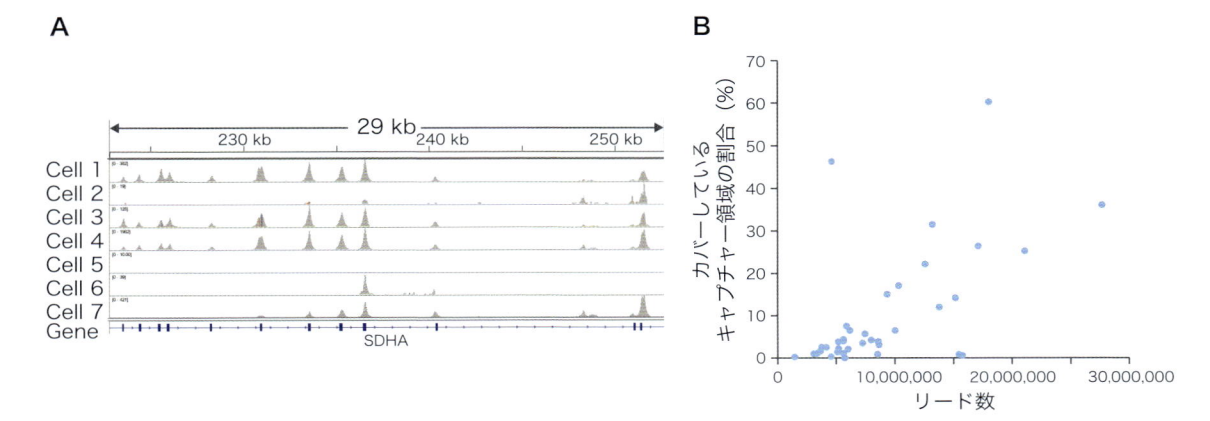

図7　scWES の実施例

A) エキソン領域へのタグの分布の例. **B)** 使用したリード数とキャプチャーライブラリーが設計された領域のうちのカバーしている割合との関係.

おわりに

　　本稿では，C1 を用いた scWES のプロトコールを紹介した．C1 の登場により，ゲノム解析を含むシングルセルオミクス解析は，従来と比べて簡便に行えるものとなった．メタゲノム解析への応用技術も開発されており，今後ますますの広がりを見せると考えられる[8]．また，C1 を用いた方法ではないが，近年，同一のシングルセルのゲノムとトランスクリプトームなどのマルチオミクス解析法も開発されてきており，C1 への搭載も期待したい[9]．

◆ 文献

1 ）de Bourcy CF, et al：PLoS One, 9：e105585, 2014

2 ）Spits C, et al：Nat Protoc, 1：1965–1970, 2006

3 ）Gawad C, et al：Nat Rev Genet, 17：175–188, 2016

4 ）FLUIDIGM：Using C1 to Generate Single–Cell Libraries for DNA Sequencing．https://www.fluidigm.com/binaries/content/documents/fluidigm/resources/c1–dna–seq–pr–100–7135/c1–dna–seq–pr–100–7135/fluidigm%3Afile（2017 年 6 月閲覧）

5 ）KAPA BIOSYSTEMS：KAPA HyperPlus Kit　Technical Data Sheet．http://www.n–genetics.com/file/KAPA_HyperPlus_TDS_KR1145_v3.16_A4.pdf（2017 年 6 月閲覧）

6 ）アジレント・テクノロジー社：KAPA HyperPlus/KAPA Hyper Prep Kit Form マニュアル

7 ）Agilent Technologies：SureSelect XT2 Target Enrichment System for Illumina Paired–End Multiplexed Sequencing．http://www.agilent.com/cs/library/usermanuals/Public/G9630–90000.pdf（2017 年 6 月閲覧）

8 ）Yu F, et al：bioRxiv, doi: https://doi.org/10.1101/114496, 2017

9 ）Macaulay IC, et al：Trends Genet, 33：155–168, 2017

◆ 参考図書

日本ジェネティクス社：Application Note 2016〈02〉C1 システム・Bravo・KAPA HyperPlus Kit を用いた全自動 single cell DNA ライブラリの作製．http://www.n–genetics.com/file/AN_2016_02_KAPA_HyperPlus_Kit.pdf（2017 年 6 月閲覧）

関 真秀，他：細胞工学，34：244–250, 2015

「細胞工学別冊 次世代シークエンサー DRY 解析教本」（清水厚志，坊農秀雅／監修），学研メディカル秀潤社，2015

GATK Best Practices．https://software.broadinstitute.org/gatk/best–practices/

10 C1システムを用いたシングルセルRNA-Seq

関　真秀，鈴木　穣

scRNA-Seq（single-cell RNA sequencing）は，がん，発生，免疫などのさまざまな用途に適用されていて，最もよく行われているオミクス解析の手法である．他の多くのプラットホームでは，1細胞の分離や細胞の溶解までしか自動で行うことができないが，C1は微細流路を用いて，cDNAの増幅までを自動で行うことができる．本稿では，C1を用いたscRNA-Seqのプロトコールを紹介する．

はじめに

近年，他稿で紹介されているようにさまざまなシングルセル解析の手法やプラットホームが開発・販売されている．本稿では，最も一般的なプラットホームの一つであるC1システムを用いたscRNA-Seqについて紹介する．

C1ではIFC（Integrated Fluidic Circuit）とよばれる微細流路が組込まれたチップを用いる（プロトコール編-9 図1参照）．mRNA用のIFCには，通常の最大96細胞用とHT IFCとよばれる最大800細胞用の2種類が存在する．96細胞用では1種類のサンプルを，800細胞用では2種類のサンプル（400細胞/サンプル）を処理することができる．96細胞用と800細胞用では，合成されるライブラリーの構造も異なる．両者とも，SMART-Seqに基づいた方法により全長cDNA合成が行われる点では共通している[1]．しかし，96細胞用では全長cDNAをトランスポゾンなどでランダムに断片化し，両端にアダプター付加してシークエンスするため，mRNAの全長にわたってリードが分布する（図1A）．それに対し，800細胞用では，cDNAの配列と同時にオリゴdTプライマーに含まれる細胞ごとに異なるバーコード配列をシークエンスする必要があるため，mRNAの3′側に偏ったリードしか得ることができない（図1B）．そのため，転写産物の構造の解析に用いることはできない．また，96細胞用では1細胞ずつ異なるウェルにcDNAが出力されるのに対して，800細胞用では細胞ごとに異なるセルバーコード配列をもった40細胞分のcDNAが一緒のウェルに出力されてしまうため，特定の細胞を深くシークエンスすることはできない．

C1はScript Builderとよばれるソフトウェアで設計したプロトコールを実行できるなど拡張性が非常に高い．また，フリューダイム社のホームページのScript Hub（https://jp.fluidigm.com/c1openapp/scripthub/）に公開されているプロトコールをインストールすることにより，scATAC-seq（プロトコール編-16参照）などのエピゲノム解析のほかに，STRT-SeqやCEL-Seq2などの9種類のscRNA-Seqの手法を行うことができる[2]~[4]．本稿では，標準搭載されて

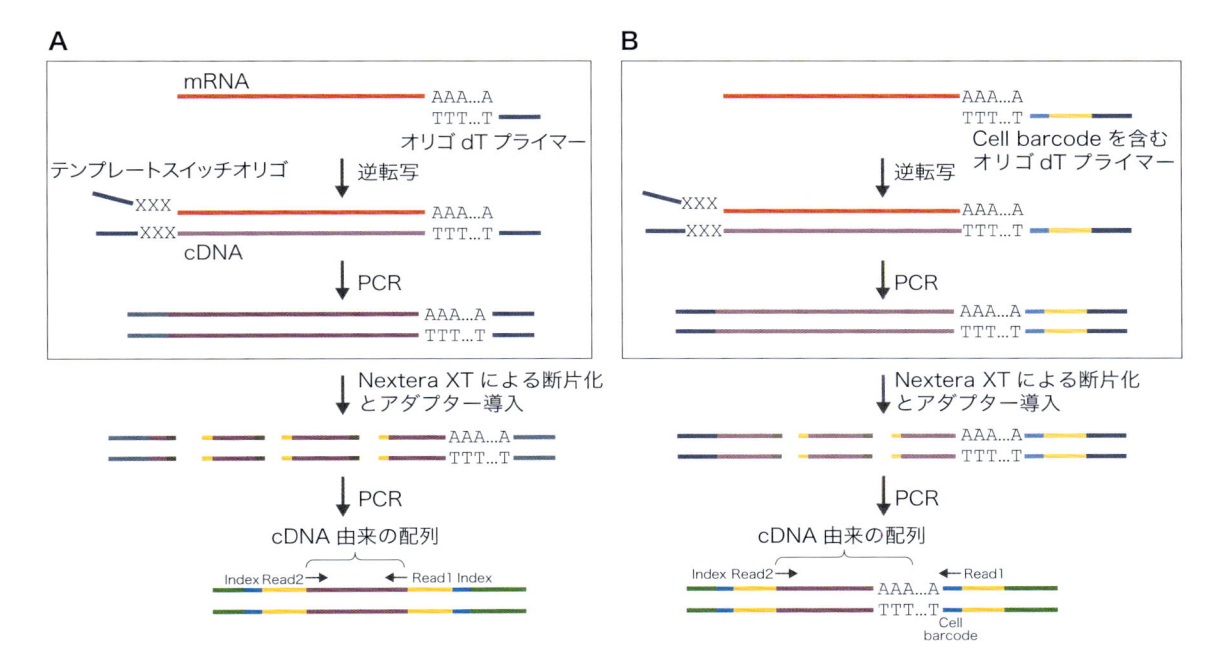

図1　C1 での scRNA-Seq の 2 種類の方法

96 細胞用の IFC を用いた場合（A）と 800 細胞用の HT IFC を用いた場合（B）のライブラリー調製の流れ．□で囲った部分の工程は C1 内で自動で行われる．

いる mRNA-Seq のプロトコールよりも遺伝子の検出感度が高いされる SMART-Seq v4 Ultra Low Input RNA Kit を用いた方法を紹介する．

準備

本プロトコールは，フリューダイム社の "Using C1 to Generate Single-Cell cDNA Libraries for mRNA Sequencing" と "SMART-Seq_v4_Rev_B" に記載されている．

1. 試薬・消耗品

□ C1 Single-Cell DNA Seq IFC 5–10 μm，10–17 μm，17–25 μm のいずれか（フリューダイム社，#100-5762，#100-5763，#100-5764）

□ SMART-Seq v4 Ultra Low Input RNA Kit for Sequencing（タカラバイオ社，#Z4888N）

もしくは，SMART-Seq v4 Ultra Low Input RNA Kit for the Fluidigm C1 System（タカラバイオ社，#Z5025N）

□ Nuclease-Free Water（サーモフィッシャーサイエンティフィック社，#AM9930 など）

□ Nextera XT DNA Sample Prep Kit（イルミナ社，#FC-131-1096）

□ Nextera XT Index Kit（イルミナ社，#FC-131-1002）

□ Agencourt AMPure XP（ベックマン・コールター社，#A63880）

オプション

- □ LIVE/DEAD Viability/Cytotoxicity Kit for mammalian cells（サーモフィッシャーサイエンティフィック社，#L3224）[*1]
- □ ArrayControl RNA Spikes（サーモフィッシャーサイエンティフィック社，#AM1780)[*2]
- □ THE RNA Storage Solution（サーモフィッシャーサイエンティフィック社，#AM7000)[*2]

> [*1]は蛍光染色による生死判定を，[*2]はRNA Spike-Inを使用したい場合のみ必要.

2. 装置

- □ C1 Single-Cell Auto Prep system（フリューダイム社，#100-7000）
- □ Agilent 2100 Bioanalyzer（アジレント・テクノロジー社）
- □ 顕微鏡
- □ 磁気スタンド

オプション

- □ 蛍光顕微鏡（蛍光による生死判定を行う場合）

プロトコール

1. 試薬の調製

□ RNA Spike-In Mix（オプション）

RNA Spike-inは人工的に合成した配列と濃度がわかっているRNAで，内部コントロールとして用いることができる．RNA量の少ない細胞に対してSpike-Inを加えてしまうと，Spike-In由来のものがライブラリー調製の大部分を占める場合がある．その場合は，Spike-Inを加えないか，さらに希釈して加えたほうがいいと考えられる．

❶ 以下の3つのチューブに3種類のRNA Spikeの希釈液を作製する.

□ チューブ A

THE RNA Storage Solution	13.5 μL
Spike 7	1.5 μL

□ チューブ B

THE RNA Storage Solution	12 μL
Spike 4	1.5 μL

□ チューブ C

THE RNA Storage Solution	148.5 μL
Spike 7	1.5 μL

❷ チューブAから1.5 μLをチューブBに混合する.

❸ 混合したチューブBから1.5 μLをチューブCに混合してRNA Spike-In Mixが完成する.

❹ 作製したRNA Spike-In Mixは1.25 μLずつ分注して−80℃で保存可能.

❺ 使用する際はC1 Loading Reagent 99 μLでRNA Spike-In Mix 1 μLを1/100に希釈して使用する.

☐ LIVE/DEAD Staining Solution

Cell Wash Buffer	1,250 μL
Ethidium homodimer-1	2.5 μL
Calcein AM	0.625 μL

☐ 10x Reaction Buffer

10x Lysis Buffer	19 μL
RNase Inhibitor	1 μL

☐ Lysis Mix

Nuclease-Free Water	14 μL
3′ SMART-Seq CDS Primer Ⅱ A	2.4 μL
10x Reaction Buffer	2.6 μL
C1 Loading Reagent[*3]	1 μL

 ＊3　Spike-in RNAを加える場合，代わりに1/100に希釈したRNA Spike-In Mixを加える.

☐ RT Mix

Nuclease-Free Water	9.8 μL
5x Ultra Low First-Strand Buffer	11.2 μL
C1 Loading Reagent	1.2 μL
RNase Inhibitor	1.4 μL
SMART-Seq v4 Oligonucleotide	2.8 μL
SMARTScribe Reverse Transcriptase	5.6 μL

☐ PCR Mix

Nuclease-Free Water	4.4 μL
C1 Loading Reagent	4.5 μL
PCR primer Ⅱ A	3 μL
SeqAmp PCR Buffer	75.2 μL

2. 細胞懸濁液の調製

❶ 接着細胞の場合は，できるだけシングルセルに解離させる.

❷ Cell Wash Bufferや培地などで2回washを行う. 大きなごみや細胞塊を除くために，セルストレーナーを通す.

❸ 細胞は66〜330 cells/ μL[*4]に調製.

 ＊4　もし，キャプチャー効率が悪い場合には700 cells/ μL程度に調製する.

3. IFCのPrime（図2）

❶ IFCの緑で示した2つのウェル[*5]に200 μLずつHarvest Reagentを加える.

 ＊5　このウェルはスプリングで蓋をされているので，蓋をピペットの先で押して中に加える. バネの部分に流路があるため，加えた後に揺らして試薬が端に偏らないようにする.

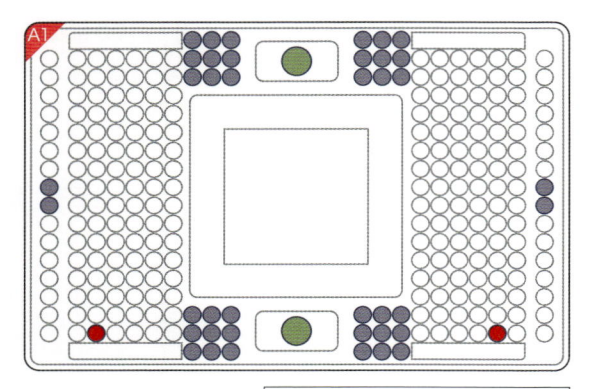

- ● Harvest Reagent 200 μL
- ● Harvest Reagent 20 μL
- ● Blocking Reagent 15 μL

図2 Prime前に加える試薬

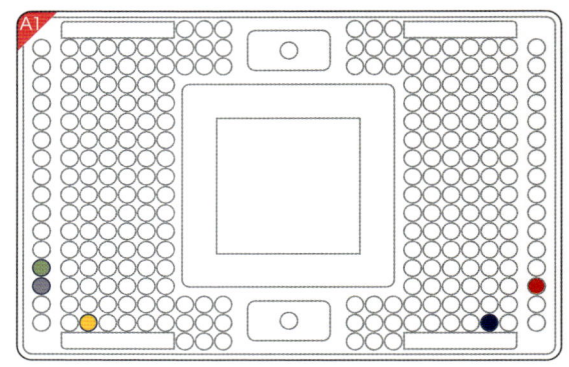

- ● LIVE/DEAD Staining Solution 7 μL（オプション）
- ● Preloading Reagent 24 μL
- ● Cell Wash Buffer 7 μL
- ● フロースルーを除いてから Cell Mix 6 μL
- ● フロースルーを除く

図3 Cell Load前に加える試薬

❷ 青で示した40個のウェルに20 μLずつ Harvest Reagentを加える[*6].

> ＊6　以降，ウェルに試薬を加える際は底に泡が入らないように注意する.

❸ 赤で示した2つのウェルに15 μLずつ Blocking Reagentを加える.

❹ 試薬を加えたIFCをC1にロードし，C1の画面上で"SMART-Seq v4"のタブを選択，"SMART-Seq v4: Prime Rev B"を選択してPrimeをスタートさせる[*7].

> ＊7　Prime完了まで11〜13分程度かかる.

4. キャプチャーサイトへの Cell Load（図3）

❶（オプション）蛍光による生死判定を行う場合は，緑で示したウェルにLIVE/DEAD Staining Solution 7 μLを加える. 行わない場合は何も加えない.

❷ 青で示したウェルにPreloading Reagent 24 μLを加える.

❸ 赤で示したウェルにCell Wash Buffer 7 μLを加える.

❹ 黄色と紺で示したウェルからフロースルーを除く.

❺ 細胞懸濁液とSuspension Reagentを6:4の比率で混合し，黄色のウェルに6 μL加える[*8].

> ＊8　混合してから時間が経つと細胞が沈殿，あるいは，浮いてしまう可能性があるので，ピペッティングしてから加える.
> 細胞によっては6:4の比率だとウェルに加えた後に浮力で細胞が浮いて，流路に取り込まれない場合がある. キャプチャー効率が悪い場合は，7:3に比率を変更すると改善する可能性がある.

❻ IFC を C1 にロードし，C1 の画面上で "SMART-Seq v4" のタブを選択，染色による細胞の生死判定を行う場合は "SMART-Seq v4: Cell Load and Stain Rev B" を，行わない場合は "SMART-Seq v4: Cell Load" を選択して Cell Load をスタートさせる[*9].

> *9　Cell Load にかかる時間は IFC と染色の有無によって異なる．染色を行うと倍近い時間がかかるため，死にやすい細胞を扱う際は染色を行わない方がよい．
> （染色あり）5-10 μm：31分，10-17 μm：60分，17-25 μm：51分程度
> （染色なし）5-10 μm：15分，10-17 μm：34分，17-25 μm：27分程度

❼ 顕微鏡を用いて細胞の96個のキャプチャーサイトのそれぞれにキャプチャーされている細胞の数を観察・記録する[*10].
（オプション）染色を行った場合には，蛍光顕微鏡により観察する．生細胞は緑色の，死細胞は赤色の蛍光を示す．

> *10　キャプチャーサイトの番号が一番左上から下に順に1～48，一番右上から下に49～96の番号が振られている．

5. cDNA 合成と増幅（図4）

❶ （オプション）染色を行った場合は，黒色で示したウェルからフロースルーを除き，新しい Preloading Reagent 24 μL を加える．

❷ 緑で示したウェルに Lysis Mix 7 μL を加える．

❸ 青で示したウェルに RT Mix 8 μL を加える．

❹ 赤で示した2つのウェルに PCR Mix 24 μL ずつを加える．

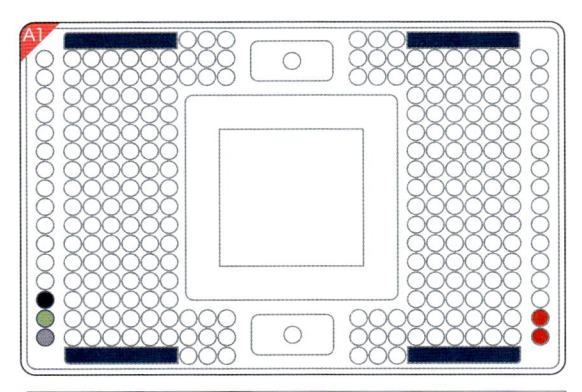

● （オプション）フロースルーを除き，Preloading
　　Reagent 24 μL を加える．
◉ Lysis Mix 7 μL
◉ RT Mix 8 μL
● PCR Mix 24 μL
▪ Harvest Reagent 180 μL

図4　Sample Prep 前に加える試薬

❺ 紺で示した4つの四角いウェルに Harvest Reagent 180 μL ずつを加える.

❻ IFC を C1 にロードし，C1 の画面上で"SMART-Seq v4"のタブを選択，"SMART-Seq v4: Sample Prep Rev B"を選択する．終了時刻[*11] を設定し，cDNA の調製をスタートさせる.

*11 cDNA は微量な溶媒に溶けているため，終了後長時間おいておくと溶媒が蒸発してしまうので，できるだけ1時間以内に回収するようにする.

6. コントロールの作製（オプション）

1）細胞の洗浄

❶ 細胞を 300×g で5分間遠心し，上清を除去する.

❷ 1 mL の Cell Wash Buffer に懸濁する.

❸ 300×g で5分間遠心し，上清を除去する.

❹ 1 mL の Cell Wash Buffer に懸濁する.

❺ 300×g で5分間遠心し，上清を除去する.

❻ Cell Wash Buffer で 100〜200 cells/μL の細胞懸濁液を調製する.

2）Lysis および cDNA 合成・増幅

❶ 新しい PCR チューブに細胞懸濁液 1 μL と Lysis Mix 2 μL を混合する．同様に，ネガティブコントロール用として，新しい PCR チューブに Cell Wash Buffer 1 μL と Lysis Mix 2 μL を混合する.

❷ サーマルサイクラーにセットし，以下のプログラムを実行して細胞の Lysis を行う.

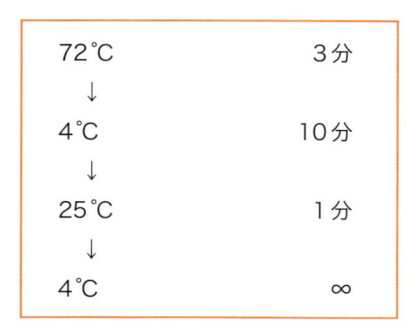

72℃	3分
↓	
4℃	10分
↓	
25℃	1分
↓	
4℃	∞

❸ それぞれのチューブに RT Mix 4 μL を混合する.

❹ サーマルサイクラーにセットし，以下のプログラムを実行して逆転写を行う.

42℃	90分
↓	
70℃	10分
↓	
4℃	∞

❺ 新しいPCRチューブに，合成されたcDNA 1 μL を新しいチューブに移し，PCR Mix 9 μL を混合する．

❻ サーマルサイクラーにセットし，以下のプログラムを実行してcDNAの増幅を行う．

98℃	1分	
↓		
98℃	20秒	
59℃	4分	5サイクル
68℃	6分	
↓		
95℃	20秒	
65℃	30秒	9サイクル
68℃	6分	
↓		
95℃	30秒	
65℃	30秒	7 サイクル
68℃	7分	
↓		
72℃	10分	
↓		
4℃	∞	

❼ cDNA 1 μL を C1 DNA Dilution Reagent 45 μL に加えて，混合する．

7. cDNA の回収

❶ IFCをC1からとり出す．

❷ 新しい96ウェルプレートにC1 DNA Dilution Reagent 10 μL ずつ[*12]を加えておく．

　＊12　RNA量の少ない細胞の場合は，このままの量で希釈するとライブラリー調製に必要な濃度に
　　　　達さない場合があるので，C1 DNA Dilution Reagentの量を減らす．

❸ IFCに付属のプラスチックの器具でIFCの4枚の白いシールの穴に引っかけてシールを剥がす.

❹ プロトコール編-9の図6の番号に従い, cDNAをC1 Dilution Reagentを分注しておいた96ウェルプレートに移す.

❺ プレートにシールをして, ボルテックスミキサーで混合してスピンダウンする.

8. cDNAの定量と希釈

cDNAの定量には, Picogreen assayやHigh Sensitivity DNA Kitを用いることができる. 本項ではHigh Sensitivity DNA Kitを用いた方法を示す.

❶ High Sensitivity DNA Kitを使用してcDNAの定量を行う. 調製した希釈済みのポジティブコントロール, ネガティブコントロールおよびIFCで合成したcDNAの希釈液をランダムで9ウェル分選択し, 測定を行う.

❷ 2100ソフトウェアで100〜10,000 bpにリージョンを設定し, cDNAの濃度を算出する.

❸ 約0.1〜0.3 ng/μLの濃度になるようにC1 Harvest Reagentで希釈を行う[13].

> [13] 希釈する際に, キャプチャーされていなかったなどでシークエンスを行わないサンプルのウェルに何も加えずに代わりに希釈したコントロールのcDNAを加えて以降の作業を行うと効率的である.

9. ライブラリー調製

❶ Tagment DNA Buffer 300 μLとAmplicon Tagment Mix 150 μLを混合する.

❷ 新しい96ウェルに前述の混合液を3.75 μLずつ加える.

❸ **8**で作製したcDNA希釈溶液 1.25 μLを加えてシールをする. ボルテックスで混合し, スピンダウンを行う.

❹サーマルサイクラーにセットし, 以下のプログラムを実行してTagmentationを行う.

55℃	10分
↓	
10℃	∞

❺ プログラム完了後, すぐにNT Buffer 1.25 μLを加えて, シールする. ボルテックスして, スピンダウンを行う.

❻ 同じプレートにNextera PCR Master Mix 3.75 μLを加える.

❼ さらに, Index1 (i7) とIndex (i5) プライマーをウェルごとに異なる組合わせで1.25 μLずつ加える. シールして, ボルテックス後, スピンダウンを行う.

❽サーマルサイクラーにセットし，以下のプログラムを実行してPCRを行う．

72℃	3分
↓	
95℃	30秒
↓	
95℃	10秒 ┐
55℃	30秒 │ 12サイクル
72℃	1分 ┘
↓	
72℃	5分
↓	
10℃	∞

10. ライブラリーのMultiplex化と精製

❶ AMPure XPビーズを事前に室温に出しておき，使用前にボルテックスミキサーで撹拌しておく．

❷ ライブラリーのうち，シークエンスしたいものをピックアップし，等量ずつ1つのチューブに混合する．

❸ 混合したライブラリーの0.9倍容のAMPure XPを加え，ピペッティングして混合する．

❹ 室温で5分間静置する．

❺ 磁気スタンドにセットし，2分間静置する．

❻ 磁気スタンドにセットしたまま，上清を除き，70%エタノール180 μLを加え，30秒静置する．

❼ ❻のステップをもう一度行う．

❽ 蓋を開けた状態で，10〜15分間静置してペレットを風乾する．

❾ 元の混合液と同じ体積の水で懸濁にペレットを懸濁し，2分間静置する．

❿ 磁気スタンドにセットし，2分間静置する．

⓫ 上清を新しいチューブに回収する．

⓬ 回収した上清に0.9倍容のAMPure XPを加えて，ピペッティングで懸濁する．

⓭ 室温で5分間静置する．

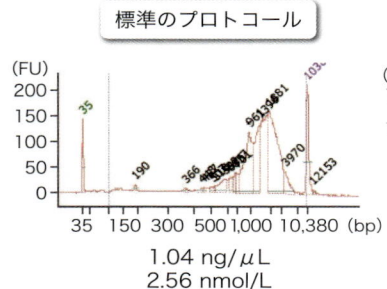

標準のプロトコール

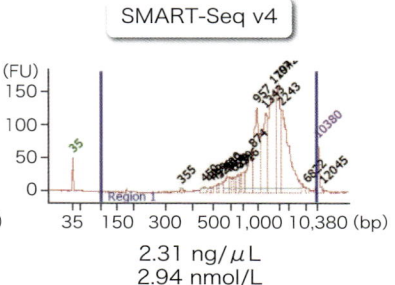

SMART-Seq v4

1.04 ng/μL
2.56 nmol/L

2.31 ng/μL
2.94 nmol/L

図5 標準のプロトコールと SMART-Seq v4の比較

標準のプロトコールで調製したシングルセル由来のcDNAとSMART-Seq v4で調製したcDNA濃度.

❶ 磁気スタンドにセットし，2分間静置する．

❶ 上清を除き，70%エタノール180μLを加えて，30秒間静置する．

❶ ⑮のステップをもう一度くり返す．

❶ 上清を除き，蓋を開けた状態で，10〜15分間静置してペレットを風乾する．

❶ 元の混合液の1.5倍容の水で懸濁し，2分間静置する．

❶ 磁気スタンドにセットし，2分間静置する．

❷ 上清を新しいチューブに回収する．回収したライブラリーをバイオアナライザーのHigh Sensitivity DNA Kitにより定量を行う（図5）．

実験例

　C1を用いてヒトiPS細胞のscRNA-Seqを行った．標準のプロトコールとSMART-Seq v4を用いた方法でシングルセルから合成したcDNAを定量した結果を図5に示した．SMART-Seq v4で合成したcDNAの方がより多くのcDNAが得られていた．また，濃度（ng/μL）は2倍程度に上昇しているのに比べて，モル濃度（nmol/L）の上昇比率の方が小さいことから，SMART-Seq v4の方が長いcDNAの収量が上昇していると考えられる．さらに，バルク細胞とシングルセルのRNA-Seqの相関を調べたところ，相関係数が0.91を示した（図6A，B）．また，シングルセル同士でも，0.88と高い相関を示しており，非常に高い再現性をもったデータが取得できていることがわかる．また，図6Cに細胞間で発現にばらつきのある遺伝子の例を示した．

おわりに

　本稿では，C1を用いたscRNA-Seqのプロトコールを紹介した．C1の弱点として，キャプチャー効率が細胞の形状やサイズに影響されることや，細胞をLysisするまでに時間がかかり

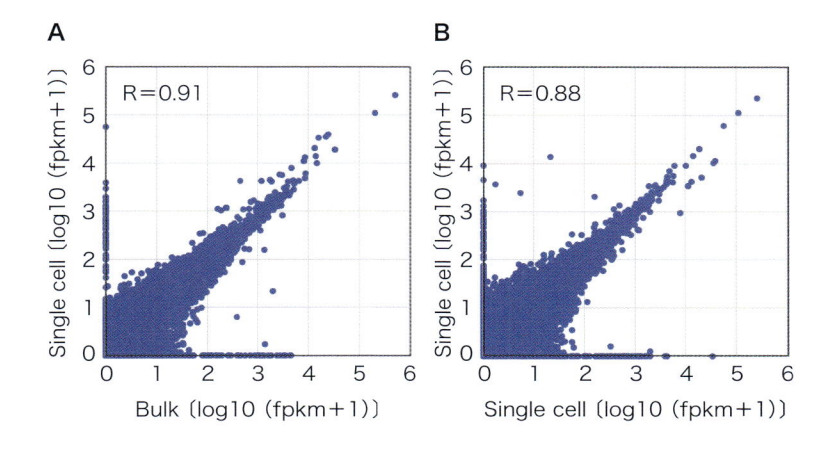

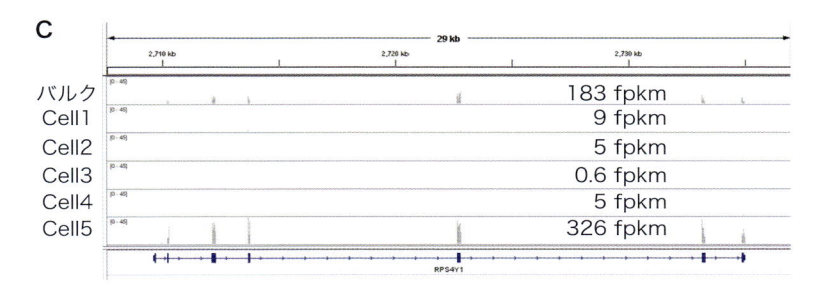

図6　C1によるscRNA-Seqの実施例
A) バルク細胞とシングルセルのRNA-Seqの比較．**B)** 2つのシングルセル間の比較．
C) 細胞間で発現にばらつきのある遺伝子の例．

遺伝子発現プロファイルに影響を与える可能性があることなどがあげられる．細胞からすばやく核を取り出し，1つずつ核を単離してRNA-Seqを行う方法（snRNA-Seq：single nucleus RNA sequencing）が開発されている．C1においても，大きな多核細胞である筋細胞や形状の特殊な神経細胞の核を用いたsnRNA-Seqが行われてきており，細胞の形状からの影響や処理時間の影響を低減して解析することができるようになってきている[5][6]．

◆ **文献**

1）Ramsköld D, et al：Nat Biotechnol, 30：777-782, 2012
2）Buenrostro JD, et al：Nature, 523：486-490, 2015
3）Hashimshony T, et al：Genome Biol, 17：77, 2016
4）Islam S, et al：Genome Res, 21：1160-1167, 2011
5）Lake BB, et al：Science, 352：1586-1590, 2016
6）Zeng W, et al：Nucleic Acids Res, 44：e158, 2016

◆ **参考図書**

「NGSアプリケーション RNA-Seq実験ハンドブック（実験医学別冊）」（鈴木 穣/編），羊土社，2016
細胞2017年5月臨時増刊号「日常化するシングルセル遺伝子発現解析」，北隆社，2017

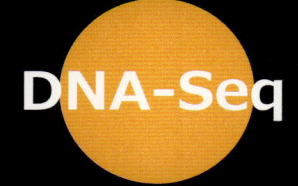
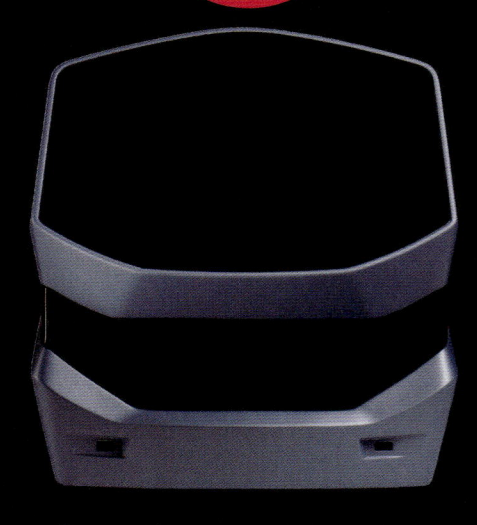

11 Chromiumシステム v2によるシングルセル RNA-seq

鹿島幸恵, 関　真秀, 鈴木　穣

　本稿では，10x Genomics社により上市されている Chromium single cell 3′ v2 システムを用いたシングルセル解析のプロトコールを紹介する．本システムは，従来のシングルセル解析と比べ，短時間で多量の細胞を処理でき，これまで捉えることが困難であった稀少な細胞亜集団の検出を可能とした．今後のシングルセル解析における自動化システムの一角を担う手段であると考えられる．

はじめに

　2016年に発売を開始した Chromium Single cell 3′（以下 Chromium）は，微小液滴技術（micro-droplet）の原理を利用して細胞のシングルセル化を行うシングルセル RNA-seq のための自動化プラットフォームである（図1）．微小液滴生成では，バーコードプライマーが付加された Gel ビーズ，細胞希釈液と反応試薬，そしてオイルを流し，GEM（Gel bead-in-EMulsion）がつくられる．GEM内で逆転写を行うことで，シングルセルごとに異なるバーコードの付加を行うことができる（図1）．同様に微小液滴技術を利用したシングルセル解析として，2015年に Cell 誌に Macosko らが発表した Drop-seq，Klein らが発表した Droplet barcoding があげ

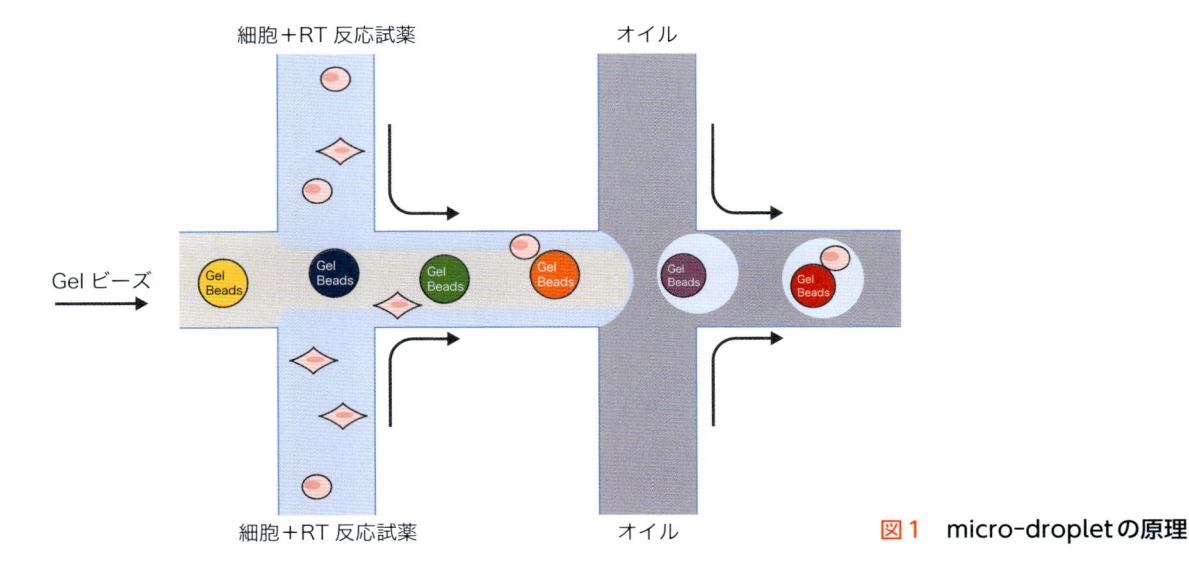

図1　micro-droplet の原理

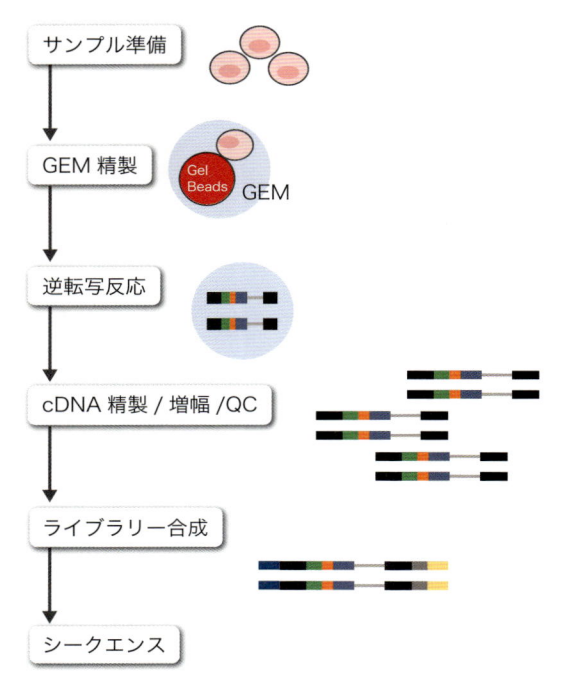

図2 プロトコールのフローチャート

られる[1][2]．現在ではPooled CRISPRスクリーニングと組合わせて遺伝子摂動解析を行う研究も数多く発表されており，微小液滴を利用したシングルセル解析は今後の展開も期待される技術である[3][4]．

　Chromiumでは，細胞を自動化プラットフォームでシングルセル化した後，キットに含まれる試薬を用いて，逆転写，増幅，断片化，インデックス付加し，シングルセルRNA-seqライブラリーを調製後，HiSeqやNextSeqを用いてシークエンスを行う（図2）．通常のRNA-seqとは異なり，バーコードおよびプライマーの構造により，得られるシークエンスが3′側に限定される3′ RNA-seqであるため，転写物の構造情報を得ることはできない．しかし，対応細胞数が500〜10,000と幅広く，多量のシングルセル解析を行うことができるという利点がある．

　本稿では，最新バージョンであるChromium v2システムを用いたシングルセルRNA-seqのプロトコルについて紹介する．なお，本プロトコールは，10x Genomics社のUsers guide（参考図書1，2）に基づいている．詳細に関してはそちらも合わせてご覧いただきたい．

準備

1. 細胞の準備 （表1）

　本プラットフォームは，500〜10,000細胞のシングルセルRNA-seq解析に対応している．使用する細胞数を多くすると，multiplet rate（細胞をシングルセル化しきれず，1つのGEMに複数の細胞が含まれてしまう率）が高くなってしまうことに注意が必要だ．詳細は表2に記載されている．

表1　細胞の準備で使用するキット外の機器・試薬

メーカー	製品名	メモ
–	卓上冷却遠心機（15/50 mL tubes）	
	卓上遠心機（2 mL tube）	
VWR	Sterile Polypropylene Centrifuge Tubes with Flat Caps, 50 mL	
	Sterile Polypropylene Centrifuge Tubes with Flat Caps, 15 mL	
	10 mL Serological Pipette	
Integra	PIPETBOY acu 2	
エッペンドルフ	DNA LoBind Tubes, 2.0 mL	代替不可
Mediatech	Phosphate-Buffered Saline（PBS）1X without calcium & magnesium	
シグマ アルドリッチ	Phosphate-Buffered Saline（PBS）with 10% Bovine Albumin	代替可能
サーモフィッシャー サイエンティフィック	UltraPure Bovine Serum Albumin（BSA, 50 mg/mL）	代替可能
	Trypan Blue Stain（0.4%）	
	Countess II Automated Cell Counter	推奨機器
	Countess II Automated Cell Counting Chamber Slides	推奨機器
	Live/DEAD Viability/Cytotoxicity Kit for mammalian cells	推奨機器
EMD Millipore	Scepter 2.0 Handheld Automated Cell Counter	推奨機器
	Scepter Cell Counter Sensors, 60 μm	推奨機器
	Scepter Cell Counter Sensors, 40 μm	推奨機器
iNCYTO	Hemocytometer C chip	推奨機器
ミルテニーバイオテク	MACS SmartStrainers, 30 μm	
Bel-Art	Flowmi Cell Strainer, 40 μm	
ibidi	μ-Slide VI - Flat	

セルカウンターには使用適正範囲があるため，細胞数，細胞の大きさに準じて使い分けること

表2　Multiplet Rate 一覧

使用する細胞数	回収できる細胞数	Multiplet Rate（%）
～870	～500	～0.4 %
～1,700	～1,000	～0.8 %
～3,500	～2,000	～1.6 %
～5,300	～3,000	～2.3 %
～7,000	～4,000	～3.1 %
～8,700	～5,000	～3.9 %
～10,500	～6,000	～4.6 %
～12,200	～7,000	～5.4 %
～14,000	～8,000	～6.1 %
～15,700	～9,000	～6.9 %
～17,400	～10,000	～7.6 %

準備前の段階で1サンプルあたり10,000以上の細胞数があり，かつ，その生存率が90％以上であることが望ましいとされている．以下は十分な細胞数を確保できた場合のプロトコールであるため，細胞数が少ない場合には参考図書2の「Preparation of Limited Samples」を参照されたい．

❶ 希釈された状態の細胞を用意する．Wide-bore ピペットチップ*1 を用いて細胞を10〜15回ピペッティングする．

❷ 300×g，5分間室温で遠心する（遠心条件は細胞に応じて変更して構わない）．

❸ 上清を取り除く．Wide-bore チップで0.04％ BSA入りの1×PBSを1 mL加えて，細胞のペレットを再びサスペンドする．

❹ 300×gで5分間遠心する．

❺ 上清を取り除く．

❻ ターゲットとする細胞濃度にするために適切な量の0.04％ BSA入り1×PBSを加える．希釈濃度がずれてしまう可能性があるため，転倒混和はしない（表3）．

❼ セルストレイナーを用いて細胞塊を除去する（Flowmiを使用すると細胞のロスを最小限に抑えることができる）．

❽ 細胞を適切な濃度に調整した後はon iceで保管しておく（可能な限り早く，少なくとも30分以内にGEM生成を行うこと）．*2

> *1　wide-bore チップでゆっくりとピペッティングして細胞の希釈を行い，細胞へのダメージを最小限に抑える．Cell wash を最後まで終えた後はregular チップを使用してよい．
> *2　シングルセル解析では，正確に細胞を数えることが必要である．本プラットフォームではカウントは，Countless Ⅱ　Automated Cell counter（サーモフィッシャーサイエンティフィック社）を使用し，1サンプルで最低2回のセルカウントを行う．

2. キット試薬の準備 （表4）

　本プロトコールはChromium Single Cell 3′ Library & Gel Bead Kit v2, 16 rxns PN-120237 を使用する．

❶ 以下の試薬を使用前に室温に準備しておく．

Single Cell 3′ Gel Beads	室温へ
RT Reagent Mix	30分前に室温へ
RT Primer	40 μLのlow TEを加えて溶解させ，15秒間Maxでvortex，軽く遠心，30分以上室温に置いておく．low TEを加える前後で保管温度が違うことに注意する
Additive A	vortex して沈殿物がないことを確認，軽く遠心しておく

❷ 8サンプル以下の場合には，空くレーンを埋めるための50％ Glycerol溶液を準備しておく．

❸ RT Enzyme Mix は氷上に用意しておく．

表3　希釈のための一覧表（参考図書1より引用）

ストック細胞懸濁液の濃度（細胞/μL）	ターゲットとする細胞数										
	500細胞	1,000細胞	2,000細胞	3,000細胞	4,000細胞	5,000細胞	6,000細胞	7,000細胞	8,000細胞	9,000細胞	10,000細胞
100	8.7／25.1	17.4／16.4	n/a	n/a	n/a	n/a	n/a	n/a	n/a	n/a	n/a
200	4.4／29.5	8.7／25.1	17.4／16.4	26.1／7.7	n/a	n/a	n/a	n/a	n/a	n/a	n/a
300	2.9／30.9	5.8／28.0	11.6／22.2	17.4／16.4	23.2／10.6	29.0／4.8	n/a	n/a	n/a	n/a	n/a
400	2.2／31.6	4.4／29.5	8.7／25.1	13.1／20.8	17.4／16.4	21.8／12.1	26.1／7.7	30.5／3.4	n/a	n/a	n/a
500	1.7／32.1	3.5／30.3	7.0／26.8	10.4／23.4	13.9／19.9	17.4／16.4	20.9／12.9	24.4／9.4	27.8／6.0	31.3／2.5	n/a
600	1.5／32.4	2.9／30.9	5.8／28.0	8.7／25.1	11.6／22.2	14.5／19.3	17.4／16.4	20.3／13.5	23.2／10.6	26.1／7.7	29.0／4.8
700	1.2／32.6	2.5／31.3	5.0／28.8	7.5／26.3	9.9／23.9	12.4／21.4	14.9／18.9	17.4／16.4	19.9／13.9	22.4／11.4	24.9／8.9
800	1.1／32.7	2.2／31.6	4.4／29.5	6.5／27.3	8.7／25.1	10.9／22.9	13.1／20.8	15.2／18.6	17.4／16.4	19.6／14.2	21.8／12.1
900	1.0／32.8	1.9／31.9	3.9／29.9	5.8／28.0	7.7／26.1	9.7／24.1	11.6／22.2	13.5／20.3	15.5／18.3	17.4／16.4	19.3／14.5
1,000	0.9／32.9	1.7／32.1	3.5／30.3	5.2／28.6	7.0／26.8	8.7／25.1	10.4／23.4	12.2／21.6	13.9／19.9	15.7／18.1	17.4／16.4
1,100	0.8／33.0	1.6／32.2	3.2／30.6	4.7／29.1	6.3／27.5	7.9／25.9	9.5／24.3	11.1／22.7	12.7／21.1	14.2／19.6	15.8／18.0
1,200	0.7／33.1	1.5／32.4	2.9／30.9	4.4／29.5	5.8／28.0	7.3／26.6	8.7／25.1	10.2／23.7	11.6／22.2	13.1／20.8	14.5／19.3
1,300	0.7／33.1	1.3／32.5	2.7／31.1	4.0／29.8	5.4／28.4	6.7／27.1	8.0／25.8	9.4／24.4	10.7／23.1	12.0／21.8	13.4／20.4
1,400	0.6／33.2	1.2／32.6	2.5／31.3	3.7／30.1	5.0／28.8	6.2／27.6	7.5／26.4	8.7／25.1	9.9／23.9	11.2／22.6	12.4／21.4
1,500	0.6／33.2	1.2／32.6	2.3／31.5	3.5／30.3	4.6／29.2	5.8／28.0	7.0／26.8	8.1／25.7	9.3／24.5	10.4／23.4	11.6／22.2
1,600	0.5／33.3	1.1／32.7	2.2／31.6	3.3／30.5	4.4／29.5	5.4／28.4	6.5／27.3	7.6／26.2	8.7／25.1	9.8／24.0	10.9／22.9
1,700	0.5／33.3	1.0／32.8	2.0／31.8	3.1／30.7	4.1／29.7	5.1／28.7	6.1／27.7	7.2／26.6	8.2／25.6	9.2／24.6	10.2／23.7
1,800	0.5／33.3	1.0／32.8	1.9／31.9	2.9／30.9	3.9／29.9	4.8／29.0	5.8／28.0	6.8／27.0	7.7／26.1	8.7／25.1	9.7／24.1
1,900	0.5／33.3	0.9／32.9	1.8／32.0	2.7／31.1	3.7／30.1	4.6／29.2	5.5／28.3	6.4／27.4	7.3／26.6	8.2／25.6	9.2／24.6
2,000	0.4／33.4	0.9／32.9	1.7／32.1	2.6／31.2	3.5／30.3	4.4／29.5	5.2／28.6	6.1／27.7	7.0／26.8	7.8／26.0	8.7／25.1

数字は1反応あたりのストック細胞懸濁液（μL）／nuclease-free water（μL）を示す.

❹ Partitioning Oil，Single Cell A Chip，10xTM Gasket，10x Chip Holder を用意する（図3）.

❺ 複数サンプルで以降の反応にプレートを使用する場合には，プレートシーラーを事前に185℃6秒に設定しておく.

表4 このステップで使用するキットに含まれていない試薬・機器類の一覧（参考図書1より引用）

メーカー	製品名	備考，カタログ番号
プラスチック製品		
エッペンドルフ	twin.tec 96-Well PCR Plate Semi-skirted	サーマルサイクラーに適合したプレートを選ぶ
	twin.tec 96-Well PCR Plate Divisible, Unskirted	
	twin.tec 96-Well PCR Plate Unskirted	
	DNA LoBind Tubes, 1.5 mL	
	DNA LoBind Tubes, 2.0 mL	
バイオ・ラッド ラボラトリーズ	Pierceable Foil Heat Seal	
USA Scientific	TempAssure PCR 8-tube strip	（エッペンドルフ製品の代替）
キット，試薬		
サーモフィッシャーサイエンティフィック	DynaBeads MyOne Silane Beads	
	Nuclease-Free Water	
	Low TE Buffer（10 mM Tris-HCl pH 8.0, 0.1 mM EDTA）	
シグマ アルドリッチ	Ethanol, Pure（200 Proof, anhydrous）	
ベックマン・コールター	SPRIselect Reagent Kit	
バイオ・ラッド ラボラトリーズ	10% Tween 20	
Ricca Chemical Company	Glycerin（glycerol），50%（v/v）Aqueous Solution	
装置		
Rainin	Tips LTS 200UL Filter RT-L200FLR	
	Pipet-Lite Multi Pipette L8-50XLS+	
	Pipet-Lite Multi Pipette L8-200XLS+	
バイオ・ラッド ラボラトリーズ	PX1 PCR Plate Sealer	（PCRプレートを使用の場合）
VWR	Vortex Mixer	
	Divided Polystyrene Reservoirs	
定量，クオリティコントロール		
アジレント・テクノロジー	2100 Bioanalyzer Laptop Bundle	全てを揃える必要はない．バイオアナライザー，テープステーション，Qubitのうち使用可能なものでよい
	High Sensitivity DNA Kit	
	4200 TapeStation	
	High Sensitivity D1000 ScreenTape	
	High Sensitivity D1000 Reagents	
	High Sensitivity D5000 ScreenTape	
	High Sensitivity D5000 Reagents	
サーモフィッシャーサイエンティフィック	Qubit 3.0 Fluorometer	
	Qubit dsDNA HS Assay Kit	
KAPA Biosystems	Illumina Library Quantification Kit	
消耗品		
エッペンドルフ	PCR Tubes 0.2 mL 8-tube strips（代替可能）	30124286
	Heat Sealing Foil, PCR clean（代替可能）	30127854
サーモフィッシャーサイエンティフィック	MicroAmp 8-Tube Strip, 0.2 mL（代替可能）	N8010580
	MicroAmp 8-Cap Strip, clear	N8010535
バイオ・ラッド ラボラトリーズ	Optical Flat 8-Cap Strips	TCS0803
	Microseal 'B' Adhesive Seals	MSB1001
機器		
エッペンドルフ	ThermoMixer C	5382000015
	SmartBlock 1.5 mL, Thermoblock for 24 Reaction Vessels	5360000038
Rainin	Tips LTS 20UL Filter RT-L10FLR	17007957
	Tips LTS 1ML Filter RT-L1000FLR	17007954
	Pipet-Lite LTS Pipette L-2XLS+	17014393
	Pipet-Lite LTS Pipette L-10XLS+	17014388
	Pipet-Lite LTS Pipette L-20XLS+	17014392
	Pipet-Lite LTS Pipette L-100XLS+	17014384
	Pipet-Lite LTS Pipette L-200XLS+	17014391
	Pipet-Lite LTS Pipette L-1000XLS+	17014382
	Pipet-Lite Multi Pipette L8-10XLS+	17013802
	Pipet-Lite Multi Pipette L8-20XLS+	17013803

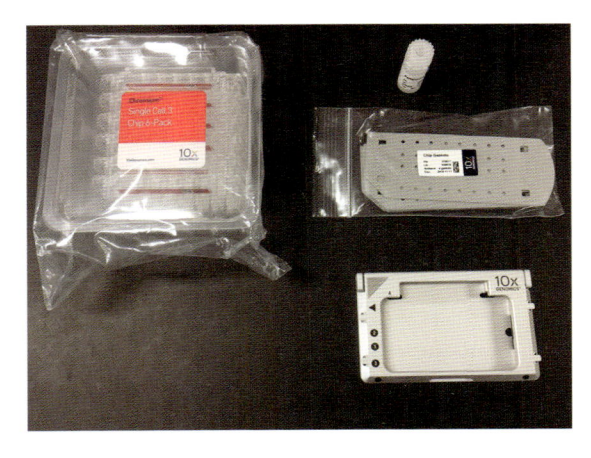

図3　Controllerに入れる一式

プロトコール

1. GEM-RT生成とバーコーディング（図4）

❶ Master Mixを以下に沿って氷上に準備する．複数サンプルを同時に流す際には，必ず余分をもって準備をしておく（Ex: 2サンプル → 2.2サンプル，3サンプル → 3.3サンプル分）．

☐ Master Mix

	1サンプル（μL）
RT Reagemt Mix（#220089）	50
RT Primer（#310354）	3.8
Additive A（#220074）	2.4
RT Enzyme Mix（#220079 or #220127）	10
Total	66.2

❷ チップをホルダーにセットする．

❸ 使用しないレーンに50%グリセロールを入れる．レーン1から順に90 μL，40 μL，270 μL（2回に分けて135 μLずつ加える）．Recovery wellには50%グリセロールは入れないように注意すること．

❹ 氷上に8連チューブを用意し，Master Mixを66.2 μLずつ分注する．

❺ 表3に沿ってnuclease free waterを各チューブに加える．

❻ 準備していた細胞を穏やかにピペッティングし，表3に沿って❺に加える[*3]．

　　*3　以降，複数サンプルの場合はマルチピペットを使用し，同時にチップへと流し込むこと．

❼ ピペットを90 μLにセットし，❻をピペッティングする．チップを変えないままレーン1へと流し込む．入れる際にはチップの先端をウェルの中心に置き，わずかに浮かせる．ゆっくりと，気泡が入らないように注意して押し出す．

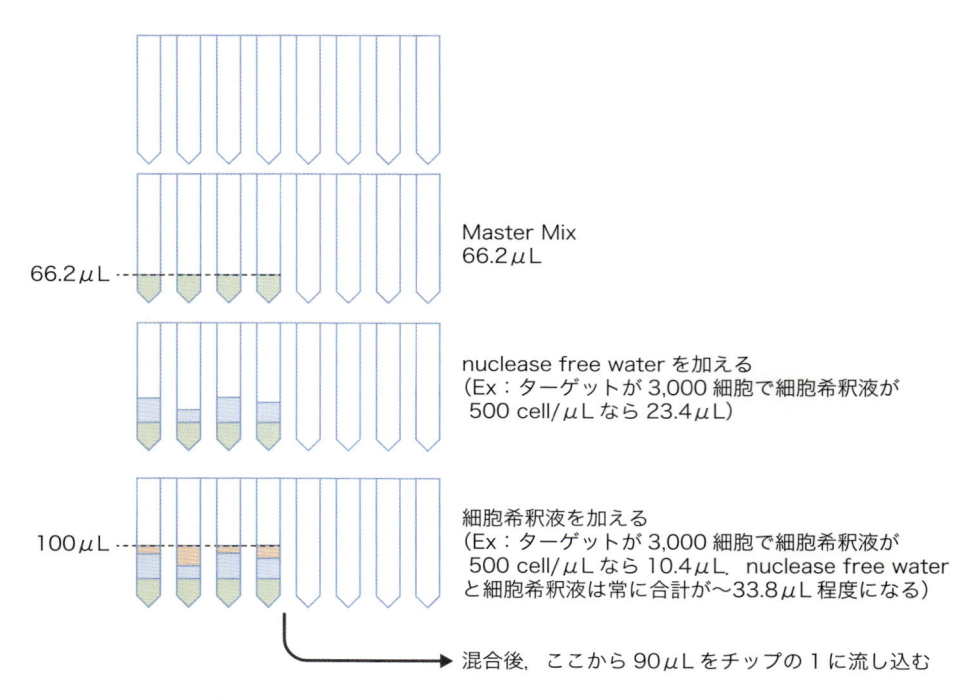

Master Mix
66.2 μL

66.2 μL ----

nuclease free water を加える
（Ex：ターゲットが 3,000 細胞で細胞希釈液が
500 cell/μL なら 23.4 μL）

細胞希釈液を加える
（Ex：ターゲットが 3,000 細胞で細胞希釈液が
500 cell/μL なら 10.4 μL，nuclease free water
と細胞希釈液は常に合計が〜33.8 μL 程度になる）

100 μL ----

混合後，ここから 90 μL をチップの 1 に流し込む

図4　GEM の生成

❽ Single cell 3′ Bead Strip を Vortex Adaptor へとセットし，30 秒間 vortex した後，フリックして蓋や壁面についた beads をウェルの底に集める*4.

> *4　ここで 30 秒待つ間にチップのプライミングがはじまるため，以後はすみやかに次の操作に移ることが要求される．

❾ 注意しながら❽のホイルに穴を開けて，40 μL の Single Cell 3′ Gel Beads を吸い上げる．

❿ チップのレーン 2 に❾のビーズを流し込む．入れる際にはチップの先端をウェルの中心に置き，わずかに浮かせる．ゆっくりと，気泡が入らないように注意して押し出す．

⓫ リージェントリザーバーに Partitioning Oil を入れる．ピペットを 135 μL にセットし，2 回に分けて 270 μL の Partitioning Oil をレーン 3 へと流し込む（50％グリセロールを入れている列には入れない）．

⓬ 10x Gasket でホルダーを覆う．水平を保ってコントローラーまで運ぶ．

2. Chromium Controller で処理

❶ Chromium Controller のスイッチを入れて，画面をタッチする（図5）.

❷ Controller のトレイにチップをセットする．

❸ ボタンを押して，トレイを収納させる．バーコードが正常に読みこまれ，single cell である

図5　Chromium本体

図6　Controllerで処理した後，ホルダーを
45度に傾けてサンプルを回収する

ことが表示されていることを確認し，もう一度ボタンを押して処理を開始させる．

❹ 7分程度で処理が完了するのを待つ間に，96 well plateを氷上に用意する．

❺ 完了後，すぐにControllerからチップをとり出して，斜め45度にセットする（図6）．

❻ 100 μLの出来上がったGEMをRecovery wells（◀の印があるレーン）から回収する．

❼ 気泡が入りこんだり，詰まりが発生していたりしないかを確認する．GEMが正常につくられていれば，白濁しているように見える．

❽ 20秒程度かけて，GEMを❹で用意した96 wellへと移す．流し込む際には，wellの壁を伝わせる（サンプルとwellの対応を控えておく）．

❾ 複数のチップを処理する場合には，次のチップをChromium Controllerで処理する．ただし，氷上のサンプルは1時間以内に次のステップへと進むこと．

❿ 96 well plateを185℃で6秒間の条件でシールする．

⓫ 以下の条件でサーマルサイクラーへとセットする*5．

53℃	45分
↓	
85℃	5分
↓	
4℃	∞

⓬ 反応後は4℃で72時間，もしくは－20℃で1週間までなら保管可能.

3. GEM-RTの精製

❶ シールを剥がして，サンプルあたり125 μLのRecovery Agentを加える．ピペッティングは行わない.

❷ 60秒してから，8連チューブへとサンプル（Recovery Agentを含む）を移動させる.

❸ 125 μLのRecovery Agent（ピンク色の部分）をゆっくりととり出す．透明の部分にはサンプルが含まれているので取り込まないように注意する.

❹ DynaBeads MyOne Silane Beadsが均一になるまでvortexする.

❺ DynaBeads Cleanup mixtureを調製する.

☐ DynaBeads Cleanup Mix

	1サンプル（μL）
Nuclease-Free Water	9
Buffer Sample Clean Up 1（#220020）	182
DynaBeads MyOne Silane	4
Additive A（#220074）	5
Total	200

❻ サンプルあたり200 μLのDyna Beads Mixtureを加え，5回ピペッティングする．室温で10分間放置.

❼ 待っている間にElution Solution 1と80%エタノールを調製する．エタノールは，濃度を正確にするため，毎回使用時調製すること.

☐ Elution Solution I

	1サンプル（μL）
Buffer EB	98
10% Tween 20	1
Additive A（#220074）	1
Total	100

❽ 10分後，❼を10x Magnetic SeparatorのHigh側にセットし，分離させる（図7）.

❾ 液層が透明になったら，上清を捨てる.

❿ サンプルあたり150 μLの2回，計300 μLの80%エタノールを加え,30秒間待つ．この間10x Magnetic Separatorにセットしたまま処理する.

⓫ エタノールを除去する.

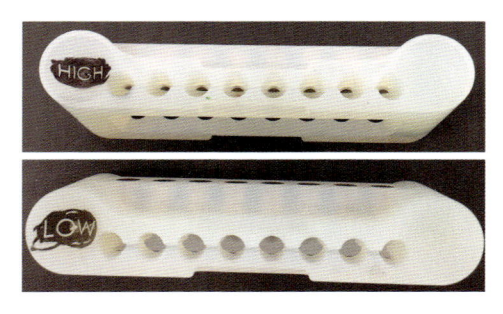

図7　10x Magnetic Separator

⓬ 200 μLの80%エタノールを加えて30秒待つ.

⓭ エタノールを除去する.

⓮ 軽く遠心をして，Lowのポジションの10x Magnetic Separatorにセットする.

⓯ エタノールを除去する．1分間乾燥させる.

⓰ 10x Magnetic Separatorから8連チューブを外して，35.5 μLのElution Solution 1を加える．室温で1分間放置する.

⓱ 10x Magnetic SeparatorのLowにセットして，液層が透明になるまで待つ.

⓲ 35 μLの精製したGEM–RT生成物を新しいチューブへと移動させる.

4. cDNA増幅

❶ 氷上に以下の試薬を用意する.

☐ cDNA Amplification Reaction Mix

	1サンプル（μL）
Nuclease–Free Water	8
Amplification Master Mix（#220125 or #220129）	50
cDNA Additive（#220067）	5
cDNA Primer Mix（#220106）	2
Total	65

❷ サンプルあたり65 μLのcDNA Amplification Reactionを加える.

❸ 15回ピペッティング，軽く遠心する.

❹ 8連チューブに蓋をして，サーマルサイクラーへとセットする.

98℃	3分	
↓		
98℃	15秒	
67℃	20秒	xサイクル*6
72℃	1分	

↓

72℃　　　　　　　　　1分

↓

4℃　　　　　　　　　∞

＊6　target −2,000 cell：14サイクル，2,000−target−6,000：12サイクル，6,000−target−10,000：10サイクル，10,000＜target：8サイクル

❺ PCR後は4℃で72時間，もしくは−20℃で1週間までなら保管可能．

5. SPRIによる精製

❶ SPRI Beadsが均一になるまでvortexする．サンプルに60 μLのSPRIを加え，15回ピペッティングする．5分間室温で放置．

❷ 10x Magnetic SeparatorのHighにセットする．液層が透明になるまで待つ．

❸ 上清を取り除く．

❹ 200 μLの80%エタノールを加える．30秒放置する．

❺ エタノールを取り除く．

❻ ❹，❺をくり返す．計2回washを行う．

❼ 軽く遠心して，10x Magnetic SeparatorのLowにセットする．

❽ エタノールを除去する．2分間乾燥させる．

❾ 10x Magnetic Separatorから8連チューブを外して，40.5 μLのBuffer EBを加える．

❿ 15回ピペッティングして，室温で2分間放置する．

⓫ 10x Magnetic SeparatorのHighにセットして，液層が透明になるまで待つ．

⓬ 40 μLの精製したGEM−RT生成物を新しいチューブへと移動させる．

⓭ サンプル調製後は4℃で72時間，もしくは−20℃で1週間までなら保管可能．

6. Quality Check

　1 μLのサンプルに5 μLのnuclease free waterを加えて希釈し，アジレント・テクノロジー社のバイオアナライザー High Sensitivity chipで，あるいはテープステーションで測定する．RNA量が少ない細胞を使用した場合には希釈せずに，1 μLをそのまま測定する．なお，バイオアナライザーの詳細を含むQCに関しては参考図書1を参照にされたい．

7. Fragmentation, End repair A-tailing

❶ サーマルサイクラーに以下を設定しておく.

Pre-cool block	4℃	∞
↓		
Fragmentation	32℃	5分
↓		
End repair & A–tailing	65℃	30分
↓		
終了後	4℃	∞

❷ Fragmentation Buffer を vortex し，沈殿物がないことを確認する.

❸ 氷上で以下の試薬を準備する.

☐ Fragmentation Mix

	1サンプル（μL）
Fragmentation Enzyme Blend（#220107 or #220130）	10
Fragmentation Buffer（#220108）	5
Total	15

❹ 新しい8連チューブに15 μL ずつの Fragmentation Mix を入れる.

❺ 35 μL の精製した cDNA 産物を加え，15回ピペッティングする.

❻ 事前に冷やしておいたサーマルサイクラーにサンプルをセットし，SKIP して Fragmentation の Step を開始させる.

❼ Fragmentation の STEP が終わりしだい，次のプロトコールに移る.

8. SPRI による精製

❶ SPRI Beads が均一になるまで vortex する．サンプルに30 μL の SPRI を加え，15回ピペッティングする．5分間室温で放置.

❷ 10x Magnetic Separator の High にセットする．液層が透明になるまで待つ.

❸ 上清を75 μL **回収**し，新しいチューブへと移す[*7].

　　*7　ここでは上清を捨てない.

❹ 10 μL の SPRI Reagent を加えて，15回ピペッティング，5分放置する.

❺ 10x Magnetic Separator の High にセットする．液層が透明になるまで待つ.

❻ 上清を 80 μL 取り除く.

❼ 125 μL の 80% エタノールを加えて 30 秒待つ.

❽ エタノールを除去する.

❾ ❼, ❽ をくり返す. 計 2 回 wash を行う.

❿ 軽く遠心して, 10x Magnetic Separator の Low にセットする.

⓫ エタノールを除去する. 2 分間乾燥させる.

⓬ 10x Magnetic Separator から 8 連チューブを外して, 50.5 μL の Buffer EB を加える
（あとで 50 μL 回収するので, 0.5 μL 分多く入れる）.

⓭ 15 回ピペッティングして, 室温で 2 分間放置する.

⓮ 10x Magnetic Separator の High にセットして, 液層が透明になるまで待つ.

⓯ 50 μL の精製したサンプルを新しいチューブへと移動させる.

9. Adaptor ligation

❶ Adaptor Ligation Mix を調製する.

☐ Adaptor Ligation Mix

	1 サンプル（μL）
Nuclease-Free Water	17.5
Ligation Buffer（#220109）	20
DNA Ligase（#220110 or #220131）	10
Adaptor Mix（#220026）	2.5
Total	50

❷ 50 μL の Adaptor Ligation Mix をサンプルが入っている 8 連チューブへと加える. 15 回
ピペッティングして, 軽く遠心する.

❸ サーマルサイクラーを 20℃ に設定し, 30 分間（Lid 30℃）インキュベートする.

❹ すぐに次のステップに移る.

10. SPRI による精製

❶ SPRI Beads が均一になるまで vortex する. サンプルに 80 μL の SPRI を加え, 15 回ピ
ペッティングする. 5 分間室温で放置する.

❷ 10x Magnetic Separator の High にセットする. 液層が透明になるまで待つ.

❸ 上清を取り除く.

❹ 200 μL の80%エタノールを加える．30秒放置する．

❺ エタノールを取り除く．

❻ ❹，❺をくり返す．計2回 wash を行う．

❼ 軽く遠心して，10x Magnetic Separator の Low にセットする．

❽ エタノールを除去する．2分間乾燥させる．

❾ 10x Magnetic Separator から8連チューブを外して，30.5 μL の Buffer EB を加える．

❿ 15回ピペッティングして，室温で2分間放置する．

⓫ 10x Magnetic Separator の Low にセットして，液層が透明になるまで待つ．

⓬ 30 μL の精製したサンプルを新しいチューブへと移動させる．

11. Sample Index PCR

❶ Sample Index PCR Mix を調製する．

☐ Sample Index PCR Mix

	1サンプル（μL）
Nuclease-Free Water	8
Amplification Master Mix（#220125 or #220129）	50
SI-PCR Primer（#220111）	2
Total	60

❷ 60 μL の Sample Index PCR Mix をサンプルが入っている8連チューブへと加える．

❸ 10 μL の Chromium i7 Sample Index を各 well に加える*8．

　　*8　必ずサンプルとインデックスとの対応を控えておくこと！

❹ サーマルサイクラーに以下をセットする．

98℃	45秒
↓	
98℃	20秒 ⎤
54℃	30秒 ⎬ y サイクル*9
72℃	20秒 ⎦
↓	
72℃	1分
↓	
4℃	∞

＊9　**6.**のQuality Checkで測定したcDNA量に応じてサイクルを調節する．1-25 ng：14-16サイクル，25-150 ng：12-14サイクル，150-500 ng：10-12サイクル，500-1,000 ng：8-10サイクル，1,000-1,500 ng：6-8サイクル，＞1,500 ng：5サイクル

❺ サンプル調製後は4℃で72時間，もしくは−20℃で1週間までなら保管可能．

12. SPRIによる精製

❶ SPRI Beadsが均一になるまでvortexする．サンプルに60 μLのSPRIを加え，15回ピペッティングする．5分間室温で放置する．

❷ 10x Magnetic SeparatorのHighにセットする．液層が透明になるまで待つ．

❸ 上清を150 μL回収し，新しいチューブへと移す．

❹ 20 μLのSPRI Reagentを加えて，15回ピペッティング，5分放置する．

❺ 10x Magnetic SeparatorのHighにセットする．液層が透明になるまで待つ．

❻ 上清を165 μL取り除く．

❼ 200 μLの80%エタノールを加えて30秒待つ．

❽ エタノールを除去する．

❾ ❼，❽をくり返す．計2回washを行う．

❿ 軽く遠心して，10x Magnetic SeparatorのLowにセットする．

⓫ エタノールを除去する．2分間乾燥させる．

⓬ 10x Magnetic Separatorから8連チューブを外して，35.5 μLのBuffer EBを加える．

⓭ 15回ピペッティングして，室温で2分間放置する．

⓮ 10x Magnetic SeparatorのLowにセットして，液層が透明になるまで待つ．

⓯ 50 μLの精製したサンプルを新しいチューブへと移動させる．

⓰ サンプル調製後は4℃で72時間，もしくは−20℃で長期間保管可能．

13. Quality Check

❶ 1 μLのサンプルに10 μLのnuclease free waterを加えて希釈し，アジレント・テクノロジー社バイオアナライザー High Sensitivity Chipで測定する．あるいは，アジレント・テクノロジー社テープステーションで測定する．

❷ 測定結果から平均サイズを計算する.

14. Post Library Construction Quantification

❶ illumina プラットフォーム用の KAPA DNA Quantification キットを用意する.

❷ 1 μL のサンプルを Nuclease-free water で適切な濃度で希釈し，以下の容量で DNA スタンダードも作製する.

☐ Quantification Master Mix

	1 サンプル（μL）
SYBR Fast Master Mix + Primer	12
Water	4
Total	16

❸ 16 μL の Quantification Master Mix をサンプル分 96 well plate へと分注する.

❹ 4 μL の希釈したサンプルと DNA スタンダードを well に加えて，軽く遠心する.

❺ DNA Quantification Cycling プロトコールを実行する.

95℃	3分
↓	
95℃	5秒
67℃	30秒

30 サイクル

❻ キットの指示に従って qPCR 解析を行う．平均の断片サイズは前のステップで計測した Bioanalyzer あるいは TapeStation の結果から導く.

15. Sequencing

　ライブラリーはイルミナの標準的な paired-end の構造と同様であるが，Read1 には 16 bp のビーズごとに異なる 10x バーコードと 10 bp の UMI（unique molecular identifier）がエンコードされている（図8）．また，Read2 から insert の cDNA の配列を得ることができ，i7 インデックスはサンプルインデックスとして使用可能である．そのため，推奨サイクル数は，Read1 が 26 サイクル，i7 Index が 8 サイクル，i5 Index が 0 サイクル，Read2 が 98 サイクルとなっている．シークエンスには標準的なイルミナシークエンスのプライマーを用いる．細胞あたり 50,000 raw reads になる depth が推奨されており，MiSeq, NextSeq 500/550, HiSeq 2500 (Rapid Run and High Output), HiSeq 3000/4000, に対応している（図8）.

　Chromium 用のシークエンス後の情報解析のツールが 10x Genomics 社から公式に頒布されている．シークエンス後は，専用のソフトウェアで bcl を Fastq へと変換し，Cell Ranger で処理することができる．ここからさらに Loupe に入れることでより詳細なデータを参照することもできる．これらのツールを用いることで，STAR によるマッピングや，UMI に基づく PCR シスターの除去，各細胞の遺伝子ごとの発現レベルの算出などの処理を行うことができる.

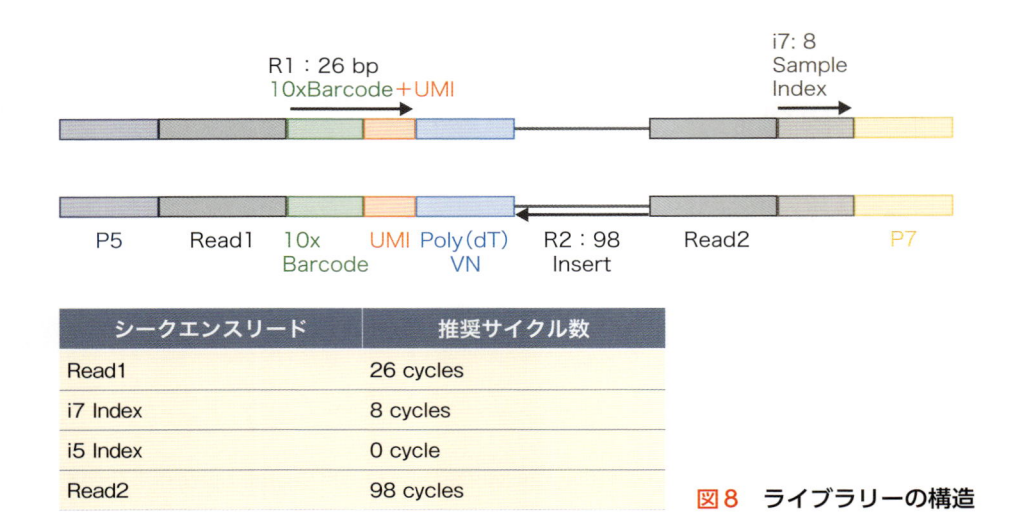

シークエンスリード	推奨サイクル数
Read1	26 cycles
i7 Index	8 cycles
i5 Index	0 cycle
Read2	98 cycles

図8　ライブラリーの構造

Chromiumを用いたシングルセルRNA-seqの実施例

　Chromiumで実施した解析の例に関しては，ウェブサイト上でPBMCやT細胞といったダウンロード可能なデータセットが提示されている．また，参考図書4にも本プラットフォームにより解析された細胞のデータが掲載されている．

　図9は，本研究室でChromium（v1）を用いてマウスPBMCをCell Rangerで解析した結果である．Cell Rangerでは，シークエンス後のデータから総リード数，細胞平均のリード数，遺伝子数などの一通りの統計の他，t-SNEによるクラスタリングやクラスターごとの細胞数・特異的な遺伝子発現などを追うことができる[6]．

おわりに

　本稿では，Chromiumを用いたシングルセルRNA-seqに焦点を当て，そのプロトコールを紹介した．Chromiumの登場は，従来法よりも多くの細胞の処理を可能にした．新しくTCRの可変部の全長配列決定が可能となるSingle Cell V（D）J Solutionのような応用キットも登場した．現在は，ヒトTCRにのみ対応しているが，B細胞に関しても準備が進められていることがアナウンスされており，今後も幅広い分野への活用が期待される[7][8]．Chromiumの他にもイルミナ社・バイオ・ラッド ラボラトリーズ社のddSEQなど新たなmicro-droplet ベースのプラットフォームも登場している．シングルセル解析技術の発展は目ざましく，その他の原理を使用したプラットフォームも続々と発表されている．本稿のテーマであるChromiumは，シングルセル3′ RNA-seqのためのプラットフォームであるが，シングルセル解析は現在RNA-seqだけでなく，ATAC-seqやChIP-seq, Hi-Cなどといった解析，マルチオミクス解析にまで広がりつつある．その一方で，シングルセル解析には未だ課題も多い．例えば，Chromiumは多数の細胞の解析を可能にした一方で，細胞ごとの情報量は解析内容によっては不十分である可能

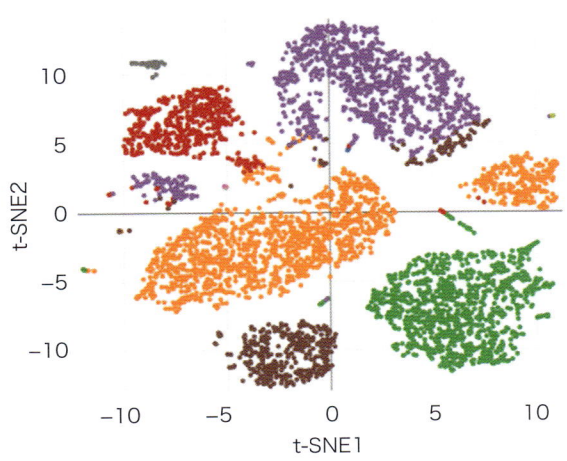

mouse PBMC
t-SNE projection of Cells Colored by k-means Clustering

- 1 - 11 細胞
- 2 - 1,615 細胞
- 3 - 1,075 細胞
- 4 - 531 細胞
- 5 - 1,059 細胞
- 6 - 466 細胞
- 7 - 17 細胞
- 8 - 68 細胞
- 9 - 26 細胞

細胞数：4,860
細胞あたりの平均リード数：12,730
細胞あたりの検出遺伝子数の中央値：501

図9　マウスPBMCの解析結果

　性もある．また，細胞ごとの位置情報を保持したまま解析することは現在のシステムではできない．自動化システムであるため，操作が簡便である一方で，実験者個人では用途に合わせたカスタムも困難である．今後，このような問題が解決し，より多くの知見が得られるようになることが期待される．

◆ 文献

1 ）Macosko EZ, et al：Cell, 161：1202–1214, 2015
2 ）Klein AM, et al：Cell, 161：1187–1201, 2015
3 ）Datlinger P, et al：Nat Methods, 14：297–301, 2017
4 ）Dixit A, et al：Cell, 167：1853–1866.e17, 2016
5 ）Zheng GX, et al：Nat Commun, 8：14049, 2017
6 ）10x GENOMICS：CHROMIUM™ Single Cell 3' Solution. https://www.10xgenomics.com/single–cell/（2017年5月閲覧）
7 ）10x GENOMICS：Immune Repertoire Profiling at Single Cell Resolution. https://community.10xgenomics.com/t5/10x–Blog/Immune–Repertoire–Profiling–at–Single–Cell–Resolution/ba–p/383（2017年5月閲覧）
8 ）10x GENOMICS：News The latest from 10x: The Chromium™ Single Cell V(D)J Solution. http://go.10xgenomics.com/vdj（2017年5月閲覧）

◆ 参考図書

1 ）Chromium™ Single Cell 3' Reagent Kits v2 User Guide
2 ）10x Genomics® Single Cell Protocols Cell Preparation Guide
3 ）関 真秀, 今村聖実：2. RNAとライブラリーの定量とクオリティコントロール.「NGSアプリケーション RNA–Seq実験ハンドブック（実験医学別冊）」（鈴木 穣/編），羊土社，2016
4 ）掛谷知志：細胞, 49, 33–35, 2017

シングルセルレベルでのDNAおよびRNAの受託解析サービス

10x Genomics Chromiumによる1細胞レベルでのハイスループット解析
– 組織レベルから細胞レベルでの理解へ –

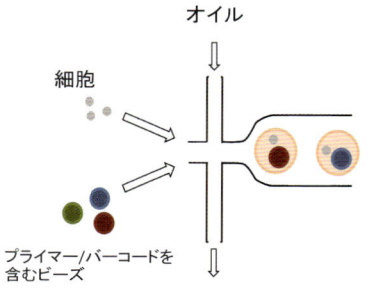

オイル

細胞

プライマー/バーコードを
含むビーズ

細胞ごとにプライマーと
バーコードを含むビーズを付加

⇩

オイル液滴内でライブラリー調製

⇩

次世代シークエンシングによる解析

⇩

インタラクティブな解析レポートを納品

- 細胞分離能99パーセント
- インデックスにより、1チップあたり最大80,000細胞を同時に解析

➤ **ガンの引き金となる体細胞変異の同定に**

➤ **免疫細胞の高解像度なレパトア解析に**

➤ **細胞集団での細胞ごとの遺伝子発現解析に**

末梢血単核細胞のt-SNE解析

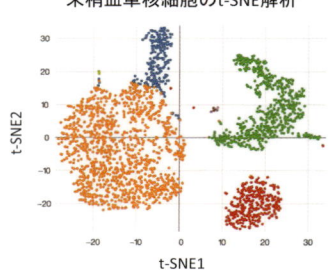

サンプル提出ガイドライン概要：
- 単離細胞 >25,000 cells/ 500μL total (最小要件)
- 凍結保存液に懸濁；詳細はお問い合わせください

Gene	Unique counts/cell			
	Cluster 1	Cluster 2	Cluster 3	Cluster 4
MALAT1	51.65	65.9	32.64	74.48
CD74	26.9	3.27	14.82	1.63
LTB	5.11	0.97	0.59	5.86
HCST	0.15	2.29	1.05	1.05
S100A6	0.57	2.24	11.16	2.01

日本GENEWIZの強み

- グローバルを生かした最先端の技術
- Ph.D.レベルの日本人スタッフによる
  安心のサポート
- 高い品質と短い納期

ご好評いただいております！

- 次世代シークエンシング
- DNAシークエンス解析
  （国内ラボでOne Nightシークエンシングを実施 ）
- 人工遺伝子合成

日本ジーンウィズ株式会社

〒333-0844　埼玉県川口市上青木3–12–18
埼玉県産業技術総合センター内 508号室（オフィス）・553号室（ラボ）
電話：048-483-4980　/　Web：https://www.genewiz.com/ja-JP

お問い合わせ先

次世代シークエンシング： Business.Japan@genewiz.com
サンガーシークエンシング： Sanger.Japan@genewiz.com
人 工 遺 伝 子 合 成 ： Project.Japan@genewiz.com

12 Nx1-seq
マイクロウェルプレートを用いた
1細胞遺伝子発現解析

橋本真一

　遺伝子発現解析は細胞の表現型を示すことから生物学や医学の分野で多く使用されている．これまでの遺伝子発現の測定はバルクの試料に対して行われてきたが，組織の複雑性／多様性を特徴付けるためには，1細胞の遺伝子発現を解析することが必要である．そこで1細胞を解析するための手法が多く開発されている．われわれもまた，1細胞の遺伝子発現を調べる方法を開発し，細胞／組織での多様性を解析したので紹介する．

はじめに

　細胞分化の階層性や組織での細胞の不均一性の研究は，その多くがモノクローナル抗体や細胞ソート，マイクロダイセクションなどにより細胞を単離，同定する手法とそれらの機能アッセイによって進められてきた．しかしながら，細胞の連続的な変化やマーカーが明らかとなっていないものに対しては解析が困難である．さらに同一だと考えられていた細胞集団がじつは多様性があることも報告されている．そこで最近，細胞集団の詳細を明らかにするため，1細胞遺伝子発現解析法の開発が進んでいる[1]．1細胞解析は，個々の細胞集団，さらには組織微小環境全体の多様性を解析できることから，疾病における細胞間相互作用，特異的マーカー遺伝子の探索，薬物治療抵抗性の制御機構などの研究にとって非常に有用である．最近の技術の進歩により数百細胞以上の1細胞解析が可能となり細胞集団や組織中の多様な集団を解析できるようになった．

　古典的な1細胞の遺伝子発現解析は，PCRベースでのRNA増幅によるシングルセルPCRやmicroarrayを用いた方法がとられてきた．これらは特定の遺伝子を調べることでその細胞の特徴を調べようとした．しかし，調べた遺伝子に変化がない場合は何の結果も得られない．そこで細胞すべてのmRNAからcDNAを作製して解析するCEL-seq[2]，Quartz-Seq[3]やSmart-Seq[4]などの方法が開発された．さらに近年，フリューダイム社により数百細胞程度の遺伝子が解析できる機器C1により解析がなされてきた[5][6]．しかし，このレベルでは多様性が大きすぎる場合や，細胞の大きさに違いがある場合に測定するには不向きである．

　そこでこれらを克服する方法が必要となり，われわれの研究室も含めていくつかの研究室で包括的な1細胞遺伝子発現解析法であるDrop-seq[7]，iDrop RNA sequencing[8]，Cyto-Seq法[9]，MARS-seq[10]，Seq-well[11]法が開発された．どの方法も基本的には核酸にバーコード配列を付けて個々の細胞を分類，同定することを基本にしており，①極小の限られたスペースでの細胞の溶解，②細胞内のRNAの捕集とそのための担体（マイクロビーズやプレート），③そ

れを行うための装置からなっている．現在，これらの方法を用いて細胞／組織中の多様性が研究されている．さらに多種類の細胞から特定の細胞を分離し，その特徴を明らかにするデータ解析手法についても研究が進んでいる[12]〜[14]．

Nx1-seq

われわれは，1細胞を数千〜数万同時に解析する方法を開発し Nx1-seq (Next generation 1 cell RNA sequencing) と名付けた（図1，リバイス中）．この方法は，図2にあるようなマイクロウェルの入ったチャンバープレートだけを使用し，高額な機器が必要ないのでどの研究室でも手軽に解析できることを特徴とする．

この方法は主に以下の2つの技術の組合わせにより開発された．①マイクロビーズ上にエマルジョンPCRを利用してバーコード部分（Nの部分4^{12}の多様性）を付加したオリゴdTを合成する過程（図1A）．エマルジョンPCRは1分子を増幅する技術であり，これを利用してバーコード配列を含んだDNA 1分子をマイクロビーズ上で増幅する．そのときのプライマーの1つ

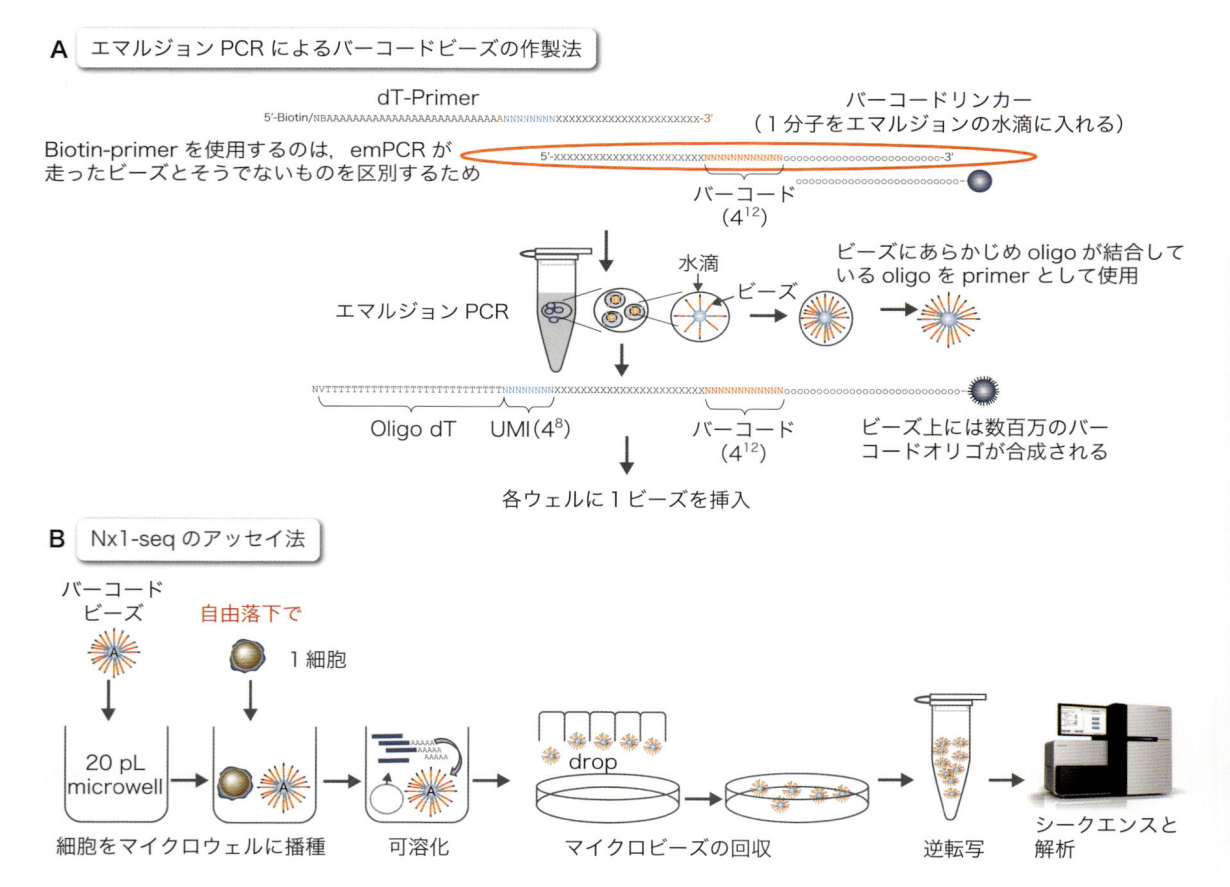

図1 バーコードビーズの作製法（A）と1細胞遺伝子発現解析法（Nx1-seq）（B）

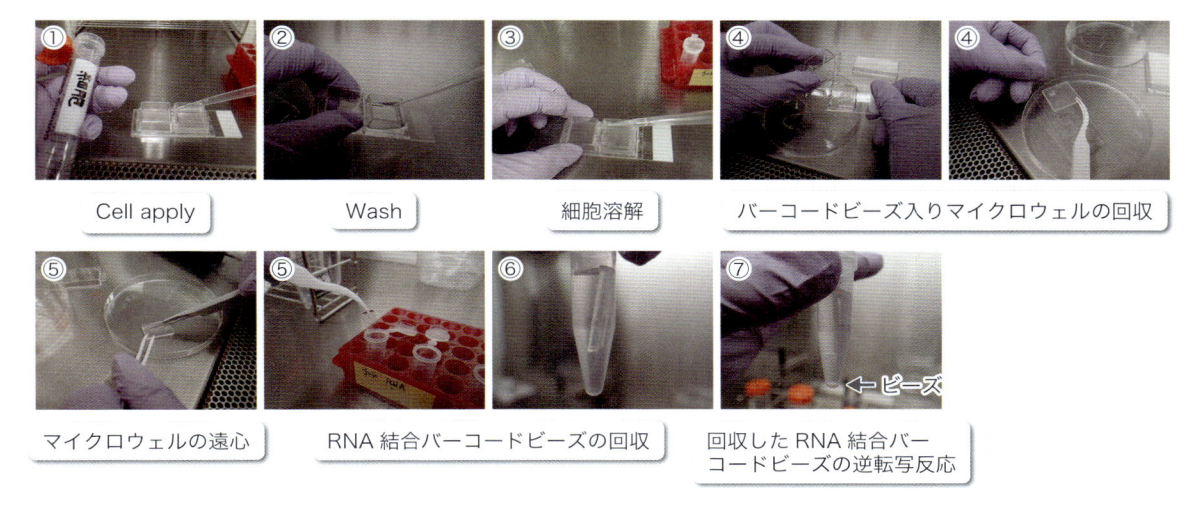

図2　Nx1-seq法における細胞の播種とビーズの回収方法

に独特の分子識別子（UMI；PCRの重複を識別する）配列とpoly Aを付加しておく．現在では，ビーズ上に直接DNAを合成することもできるが，この方法は末端をオリゴdTだけでなく自分の結合したい分子（トラップしたい相補鎖）を複数同時に結合させることができるので非常に有用である．次に，合成したビーズをあらかじめマイクロウェル（例えば，PDMS：幅25 μm，深さ40 μm）に挿入しておく．

②細胞をポアソン分布に従ってプレートに播種する（図2①）．各ウェルのマイクロウェル中にてバーコードオリゴdT結合ビーズでトラップし，それを逆転写，増幅後シークエンスする（図1B）．播種する細胞を，例えばウェル数に対して30分の1で播けば，98％の確率で，細胞が1ウェルに1つ入る．ウェル数が約2×10^5あるので例えこの量で播いても約7,000個の細胞が解析できる計算になる．また，本法はマイクロプレートのウェルに細胞を自由落下させるだけなので，ウェルより小さな細胞であれば解析可能である．細胞をウェルに入れた後にプレートを洗いウェルに入っていない細胞を洗い流す（図2②）．続いて，Lysis bufferにて細胞を可溶化（図2③）すると細胞から遊離したmRNAがビーズ上のオリゴdTに直ちに結合する．ウェル中は，容積が20 pLほどしかないので，1細胞とはいえ高濃度のRNAがビーズに結合することになる．その後，マイクロプレートから遠心力を利用してビーズを回収する．続いてビーズをbufferで洗浄の後，逆転写の試薬を入れて反応させ次世代シークエンサーにてバーコード部分と遺伝子の部分を別々に読み，各ソフトにて解析する．

実験例

図3は実験例を示す．マウスの細胞株であるNIH3T3をNx1-seqで解析し，1細胞間の遺伝子発現の再現性を比較した（図3A）．その結果，非常によく相関していた（r = 0.97）．次に，他の1細胞遺伝子発現解析法である10x Genomics社のDrop-seqとNx1-seqによりNIH3T3

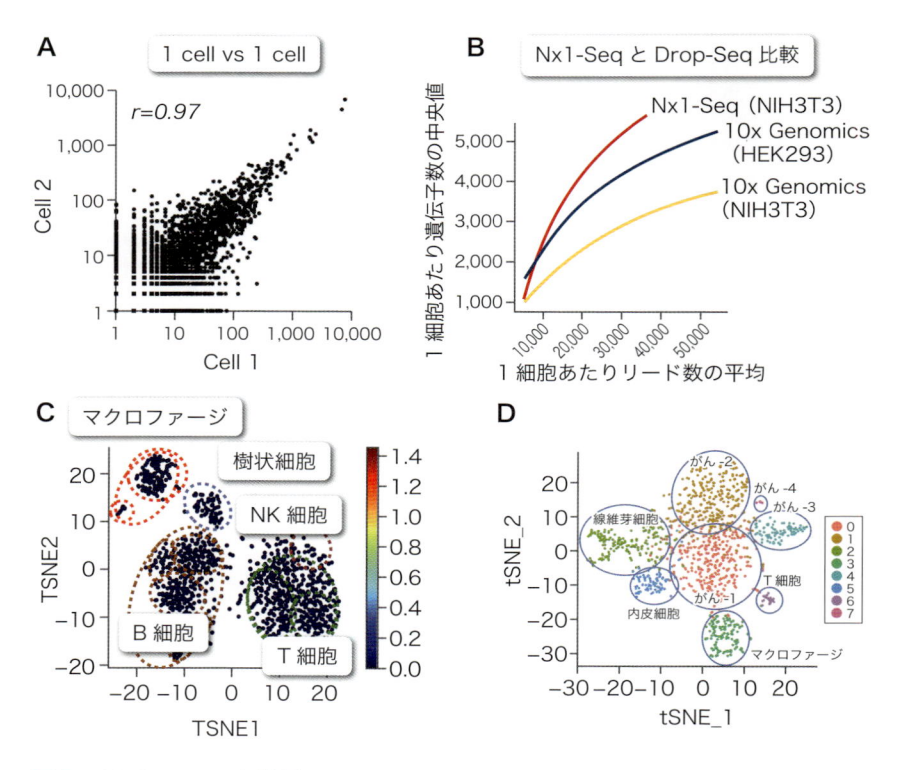

図3　Nx1-seq の実験例

　の解析データを比較したものを図3Bに示す．細胞はreadあたりのRNAのcapture効率が，Nx1-seqの方が高く，検出感度が優れていることがわかる．

　次に，実際の組織を分散して解析を行った．図3Cは正常マウスの脾臓細胞を分散し，Nx1-seqで解析した1,058個の細胞の多様性を示す．脾臓中に存在する免疫細胞が主に5種類にクラスタリングされている．さらにマクロファージ，T細胞やB細胞の各細胞集団中にはサブセットが存在することがこの解析からわかる．図3Dは，乳がんモデルマウスにおける乳がん組織を，**プロトコール編–7** に記載した方法にて分散し，Nx1-seq法にて約400細胞について解析した結果である．解析によりがん細胞，線維芽細胞，内皮細胞，T細胞，マクロファージが同定された．特にがん細胞は4種類にクラスタリングされ，がん特有の各ステージを反映していると考えられる．

おわりに

　個々の細胞の遺伝子変化を把握することは，複雑な組織と機能的応答について理解するために重要な方法であるが，今まで1細胞分析は，細胞からライブラリーを調製する時間とコストによって制限されてきた．今回紹介した方法は，これらの問題点を克服し1細胞の集合体を数千から数万細胞のスケールで1度に解析し多くの知見を得ることができる点から非常に有用で

ある.

　最後に，包括的な1細胞遺伝子発現解析は，複雑な生物系における細胞の多様性への理解を劇的に変化させ，循環腫瘍細胞分析，免疫障害および感染症，免疫療法および予防接種，治療開発のモニタリングの診断など新たな臨床応用に役立つと考えられる.

◆ 文献

1 ）　Ziegenhain C, et al：Mol Cell, 65：631–643.e4, 2017
2 ）　Hashimshony T, et al：Cell Rep, 2：666–673, 2012
3 ）　Sasagawa Y, et al：Genome Biol, 14：R31, 2013
4 ）　Picelli S, et al：Nat Protoc, 9：171–181, 2014
5 ）　Pollen AA, et al：Nat Biotechnol, 32：1053–1058, 2014
6 ）　Treutlein B, et al：Nature, 509：371–375, 2014
7 ）　Macosko EZ, et al：Cell, 161：1202–1214, 2015
8 ）　Klein AM, et al：Cell, 161：1187–1201, 2015
9 ）　Fan X, et al：Genome Biol, 16：148, 2015
10)　Jaitin DA, et al：Science, 343：776–779, 2014
11)　Gierahn TM, et al：Nat Methods, 14：395–398, 2017
12)　Kimmerling RJ, et al：Nat Commun, 7：10220, 2016
13)　Buettner F, et al：Nat Biotechnol, 33：155–160, 2015
14)　Patel AP, et al：Science, 344：1396–1401, 2014

13 C1 CAGE法
一細胞が有するRNAの5′末端を捉える

河野　掌，加藤紗智，Jay W. Shin，Piero Carninci

　近年の目覚ましい技術進歩により，生命現象を一細胞レベルで捉えることが可能となった．それゆえ，"今まで見えなかった"生物学的知見が明らかになってきている．そのなかでも，一細胞トランスクリプトーム解析は細胞状態の同定，決定に有用な手法となっている．しかしながら多くの手法では，poly A修飾を受けているRNAを標的にして行われているのが現状である．本稿では，フリューダイム社のC1システムを用い，poly A修飾を受けていないRNAも含めて，網羅的に一細胞由来のRNAにおける5′末端を検出するプロトコールを紹介する．

はじめに

　細胞分化のプロセス，薬剤応答，また，組織中における細胞集団は一細胞間で違った挙動を示す．これらの生命現象を解明/特徴付けするためには一細胞レベルでの遺伝子発現解析を行う必要がある．近年の次世代シークエンサーの普及，微小サンプルにおけるシークエンスライブラリー調製法の発達により，これらの生命現象を一細胞レベルで捉えることが可能となった．

　フリューダイム社が提供する一細胞由来サンプル調製システムC1 Single-Cell Auto Prep システムは，微細な流路をもつアレイ（以下C1アレイ）を用い，一細胞の単離からSMART（Switching Mechanism At 5′ End of RNA Template）法[1]によるcDNA合成および増幅までの工程を自動で処理できる装置である．C1システムの中では，細胞の可溶化，逆転写反応，cDNAの増幅といったそれぞれの反応が，nLスケールで行われるため，非特異的増幅産物の生成を抑えることができる．また，一細胞の捕捉後に顕微鏡を使用して，確かに一細胞だけが捕捉されたと観察により確認することもできる．当初は，一度に96細胞までしか解析できなかったが，2017年にこれまでのC1アレイのデザインを変え，また，RNAの全長ではなく3′末端を特異的に検出することで一度に800細胞までを解析できるようになった．ライブラリー調製には，一細胞が有する非常に微量なRNAからでも調製可能なTn5トランスポソームを用いたライブラリー調製法を採用している．一細胞の大きさによる制限は受けるものの再現性は高く，微量なRNAから，次世代シークエンサーによる解析を可能にし，一細胞生物学において多くの研究成果を生み出した．しかしながら，この方法はOligo-dT primerを起点としてpoly AをもつRNAのみをターゲットとしている．これでは，poly Aの修飾を受けていないRNA（miRNA，eRNAを含む）やRNAの5′末端を検出することはできない．特に，RNAの5′末端は転写開始点であり，それらの上流にあるプロモーターやエンハンサーごとの活性を測定することはきわ

A

実験の流れ

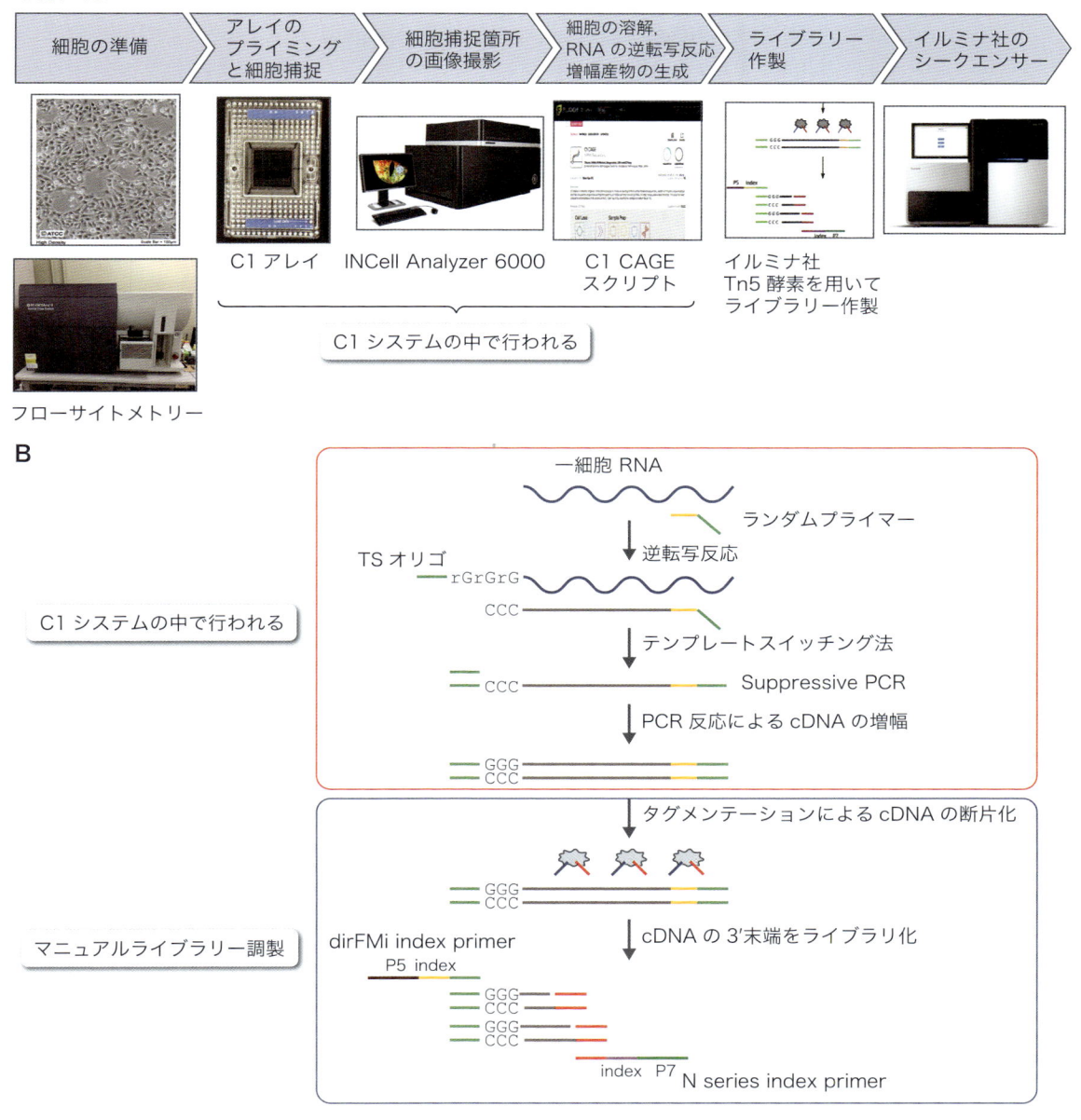

図1　C1 CAGE法の概略図

A) 本実験の流れ．**B)** C1システムの中では，一細胞の補足，溶解，ランダムプライマーによるcDNAの合成，テンプレートスイッチング反応，Suppressive PCRによるcDNAの増幅までが行われる．その後，マニュアルで96ウェルプレート上にて，イルミナ社Nextera XTキットに付属しているTn5トランスポザーゼにより断片化する．断片化後，イルミナ社シークエンサーでcDNAの3′末端を読むためにプライマーを用い増幅後，MiSeq/HiSeqを行う．

めて重要である.

　前述したC1アレイ上での各反応は，既定のウェルに各反応液を加えることで，行われる．使用者は，反応液中の組成を変更したりC1 Script Builderを用いてC1システムの反応条件を変更したりすることにより，使用者独自の方法で，一細胞を解析することが可能である[2].　今回，前述した課題を克服するために，一細胞からランダムプライマーによりcDNAを合成し，RNAの5′末端を標的としたライブラリーを調製することで，poly A修飾を受けていないRNA，遺伝子をコードしていないRNAも含め，一細胞から網羅的に転写開始点を解析することが可能なC1 CAGE*[1]法を紹介する（図1A，B）.

> ＊1　CAGE（Cap Analysis of Gene Expression）法[13] [14] は理化学研究所が独自に開発した遺伝子解析技術で，転写開始点を次世代シークエンサーで解析できる．プロモーターやエンハンサー領域の同定，転写活性の定量などをゲノムワイドに解析できる.

準備

☐ **細胞懸濁液**：PBSや培養液で細胞を懸濁する＊2＊3.
　Large C1 アレイ：300 cells/ μL
　Medium C1 アレイ：250 cells/ μL
　Small C1 アレイ：400 cells/ μL

> ＊2　細胞捕捉効率にかかわるので，細胞数は正確に合わせる必要がある．当研究室では，サーモフィッシャーサイエンティフィック社のCountess Ⅱ FL自動セルカウンターを使用している．また，C1アレイサイズに応じて推奨とされる細胞数が異なっている（後述）.
>
> ＊3　実際に，実験に使用するのは，60 μL である.

☐ **C1 CAGE scriptのインストール**
　フリューダイム社のサイトからダウンロードできる．使用者のC1システムにスクリプトをインストールする．リンクを以下に記す＊4（https://jp.fluidigm.com/c1openapp/scripthub/script/2015-07/c1-cage-1436761405138-3）.

> ＊4　インストールは，USBデバイスを介して行う．USBを差し込み，Tools→Manage Scripts→Install Scripts from USBで該当スクリプトを選択する.

1. 資材／機器

☐ C1 Single-Cell Auto Prep System（フリューダイム社）
☐ C1 IFCアレイ for Open App（フリューダイム社）＊5
☐ Verti 96-Well Thermal Cycler（サーモフィッシャーサイエンティフィック社）
☐ Countess Ⅱ FL自動セルカウンター（サーモフィッシャーサイエンティフィック社）
☐ 96 well プレート（アキシゲン社）
☐ Agilent 2100 Bioanalyzer（アジレント・テクノロジー社）
☐ ABI StepOne Plus（サーモフィッシャーサイエンティフィック社）
☐ DynaMag-96 Skirted Magnet（サーモフィッシャーサイエンティフィック社）
☐ ARVO SX（パーキンエルマー社）

□ Assay Plate, 384 Well（コーニング・インターナショナル社）

□ MiSeq / HiSeq（イルミナ株式会社）

□ IN Cell Analyzer 6000（GEヘルスケア社）

*5　細胞の大きさに応じて，3種類のアレイが存在する（5〜10 μm，10〜17 μm，17〜25 μm）．細胞の捕捉効率に大きく影響するため，適切なものを細胞の直径をもとに選ぶ必要がある．われわれのラボでは，サーモフィッシャーサイエンティフィック社のCountess Automated Cell Counter を用いて細胞の平均直径を計測し，適したサイズのアレイを選択している．

2. 試薬

□ C1 Single-Cell AutoPrep Reagent Kit for mRNA seq（フリューダイム社）

□ LIVE/DEAD Viability/Cytotoxicity Kit for mammalian cells（サーモフィッシャーサイエンティフィック社）

□ ERCC RNA Spike-In Mix1（サーモフィッシャーサイエンティフィック社）

□ Triton X-100 solution – 10% in H_2O（シグマ アルドリッチ社）

□ DNA suspension buffer（TEKnova社）

□ RNase inhibitor（タカラバイオ社）

□ 0.1 M DTT（タカラバイオ社）

□ Superscript Ⅲ Reverse Transcriptase（サーモフィッシャーサイエンティフィック社）

□ Nuclease Free Water（サーモフィッシャーサイエンティフィック社）

□ 10 mM dNTP Mix（サーモフィッシャーサイエンティフィック社）

□ Betaine（和光純薬工業社）

□ 10x Advantage2 PCR Kit（タカラバイオ社）

□ Quant-iT PicoGreen dsDNA Assay Kit（サーモフィッシャーサイエンティフィック社）

□ 試薬特級 Ethanol（99.5）（和光純薬工業社）

□ Agilent High Sensitivity DNA Reagents（アジレント・テクノロジー社）

□ illumina Library Quantification Kit（カパ・バイオシステムズ社）

□ Agencourt AMPure XP（ベックマン・コールター社）

□ Nextera XT Sample Preparation Kit（イルミナ社）

プロトコール

1. 一細胞の捕捉とcDNA合成（1日目：所要時間4時間，2日目：所要時間2時間）

❶ C1アレイのプライミングを行う．図2Aを参照し，規定ウェルに以下の試薬を入れ，C1 CAGE: Primeスクリプトを走らせる（反応時間　約13分）[6][7]．

試薬	液量	Well位置（図2A該当部分を色で示す）
C1 Harvest Reagent	200 μL	2カ所．大きい 🔴
C1 Blocking Reagent	15 μL	2カ所．🟡
C1 Harvest Reagent	20 μL	40カ所．🔴

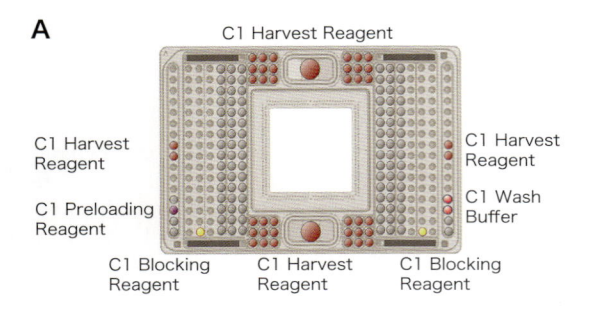

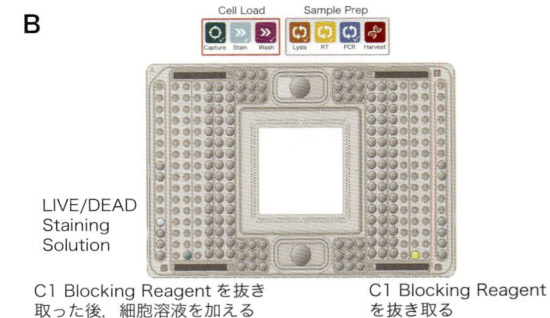

A C1 Harvest Reagent

C1 Harvest Reagent

C1 Harvest Reagent

C1 Preloading Reagent

C1 Wash Buffer

C1 Blocking Reagent C1 Harvest Reagent C1 Blocking Reagent

B

LIVE/DEAD Staining Solution

C1 Blocking Reagent を抜き取った後，細胞溶液を加える

C1 Blocking Reagent を抜き取る

C

C1 Harvest Reagent

C1 CAGE Lysis Mix

C1 CAGE RT Mix

C1 CAGE PCR Mix

C1 Harvest Reagent

図2 C1アレイ上で，各溶液を加える箇所（各ステップごとに分けている）

A） C1アレイのプライミングを行う際に，各溶液を加える箇所．**B）** C1 CAGE: Cell Loadのスクリプトを走らせる際に，各溶液を加える箇所．**C）** C1 CAGE: Sample Prepのスクリプトを走らせる際に，各溶液を加える箇所．

C1 Preloading Reagent	20 μL	1カ所.	●
C1 Cell Wash Buffer	20 μL	2カ所.	●

> *6　流路を塞ぐ可能性があるため，ウェル中に泡を入れないようにする.
>
> *7　200 μLのC1 Harvest reagentをロードするときには，チップで黒いO-リングを下まで押し下げてから入れる.

❷ 細胞溶液を調製する．細胞数を調整した細胞懸濁液60 μLと，C1 Suspension Reagent 40 μLをピペッティングで混合する*8*9.

> *8　細胞の分散は，よりダメージの少ない方法で行う（細胞剥離を行う際にAcutaseなどを使用してみるのもよい）.
>
> *9　デブリが多いと，C1アレイ上の流路のつまりの原因となり，捕捉効率が著しく落ちる．デブリが多い場合は，セルストレイナーを利用して，クリーンアップが必要となる.

❸ Cell Loadを行う．❶の工程でC1 Blocking reagentを入れたウェルから残ったC1 Blocking reagentをすべてピペットで抜きとる（図2A中の●）．その後，図2Bを参照し，規定ウェルに試薬と，❷で調製した細胞溶液を入れる．C1 CAGE:Cell Loadスクリプトを走らせる（反応時間約60分．ただし，smallアレイを使用の場合，約30分）*6*10*11.

試薬	液量	Well位置（図2B該当部分を色で示す）
LIVE/DEAD Staining Solution	7 μL	1カ所. ●
細胞溶液	5～20 μL	1カ所. ●

＊10　細胞溶液をロードする量は，最低5 μLである．

＊11　LIVE/DEAD Staining Solutionは以下のように調製する．

☐ **LIVE/DEAD Staining Solution**

C1 Cell Wash Buffer（1×）	1,250 μL
Ethidium homodimer-1（2 mM）	2.5 μL
Calcein AM（4 mM）	0.625 μL

❹ 細胞のイメージングを行う．C1アレイをC1システムからとり出し，アレイ上の96個の一細胞捕捉チャンバーをイメージングサイトメーター（IN Cell Analyzer 6000，GEヘルスケア社）で，撮影する＊12～＊14．

＊12　露光時間はそれぞれ0.1秒に設定した．

＊13　生細胞は緑（FITC）の蛍光をもっている．一方，死細胞は生細胞と比較すると，弱い緑の蛍光と赤の蛍光（dsRed）をもつ（図3）．
オプション：細胞の捕捉効率は，必ずしも100％ではない．また，一見すると捕捉がうまくいっていたとしても，2細胞捕捉してしまっている場合もある．われわれはより確実に一細胞を認識するために，z軸も撮影している．これらの画像イメージは，各一細胞サンプルのリード数，各蛍光の定量値とともにデーターベースとして後述リンクにて公開している．（http://single-cell.clst.riken.jp/）．

＊14　各蛍光値の値は，バイオコンダクターRパッケージCONFESSを使用して定量した．（https://bioconductor.org/packages/release/bioc/html/CONFESS.html）．

❺ 細胞可溶化～cDNA合成～増幅を行う．図2C を参照し，規定ウェルに以下の試薬を入れ，C1 CAGE：Sample Prepスクリプトを走らせる（反応時間は，8時間52分）＊6＊15＊16．

試薬	液量	Well位置（図2C 該当部分を色で示す）	
C1 CAGE Lysis Mix	7 μL	1カ所.	🟡
C1 CAGE RT Mix	8 μL	1カ所.	🟡
C1 CAGE PCR Mix	24 μL	2カ所.	🔵
C1 Harvest Reagent	180 μL	計4カ所.	🟥

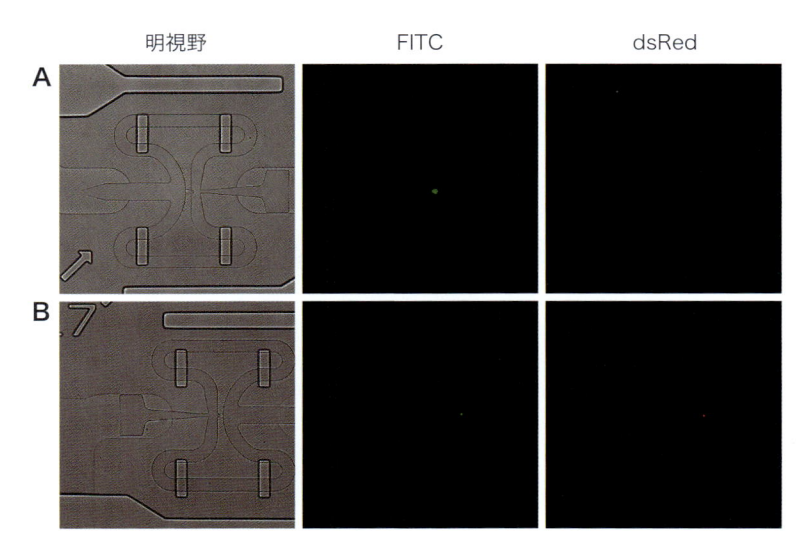

明視野	FITC	dsRed

A

B

図3　IN Cell Analyzer 6000を用いて取得した画像例（10×）

A） 捕捉された一細胞のうち，生きている細胞．**B）** 捕捉された一細胞のうち，死んでいる細胞．

□ C1 CAGE Lysis Mix 液量

希釈ERCCスパイク（1,333x）	1.5 µL[*17]
Triton X-100 solution（10%）	0.67 µL
DNA suspension buffer	14.13 µL
RNase inhibitor（40 U/ µL）	0.57 µL
RTプライマー（SupN6i）（50 µM）	5.65 µL
合計	22.52 µL

□ C1 CAGE RT Mix 液量

C1 Loading Reagent	1.05 µL
5x First strand buffer（5x）	9.8 µL
0.1 M DTT	4.9 µL
10mM dNTP Mix（10 mM）	3.08 µL
Betaine（5 M）	3.08 µL
RNase inhibitor（40 U/ µL）	1.24 µL
TSオリゴ（NC2lg_Nbi）（500 µM）	0.7 µL[*18][*19]
Superscript Ⅲ RT enztme（200 U/ µL）	4.9 µL
Nuclease-Free Water	0.5 µL
合計	29.25 µL

□ C1 CAGE PCR Mix 液量

C1 Loading Reagent	3.75 µL
PCR Grade Water	54.75 µL
10x Advantage2 PCR buffer（not SA）	7.5 µL
50x dNTP Mix（10 mM）	3.0 µL
PCR primer（Supi）（12 µM）	3.0 µL[*20]
50x Advantage2 Polymerase Mix	3.0 µL[*21]
合計	75.0 µL

　参考：C1 CAGE：Sample Prepのスクリプトは，Lysis，RT，PCRの3つで構成されている. 以下にそれぞれの反応温度，時間を記す. なお，終了時刻は使用者にて設定が可能である.

```
C1 CAGE：Sample Prep
Lysis        72℃        3分
             4℃        10分
             25℃        1分
    ↓
RT           22℃        10分
             42℃        90分
             75℃        15分
             25℃        10秒
    ↓
PCR          95℃         1分
             95℃        15秒 ┐
             65℃        30秒 │ 30サイクル
             68℃         6分 ┘
             72℃        10分
```

❻ C1 CAGE: SamplePrep のランが終了したら，新しい96ウェルプレートに，10 μLのC1 DNA Dilution Reagentを分注する.

❼ C1アレイをマシンから取り出す．白いバリアーテープを剥がし，アウトプットウェルから cDNA増幅産物を回収，❻で用意した96ウェルプレートに入れる．プレートにシールをして，スピンダウンする[22～26].

> [22] アウトプットウェルにはcDNA増幅産物が3 μL程度の溶液として流出している.
>
> [23] 8連のマルチピペットを用いて，行うこと.
>
> [24] 微量なので，すべての溶液を回収すること.
>
> [25] C1アレイ上のチャンバーの番号（Cell ID）と96ウェルプレートの配置に注意すること（図4）.
>
> [26] 合成されたcDNA増幅産物は，−20℃で長期保存可能である.

❽ QC（quality check）を行う．バイオアナライザ（Agilent High Sensitivity DNA Chip）でcDNA増幅産物の確認を行う（図5A，B）．続いてNextera XT kit（イルミナ社）を用いて，ライブラリー調製を行うため，cDNA増幅産物の濃度をQuant-iT PicoGreen dsDNA Assay Kit（サーモフィッシャーサイエンティフィック社）を用いて測定する[27][28].

> [27] サンプルの準備，定量には，フリューダイム社の用意しているワークシートを使用した（PN 100-6260）.
>
> [28] 一細胞から，約1 ng/ μLのcDNA増幅産物が得られる.

2. ライブラリー調製（2日目：所要時間4時間）

❾ 新しい96ウェルプレートを用意し，cDNA増幅産物の濃度が0.2 ng/ μLになるように各

A

B

	1	2	3	4	5	6	7	8	9	10	11	12
A	C03	C02	C01	C49	C50	C51	C06	C05	C04	C52	C53	C54
B	C09	C08	C07	C55	C56	C57	C12	C11	C10	C58	C59	C60
C	C15	C14	C13	C61	C62	C63	C18	C17	C16	C64	C65	C66
D	C21	C20	C19	C67	C68	C69	C24	C23	C22	C70	C71	C72
E	C25	C26	C27	C75	C74	C73	C28	C29	C30	C78	C77	C76
F	C31	C32	C33	C81	C80	C79	C34	C35	C36	C84	C83	C82
G	C37	C38	C39	C87	C86	C85	C40	C41	C42	C90	C89	C88
H	C43	C44	C45	C93	C92	C91	C46	C47	C48	C96	C95	C94

図4　C1 CAGE: Sample Prepの反応終了後にcDNA増幅産物の出てくる場所と96ウェルプレートに移した後の対応図

A) cDNA増幅産物が出てくる場所を●で示した．**B)** 8連ピペットを用いて，左の図A中の番号の通りに96サンプルを96ウェルプレートに移行したとき，C1アレイ上のCell IDとの対応図．

A

B

C

図5　cDNA増幅産物とライブラリーのサイズ分布

バイオアナライザ（Agilent High Sensitivity DNA Chip）の結果を示した．**A)** 一細胞C1 CAGE cDNA増幅産物．**B)** バックグラウンド（ERCCスパイク由来）C1 CAGE cDNA増幅産物．**C)** イルミナシークエンスライブラリ（96サンプルを合わせたもの）

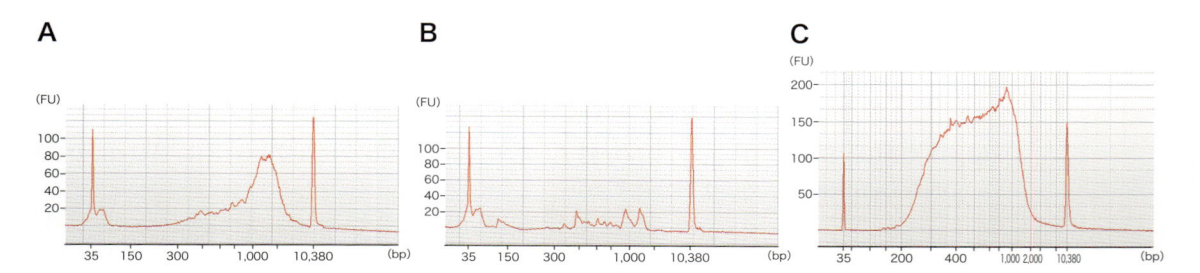

サンプルをHarvest reagentで希釈する[*29]．

> ***29**　続く工程で使用するTagment DNA Bufferを−20℃冷凍庫から，NT bufferを4℃から取り出し室温に戻しておく．

❿ 新しい96ウェルプレートを用意し氷上に置く．各ウェルにTagment DNA Buffer 2.5 μL，Amplification Tagment Mix 1.25 μLを分注する．工程❾で希釈したcDNA増幅産物を1.3 μL加え，シールをしてスピンダウンする．

⓫ サーマルサイクラーで以下のプログラムを走らせる．

タグメンテーション	
55℃	10分
10℃	Hold

⓬ 10℃になったら，直ちにサーマルサイクラーから取り出し，各ウェルにNT buffer 1.25 μLを加える．シール後，軽くボルテックスし，4,000 rpmで5分間遠心する[*30]．

　　*30　室温でも反応は進むため，直ちにNT bufferを加えること．

⓭ 工程⓬のプレートを氷上に置き，PCR反応液を調製する．各ウェルに，3.75 μLのNPM-bufferを加える．次に，96サンプルそれぞれに異なったインデックスの組合わせ（8×12）をもたせるため，各行に8種類の異なった10 μMのdirFMiプライマー1.25 μLと各列に12種類の異なった10 μMのN7xxプライマー1.25 μLを加える（各配列は，表1参照）．

⓮ シールをして，軽くボルテックスし，4,000 rpmで2分間遠心する．

⓯ サーマルサイクラーで以下のPCRプログラムを走らせる[*31]．

　　*31　PCR後の産物は－20℃で長期保存できる．

表1　ライブラリー調製の際に使用するインデックス

インデックス名	配列
dirFMi#502	AATGATACGGCGACCACCGAGATCTACACCTCTCTATTCGTCGGCAGCGTCAGATGTGTATAAGAGACAG
dirFMi#503	AATGATACGGCGACCACCGAGATCTACACTATCCTCTTCGTCGGCAGCGTCAGATGTGTATAAGAGACAG
dirFMi#505	AATGATACGGCGACCACCGAGATCTACACGTAAGGAGTCGTCGGCAGCGTCAGATGTGTATAAGAGACAG
dirFMi#506	AATGATACGGCGACCACCGAGATCTACACACTGCATATCGTCGGCAGCGTCAGATGTGTATAAGAGACAG
dirFMi#507	AATGATACGGCGACCACCGAGATCTACACAAGGAGTATCGTCGGCAGCGTCAGATGTGTATAAGAGACAG
dirFMi#508	AATGATACGGCGACCACCGAGATCTACACCTAAGCCTTCGTCGGCAGCGTCAGATGTGTATAAGAGACAG
dirFMi#510	AATGATACGGCGACCACCGAGATCTACACCGTCTAATTCGTCGGCAGCGTCAGATGTGTATAAGAGACAG
dirFMi#511	AATGATACGGCGACCACCGAGATCTACACTCTCTCCGTCGTCGGCAGCGTCAGATGTGTATAAGAGACAG
N701	CAAGCAGAAGACGGCATACGAGATTCGCCTTAGTCTCGTGGGCTCGG
N702	CAAGCAGAAGACGGCATACGAGATCTAGTACGGTCTCGTGGGCTCGG
N703	CAAGCAGAAGACGGCATACGAGATTTCTGCCTGTCTCGTGGGCTCGG
N704	CAAGCAGAAGACGGCATACGAGATGCTCAGGAGTCTCGTGGGCTCGG
N705	CAAGCAGAAGACGGCATACGAGATAGGAGTCCGTCTCGTGGGCTCGG
N706	CAAGCAGAAGACGGCATACGAGATCATGCCTAGTCTCGTGGGCTCGG
N707	CAAGCAGAAGACGGCATACGAGATGTAGAGAGGTCTCGTGGGCTCGG
N710	CAAGCAGAAGACGGCATACGAGATCAGCCTCGGTCTCGTGGGCTCGG
N711	CAAGCAGAAGACGGCATACGAGATTGCCTCTTGTCTCGTGGGCTCGG
N712	CAAGCAGAAGACGGCATACGAGATTCCTCTACGTCTCGTGGGCTCGG
N714	CAAGCAGAAGACGGCATACGAGATTCATGAGCGTCTCGTGGGCTCGG
N715	CAAGCAGAAGACGGCATACGAGATCCTGAGATGTCTCGTGGGCTCGG

すべてのインデックスは，サーモフィッシャーサイエンティフィック社に合成を依頼した．

```
PCR
72℃          3分
  ↓
95℃          30秒
  ↓
95℃          10秒 ⎤
55℃          30秒 ⎬ 12サイクル
72℃          60秒 ⎦
  ↓
72℃          5分
10℃          Hold
```

⬇

⓰ サンプルをミックスする．96サンプルミックスの場合は，1.5 mLチューブに，各PCR産物から1 μLをとり混合する．

⬇

⓱ AMPure XP beads（ベックマン・コールター社）で精製する[*32]．
　①室温に戻したAMPure XP beadsを87 μL加えて，5回ピペッティングする．
　②室温で5分静置した後，マグネットスタンド上に2分間置く．
　③マグネットスタンドに置いたままの状態で，ビーズに触れないように，上清を取り除く．
　④180 μLの70%エタノールを加え，30秒間静置し，上清をとり除く[*33]．
　⑤④をもう一度行う．
　⑥10分間，室温でビーズを乾燥させる[*34]．
　⑦マグネットスタンドから外し，96 μLの水を加えて，ピペッティングによりビーズを十分懸濁し，2分間室温に置く．
　⑧マグネットスタンド上に2分間置き，新しいチューブに上清を回収する．
　⑨①〜⑥を再度行う．
　⑩マグネットスタンドから外し，144 μLの水を加えて，ピペッティングによりビーズを十分懸濁し，2分間室温に置く．
　⑪マグネットスタンド上に2分間置き，新しいチューブに上清を回収し，ライブラリーとする[*35]．

> [*32]　この工程は，ライブラリーのサイズ分布に影響するため液量は正確に行う必要がある．
>
> [*33]　70%エタノールは用時調製する．
>
> [*34]　ひび割れるほど乾燥させると収量が落ちるので，注意する．
>
> [*35]　最終的なライブラリー溶液となるので，ビーズを吸わないよう注意する．

⬇

⓲ ライブラリーのサイズ分布と平均長の確認を，バイオアナライザ（Agilent High Sensitivity DNA Chip）を用いて測定する．（図5C）その後，StepOnePlusなどのリアルタイムPCR装置を用い，KAPA Library Quantification kitでライブラリーを定量する[*36][*37]．

* 36　KAPA Library Quantification Kitのプロトコールは，以下を参照した.
　　http://www.n-genetics.com/file/Instruction_KAPALQKit_Illumina.pdf
　　正確なモル濃度を知るために，ライブラリーの平均長を知る必要がある.

* 37　われわれは，1/1,000倍と1/2,000倍希釈したものを用いて平均値をとって濃度を算出している.

3. シークエンス

❶⓳ 最終濃度で9 pMになるようにして，イルミナ社MiSeqまたはHiSeqペアードエンドモードでシークエンスを行う[* 38].

* 38　以下のリンクにて，実際のシークエンス結果を公開している.
　　https://zenodo.org/record/48478#.WMteshjCOgQ

⓴ イルミナ社が提供しているbcl2fastqを用いて，96サンプルについてのdemultiplexを行う.

㉑ TSオリゴが有する配列をもっているリードを5′末端として遺伝子発現の定量を行う[* 39].

* 39　解析のパイプラインは，GitHub上で公開している.
　　（リンク:https://github.com/Population-Transcriptomics/C1-CAGE-preview）

実験例

　当研究室で開発した，ZENBU Genome Browser[3)] を使用してC1 CAGE法で実際に得られたシークエンスタグを可視化した．サンプルは，ヒト肺胞基底上皮腺がん細胞を用いた．C1 CAGE法ではランダムプライマーにより，cDNAを合成し，合成したcDNAの3′末端を方向性の情報を保持したまま，特異的に検出する．検出されたタグは転写開始点を示しており，FANTOM[* 40]やENCODE[* 41]で得られたtotal RNAを用いたCAGE法によるシークエンスタグと同じであることが確認された．C1 CAGE法を用いることでpoly Aの修飾を受けていないmRNA，遺伝子をコードしていないRNA，双方向に発現を示す2つの遺伝子[4)]，エンハンサーRNA[5)]といったものの転写開始点/領域を一細胞から検出し，それぞれの発現量を既知の転写開始点やRNAの領域を参照し，tpm（tags per million）を用いて，定量することが可能である（図6）.

* 40　FANTOM：Functional Annotation of the Mammalian Genome. 理化学研究所の林崎良英氏が中心となり2000年に結成された国際研究コンソーシアム. 第6期のプロジェクトであるFANTOM6には20カ国，100以上の研究機関が参加し，lncRNAの網羅的な機能解析に取り組んでいる.

* 41　ENCODE：The Encyclopedia of DNA Elements. ヒトゲノムのすべての機能要素の解析をめざし，米国・国立ヒトゲノム研究所（NHGRI）が2003年に立ち上げたプロジェクト. 世界5カ国（スペイン，米国，英国，日本，シンガポール）から32の研究機関が参加している.

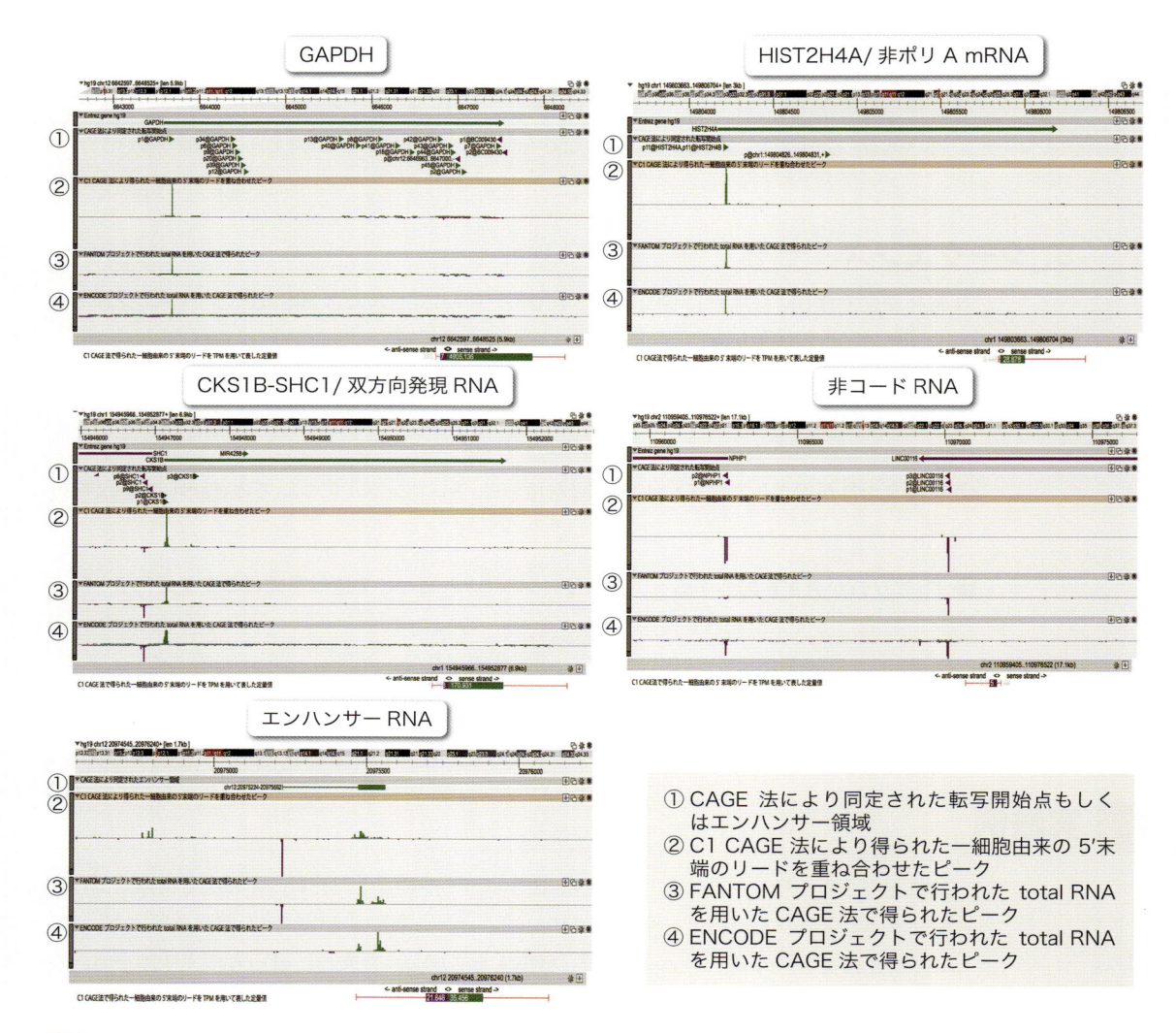

図6 ZENBU Genome Browser によるシークエンスタグの可視化
代表的な RNA について C1 CAGE 法と total RNA を用いた CAGE 法の 2 つのシークエンスタグを可視化した.

① CAGE 法により同定された転写開始点もしくはエンハンサー領域
② C1 CAGE 法により得られた一細胞由来の 5′末端のリードを重ね合わせたピーク
③ FANTOM プロジェクトで行われた total RNA を用いた CAGE 法で得られたピーク
④ ENCODE プロジェクトで行われた total RNA を用いた CAGE 法で得られたピーク

おわりに / 今後の展望

　一細胞単位で生命現象を捉えることで，今までの曖昧な生物学的知見を正確に記述することが可能となった[6]．近年は独自の方法で一細胞に焦点を当てた新たな技術の開発がさかんに行われている．このように，一細胞解析は新たな研究としての地位を築いた．一細胞遺伝子解析のためのツールとして，C1 を用いた技術は，一度に捕捉できる細胞数は少ないものの，RNA-seq 法では一細胞からの遺伝子検出数は高く，また，自由に反応条件を変えられることで，広く一細胞研究に使われてきた．さらにイメージングと組合わせたことでデータの QC（quality control）

に貢献をしている[7]．しかしながら，細胞集団のなかで多様性が高い場合や一細胞間で細胞の大きさに違いがある場合は方法として適していない．

また，C1を用いた技術では，最近になってランごとにテクニカルバイアスが生じていることが報告された[8]．これらのテクニカルバイアスは，正しい生物学的解釈を導き出すのを困難にしている．テクニカルバイアスをとり除くために，RNA分子識別子（Unique Molecular Identifiers：UMI）[9]を使用する方法も開発されているが完全に取り除くには至っていない．これらの課題点を克服するためのRパッケージの開発もさかんに行われている．

これらの問題点は，サイズバイアスのかからない方法で一細胞を捕捉し，一度のシークエンスで数千単位の一細胞を解析することにより克服できると考えられる．2015年に開発されたDrop–Seq[10]は，バーコード配列をもつオリゴdTプライマーがビーズに結合したものと一細胞を，ドロップレットに封入し，そのなかで細胞を可溶化しcDNA合成を行うことで，一度に多数の細胞を解析する方法である．遺伝子発現の定量は，RNAの分子数でカウントできる．しかしながら，その解析パイプラインは定まっていない．また，細胞を捉える効率が低いのが難点であり，二細胞捕捉の確率も高い[11]．

2016年に発表された10x Genomics社が提供しているChromiumは，Drop–Seqと同じく一細胞をドロップレット中に封入している．大きな違いは，マイクロ流路デバイスを用いて，バーコード付きアダプターを含んだ微小ゲルビーズに一細胞を封入する点である[12]．この結果，細胞捕捉効率は65％と高く，二細胞捕捉の確率は，一度に10,000細胞解析したとしても5％未満と非常に低く，また，一細胞からの遺伝子検出数も高い．Chromiumのもう1つの利点は，解析のためのソフトウェア（Cell Ranger）が用意されていることである．現在，一細胞トランスクリプトーム解析は，各研究者が独自の解析方法でデータの解釈を行うため，厳密な比較や生物学的知見の解釈には労力を要している．

前述したChromiumや，フリューダイム社が開発した一度に800細胞解析できるC1アレイに，今回紹介したRNAの網羅的転写開始点解析が可能なC1 CAGE法を導入すれば，新たな一細胞生物学の幕開けとなるであろう．

◆ 文献

1 ）Picelli S, et al：Nat Methods, 10：1096–1098, 2013
2 ）Buenrostro JD, et al：Nature, 523：486–490, 2015
3 ）Severin J, et al：Nat Biotechnol, 32：217–219, 2014
4 ）Kashkin KN, et al：Acta Naturae, 5：79–83, 2013
5 ）Arner E, et al：Science, 347：1010–1014, 2015
6 ）Shin J, et al：Cell Stem Cell, 17：360–372, 2015
7 ）Xin Y, et al：Proc Natl Acad Sci U S A, 113：3293–3298, 2016
8 ）Tung PY, et al：Sci Rep, 7：39921, 2017
9 ）Islam S, et al：Nat Methods, 11：163–166, 2014
10）Macosko EZ, et al：Cell, 161：1202–1214, 2015
11）Zilionis R, et al：Nat Protoc, 12：44–73, 2017
12）Zheng GX, et al：Nat Commun, 8：14049, 2017
13）Plessy C, et al：Nat Methods, 7：528–534, 2010
14）Takahashi H, et al：Nat Protoc, 7：542–561, 2012

14 ICELL8によるシングルセル RNA-Seq

日下智聖，瀬尾淳哉，松崎耕二，北川正成

　ICELL8は，ナノスケールの微細なウェルをもつ金属チップを用いて約1,800個のシングルセルを取得し，シングルセル由来のcDNA合成をDNAバーコードが付与されている各ウェルで行うことにより，NGSを用いたシングルセルRNA-Seqなどを行うことができるシステムである．システムにはイメージング機能が備わっているので，バーコード情報と実際のシングルセル画像を関連付けることにより，確実なシングルセル解析が可能である．また，チップを領域分割使用することで同時に複数検体の解析を行うこともできる．本稿ではiPS細胞から心筋細胞へ分化誘導する過程を解析した例をプロトコールとともに紹介する．

はじめに

　細胞集団は不均一なものであり，それらの細胞の集団に存在する異なる性質をもつ細胞を「個」として捉えられる点において，シングルセル解析は大きな効力を発揮する．シングルセル単離の方法としては，FACS（fluorescence-activated cell sorting）によるものをはじめ，本書別項でも紹介されているように，マイクロフリュイディクスを利用する装置，ドロップレット方式の装置など，各種装置の開発が進められてきた．しかし，実際の検体調製では，細胞集団を構成する細胞サイズがまちまちであることによるシングルセル化操作の困難性，解析検体に混入する死細胞や非シングルセルの排除の不確実性，多検体を同時並行で処理することの煩雑さなどにより，さまざまな解析ノイズが発生する．

　ICELL8 Single-Cell System（タカラバイオ社，#640000）は，前述のような課題の解決のために，ウェルに細胞を分配するシンプルな方法でシングルセルの単離を行う装置であり[1]，以下に示す特徴をもつ．

① 一度に1,800個程度の確実にシングルセル化された細胞を選択可能
② サイズが異なる細胞の混合検体を同時に解析可能
③ 最大8検体までの解析を並行して実施可能
④ 蛍光顕微鏡と組合わせて細胞の生死判別が可能

ICELL8 の構成と特徴

1. 構成

　　ICELL8 Single–Cell System の構成を図1 に示す．本システムは，ICELL8 Chip とよばれる多数のウェルが存在する金属の基盤（図1A）と MSND（MultiSample NanoDispenser）とよばれる細胞および cDNA 合成反応液を ICELL8 Chip のウェルに分配する装置（図1B），分配した細胞を顕微鏡で観測する Imaging Station（図1C）からなる．これらの装置と次世代シークエンサーを組合わせることでシングルセル RNA 解析が可能となる．解析の流れを図2 に示す．

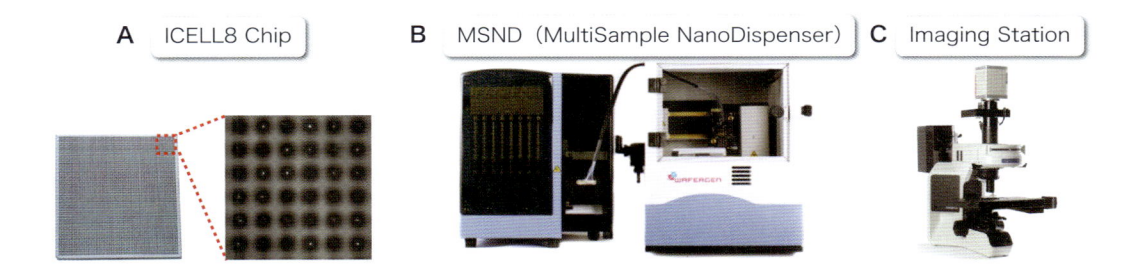

| A ICELL8 Chip | B MSND（MultiSample NanoDispenser） | C Imaging Station |

図1　ICELL8 Single–Cell System の構成
A) ICELL8 Chip は 5,184 のウェルが存在する 4 cm 四方の金属の基盤で，ウェル識別バーコードと UMI をもつオリゴ dT プライマーが各ウェルにプリントされている．**B)** MSND（MultiSample NanoDispenser）が ICELL8 Chip のウェルにナノリッター量の試薬や細胞を分注する．**C)** Imaging Station にて ICELL8 Chip 内で蛍光標識された細胞のイメージを取得する．取得された画像は CellSelect Image Analysis にて解析し，シングルセルの分配されたウェルを特定する．

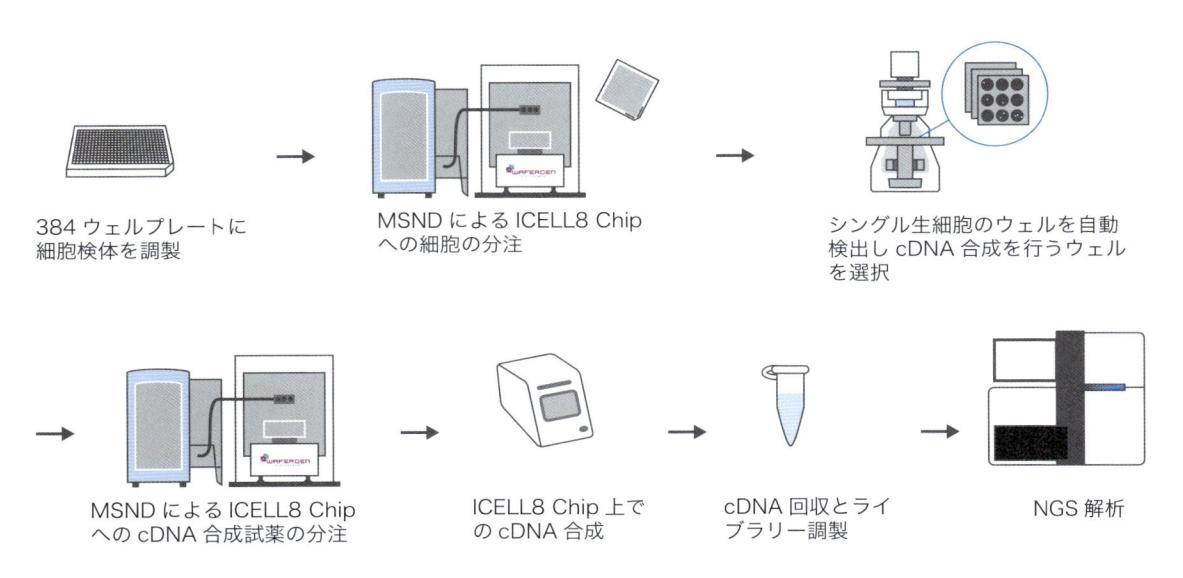

384 ウェルプレートに
細胞検体を調製

MSND による ICELL8 Chip
への細胞の分注

シングル生細胞のウェルを自動
検出し cDNA 合成を行うウェル
を選択

MSND による ICELL8 Chip
への cDNA 合成試薬の分注

ICELL8 Chip 上で
の cDNA 合成

cDNA 回収とライ
ブラリー調製

NGS 解析

図2　ICELL8 Single–Cell System を用いた解析の流れ

2. 特徴

1）ICELL8 Chip

5,184個（72×72）のウェルが存在する4 cm四方の金属の基盤（Wafer）である．

各々のウェルに存在する細胞を識別するために，固有の配列を有するバーコード配列（ウェル識別バーコード），および細胞内に存在するRNA分子量を反映させるための分子バーコード（Unique Molecular Identifier：UMI）とよばれる数塩基のランダムな配列をもつオリゴdTプライマー（プレプリントプライマー）が事前に各ウェルにプリントされている．このウェル識別バーコード配列を印とすることで次世代シークエンス解析から得られる配列とウェルに存在する細胞との対応付けが可能になる．

2）MSND：シングルセルの単離

50 nLあたり1細胞となるよう調製した細胞懸濁液をMSNDでICELL8 Chipの各ウェルに分配する．分配時には，ポアソン分布に従い，確率的に最大1,800個程度のウェルがシングルセルとなる計算になる．これらの作業は，同時に8検体まで解析が可能のため，作業の効率化，同時作業によりテクニカルエラーを最小限に抑えられる．さらに，各ウェルに細胞を分配するシンプルな作業となるため，細胞のサイズに対する依存度は低く，5～100 μmのサイズの細胞を同時に解析できる．

3）Imaging Station：画像取得

細胞懸濁液に含まれる2種の蛍光色素で細胞は染色され，ICELL8 Chipに分配された細胞は蛍光顕微鏡で画像取得される．蛍光色素として，細胞数の確認にHoechst 33342などを，死細胞の判別にPI（propidium iodide）などを用いる．付属のソフトウェアを用いて各ウェルのシングルセル化の判別，細胞の生死判別を自動で行う．また，シングルセル化の確からしさはスコア表記され，解析に使用する細胞の選別も容易である．

4）MSND：cDNA反応液の添加

選別した細胞が含まれるウェルにcDNA合成反応液を加える．シークエンスに用いる細胞のみを本工程で選別できるため，細胞あたりに取得させるシークエンスデータ量などを目的応じてコントロールが可能になるとともに，シーケンシングコストなどの効率化が可能になる．なお，一本鎖cDNA合成後は，二本鎖cDNA合成，Nextera transposomeを用いたタグメンテーションとアダプター付与の流れでシーケンシング用のライブラリが作製される．

準備

本プロトコールはICELL8 Single-Cell Protocol D07-000025 Rev.C（タカラバイオ社），ICELL8 Minimal Cell Handling and Staining Protocol for Suspension and Adherent Cells（タカラバイオ社）に基づいて作成した．

1. 試薬・消耗品

☐ ICELL8 Chip and Reagent Kit（タカラバイオ社，#640003）

☐ MSND 384-well Plates and Seals, 20 pack（タカラバイオ社，#640018）

☐ ヘリウムガス [47L]

☐ ReadyProbes Cell Viability Imaging Kit, Blue/Red（サーモフィッシャーサイエンティフィック社，#R37610）

☐ Recombinant RNase Inhibitor（タカラバイオ社，#2313A）

☐ Phosphate-Buffered Saline（PBS），no Ca^{2+} or Mg^{2+}，pH 7.4（サーモフィッシャーサイエンティフィック社，#10010023）

☐ Human Cell Line K-562 Leukemia, Chronic myelogenous Poly A＋RNA（タカラバイオ社，#636112）もしくは，PolyA 付加された RNA など

☐ UltraPure DNase/RNase-Free Distilled Water（サーモフィッシャーサイエンティフィック社，#10977015）

☐ Maxima H Minus Reverse Transcriptase（サーモフィッシャーサイエンティフィック社，#EP0752 もしくは #EP0753）

☐ Deoxynucleotide（dNTP）Solution Mix（ニュー・イングランド・バイオ・ラボ社，#N0447S）

☐ DNA Clean & Concentrator, with uncapped column kit-5（ZYMO Research 社，#D4003）

☐ エタノール（99.5）試薬特級（和光純薬工業社，#057-00456）

☐ Exonuclease I（ニュー・イングランド・バイオ・ラボ社，#M0293S）

☐ Advantage 2 PCR Kit（タカラバイオ社，#639207）

☐ Agentcourt AMPure XP（ベックマン・コールター社，#A63880）

☐ High Sensitivity DNA Kit（アジレント・テクノロジー社，#5067-4626）

☐ Qubit dsDNA HS Assay Kit（サーモフィッシャーサイエンティフィック社，#Q32851）

☐ Nextera XT DNA Library Preparation Kit（イルミナ社，#FC-131-1024）

細胞分注確認用オプション

☐ ICELL8 Blank Chip（タカラバイオ社，#640013）

セルカウント用オプション

☐ Moxi Z Mini Automated Cell Counter（ORFLO 社，#MXZ001）

☐ Moxi Z Cell Count Cassettes Type M（ORFLO 社，#MXC001）

☐ Countess Ⅱ（サーモフィッシャーサイエンティフィック社，#AMQAX1000）

☐ Countess 専用スライド（ディスポーザブル式）（サーモフィッシャーサイエンティフィック社，#C10228 もしくは #C10312）

2. 装置

☐ ICELL8 Single-Cell System（タカラバイオ社，#640000）
　　システム構成内容
　　・ICELL8 MultiSample NanoDispenser
　　　　・ICELL8 MultiSample NanoDispenser
　　　　・Centrifuge Chip Spinner
　　　　・Spinner Balance

- Blank chip for centrifuge balance
- Film Applicator & Blotter
- Chip Cold Block
- Imaging Station
  - ICELL8 Imager
  - ICELL8 Imager Microscopy suite
  - ICELL8 Chip Holder
- CellSelect Software
  - CellSelect Image Analysis
- Chip Cycler

その他の装置

- ☐ Agilent 2100 Bioanalyzer（アジレント・テクノロジー社，#G2940CA）
- ☐ Qubit 3.0 フルオロメーター（サーモフィッシャーサイエンティフィック社，#Q33216）
- ☐ CO_2 インキュベータ
- ☐ 遠心機（ディープウェルプレート用，1.5 mL および 0.2 mL チューブ用）
- ☐ 超低温フリーザー
- ☐ サーマルサイクラー（タカラバイオ社，#TP350）
- ☐ 磁気スタンド（タカラバイオ社，#635011）
- ☐ HiSeq 2500（イルミナ社）

プロトコール

1. 試薬の調製

☐ ReadyProbes Cell Viability Imaging Kit，Blue/Red 染色混合液［320 μL］

Hoechst 33342	160 μL
Propidium iodide	160 μL

☐ ポジティブコントロール混合液［50 μL］

K562 RNA（10 ng/μL）	1.2 μL
PBS	23.3 μL
Second Diluent，2X	25.0 μL
Recombinant RNase Inhibitor	0.5 μL

☐ ネガティブコントロール混合液［50 μL］

PBS	24.5 μL
Second Diluent，2X	25.0 μL
Recombinant RNase Inhibitor	0.5 μL

☐ cDNA 合成試薬混合液（RT 試薬）［220 μL］

Maxima H Minus RT buffer	88.0 μL
dNTPs（10 mM）	44.0 μL
RT E5 OLIGO（100 μM）	4.4 μL
DNase-RNase free water	57.2 μL
Maxima H Minus RT（200 U/μL）	26.4 μL

2. 細胞懸濁液の調製

❶ 接着細胞の場合，最適化された剥離法によりシングルセルにする．

❷ 各培養培地で再懸濁後，細胞塊を除くために，セルストレーナーに通す．

❸ セルカウント後，$10^5 \sim 10^7$ 細胞/mL 程度に濃度調整する．

❹ 細胞懸濁液 2 mL に対し，ReadyProbes Cell Viability Imaging Kit，Blue/Red 染色混合液を 320 μL 添加し，5 回転倒混和する[*1]．

  *1　過剰な混合はしない．

❺ CO_2 インキュベータにセットし，37 ℃，20 分間，染色する．

❻ 37 ℃に温めておいた等量の PBS 2 mL を加えて，緩やかに混和する．

❼ 至適条件下で遠心を行う[*2]．

  *2　遠心条件 1：K562 や NIH3T3 の場合，100×g，室温，3 分間．
  　　遠心条件 2：PBMC の場合，500×g，室温，3 分間．

❽ 遠心後，上清を除去し，37 ℃に温めておいた PBS を添加し，先端が太いチップを用いて混合懸濁後，セルカウントを行う．最終濃度 2×10^5 細胞/mL に PBS で濃度調整する．

❾ 以下の条件で，ICELL8 分注用検体細胞混合液を調製する．

□ ICELL8 分注用検体細胞混合液（1 検体あたり）[100 μL]

細胞懸濁液（2×10^5 細胞/mL）	10 μL
PBS	39 μL
Second Diluent, 2 X	50 μL
Recombinant RNase Inhibitor	1 μL

　　もしくは

細胞懸濁液（2×10^5 細胞/mL）	10 μL
PBS	88 μL
Second Diluent, 100 X	1 μL
Recombinant RNase Inhibitor	1 μL

3. ICELL8 MSND を用いた細胞分注

❶ 384 ウェルプレートに，Fiducial ミックス溶液[*3]（キット付属）25 μL，ポジティブコントロール混合液 25 μL，ネガティブコントロール混合液 25 μL，および最後に，ICELL8 分注用検体細胞混合液を 80 μL/ウェルずつ，図3A に示す所定の位置に，気泡が入らないように添加後[*4]，シールでふたをする．

  *3　Fiducial ミックス溶液：Chip の向きをイメージングソフトに認識させるための蛍光液．
  *4　長期の静置により細胞が沈殿してしまうため，細胞懸濁液を分注する直前に，先端が太いチップを用いてしっかり懸濁後，すばやく ICELL8 にセットし，細胞分注する．

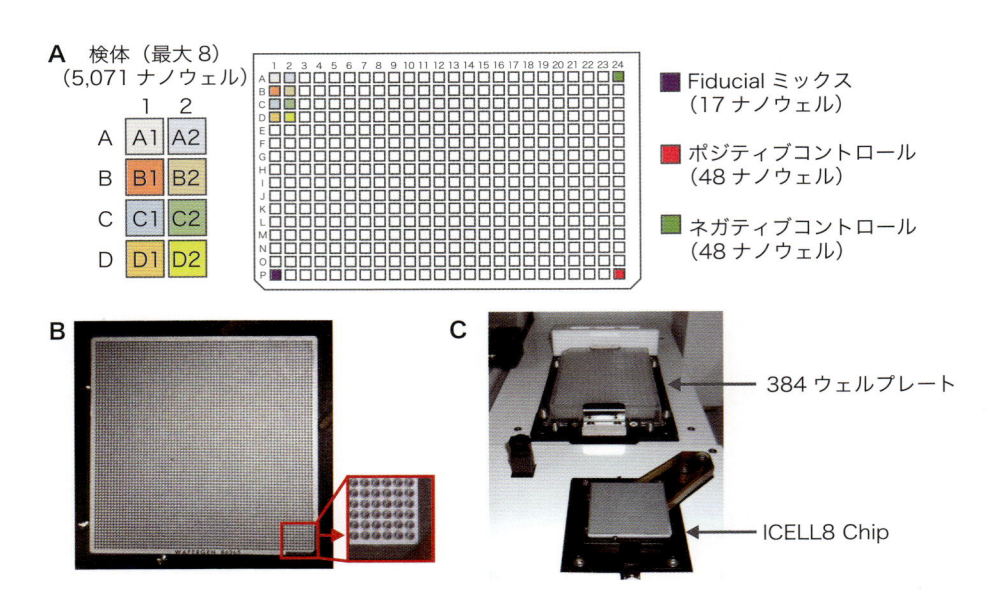

図3 細胞調製検体およびMSNDへのセット

A) 細胞調製した検体の分配図（同時に最大8検体まで分配できる）. **B)** ICELL8 Chip をMSNDへセットする際の向き. **C)** 384ウェルプレートとChipをMSNDへセット時の配置.

❷ Chipを面取りコーナーが右手前になるように向きを揃え，平らにChipをセットする（図3B）.

❸ 384ウェルプレートのシールを剥がして，MSNDにセットする（図3C）.

❹ MSNDのソフト画面上にある "Single Cell" タブをクリックし，Chip番号をスキャンし，入力した後，"Dispense cells" をクリックして，細胞分注を開始する[*5].

> [*5] 全5,184ウェルの分注は約15分で終了する. 分注終了後，濾紙（キット付属）をChip表面に接触させ，正常に溶液分注されたことを確認しておく.

❺ 付属のイメージングフィルムを，Chipに貼り付ける.

❻ Chipを，300×g，室温，3分間，遠心する.

4. Imaging Station による画像取得

❶ "Micro-Manager Software" を立ち上げ，"Live"，"Multi-dimensional Acquisition" および "Load Chip Type" をクリックする.

❷ ChipのQRコードをスキャンし，Chip NumberにChip番号を入力後，Imaging Station の顕微鏡ステージに向きを合わせてChipをセットする.

❸ Chipの向きの確認，および細胞に焦点を合わせた後，イメージングを開始する[*6].

＊6　約15分で画像取得が完了する.

❹ 画像取得後，直ちに Chip を超低温フリーザー（−80℃）で保管し，少なくとも30分以上保存する.

5. 画像解析および RT 試薬分注ウェルの決定

Chip を超低温フリーザーに保管している間に作業する.

❶ "CellSelect Image Analysis" を立ち上げ，取得した画像をとり込む.

❷ Hoechst 33342 染色と PI 染色の画像結果からシングルセル化と各細胞の生死判別を行う（自動判別）＊7.

＊7　細胞のサイズや真円度などの設定条件を満たしたウェルだけが，自動的に RT 試薬分注ウェル候補として絞り込まれる（図4）.

❸ ウェルごとの解析結果を確認しながら，RT 試薬を分注するウェルを最終決定し，RT 試薬分注用ファイル "<Chip ID >.CSV" を作成する.

6. プレプリントプライマーのアニーリング

❶ 超低温フリーザーから Chip をとり出し，室温で10分間静置する.

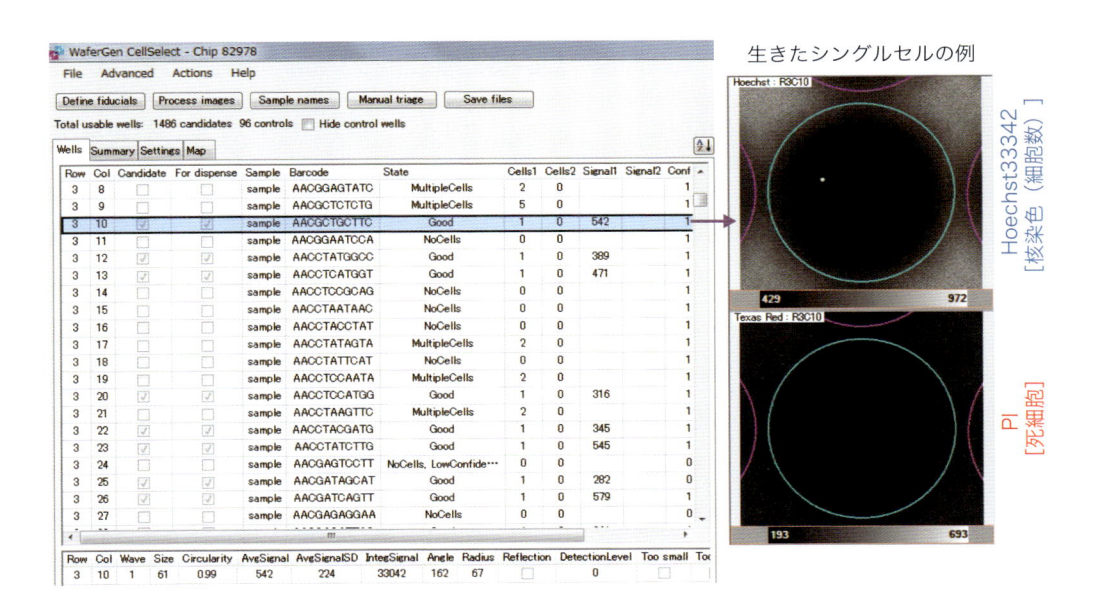

図4　CellSelect Image Analysis によるイメージング解析
CellSelect Image Analysis を用いることで，Hoechst 染色と PI 染色の画像から各ウェルの分配細胞数と細胞生死を自動判別し，生きたシングルセルのウェルのみを選別できる.

❷ Chip を 3,000×g，4℃，3 分間遠心する.

❸ Chip を Chip Cycler にセットする*8.

> *8　濾紙を断熱材と Chip の間に置き，接着するのを防ぐ.

❹ 以下のプログラムを実行し，プレプリントプライマーをアニールする.

72℃	3 分
↓	
4℃	∞

❺ Chip を 3,000×g，4℃，3 分間遠心する．遠心後は 4℃に静置する.

7. ICELL8 MSND による RT 試薬分注および cDNA 合成

❶ RT 反応試薬混合液を調製し，384 ウェルプレートの適当な 4 ウェルに 50 μL/ ウェルで分注し，シールでふたをした後，3,000×g，4℃，3 分間，遠心する.

❷ 遠心後，シールを剥がして，384 ウェルプレート MSND にセットする.

❸ **3-❷**同様，**6-❺**の Chip をセットする（Chip を面取りコーナーが右手前になるように向きを揃え，平らに Chip をセットする）.

❹ MSND のソフト画面上にある "Single Cell" タブをクリックし，Chip ID をスキャンして入力した後，"Filter file" に **5-❸**で作成したファイル "<Chip ID >.CSV" をロードする.

❺ "Dispense RT buffer" をクリックすると，指定した各ウェルに RT 試薬 50 nL ずつの分注が開始される*9.

> *9　約 10 分程度で終了する．分注終了後，**3-❹**同様，濾紙を用いて分注結果を確認する.

❻ PCR フィルムを Chip に貼り付ける.

❼ Chip を 3,000×g，4℃，3 分間遠心した後，Chip を Chip Cycler にセットする.

❽ 以下のプログラムを実行し，cDNA 合成反応を行う.

42℃	90 分
↓	
4℃	∞

❾ Chip を 3,000×g，4℃，3分間遠心した後，4℃で静置する．

8. cDNA の回収

❶ キット付属の回収用チューブに Chip ID を記載し，Collection Fixture（回収用器具）を組み立てる．

❷ PCR フィルムを Chip から慎重に剥がし，❶で組み立てた回収用器具に Chip をセット後，シールを貼って固定する．

❸ 専用の遠心機アダプターを使用して，3,000×g，4℃，10分間遠心する（バランス用チップもセットする）．

9. cDNA 濃縮

回収した cDNA を DNA Clean & Concentrator–5 kit を用いて濃縮する．

❶ 回収した cDNA 溶液の容量を測定し，cDNA 溶液の容量の7倍の DNA binding buffer を加えて，混合する．

❷ Collection Tube にセットされた Zymo–Spin Column に混合液を分注し（1回の最大分注量は 700 μL），遠心する（10,000×g，30秒）．遠心後，フロースルーを捨てて，すべての混合液がなくなるまでくり返す．

❸ Spin Column に DNA Wash Buffer 200 μL を加えて，遠心する（10,000×g，30秒）．

❹ ❸をくり返し，計2回実施する．

❺ Column matrix を乾燥させるため，遠心する（10,000×g，1分間）．

❻ DNase–RNase free water 20 μL を添加し，室温で1分間インキュベートする．

❼ Spin Column を新しい 1.5 mL チューブにとり付け，遠心する（10,000×g，30秒）．

10. Exonuclease I 処理による未反応プライマーの除去

❶ 濃縮した cDNA 溶液 17 μL を 0.2 mL PCR チューブに移し替え，Exonuclease I Buffer 2 μL および，Exonuclease I 1 μL を加えて，混合する．

❷ サーマルサイクラーにセットし，以下のプログラムを実行して，Exonuclease I 処理を行う．

37℃	30分
↓	
80℃	20分
↓	
4℃	∞

11. cDNA増幅

❶ キット付属のAmp primerとAdvantage 2 PCR kitを用いて，以下に示す混合溶液を調製する．

Exonuclease I 処置済み cDNA（全量）	20 μL
10×Advantage 2 PCR Buffer	5 μL
50×dNTP Mix	1 μL
Amp primer（10 μM）	1 μL
50×Advantage 2 Polymerase Mix	1 μL
DNase–RNase free water	22 μL

❷ サーマルサイクラーにセットし，以下のプログラムを実行して，DNA増幅反応を行う．

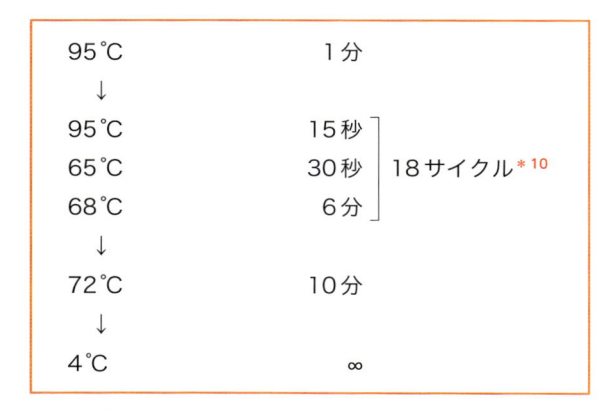

95℃	1分	
↓		
95℃	15秒	
65℃	30秒	18サイクル*10
68℃	6分	
↓		
72℃	10分	
↓		
4℃	∞	

*10 収量が不足する場合にはサイクル数を増やす．

12. 二本鎖cDNA増幅産物の精製および定量

❶ DNA増幅反応液50 μLに対し，室温に戻しておいたAMPure XP 30 μLを加え，ピペッティングで混合後，室温で5分間インキュベートする．

❷ 磁気スタンドにセットし，2分間静置する．

❸ 磁気スタンドにセットしたまま上清を除き，ビーズを洗浄するために70% エタノール200 μLを加えて，室温で1分間静置する．

❹ ❸をくり返し，計2回洗浄する．

❺ 磁気スタンドにセットしたまま，蓋を開け，5分間未満静置し，ビーズを乾燥させる*11．

*11 乾燥のしすぎや不十分だと収量が減る．

❻ DNase–RNase free water 12 μLを加えて，ピペッティングで混合後，室温で5分間インキュベートする．

❼ 磁気スタンドにセットし，1分間静置後，上清を回収し，新しいチューブに移す．

➑ 得られた cDNA について，Qubit dsDNA HS assay kit と Qubit 3.0 フルオロメーターを用いて定量する[*12].

> [*12] High Sensitivity DNA Kit と Agilent 2100 Bioanalyzer を用いてもよい.

13. ライブラリ調製およびシークエンシング

➊ 得られた cDNA 溶液を 0.2 ng/μL になるように DNase-RNase free water で濃度調整し，5 μL 分調製する.

➋ Nextera XT DNA Library Preparation Kit を使用してシークエンシング用のライブラリ調製を行う.

➌ シークエンス解析用ライブラリについて，High Sensitivity DNA Kit と Agilent 2100 Bioanalyzer を用いてライブラリ長の測定と定量を行う.

➍ 作製したライブラリに対し，HiSeq 2500 を使用して，Read1：26 サイクル，Read2：101 サイクル，およそ 2.5 億リード取得できるよう，シークエンシングを行う.

14. 遺伝子発現のカウントおよび情報解析

➊ シークエンス結果（FASTQ 形式）に対して，ICELL8 付属の Perl スクリプトを実行する. これにより，ウェルバーコードと UMI に基づいたシークエンスリードの分類および参照配列へのマッピングが行われる. 結果，各ウェル・各遺伝子のリードカウント数の一覧が得られる.

➋ リードカウントの一覧に対して，統計解析ソフト（R などのスクリプト）を用いた解析を実施する. ここでは主にカウントのノーマライズを行った後，クラスタリング解析，発現差のある遺伝子の検出を行う.

実験例

　ヒト iPS 細胞から心筋分化誘導を行い[2]，Day01，03，09，Day21 の 4 点でサンプリングした細胞を材料として実験を行った. 4 ポイントを合計して約 1,000 細胞のシングルセルが取得でき，1 細胞あたり平均 12 万リード，1,200 遺伝子（最大で 75 万リード，4,500 遺伝子）を検出できた. 図5 は得られたシングルセルの遺伝子ごとのカウントデータからクラスタリング解析を行った結果を tSNE 法[3] により可視化したものである. Day ごとに分化が進み，細胞ごとの遺伝子発現の違いを捉えることができたとともに，Day01 の集団と Day03 の細胞は重なっており，遷移中の状態を細かく捉えることができた. また，分化が進むにつれて iPS 細胞特有の遺伝子のカウントは減っていき，心筋特有の遺伝子のカウントが増えていることが確認された（図6）. このように，ICELL8 Single-Cell System は一度に複数の検体を解析でき，Day ごとに変化していくような検体の詳細な発現の変化を捉えるのに有効である. さらに，これら代表

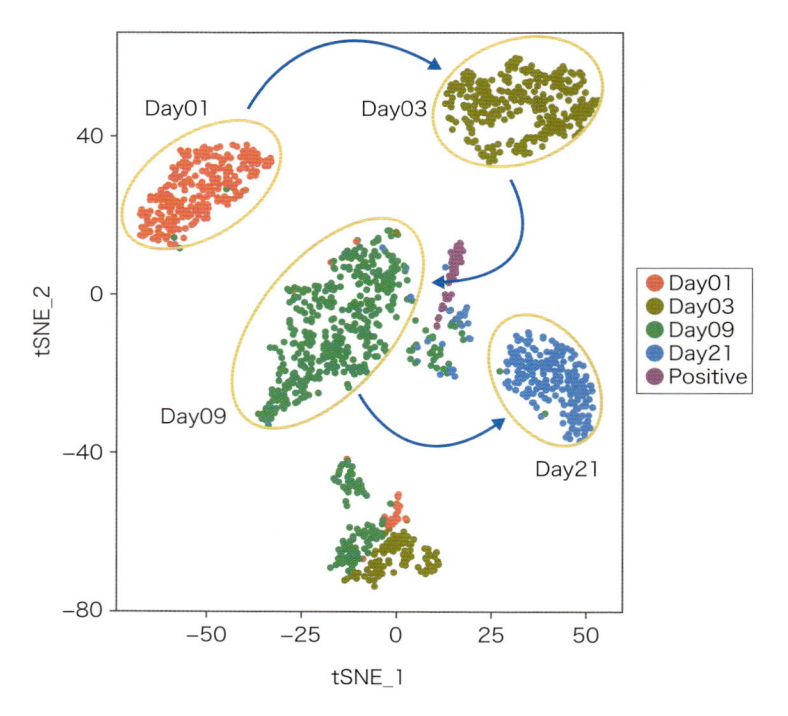

図5 クラスタリング解析結果のtSNE法による可視化

ヒトiPS細胞から心筋細胞へ分化誘導する過程のDay01，03，09，21の4点の
細胞の発現遺伝子情報をクラスタリング解析し，tSNE法による可視化を行った．

的な遺伝子以外にも，クラスター間で比較解析を行えば，それぞれの状態に寄与する遺伝子の
同定も可能であると考えられる．

おわりに

　シングルセル解析装置を用いて解析できる細胞数は，手法や装置により100程度から数十万
程度と幅がある．解析する細胞数が少ない場合は，より多くの遺伝子発現情報を取得できる一
方，多くなると読みとり深度は浅くなり，解析対象となる遺伝子数は少なくなるが，レアに存
在する細胞の検出と言った観点では有利となる．がん研究などにおいては，1検体あたり50〜
100程度の細胞数を解析する報告が多いが，これらはシークエンスを含めたコストによるとこ
ろが大きい．また，10%の細胞集団を90%程度の感度で検出する場合は25細胞程度，1%の細
胞集団を90%の感度で検出する場合は250細胞程度が計算上必要になることも報告されてい
る．このようにシングルセル解析実験を行う場合には，細胞集団の多様性，遺伝子の検出感度，
使用する機器の特性などを加味した実験計画を立てる必要がある[4]．
　ICELL8 Single-Cell Systemは，解析細胞数としては1,800程度であり，シングルセル解析
装置としてはミドルレンジのポジションとして，グループ分け，関連遺伝子の同定など両者の
特性を兼ねたアプリケーション利用が期待される．例えば，蛍光顕微鏡と組合わせることで生

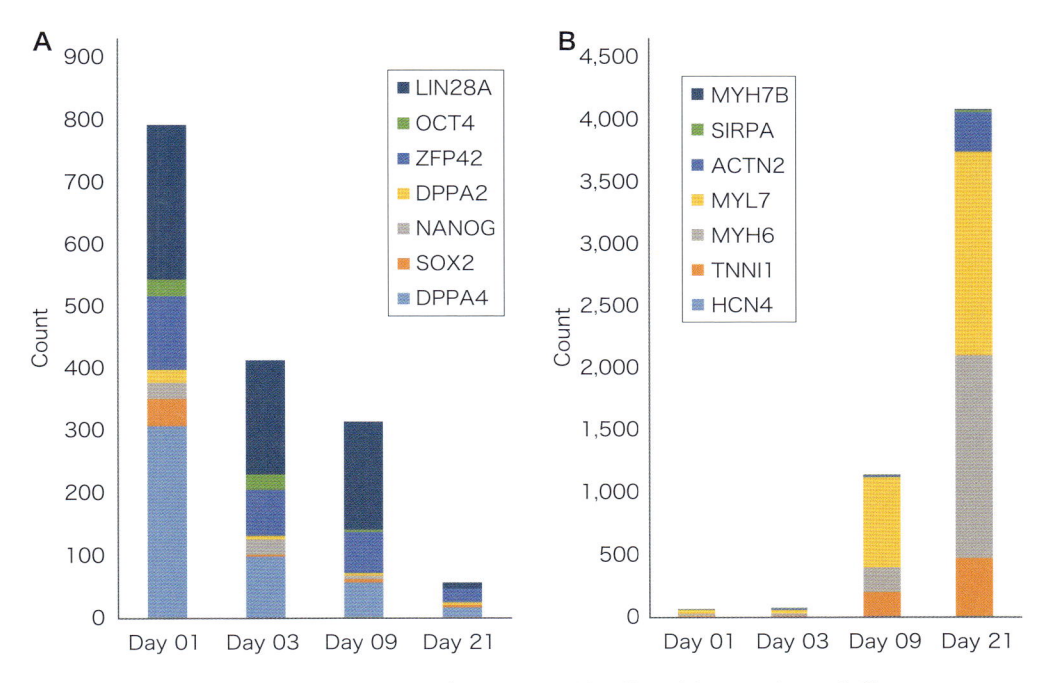

図6　iPS細胞に特異的な遺伝子および心筋細胞に特異的な遺伝子の発現の変動

A） iPS細胞に特異的な遺伝子（LIN28A，OCT4，ZFP42，DPPA2，NANOG，SOX2，DPPA4）と，**B）** 心筋細胞に特異的な遺伝子（MYH7B，SIPRA，ACTN2，MYL7，MYH6，TNNI1，HCN4）の発現のカウントを示す．

死判別が可能であるためデータ精度の向上が期待される一方，細胞表面に存在するタンパク質や糖鎖マーカーなどによる細胞の選別への応用が期待できる．また，すでに細胞のみではなく，アーカイブされていたがん凍結サンプルから核を抽出し，単一の核からのRNA-Seqを行うなどの実施例も報告されている[5]．

　今後は，SMART（Switching Mechanism At 5′ End of RNA Template）技術[6]によるRNA解析だけでなく，PicoPLEX技術によるDNAを対象としたシングルセル解析への応用[7]も進められる予定である．

謝辞

　本稿の作成に関して，京都大学 iPS細胞研究所 未来生命科学開拓部門 渡辺亮先生および吉田善紀先生に細胞のご提供をいただきました．

◆ 文献

1 ）Goldstein LD, et al：BMC Genomics, 18：519, 2017

2 ）Funakoshi S, et al：Sci Rep, 6：19111, 2016

3 ）van der Maaten L, et al：J Mach Learn Res, 15: 3220–3245, 2014

4 ）Ramsköld D, et al：Nat Biotechnol, 30：777–782, 2012

5 ）Gao R, et al：Nat Commun, 8：228, 2017

6 ）Zhu YY, et al：Biotechniques, 30：892–897, 2001

7 ）Murphy NM, et al：Sci Rep, 6：30381, 2016

タカラバイオが提案する**TCRレパトア解析**ソリューション

SMARTer® TCR a/b Profiling Kit

高感度でバイアスの少ないレパトア解析を可能にする、イルミナ社NGS用（MiSeq推奨）ライブラリー調製キットです。ヒト用、マウス用がそれぞれあります。

- マルチプレックスPCRに依存しない増幅でバイアスを低減
- TCR α鎖、TCR β鎖を同時に，または個別にライブラリー調製可能
- TCR mRNAの完全長 V（D）J可変領域のシーケンスが可能
- 微量RNA、細胞から解析可能
  - ✓ヒト末梢血由来 total RNA 10 ng ～ 3 μg、T細胞 50 ～ 10,000個
  - ✓マウス 脾臓、胸腺、末梢血単核細胞由来 total RNA 10～500 ng、T細胞 1,000 ～ 10,000個

| SMARTer | + | 次世代シーケンサー | ⇒ | TCR α / β 網羅的レパトア解析 |

製　品　名	容　量	製品コード
SMARTer Human TCR a/b Profiling Kit	12回	635014
	48回	635015
	96回	635016

ICELL8™ Single-Cell System

生きたシングルセルを自動または任意に選択してcDNA合成を行うことが可能な、ご希望にフレキシブルにお応えできるシングルセル解析システムです。

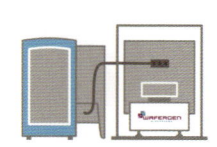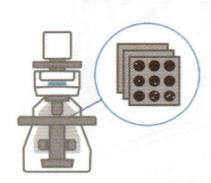

- 最大1,800個程度の細胞をシングルセル化
- 5 - 100 μmの幅広い細胞サイズに対応、細胞サイズに依存しないシングルセル化効率

製　品　名	容　量	製品コード
ICELL8 Single-Cell System	一式	640000

テクニカルノート「**ICELL8 Single Cell System**と**SMARTer**技術を用いたヒトT細胞受容体のシングルセル解析」をウェブサイトで公開しています。「**ICELL8 TCR**」で検索してください。

タカラバイオ株式会社
http://www.takara-bio.co.jp

TM006C

15 シングルセルメチローム解析（PBAT法）

三浦史仁，伊藤隆司

WGBS（whole-genome bisulfite sequencing）をシングルセルメチローム解析に適用する場合，基本的に2コピーしかないゲノムDNAをいかに失わずに効率よく配列情報に変換するのかという問題を解決しなければならない．特にアダプターが連結されたDNAに対するバイサルファイト処理の適用は鋳型構造の崩壊を招くため避ける必要があり，そのためにはPBAT（post-bisulfite adaptor tagging）戦略が必要不可欠である．一本鎖状態のバイサルファイト処理DNAに対して効率よくアダプター配列を連結するためのランダムプライミング反応を効率よくかつ副反応をなるべく防ぎながら進めることがシングルセルメチローム解析を実現する最も重要なポイントである．

はじめに

　圧倒的な次世代シークエンサーの出力を活用した全ゲノムバイサルファイトシークエンシング（whole-genome bisulfite sequencing：WGBS）が実現されてからまもなく10年が経過しようとしている[1)2)]．当初，数μgもの開始DNAが要求されたWGBSの鋳型調製プロトコールは，その後改良が重ねられ，ついにはpgのオーダーのDNAを相手にするシングルセルメチローム解析が実現されるまでに進化している[3)~5)]．このようなWGBSの高感度化のキーとなったのは，バイサルファイト処理の過程で起こるDNAの分解が原因となって，鋳型構造が崩壊してしまう現象をうまく回避したPBAT（post-bisulfite adaptor tagging）の戦略である[6)]．本稿では，ランダムプライミング反応を用いたオリジナルなPBAT法のプロトコールを軸に，シングルセルを対象としたWGBSにみられるいくつかの工夫を織り交ぜ，WGBSの高感度化に重要なポイントを紹介したい．なお，オリジナルなPBAT法の具体的な実験操作に関しては2017年刊行の羊土社「エピジェネティクス実験スタンダード」に詳述したので，そちらを参照されたい．

シングルセルメチローム解析

　シングルセルを対象にDNAのメチル化状態をゲノム規模で調べようとした研究は数年前から徐々に報告されるようになってきた．例えばGuoらはRRBS（reduced-representation bisulfite sequencing）法[7)]をマウスES細胞のシングルセル解析に応用し（single cell RRBS：

scRRBS法），およそ100万カ所のCpGサイトのメチル化状態を決定することに成功している[8]．マウスのCpGサイトは2,200万カ所あるので，scRRBS法ではゲノム全体のおよそ20分の1程度を網羅できたことになる．よりゲノム網羅性を高めたWGBSによるシングルセルメチローム解析は2014年の夏にSmallwoodらによって実現された[3]．scBS–Seq（single cell bisulfite sequencing）と名付けられた手法はPBAT[6]とよばれるコンセプトに基づいたプロトコールを用いて配列決定のためのライブラリーが構築され，ゲノム全体のおよそ6分の1（平均で370万カ所）に相当するCpGサイトのメチル化状態を計測することに成功している[3]．その後，いくつかのシングルセルメチローム解析が報告されているが[4][5]，いずれの報告もPBATの戦略によってライブラリー調製が行われており，PBATがゲノム網羅的なシングルセルメチローム解析を実現するためのキーであることがわかる．

PBAT（post-bisulfite adaptor tagging）

PBATはその名が示す通り，バイサルファイト処理後のDNAに対してアダプター配列を導入する実験手順を意味する．PBATが提案される以前のWGBSのプロトコールは，サンプルDNAをまず超音波処理などで断片化した後，アダプター配列をDNAの両端に連結して配列決定のための鋳型としての構造を完成し，そのうえでバイサルファイト処理を行っていた[1][2]．しかし，バイサルファイト処理はDNAを切断する性質があるため，この実験手順では両端にアダプターが連結されたDNA分子が切断されてしまい，配列決定のための鋳型として必須の構造が失われてしまうことが判明した（図1左）．そこで，もしバイサルファイト処理後にアダプ

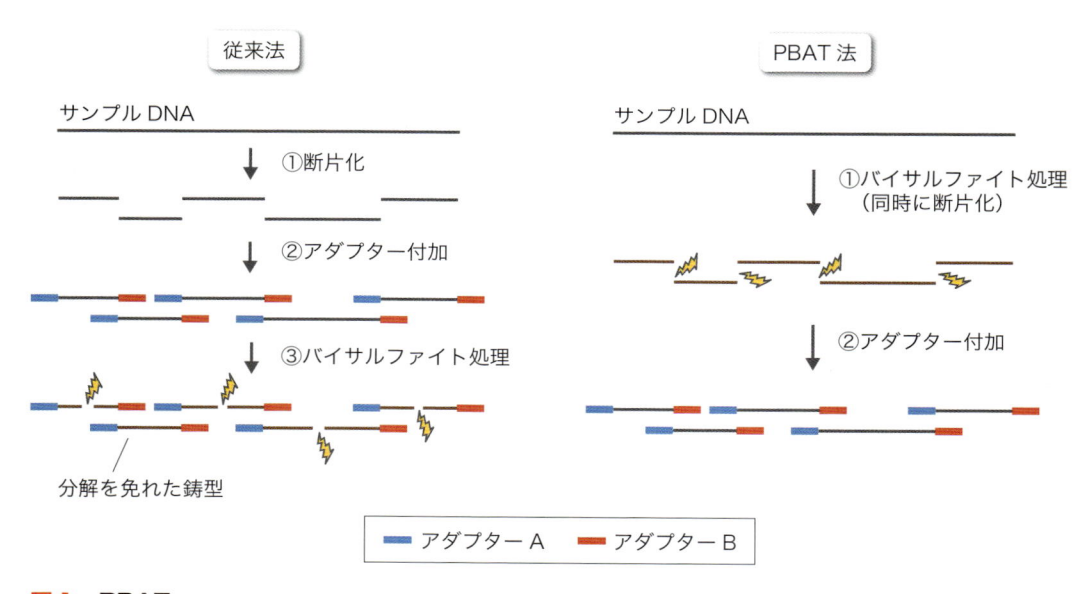

図1　PBAT
従来のWGBSでは鋳型構造が完成した後にバイサルファイト処理を行っていたため，鋳型構造が崩壊してしまい，ライブラリー収量が極端に低かった（左）．PBAT法はこの現象を回避するために開発された（右）．

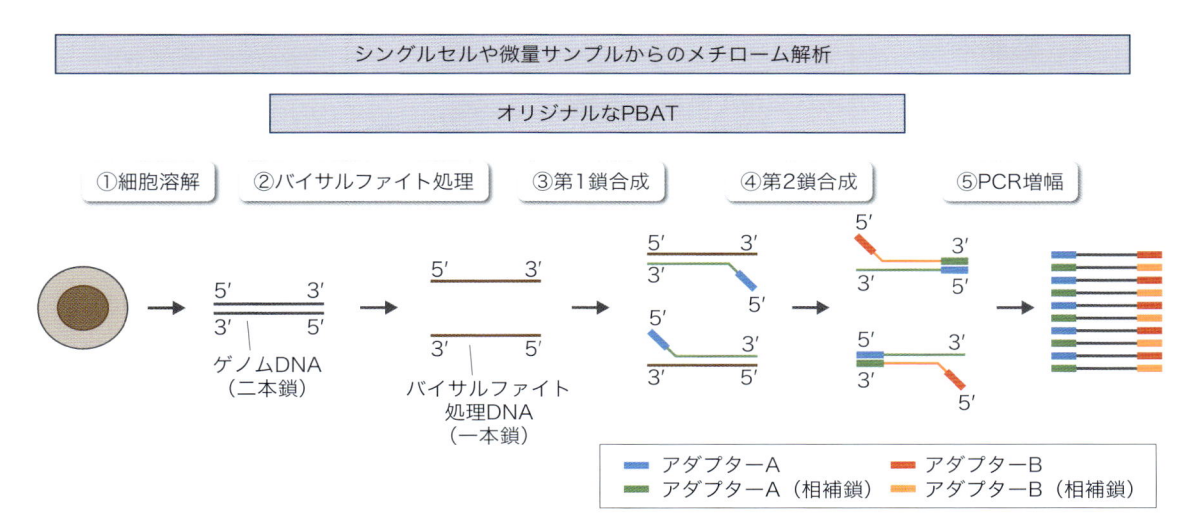

図2　PBAT法によるライブラリー調製の流れ

オリジナルなPBAT法ではあらかじめ精製された十分量の開始DNAの使用が想定されているため，②から④を行い，ライブラリー全体のPCR増幅は行われない．③および④はランダムプライミングによるアダプター配列の導入ステップである．

ター配列を導入することができれば鋳型収率の低下は避けられるだろうと考えた（図1右）．こういったPBATのコンセプトを実現するためには，一本鎖状態のバイサルファイト処理DNAに対して効率よくアダプター配列を連結する必要があるが，われわれはバイサルファイト処理DNAをもとにランダムプライミングを2回くり返すことで両端にアダプター配列が連結されたDNA分子のライブラリーを調製するプロトコールを考案し完成させた（図2）．この手法はうまく働き，発表当時に標準的に用いられていたWGBSのライブラリー調製プロトコールに対して約1,000倍高感度な調製を実現している[6]．

PBATによるWGBSの高感度化とシングルセル解析のための工夫

PBATによるライブラリー調製は，バイサルファイト処理，第1鎖合成，第2鎖合成を行うことで完成する（図2）．シングルセルをはじめ微量サンプルを扱う場合，細胞溶解液がバイサルファイト処理反応液に直接混合され，また，PCRによるライブラリー全体の増幅が実行される（図2）．それぞれのステップを高い効率でかつなるべくDNAを失わずに進めることこそが1細胞あたり1〜2分子しかないゲノムDNAを対象にしたシングルセル解析を実現するための最も重要なポイントである．オリジナルなPBATのプロトコールにも高感度化のための工夫は随所に導入しているが，シングルセル解析を実現したscBS–Seqのプロトコールにはさらにいくつかのアイデアが見えてくる[3) 9)]．操作の手順に沿ってそれぞれのポイントを解説する．

1. 細胞溶解

ポイント1　ゲノムDNA精製の省略

　シングルセル解析ではゲノムDNAの精製操作もDNA損失の原因となりうる．そこで，細胞を溶解した後，精製操作を経ずに溶解液を直接バイサルファイト処理試薬と混合する手法がシングルセルを対象としたWGBSのすべてのプロトコールで採用されている（図2）．細胞溶解液にも工夫があり，Proteinase Kでタンパク質の分解を行うもの[3][4]，界面活性剤とカオトロピック塩を含む細胞溶解液を用いてタンパク質の溶解を促すもの[9]が採用されている．

2. バイサルファイト処理

　バイサルファイト処理は大きく3つの工程より構成される．1つ目のステップはDNAの変性である．このステップでは二本鎖のDNAを一本鎖にする．2つ目のステップはバイサルファイト試薬とDNAの反応で，この間に塩基のスルホン化が進み，その結果シトシンは脱アミノ反応を起こす．3つ目の工程はスルホン化されたヌクレオチドをアルカリ条件下で脱スルホン化する反応である．われわれの経験では，このバイサルファイト処理の収量は最適化された条件下でさえ開始DNAの40〜70％であり，今後のさらなる改善が要求されるステップの1つである．

ポイント2　バイサルファイト処理試薬の選択

　バイサルファイト処理においてバイサルファイト処理試薬の選択は最も重要なポイントである．一昔前のバイサルファイト処理試薬はDNAの分解が著しく，DNA収量が1％にも満たない例が多かった．しかし，例えば早津らの例にあるように近年バイサルファイト処理試薬の改善が進み，DNAの分解が抑えられた収率の高い組成が開発されている[10]．これまでに報告されているシングルセルメチローム解析ではすべての例でZymo Research社のCT Conversion Reagentが利用されており[3]〜[5]，これが事実上の標準となっているようだ．

ポイント3　DNAの変性方法

　二本鎖状態のDNAはバイサルファイト試薬と反応しないため，バイサルファイト処理ではまずDNAを変性して一本鎖の状態にする．DNAの変性方法としてはバイサルファイト処理試薬添加前のアルカリ処理，バイサルファイト処理試薬中での加熱処理の2種類が主に利用されるが，前者はDNAの分解が抑えられるという利点があるものの，バイサルファイト処理によるシトシンのウラシルへの変換効率が後者に比べて低くなる傾向がある．逆に後者ではDNAの断片化は進むものの，99％以上の変換効率を安定して得ることが可能である．このバイサルファイト変換効率の違いは2つの変性方法を用いてそれぞれ調製した鋳型から得られたWGBSのデータを眺めると一目瞭然で，われわれの経験ではアルカリ処理で変性した場合はあたかも高メチル化領域と見紛うゲノム領域が随所に同定された．これまでに報告されたシングルセル解析ではすべての例で加熱処理による変性が採用されているが，これはWGBSに要求される最低限のデータの質を確保するためには加熱変性が必要不可欠であると判断されるためであろう．

ポイント4　オンカラムの脱スルホン化反応

　最近のほとんどのバイサルファイト処理のプロトコールで採用されているのは，バイサルファイト処理試薬中で加熱インキュベーションした後のDNAをシリカカラムやシリカビーズの表

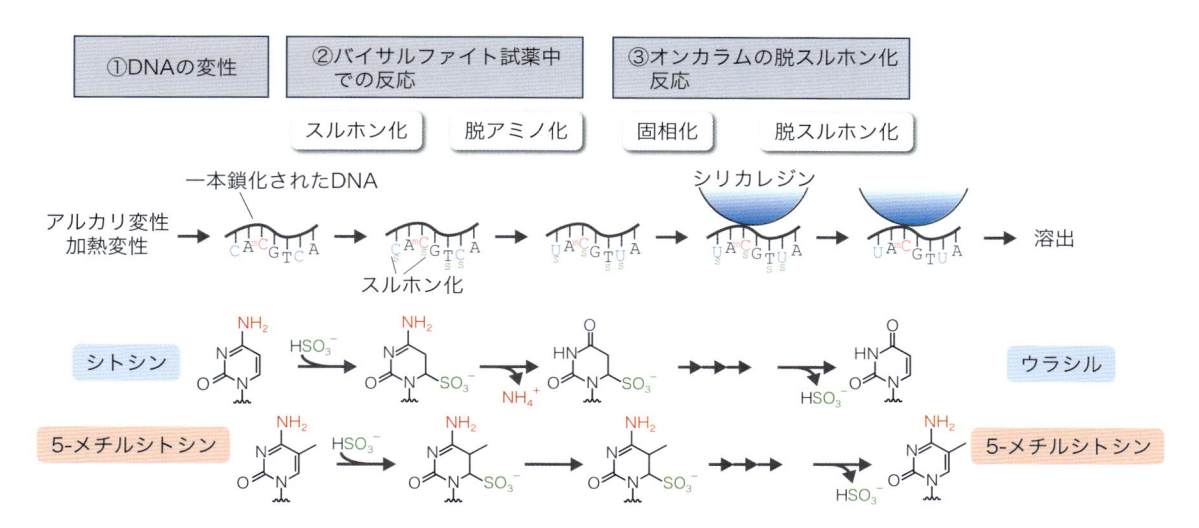

図3 バイサルファイト処理の流れ

面に捕捉し，そのまま固相上で水酸化ナトリウムが溶けたエタノール溶液を用いて脱スルホン化反応を行う方式である（図3）．こういった方式が定着する以前は，脱スルホン化反応は液相中で行うことが一般的で，そのためには脱スルホン化の前後にそれぞれDNA損失のリスクを含むDNAの精製操作を行う必要があった．この固相上での脱スルホン化反応は操作時間の短縮と収率向上の双方に効果があり，現在はシングルセル解析のみならずバイサルファイト処理で一般的に利用されている．

ポイント5　キャリアー効果によるDNA吸着の抑制

脱スルホン化されたDNAはシリカ表面から弱アルカリ性の緩衝水溶液で溶出される．DNAは一般的に利用されているポリプロピレン製のチップやチューブにも吸着されることが知られており[11]，またシリカ表面への再吸着も起こりうる．シングルセル解析では溶出されるDNAの量がごくごく限られているため，こういった容器への吸着によるDNAの損失も無視できない．そこで，低吸着タイプのチップ，チューブを使用することに加え，壁面へのDNA吸着を抑えるキャリアー効果が期待できる溶液，つまりランダムプライミング反応のためのオリゴヌクレオチドプライマーがすでに含まれている第1鎖合成の反応液を溶出液として利用する工夫が改良バージョンのscBS–Seqでは採用されている[9]．

3. 第1鎖合成

第1鎖合成はバイサルファイト処理されたDNAを鋳型にランダムプライミング反応を行うステップである（図4）．このステップの収率はサンプルの状態や塩基組成によっても異なり，正確に算出することは難しいが10〜50％と推定される．

ポイント6　ランダムプライマー

ランダムプライミングで使用されるプライマーはシークエンサーで配列決定する際に必要なアダプターの配列の3'側に4〜8塩基のランダムな配列が連結された構造をもつ（図4左）．わ

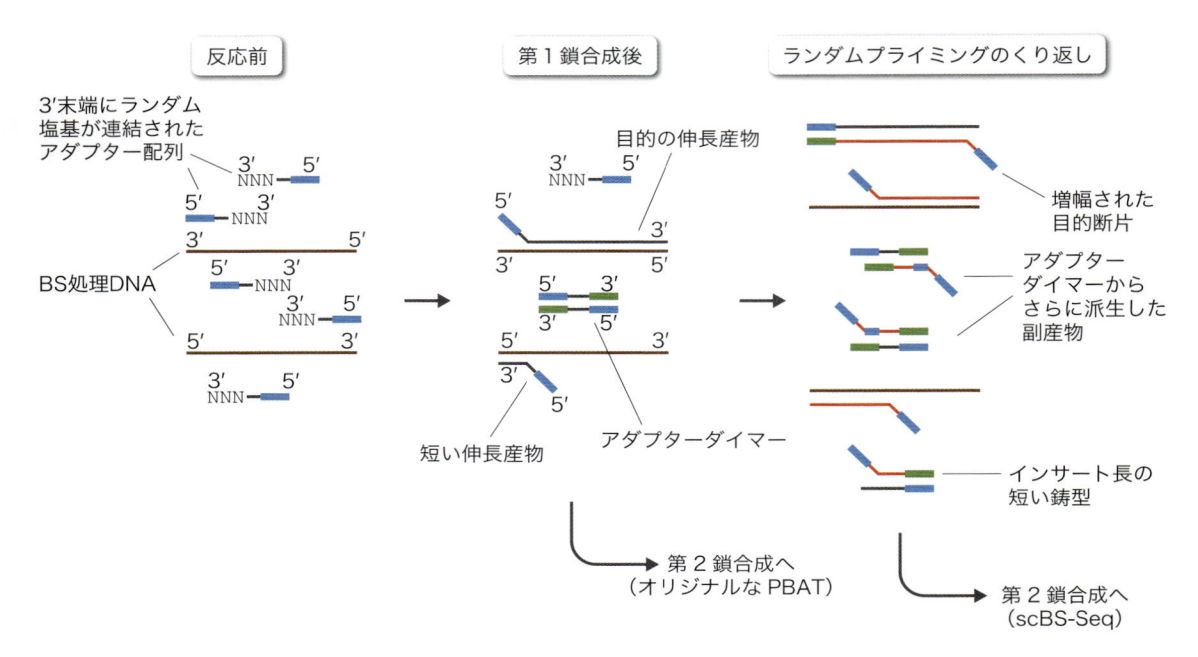

図4　第1鎖合成

オリジナルなPBATではランダムプライミング反応は1回のみ実施する（中央）．目的の伸長産物以外にアダプターダイマーや短い伸長産物などの副産物が合成される．短い伸長産物は配列決定されてもマッピングが困難であることが多く，得られる情報量が少ないため，サイズ分画での除去が試みられる．しかし，鋳型となったバイサルファイト処理DNAのサイズが大きいとこの分画をすり抜けて第2鎖合成にもち込まれることになる．scBS-Seqではランダムプライミングが5回実施される（右）．この場合取りこぼされるゲノム領域が少なくなる一方で，より多くの副産物が生成されてしまうリスクがある．

れわれが4，6，8塩基のランダム配列を3′末端にもつアダプター配列を用いて比較したときはランダム配列が短くなればなるほどプライミング効率と鋳型の収量が高くなった．同様の結果がReindersらからも報告されている[12]．そこで，オリジナルなPBAT法では4塩基のランダム配列（ランダムテトラマー）が採用されている[6]．しかし，ClarkらによるとscBS-Seqのプロトコールではこのランダム配列が長ければ長いほど効率がよく，8塩基のランダム配列（ランダムオクタマー）が最も効率がよいらしい[9]．この違いの原因はわからないが，反応液の組成やプライマーの濃度などによっても結果が異なるのかもしれない．

ポイント7　ランダムプライミングのくり返しによるカバレッジの確保

開始DNAが十分量得られる場合は，第1鎖合成の鋳型となるバイサルファイト処理済みDNA分子が反応チューブ内に大量に存在することになる．このような条件下でランダムプライミングを行うと，それぞれのゲノム領域に由来するバイサルファイト処理DNA分子はそれぞれの配列の特性に応じた特定の確率でアダプター配列が連結された分子へと複製される．もしあるDNA分子がランダムプライミングされ損ねたとしても，同じゲノム領域に由来する別のDNA分子がプライミングされうるため，そのゲノム領域に由来する分子は配列決定されうる．しかし，シングルセル解析をはじめとする微量サンプルからの鋳型調製の場合，こういった代わりになる分子が得られないため，特定のゲノム領域が全くランダムプライミングされずにとりこ

ぼされる可能性が高まる．そこでscBS-Seqでは第1鎖合成の反応をくり返し実施することで，こういったとりこぼしを回避する工夫がなされている（図4右）[3)9)]．ランダムプライミング反応をくり返し実施すると，2回目の反応以降では先のランダムプライミング反応で合成されたDNAも鋳型となる．したがって，この操作にはとりこぼしを防ぐ効果と同時に鋳型を増幅する効果もある（図4右）．

ポイント8　ランダムプライミングと反応副産物

ランダムプライミング反応では，ランダムプライマー同士が互いを鋳型として伸長するイベントがある一定の頻度で発生する（図4中央）．こういった反応副産物は，完全なアダプター配列をもちながらもインサート配列をもたないため，DNAシークエンサーのリソースを消費するにもかかわらず何ら有用な情報をもたらさない厄介な存在である．このようなDNA断片は，インサートをもつ目的鋳型分子と比べてサイズが小さいため，サイズ分画による精製操作で除去可能なはずであり，もちろんPBAT法のプロトコールにはそのための精製ステップが組込まれている．しかし，実際には目的鋳型分子の収量を維持したままこのような反応副産物を完全に除くことは難しく，得られた鋳型溶液中に反応副産物は一定量ずつ含まれてしまうことになる．その一方で目的鋳型分子の収量は開始DNA量に比例して増減する．したがって，同じ反応条件を利用する限りは，反応のたびに一定量合成される反応副産物の量は開始DNA量が少ないほど相対的に増加することになる．この結果，開始DNA量が少なければ少ないほどリードのマッピング率が低下する．実際，アカパンカビのゲノムDNAを分析したオリジナルなPBAT法の例では100 ngの開始DNAから得られたリードはマッピング率が59.2%であるのに対して，開始DNAが125 pgの場合マッピング率が41.1%へと低下した[6)]．ヒトやマウスを対象としたオリジナルなPBAT法によるリードのマッピング率は，100 ngの開始DNAを用いた場合は一般的に70%前後であるが，scBS-Seqによるマウスの1細胞メチローム解析では，平均マッピング率は21%前後であった[3)]．こういった反応副産物の存在はシングルセルを対象としたメチローム解析のコストを増大させるため，早急に解決されることが望ましい．ただ，この問題の解決は難しく，われわれも数年にわたり取り組んできたものの，未だ解決策を得るには至っていない．

4. 第2鎖合成

第2鎖合成では第1鎖合成で合成されたDNA分子を鋳型にして再度ランダムプライミング反応を行う（図5）．基本的な考え方は第1鎖合成とほぼ同じである．

ポイント9　第2鎖合成は固相上で行う必要はない

第2鎖合成に先立って，第1鎖合成で使用されなかった未反応のプライマーや低分子量の伸長産物がSPRI（solid-phase reversible immobilization）[13)]ビーズを用いて除去される．オリジナルなPBAT法では第1鎖合成の際に5′末端がビオチン化されたプライマーを用い，このビオチン化修飾を介して新しく合成されたDNA分子のみをストレプトアビジンビーズ上に特異的に固相化する（図5上）．このビーズ上に固相化されたDNAを鋳型にして第2鎖合成を実施することで，インサート配列の鎖の方向に対してアダプター配列の方向が固定されることになる．初期のscBS-SeqではこのオリジナルのPBATの方式が踏襲されていたが，最近の改良プ

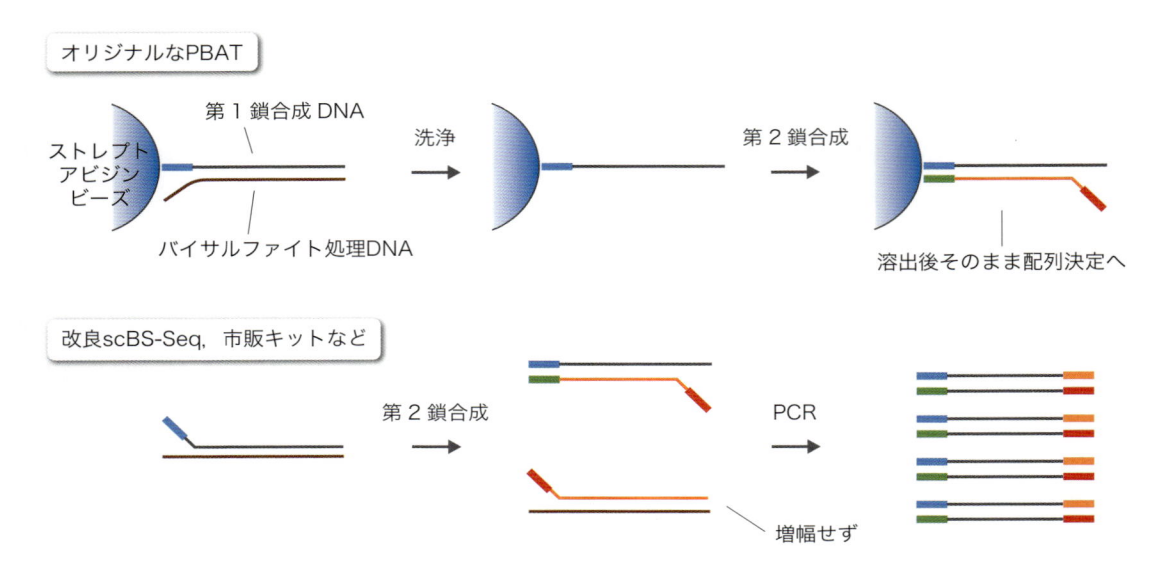

図5　第2鎖合成

オリジナルなPBATでは第1鎖合成のステップで合成されたDNA分子はストレプトアビジンビーズ上に固定され，第2鎖合成はこの固相化されたDNA分子を鋳型に実施される．その一方で，このビーズ操作は煩雑であるため，市販のキットやシングルセル解析用のプロトコールではこの操作が省略されている．

ロトコールではこの固相化のステップが省略されている（**図5**）[3) 9)]．どうやら得られたリードがどちらの鎖に由来するのかは参照配列にマッピングすることで決定することが可能であり，またライブラリー全体がPCRで増幅される際に必要なアダプター配列が連結された分子が選択されるため，あえて固相化を行わなくてもデータに実質的な差違は生じないということらしい（**図5**）．後に報告された2つのシングルセルメチローム解析の報告ではイルミナ社 TruSeq DNA Methylation Kit や Zymo Research 社の Pico Methyl–Seq Library Prep Kit が利用されているが，これらのキットでも第2鎖合成は固相化を経ず液相で実施されている．

5. PCR増幅，配列決定とカバレッジ

ポイント10　PCRサイクル数

　シングルセルからの WGBS では2種類のアダプター配列が導入された DNA 分子は，PCRによる増幅を経た後にシークエンサーによる配列決定へと供される（**図2**）．WGBS によるシングルセルメチローム解析の究極の目的は，細胞内に存在するすべての DNA の塩基配列をバイサルファイト処理後に決定することである．シークエンサーは投入された鋳型分子のすべてをリードに変換できるわけではないため，ライブラリー中のすべての分子の配列を決定したい場合は PCR 増幅を行ってこの損失を量的に補償する必要がある．その一方で，PCR 増幅時の増幅バイアスはゲノムを均一に網羅することに対して阻害的な効果をもつことはよく知られた事実で，PCR のサイクル数が多ければ多いほどこのバイアスは大きくなる（**図6**）．標準的な配列決定条件におけるライブラリー投入量と出力リード数から計算すると現在のシークエンサーはライブラリー分子中の50〜70％をリードに変換することができる（HiSeq 2500 で v3 あるいは v4 試

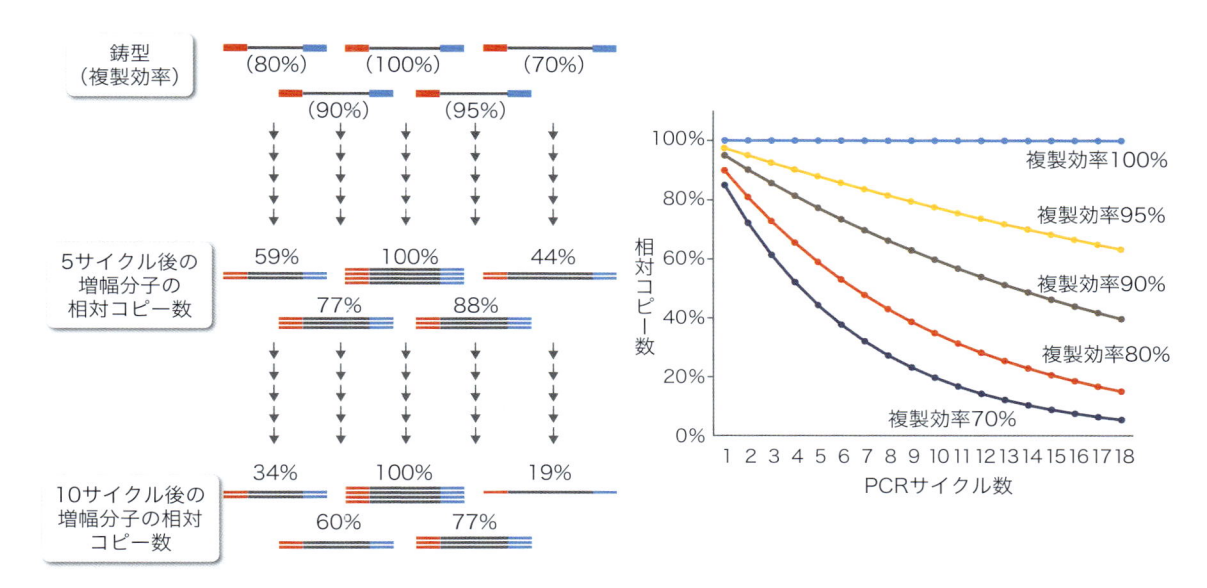

図6　PCRの増幅バイアス

配列決定のためのライブラリー液中には鎖長や塩基組成の異なるさまざまな鋳型分子が存在する．PCRによる増幅効率は分子ごとに異なるため，PCRサイクルが増えるとそれぞれの分子の存在比率は徐々に変化する．例えば増幅効率の低い（70%）分子はたった5サイクルで増幅効率の高い（100%）分子の半分以下に存在比が減少してしまう．これは前者を1回配列決定するためには後者を2回以上配列決定する必要があることを意味している．PCRサイクル数の増加はリード数の増加に直結しているため，より効率的にゲノム全体を網羅するためにはこれを必要最小限に留める必要がある．

薬を用いる場合）．つまり，原理的にはPCRによるライブラリー全体の増幅は，2〜3サイクル（4〜8倍）程度で十分なはずであるが，これまでのシングルセル解析の報告ではすべての例で10サイクル（1,024倍）以上の増幅が行われている[3]〜[5]．ライブラリー損失のリスクを回避したい気持ちも理解できるが，安易なPCRサイクル数の増加はデータの質を大きく低下させる原因になりうるので，シングルセル解析にかかわらず必要最低限に抑えることを強く意識した方がよいだろう．

ポイント11　ランダムプライミングのサンプリングバイアス

　ランダムプライミングの効率は塩基配列に依存し，よりGC含量の高いゲノム領域ではより高頻度にプライミング反応が起こる．ランダムプライミングに基づくPBAT法はこういった特性を反映し，よりGCリッチなゲノム領域を網羅しやすい傾向がある．DNAメチル化の研究ではCpGアイランドが注目され，GCリッチな領域がより重点的に網羅されるPBATが重宝される場合もある．しかし，WGBSの最終目的がゲノム全体を網羅することであることを考えると，このGCリッチな領域に偏ったサンプリングの傾向は改善されることが望ましい．

おわりに

　本稿では，PBAT法における鋳型調製の高感度化についてプロトコール上のポイントを説明

した．われわれが開発したPBAT法は，その発表以降，数千個のマウス細胞をはじめ，数百個のヒトの卵，さらにはシングルセル解析へと応用された．これらは開発者としては非常にうれしい報告だった．しかしその一方で，開始材料の微量化に伴い，オリジナルなPBAT法で採用されたランダムプライミングにはライブラリー調製の高感度化や網羅性の律速となるいくつかの問題が存在することが明らかになっている（**ポイント8や11**）．また，現時点ではどのシングルセルメチローム解析もゲノム全体の半分のCpGサイトさえもカバーできていない．これらのことからもゲノム網羅的なシングルセルメチローム解析を実現するライブラリー調製技術のレベルが十分成熟しきっていないことは明らかだ．実用的かつ高品質なデータを限られたサンプルから効率的に取り出すための技術開発が求められることになる．

◆ 文献

1) Lister R, et al：Cell, 133：523–536, 2008
2) Cokus SJ, et al：Nature, 452：215–219, 2008
3) Smallwood SA, et al：Nat Methods, 11：817–820, 2014
4) Farlik M, et al：Cell Rep, 10：1386–1397, 2015
5) Gravina S, et al：Genome Biol, 17：150, 2016
6) Miura F, et al：Nucleic Acids Res, 40：e136, 2012
7) Meissner A, et al：Nucleic Acids Res, 33：5868–5877, 2005
8) Guo H, et al：Genome Res, 23：2126–2135, 2013
9) Clark SJ, et al：Nat Protoc, 12：534–547, 2017
10) Shiraishi M & Hayatsu H：DNA Res, 11：409–415, 2004
11) Gaillard C & Strauss F：Technical Tips Online, 3：63–65, 1998
12) Reinders J, et al：Genome Res, 18：469–476, 2008
13) DeAngelis MM, et al：Nucleic Acids Res, 23：4742–4743, 1995

16 シングルセルオープンクロマチン解析

鈴木絢子，鹿島幸恵，関　真秀，鈴木　穣

　次世代シークエンス解析技術の発展により，ゲノムや遺伝子発現・転写制御状態を網羅的に解析するいわゆるマルチオミクスシークエンス手法が確立されている．ライブラリ調製にマイクロ流路などを用いることで試料の微量化が可能となったことで，これらのシークエンス解析技術を単一細胞の解析に応用することができるようになった．本稿ではオープンクロマチン解析に着目して，1細胞におけるオープンクロマチン状態を解析するためのプロトコールおよび代表的な研究報告についてATAC-seq[1]を中心に概説する．

はじめに

　シークエンス解析技術の発展および微量化技術の発達により，1細胞に対するさまざまなシークエンス解析技術が開発されている．他稿で紹介されている1細胞ゲノムシークエンスおよびRNA-seq技術によって，単一細胞のゲノム変異や遺伝子発現状態を詳細に解析できるようになってきた．さらに最近，シングルセルレベルでのエピゲノム解析技術も確立され，単一細胞における転写制御パターンの解析が可能となってきている．例えば，DNAメチル化状態を調べるscBS-seq[2]やscRRBS[3]，ヒストン修飾を解析できるsingle-cell ChIP-seq[4]などが報告されている．本稿で紹介するオープンクロマチン解析についても1細胞に対するシークエンス解析手法が確立されており，ゲノムやトランスクリプトームだけでなく，各1細胞におけるエピゲノムのバリエーションも解析対象とすることができるようになっている．

　オープンクロマチン領域とは，クロマチン構造がオープンになっていて，転写制御にかかわる転写因子などがDNAにアクセスしやすい領域を指す．オープンクロマチンのパターンをゲノムワイドに調べることによって，細胞における転写制御の状態を知ることができると考えられる．オープンクロマチン解析にはいくつかの手法がある．DNase-seq (DNase I hypersensitive sites sequencing)[5]は，DNase Iによって切断されやすい部位をシークエンス解析することでクロマチンアクセシビリティを解析する手法である．またFAIRE-seq (formaldehyde-assisted isolation of regulatory elements followed by sequencing)[6]は，クロマチン構造をホルムアルデヒドで架橋した後，ソニケーションによって切り出されたオープンクロマチン領域のDNAをフェノール・クロロホルム法で抽出してシークエンスする手法である．本稿で主に紹介するATAC-seq (assay for transposase accessible chromatin with high-throughput sequencing)[1]は，Tn5 transposaseを用いてオープンクロマチン領域のDNAに対してアダプター付加および断片

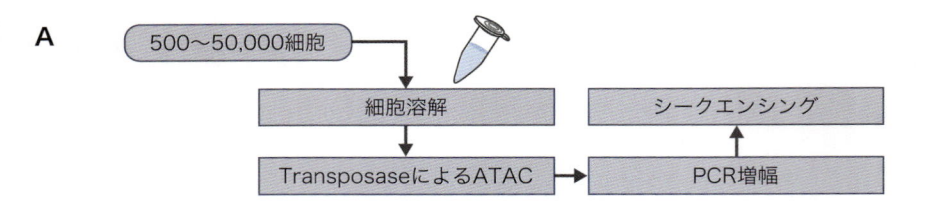

A

500〜50,000細胞 → 細胞溶解 → TransposaseによるATAC → PCR増幅 → シークエンシング

B

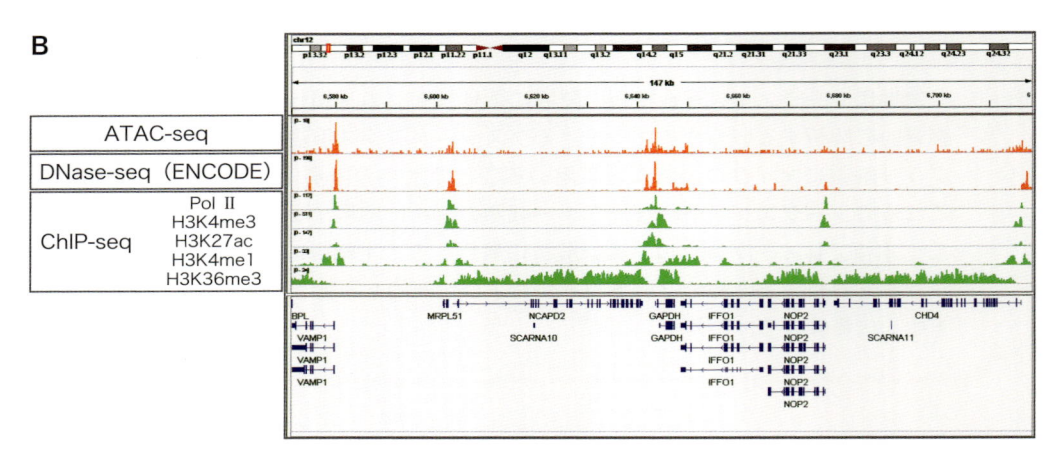

	Pol II
ATAC-seq	
DNase-seq（ENCODE）	
ChIP-seq	H3K4me3 H3K27ac H3K4me1 H3K36me3

図1 オープンクロマチン解析

A） バルク ATAC-seq の実験の流れ．500〜50,000 個の細胞を用いて行う．主なステップは，細胞の溶解，Transposase による ATAC（オープンクロマチン領域のタグ付けと断片化），PCR 増幅，および，シークエンシングである．**B）** オープンクロマチン解析例．肺腺がん細胞株 A549 における GAPDH 遺伝子領域周辺のバルク ATAC-seq，DNase-seq および各種ヒストン修飾の ChIP-seq のプロファイルを IGV で可視化した．DNase-seq データは ENCODE project より提供されているものをダウンロードして用いている．

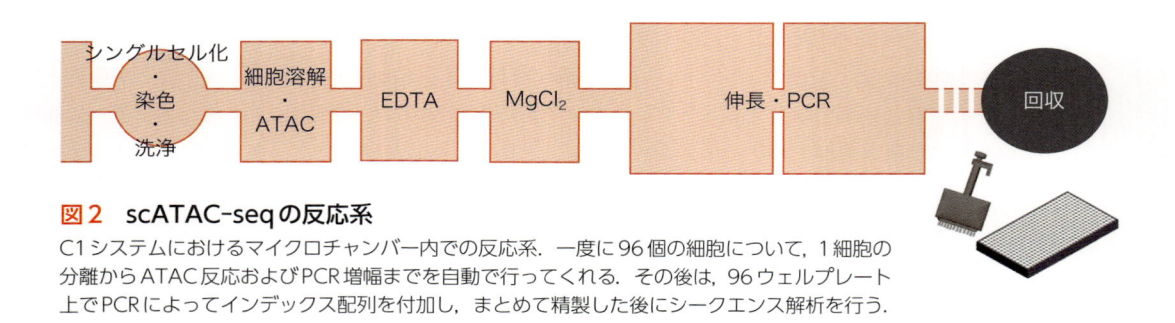

シングルセル化・染色・洗浄 → 細胞溶解・ATAC → EDTA → MgCl₂ → 伸長・PCR → 回収

図2 scATAC-seq の反応系

C1 システムにおけるマイクロチャンバー内での反応系．一度に 96 個の細胞について，1 細胞の分離から ATAC 反応および PCR 増幅までを自動で行ってくれる．その後は，96 ウェルプレート上で PCR によってインデックス配列を付加し，まとめて精製した後にシークエンス解析を行う．

化を行う（図1）．アダプターによってタグ付けされた DNA は PCR によって増幅され，シークエンス解析に供される．当初 500〜50,000 個の細胞を用いたプロトコールが報告されており，少数の細胞からオープンクロマチン解析が可能であるということから，シングルセル解析への応用が期待されていた．現在では実際にシングルセル ATAC-seq（scATAC-seq）[7] のプロトコールが開発され，数多くの研究に利用されている．フリューダイム社の C1 Single-Cell Auto Prep System（以下，C1 システム）を用いて微小流路内で自動的に scATAC-seq のライブラリ調製を行うシステム（図2）も提供されており，以下にそのプロトコールを紹介する．

プロトコール：フリューダイム C1 システムによる scATAC-seq

1. 試薬・機器の準備

　　scATAC-seqのプロトコールおよびスクリプトは，フリューダイム社のウェブページにある Script Hub（https://www.fluidigm.com/c1openapp/scripthub）から提供されている．まず，プロトコールに従って試薬を準備する（表1）．また，細胞の大きさに適した IFC（Integrated Fluidic Circuit）を選択する．96細胞用のIFCは3種類（5–10 μm，10–17 μm，17–25 μm）が提供されている．

　　後述のように試薬をあらかじめ混合しておく．

□ LIVE/DEAD Staining Solution（蛍光による生死判定を行う場合のみ調製）

Cell Wash BUF	1,250 μL
2 mM Ethidium homodimer–1	2.5 μL
4 mM Calcein AM	0.625 μL
Total	1253.125 μL

表1　scATAC-seq に用いる主な試薬一覧

試薬
C1 Single-Cell Open App IFC, 5–10 μm（#100-8133, フリューダイム社）
C1 Single-Cell Open App IFC, 10–17 μm（#100-8134, フリューダイム社）〉細胞の大きさによって選択
C1 Single-Cell Open App IFC, 17–25 μm（#100-8135, フリューダイム社）
C1 Blocking RGT（フリューダイム社）
C1 Harvest RGT（フリューダイム社）
C1 Preloading RGT（フリューダイム社）
Suspension RGT（フリューダイム社）
Cell Wash BUF（フリューダイム社）
20× C1 Loading RGT No Salt（フリューダイム社）
C1 DNA Dilution Reagent（フリューダイム社）
2 mM Ethidium homodimer-1（#L3224, LIVE/DEAD Viability/Cytotoxicity Kit, サーモフィッシャーサイエンティフィック社）
4 mM Calcein AM（#L3224, LIVE/DEAD Viability/Cytotoxicity Kit, サーモフィッシャーサイエンティフィック社）
2× TD（#FC-121-1030, Nextera DNA Library Prep Kit, イルミナ社）
Tn5 Transposase（#FC-121-1030, Nextera DNA Library Prep Kit, イルミナ社）
NEBNext High-Fidelity 2× PCR Master Mix（#M0541, ニュー・イングランド・バイオ・ラボ社）
1× PBS
10% NP-40
500 mM EDTA
50 mM MgCl$_2$
10 mM Tris-HCl, pH 8.0
Nuclease-free water
25 μM Primer 1（GTCTCGTGGGCTCGGAGATGTGTATAAGAGACAG）
25 μM Primer 2（TCGTCGGCAGCGTCAGATGTGTATAAGAGACAG）
25 μM Customized Nextera PCR Primer 1 + Barcode*
25 μM Customized Nextera PCR Primer 2 + Barcode*
MinElute PCR Purification Kit（#28004, キアゲン社）

*フリューダイム社の Script Hub から詳細な配列が提供されている

□ 0.1% NP-40 / Tn5 mix

10% NP-40	0.45 μL
2× TD	22.5 μL
Tn5 transposase	2.25 μL
20× C1 Loading RGT No Salt	2.25 μL
Water	2.55 μL
Total	30 μL

□ 50 mM EDTA

500 mM EDTA	2 μL
20× C1 Loading RGT No Salt	1 μL
10 mM Tris-HCl（pH 8.0）	17 μL
Total	20 μL

□ 45 mM $MgCl_2$

50 mM $MgCl_2$	27 μL
20× C1 Loading RGT No Salt	1.5 μL
10 mM Tris-HCl（pH 8.0）	1.5 μL
Total	30 μL

□ NEBNext

NEBNext High-Fidelity 2× PCR Master Mix	30.15 μL
20× C1 Loading RGT No Salt	2.7 μL
25 μM Primer 1	3.02 μL
25 μM Primer 2	3.02 μL
Water	15.12 μL
Total	54.01 μL

次に，図3のステップ1に従ってIFCにC1 Harvest ReagentとBlocking Reagentを入れる．Harvest ReagentはOリングで囲われた部分に200 μLを入れて，その他の部分には20 μLずつ入れる．試薬を入れる際に気泡が入るのを防ぐために，ピペットを押し切らないように注意する．

C1本体にIFCをロードする．バーコードを手前にしてIFCを置く．Loadを押して，"Prime"を行う．10分強で終了するので，その間に細胞の準備をする．

2. シングルセルのキャプチャー

❶ 培地などで約2×10^{5}個／mLに希釈した細胞を用意する．細胞はきちんとばらばらになっていることを確認する．

❷ 用意した細胞懸濁液から，以下のようにCell Mixを作製し，泡立たないようにピペッティングで混合する．

□ Cell Mix

Suspension RGT	40 μL
細胞懸濁液（0.66〜3.3×10^{5}個／mL）	60 μL
Total	100 μL

❸ 細胞の準備が完了したら，C1本体から"Prime"が終了したIFCを回収し，2つのウェルからC1 Blocking Reagentをピペットで抜いて捨てる．

❹ 図3のステップ2に従って，試薬およびCell Mixを入れる．LIVE/DEAD Staining Solutionは蛍光による生死判定を行う場合のみ加える．

ステップ1

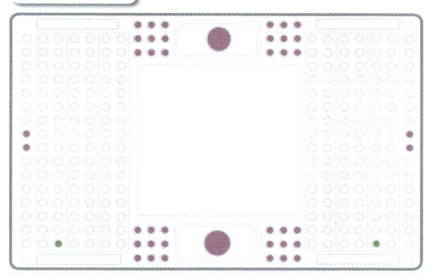

● C1 Harvest Reagent（20μL，200μL）
● C1 Blocking Reagent（15μL）

ステップ2

○試薬を入れる前に
　溶液を除去

● LIVE/DEAD Staining Solution（7μL）*
● C1 Preloading Reagent（24μL）
● 1×PBS（7μL）
● Cell Mix（6μL）
　*蛍光染色を行わない場合は加えない。

ステップ3

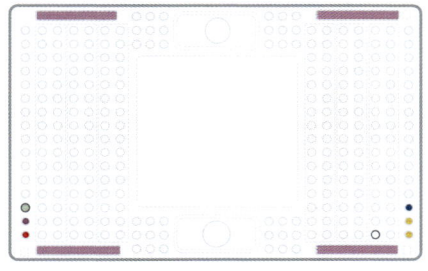

● C1 Preloading Reagent（24μL）
● 0.1% NP-40/Tn5 Mix（7μL）
● 50 mM EDTA（7μL）
● 45 mM MgCl₂（7μL）
● NEBNext（24μL）
▬ C1 Harvest Reagent（180μL）

ステップ4

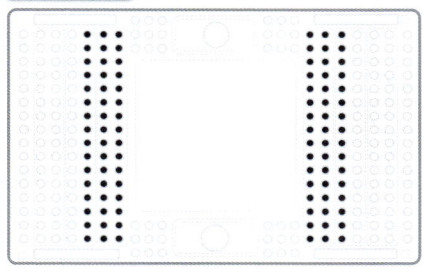

● サンプル回収（〜3.5μL）

図3　scATAC-seqで使用するフリューダイム C1 IFC と試薬
C1システムによるscATAC-seqで用いる試薬をステップごとに記載している.

❺ C1本体にIFCをセットし，染色する場合は"Cell Load and Stain"を，しない場合は"Cell Load"行う．IFCによってかかる時間は異なり，染色する場合には30分から1時間，しない場合には15〜35分程度かかる.

❻ 終了したら回収し，キャプチャーされた1細胞を顕微鏡で観察する．96カ所のうち，何もキャプチャーされていない場所，複数の細胞がキャプチャーされている場所は必ず記録しておく．また，エチジウムホモダイマー1およびカルセインAMで染色した場合，蛍光で生細胞・死細胞を判別することができる.

❼ 細胞のキャプチャー効率が悪い場合は，細胞懸濁液の濃度を$7×10^5$個/mLに上げたり，Suspension RGTと細胞懸濁液の混合比を3：7に変更するなどすると改善する場合がある.

3. ATAC

❶ 細胞の記録が終了したら，C1 Preloading Reagentをピペットで抜いて捨てる（10–17および17–25 μmのIFCを用いている場合は，図3のステップで溶液を抜いて捨てた部分から同様にピペットで溶液を抜いて捨てる）．

❷ 図3のステップ3に従って試薬を入れる．

❸ C1本体にIFCをセットし，"Sample Prep"を行う．この間に細胞の溶解およびATACからPCRまでが自動的に行われる．4時間半ほどで終了する．

4. DNA回収

❶ C1本体からIFCを回収する．

❷ 図3のステップ4の部分から，ATACの反応が終了したDNAを回収する．まず，96ウェルプレートに，C1 DNA Dilution Reagentを10 μLずつ分注する．

❸ 次に，溶出されたDNAの全量（3.5 μL程度）をプレートに移す．奇数行のウェルを左から順に回収して，プレートの1〜6列目に入れていく．偶数行のウェルも同様に左から順に回収し，プレートの7〜12列目に入れる．細胞がキャプチャーされていた場所と回収したプレートのウェルとの対応については，プロトコール編–9を参照されたい．

❹ プレートにシールをする．このプレートは−20℃で保存することができる．

5. PCRおよびライブラリ調製

❶ インデックス配列（Dual-index）をつける．新しい96ウェルプレートを用意し，各ウェルに以下のようにDNAサンプルと試薬を混合する．

回収したATAC DNA	10 μL
Nuclease-free water	10 μL
25 μM Customized Nextera PCR Primer 1 + Barcode	2.5 μL
25 μM Customized Nextera PCR Primer 2 + Barcode	2.5 μL
NEBNext High-Fidelity 2× PCR Master Mix	25 μL
Total	50 μL

❷ プレートにシールをしてボルテックスでよく混合し，スピンダウンする．

❸ サーマルサイクラーで以下のようにPCRを行う．

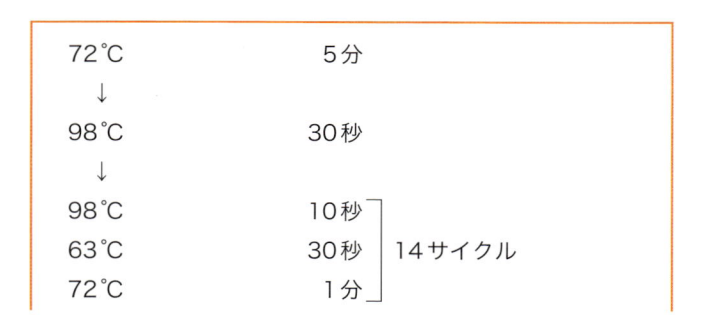

72℃	5分	
↓		
98℃	30秒	
↓		
98℃	10秒	
63℃	30秒	14サイクル
72℃	1分	

> ↓
>
> 4℃ 　　　　　　　　　∞

❹ PCR終了後にPCR産物を15 mLチューブに集める.

❺ MinElute PCR Purification Kitを用いてまとめて精製し, 20 µLのElution Bufferで溶出する.

❻ 精製したライブラリをBioAnalyzerやQubitなどで定量し, イルミナ社のHiSeqシステムでシークエンスを行う.

6. scATAC-seqデータの品質チェックと解析

　得られたscATAC-seqデータを確認する. シークエンスデータはfastq形式で得られるので, ELANDやBowtie[8] などのマッピングツールで参照ヒトゲノム配列にマップする. ここで特に注目したいのはミトコンドリアゲノムへのマップ率である. ATAC-seqではミトコンドリアゲノムへのマップ率が高いことが問題となっている. 細胞の種類によってそのマップ率は30〜80%と幅がある. ほとんどのシークエンスリードがミトコンドリアゲノムにマップされてしまう場合, オープンクロマチン状態の解析に使用できるシークエンスリード数が少なくなってしまうため, 常に注意をしてみておく必要がある. Wuらは, この問題を解決するために, CRISPR/Cas9系を用いてミトコンドリアDNAをATAC-seqライブラリから除去して, シークエンスデータを取得している[9].

　また, オープンクロマチン領域と思われる領域以外にも広くシークエンスリードが分布していて, オープンクロマチン領域を見分けられない場合がある. この場合, ATAC反応時にクロマチン構造が保たれていない可能性がある. 非特異的な領域にリードがマップされてしまう場合は, 細胞の処理の方法（接着細胞の場合は剥離の条件など）を見直し, 細胞のダメージが少ない状態で実験を行う. データの質を確認するためには, IGV（Integrative Genomics Viewer）[10][11] などのビューアーを使用して実際に得られたシークエンスリードが既知オープンクロマチン領域にどの程度濃縮しているか目視することや, MACS[12] などのピーク検出ツールでオープンクロマチン領域のピークを抽出しその領域数（バルクだと数万程度）を把握することが重要である. また, バルクのATAC-seqやDNase-seqと比較して似たようなパターンが得られているか確認することも品質管理方法の1つである.

　われわれもC1システムを用いて肺腺がん細胞株PC-9を用いたscATAC-seqを行っており, 各1細胞のオープンクロマチン状態について解析している（図4）. C1システムを用いれば, 細胞の分離からATAC反応, PCRまでを自動的に行ってくれるため, 容易に1細胞のATAC-seqデータを取得することができる.

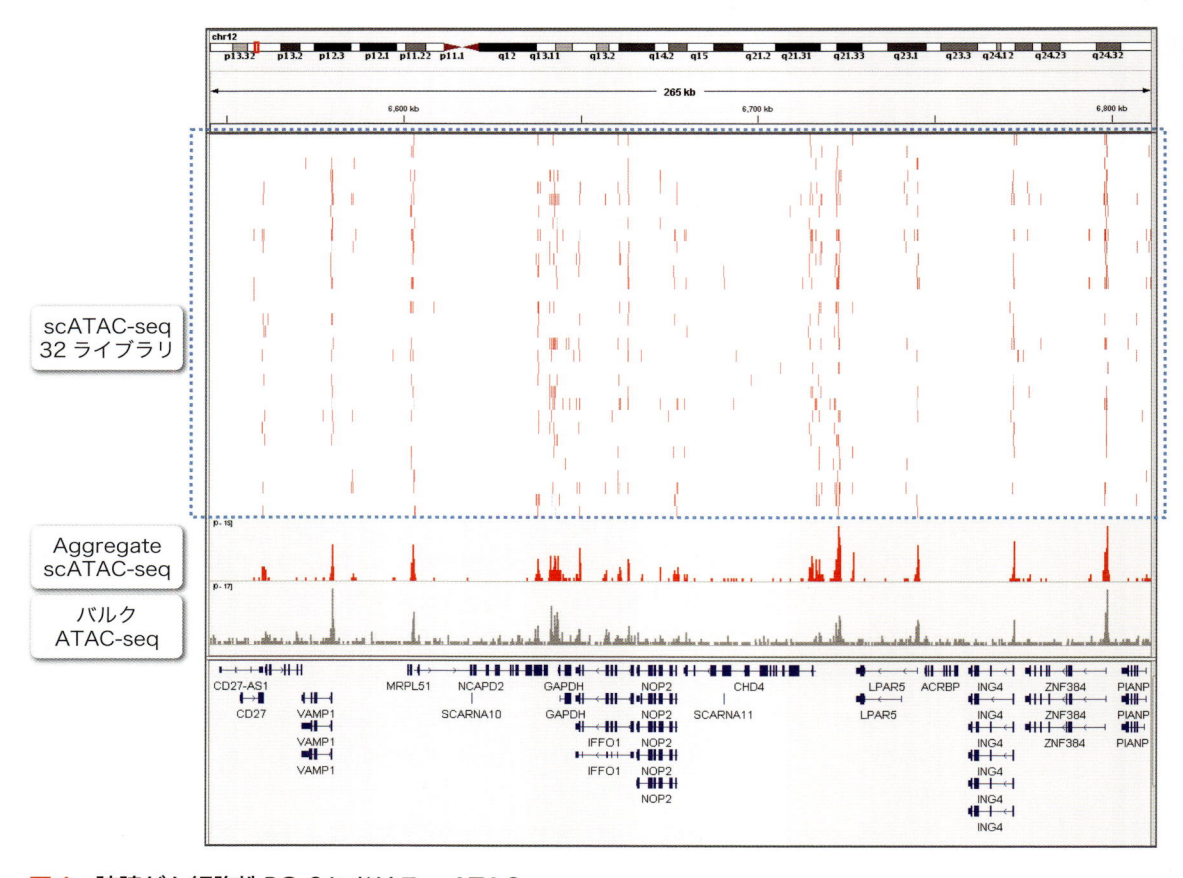

図4　肺腺がん細胞株 PC-9 における scATAC-seq

肺腺がん細胞株 PC-9 における scATAC-seq のプロファイルを GAPDH 遺伝子周辺領域について IGV でヒートマップ表示している．さらに scATAC-seq データをまとめたもの（Aggregate scATAC-seq）およびバルク ATAC-seq のピークプロファイルについても表示している．

scATAC-seqに関する研究報告

　　ATAC-seq は比較的少数の細胞からクロマチン状態を解析できる方法として早くから注目されてきた．Cusanovich らは，バーコーディングを駆使して ATAC-seq を 1 細胞解析に応用する手法を報告している[13]．96 ウェルプレート上で 1 つ目のバーコードを含んだ transposase 複合体によってバルクの細胞集団に対して ATAC の反応を行う．その後セルソーターを用いて核を 15 ～ 25 個ずつ再度 96 ウェルプレートに分け，PCR によってウェルごとに異なる 2 つ目のバーコードを付加する．シークエンスリードは異なるバーコードの組合わせによってどの細胞由来であるかを識別でき，1 細胞ごとの ATAC-seq データを取得することができる．彼らはこの系を用いて 15,000 個以上の 1 細胞のオープンクロマチン状態を解析したと報告している．一方，Buenrostoro らは，C1 システムを用いた scATAC-seq を開発し，GM12878 細胞をはじめとしたいくつかの代表的な細胞種に対して解析を行っている[7]．転写因子の種類と 1 細胞にお

けるオープンクロマチン状態の多様性との関係性を解析しており，細胞タイプ特異的な転写因子などのトランス因子が各1細胞におけるオープンクロマチン状態，特に細胞種特異的なオープンクロマチン状態のバリエーションを生み出していることを明らかにした．さらにスタンフォード大学のCorcesらの研究グループは，主にヒトの造血系および白血病に着目して，クロマチンアクセシビリティの解析を行っている[14]．彼らはFast–ATACという血球系細胞に特化したバルクATAC-seqのプロトコールを開発し，ヒト血液細胞における各細胞系譜のオープンクロマチン情報およびトランスクリプトームデータから，遠位の転写制御領域（エンハンサー）のクロマチン状態は，mRNAやプロモーター近辺のクロマチン状態よりも細胞種特異的なパターンを示すということを報告している．さらに，これらの情報にscATAC-seqデータも加えて，急性骨髄性白血病におけるがん特異的な異常を，regulatory heterogeneityという観点から読み解いている．これらの最近の研究報告から，1細胞のオープンクロマチン解析はそれぞれの細胞で異なる遺伝子発現・転写制御プログラムを明らかにするうえできわめて重要な解析手法であると考えられる．

おわりに

本稿では，1細胞のエピゲノム状態，特にクロマチンアクセシビリティを解析する手法について，プロトコールと最近の研究報告をATAC-seq解析を中心に紹介した．さらに，最近同一細胞内のエピゲノムとトランスクリプトームを同時に解析する方法[15]も開発されており，オープンクロマチン解析についても同様の解析技術の開発が期待されている．今後ますます進むと考えられるこれらシングルセルエピゲノム解析技術の応用研究が，不均一な細胞集団におけるさまざまな疾患や生物学的現象に対する新たな知見につながると期待される．

◆ 文献

1）Buenrostro JD, et al：Nat Methods, 10：1213–1218, 2013
2）Smallwood SA, et al：Nat Methods, 11：817–820, 2014
3）Guo H, et al：Genome Res, 23：2126–2135, 2013
4）Rotem A, et al：Nat Biotechnol, 33：1165–1172, 2015
5）Boyle AP, et al：Cell, 132：311–322, 2008
6）Giresi PG, et al：Genome Res, 17：877–885, 2007
7）Buenrostro JD, et al：Nature, 523：486–490, 2015
8）Langmead B & Salzberg SL：Nat Methods, 9：357–359, 2012
9）Wu J, et al：Nature, 534：652–657, 2016
10）Thorvaldsdóttir H, et al：Brief Bioinform, 14：178–192, 2013
11）Robinson JT, et al：Nat Biotechnol, 29：24–26, 2011
12）Zhang Y, et al：Genome Biol, 9：R137, 2008
13）Cusanovich DA, et al：Science, 348：910–914, 2015
14）Corces MR, et al：Nat Genet, 48：1193–1203, 2016
15）Angermueller C, et al：Nat Methods, 13：229–232, 2016

17 シングルセル Hi-C 法による クロマチン高次構造解析

永野　隆

細胞核内に収納されたゲノムやクロマチンの高次構造を調べる際，多くの細胞に共通して存在する特徴を網羅的に抽出する Hi-C 法などを用いたアプローチが現在の主流になっている．それに対しシングルセル Hi-C 法は，細胞集団の解析では捉えることのできない個々の細胞ごとの情報を得ることを目的としている．多数のシングルセル Hi-C データを横断的に解析することで，動的変化の追跡などにも応用が期待できる．

はじめに

　　合計2メートルもの長さのあるヒトやマウスのゲノムDNAは，その10万分の1程度の大きさの細胞核の中に収まりながら，ゲノム上の特定の場所で必要な営みを滞りなくこなすことで細胞の生命を支えている．この洗練されたゲノム収納のシステムは古くから顕微鏡観察などによって精力的に研究され，細胞核内におけるゲノムDNAの配置に関して「領域の機能や特徴と関連した一定の傾向をもつ」という各細胞に共通する特徴と，均一細胞集団中でも存在する「個々の細胞ごとの違い」が両立していることが知られていた．10年ほど前から3C（chromatin conformation capture）の原理と次世代シークエンサーを用いた Hi-C 法などの網羅的手法がクロマチン高次構造の解析に使われるようになり，多くの細胞に共通する特徴についての知見は近年飛躍的に増加した．その一方で，個々の細胞ごとの違いに関する研究はそのような新技術の恩恵を受けられないままになっていた．

　　われわれは Hi-C 法を改変することによりシングルセル Hi-C 法を開発し，2013年に発表した[1]．これにより，従来は主に顕微鏡観察に頼っていた個々の細胞ごとのクロマチン高次構造上の違いに，Hi-C 法がもつ解像度と網羅性を活かしながらアプローチする道が拓かれた．しかしこのとき発表した手法[2]は効率や実験規模などに課題を残しており，シングルセル解析本来の理想である「より多くの1細胞の横断的解析」を実現するにはさらなる改良が必要であった．われわれはその後の検討によって，1細胞から得られる情報量を増やすと同時に実験規模の大幅な拡張も可能にする方法を確立した（図1）[3]．本稿ではその手順を以下に解説する．

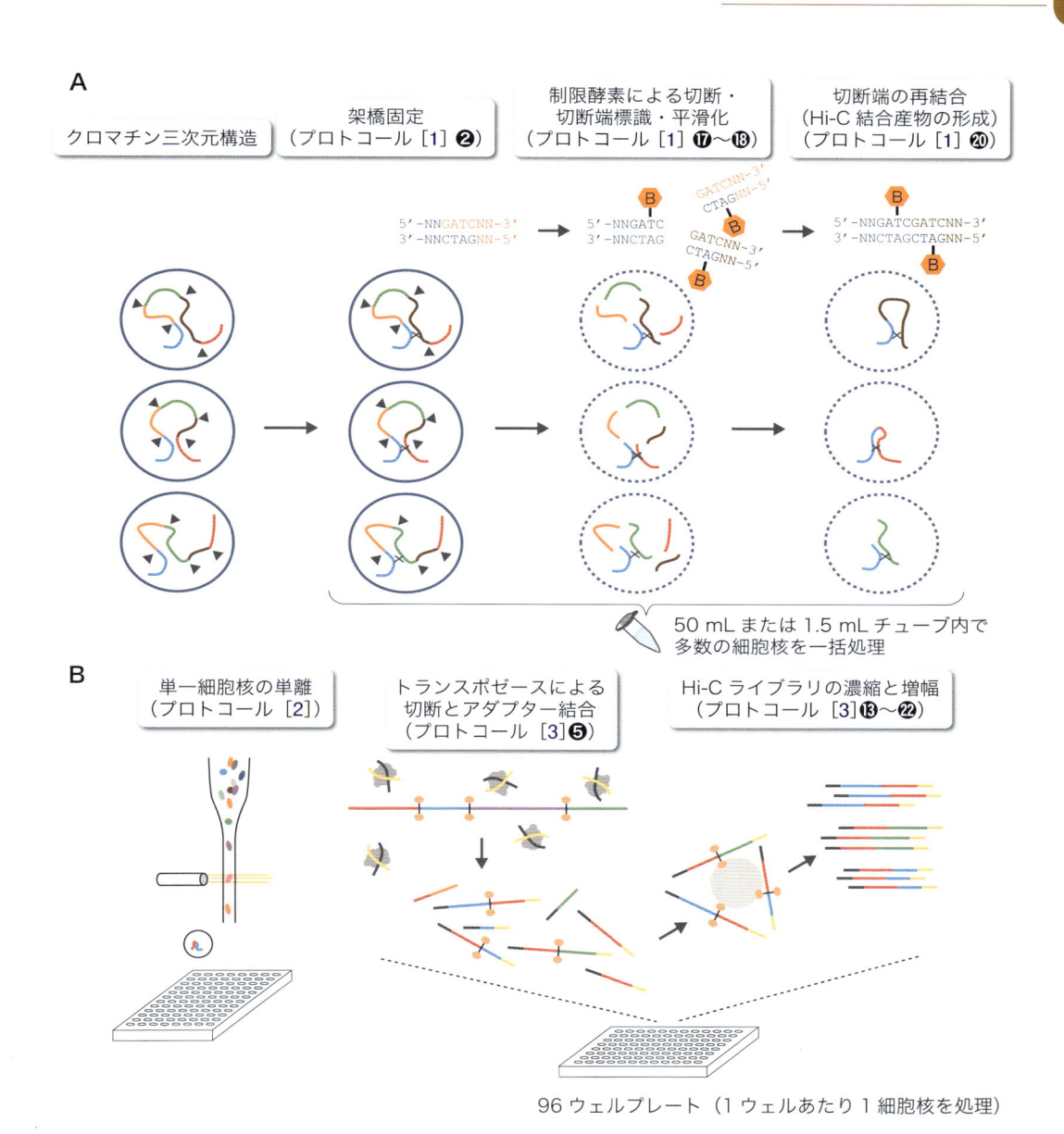

図1　シングルセルHi-C新プロトコールの流れ

A)（プロトコール前半）各細胞のクロマチン三次元構造を架橋固定し，ゲノムDNAを制限酵素で切断し，切断端を平滑化すると同時にビオチンで標識し，再度ライゲーションさせると，三次元構造上近傍にある切断端どうしの間で切断前とは異なる結合（Hi-C結合）産物がつくられる（上中段の細胞核内；図では省略したが，実際は長いDNAコンカテマーとなる）．このHi-C結合のつくられ方に基づいて元のクロマチン三次元構造を解析するのがHi-C法の原理である（シングルセルHi-C・通常のHi-Cに共通）．シングルセルHi-Cでは1細胞核内のHi-C結合産物を検出する必要があるため，図に示した反応はクロマチンを可溶化することなく各細胞核内で行う．青い円は細胞核（点線は透過化処理後），▶は制限酵素認識部位，xは架橋固定，上部に記載の塩基配列は制限酵素としてMbo Iを用いた場合の認識配列を挟んだ青色と橙色のDNA断片が組換わって青色と茶色の断片間にHI-C結合が形成される様子，Ⓑはビオチン標識．**B)**（プロトコール後半）Hi-C結合産物（コンカテマー）を含む単一細胞核をセルソーターで96ウェルプレートにソートし，トランスポゼース（図中の雲形の灰色塊）の働きを利用してコンカテマーを断片化すると同時にアダプター配列（黒色とオレンジ色）を結合させ（"tagmentation"とよばれる反応），ストレプトアビジンビーズでビオチン標識された（Hi-C結合部分を含む）断片を濃縮し，増幅してシングルセルHi-Cライブラリとする（文献3より引用）．

1. 実験機器・器具

- □ 使用する生細胞懸濁液の用意（培養・組織破砕など）に必要な機器・器具
- □ 冷却遠心機（50 mL チューブ用，1.5 mL チューブ用）
- □ 温度制御機能付き撹拌機〔ThermoMixer（エッペンドルフ社）など〕
- □ 30 μm セルストレイナー〔CellTrics（シスメックス社）など〕
- □ セルソーター用チューブ
- □ セルソーター〔BD Influx（BD Biosciences 社）など〕
- □ 96 ウェルプレート〔96-Well twin.tec PCR Plate（エッペンドルフ社）など〕
- □ 96 ウェルプレート用シーリングフィルム
- □ PCR Cap Strips〔8-strips, domed（エッペンドルフ社，#0030124839）など；使用する 96 ウェルプレートに適合するもの〕
- □ モックプレート（1 細胞核単離に使用するものと同じ 96 ウェルプレートにシーリングフィルムを貼付したもの；セルソーターのアライメント調整に使用する）
- □ 96 ウェルプレート用遠心機
- □ マルチチャネルピペット（5〜200 μL の範囲がカバーできることが望ましい）
- □ サーマルサイクラー
- □ マグネットセパレーター（1.5 mL チューブ用，96 ウェルプレート用；DynaMag-2・DynaMag-96 Side（サーモフィッシャーサイエンティフィック社）など）
- □ チューブローテイター
- □ Agilent Bravo 自動分注プラットフォーム（アジレント・テクノロジー社．手作業でも代用可能）
- □ リアルタイム PCR システム〔CFX96（バイオ・ラッド ラボラトリーズ社）など〕
- □ 2100 Bioanalyzer system（アジレント・テクノロジー社）
- □ 次世代シークエンス用機器一式（イルミナ社；本プロトコールに記載の試薬はイルミナ社の機器使用を前提としたものである）

2. 試薬

- □ 使用する生細胞懸濁液の用意に必要な培地や試薬
- □ 16% ホルムアルデヒド（メタノールフリー）
- □ 2 M グリシン溶液（1〜2 週間程度 4℃ で保存可能）
- □ PBS（−），pH 7.4
- □ 透過処理バッファー（10 mM Tris-HCl pH 8.0, 10 mM NaCl, 0.2%（v/v）IGEPAL CA-630, cOmplete EDTA-free；用時調製）
- □ 1.24×NEBuffer 3（10×NEBuffer 3（ニュー・イングランド・バイオ・ラボ社）を蒸留水で希釈して作製する）
- □ 20% SDS（バイオ・ラッド ラボラトリーズ社など）
- □ 20% Triton X-100（用時調製）

☐ Mbo I（25,000 U/mL；ニュー・イングランド・バイオ・ラボ社）

☐ 10 mM dCTP, 10 mM dGTP, 10 mM dTTP

☐ 0.4 mM biotin-14-dATP（サーモフィッシャーサイエンティフィック社）

☐ DNA polymerase I, large（Klenow）fragment（5,000 U/mL；ニュー・イングランド・バイオ・ラボ社）

☐ T4 DNA ligase reaction buffer（ニュー・イングランド・バイオ・ラボ社）

☐ BSA（20 mg/mL（200×相当濃度）；ニュー・イングランド・バイオ・ラボ社）

☐ T4 DNA ligase（1 U/μL；サーモフィッシャーサイエンティフィック社）

☐ Nextera XT DNA Library Preparation Kit（イルミナ社）

☐ ダイナビーズ M-280 ストレプトアビジン（サーモフィッシャーサイエンティフィック社）

☐ ビーズ結合洗浄バッファー（5 mM Tris-HCl pH 7.5, 0.5 mM EDTA, 1 M NaCl）

☐ ビーズ懸濁バッファー（20 mM Tris-HCl pH 7.5, 2 mM EDTA, 4 M NaCl）

☐ 10 mM Tris-HCl（pH 7.5）

☐ Nextera XT Index Kit v2（Set A および Set D；イルミナ社）

☐ AMPure XP（ベックマン・コールター社）

☐ 70％エタノール（用時調製）

☐ 10 mM Tris-HCl（pH 8.5）

☐ qPCR テンプレート希釈バッファー（10 mM Tris-HCl, pH 8.0, 0.05% Tween-20）

☐ Illumina Library Quantification Kit（KAPA バイオシステムズ社）

☐ 次世代シークエンス用試薬一式（イルミナ社；シークエンス機器の機種により必要試薬が異なるので，実験環境に合わせて準備する）

プロトコール

1. 細胞の固定と Hi-C 処理

❶ 解析する生細胞を $0.5 \times 10^6 \sim 10 \times 10^6$ 個程度用意し，室温の培地 21 mL に懸濁する[*1].

　*1　細胞塊ができるだけ少ない単一細胞懸濁液が望ましい.

❷ 16% ホルムアルデヒド 3 mL を加え，室温で 10 分間穏やかに転倒混和する.

❸ 2 M グリシン溶液 1.632 mL を加えて転倒混和し，氷上で 5 分ほど冷却する.

❹ 4℃で 8 分間 300×g にて遠心し，上清を完全にとり除く.

❺ 細胞ペレットを氷上で冷却した 50 mL の PBS（−）で懸濁する.

❻ 再び 4℃で 8 分間 300×g にて遠心し，上清を完全にとり除く[*2].

　*2　細胞ペレットはこの段階で −80℃にて保存できる.

❼ 氷上で冷却した50 mLの透過処理バッファーで細胞ペレットを懸濁し，30分間氷上で冷却しながら5分ごとに転倒混和をくり返す．

❽ 4℃で6分間600×gにて遠心し，上清を0.5～1 mL残してとり除く．

❾ ステップ❽で残した上清にペレットを懸濁し，1.5 mLチューブに移す．

❿ 4℃で6分間600×gにて遠心し，上清をできるだけとり除く．

⓫ 800 μLの1.24×NEBuffer 3を穏やかに加える．

⓬ 4℃で6分間600×gにて遠心し，上清をできるだけとり除く．

⓭ 400 μLの1.24×NEBuffer 3を穏やかに加え，同様に遠心して上清をできるだけとり除く[*3]．

> [*3] ❿～⓭の操作では，ペレットはできるだけ分散させぬように注意する．分散させてしまうと細胞核がチューブ壁に均一に付着し，次の遠心後にペレットの目視が困難になることがある．

⓮ 400 μLの1.24×NEBuffer 3を穏やかに加え（この段階でペレットを懸濁しないこと），次いで6 μLの20%SDSを加えてから溶液全体を穏やかにピペッティングし，均一な懸濁液にする[*4]．

> [*4] できるだけ泡を立てぬよう注意すること．

⓯ 950 rpmで撹拌しながら37℃にて1時間インキュベートする．

⓰ 40 μLの20% Triton X-100を加え，溶液全体を穏やかにピペッティングして均一な懸濁液とし，950 rpmで撹拌しながら37℃にて1時間インキュベートする[*4]．

⓱ 50 μLのMbo I（25 U/ μL）を加え，溶液全体を穏やかにピペッティングして均一な懸濁液とし，950 rpmで撹拌しながら37℃にて一晩インキュベートする[*4]．

⓲ 10 mMのdCTP，dGTP，dTTPをそれぞれ1.56 μLずつ，0.4 mM biotin-14-dATPを39 μL，5 U/ μL DNA polymerase I Klenow fragmentを10.4 μL加え，溶液全体を穏やかにピペッティングして均一な懸濁液とし，700 rpmで30秒あたり10秒間撹拌しながら37℃にて1時間インキュベートする[*4]．

⓳ 4℃で6分間600×gにて遠心し，上清を50 μL残してとり除く．

⓴ DNA ligase mix 950 μL（蒸留水835 μL・10×T4 DNA ligase buffer 100 μL・200×BSA 5 μL・1 U/ μL T4 DNA ligase 10 μL）を加え，溶液全体を穏やかにピペッティングして均一な懸濁液とし，16℃にて4時間～一晩インキュベートする[*5]．

> [*5] できるだけ泡を立てぬよう注意すること．反応後の懸濁液は4℃にて数日間保存できる．

2. 単一細胞核の単離

❶ 前ステップの反応液を穏やかにピペッティングして沈殿した細胞核を再懸濁する.

❷ 30 μm セルストレイナーを通して細胞核懸濁液をセルソーター用チューブに移す.

❸ セルソーターで懸濁液の前方散乱光（forward scatter；FSC）と，側方散乱光（side scatter；SSC）を測定し，FSC area（パルス面積）×SSC area および FSC area×FSC trigger width（パルス幅）の分布をプロットする（図2）.

❹ ❸のプロット上で細胞デブリや複数細胞塊を除外し，単一細胞核に相当するゲートを設定する（図2中のP2）.

❺ モックプレートをソートステージにセットし，ステージのアライメント調整を行う．プレート四隅と中央付近のウェルに各50細胞核程度（液滴が肉眼で確認できる程度）の模擬ソートを行って，液滴が各ウェル中央に位置するよう微調整する.

❻ ❹で設定した単一細胞核ゲートから96ウェルプレートの各ウェルに1個ずつソートするようシングルセルソートモードの設定を行い，必要枚数の96ウェルプレートに順次ソートを行う*6.

> *6　実験の初期段階では目的単一細胞核を少数（8~24）のウェルのみにソートしたプレートも作製しておくと，ライブラリ作製の確認や至適化を効率よく行うのに便利である．96ウェルプレートの代わりにラックにセットしたPCRストリップを用いるのも一案であるが，ソートステージをPCRストリップ用に調整し直す必要がある.

❼ ソートが完了した96ウェルプレートは直ちにシーリングフィルムを貼付する.

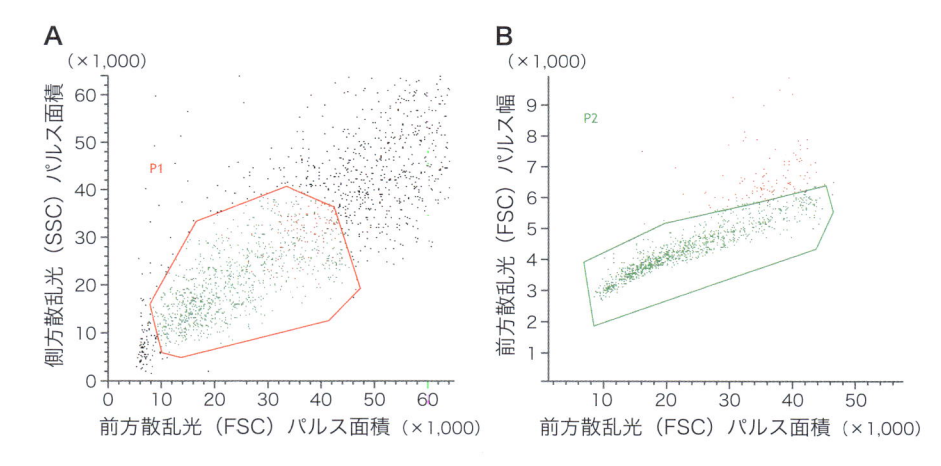

図2　単一細胞核のソートゲートの例

切断端を再結合させたDNAコンカテマーを含む単一細胞核をセルソーターで96ウェルプレートにソートする際，まず**A**のプロット上で極端に大きい細胞核（右上部分）や小さなデブリ（左下部分）を除外するゲートを設定する（P1）．次にP1画分を**B**のプロット上で展開して相対的にパルス幅の広いもの（細胞核が連なっている可能性が高い）を除外し，単一と考えられるP2ゲート中の細胞核を1つずつソートする.

❽ プレートを1,200 rpm で1分程度遠心し，ライブラリ作製まで−80℃で保管する．

3. ライブラリ作製

❶ 単離した細胞核の入ったプレートを室温に戻す．

❷ 軽く遠心後シーリングフィルムを除き，PBSを各ウェルあたり5 μLずつ加え，新しいシーリングフィルムを貼付する*7．

> *7　マニュアル操作による分注は，ピペットチップをウェル内に深く入れ過ぎないよう，ウェル上部の壁伝いに行う．またウェル間のクロスコンタミネーションを防ぐため，各チップによる分注は1ウェル限りとする（以下同様）．

❸ 65℃で一晩インキュベートして架橋固定を除去する．

❹ プレートを室温に戻して軽く遠心後シーリングフィルムを除き，各ウェルあたりNextera XT DNA Library Preparation Kit のTD 10 μL と ATM 5 μL を順次分注し，5回ピペッティグして混和する*8．

> *8　TDとATMは氷上で融解を確認した後，穏やかに転倒混和する．

❺ プレートにシーリングフィルムを貼付してサーマルサイクラーにセットし，55℃で5分間インキュベート後10℃に冷却する．

❻ プレートが10℃になったら，Nextera XT DNA Library Preparation Kit のNTを各ウェルあたり5 μL直ちに加え，穏やかにピペッティングして室温で5分間以上インキュベートする*9．

> *9　NTは事前に沈殿のないことを確認して使用する．沈殿がある場合は溶解するまでボルテックスにより混和する．

❼ ダイナビーズM–280 ストレプトアビジンをよく混和し，1 mLを新しい1.5 mLチューブに移してマグネットセパレーター上に1分間静置した後に上清を除く．

❽ ステップ❼のチューブにダイナビーズM–280 ストレプトアビジンをさらに1 mL加え，再びマグネットセパレーター上に1分間静置した後に上清を除く*10．

> *10　96ウェルプレート1枚（96サンプル）あたりダイナビーズM–280 ストレプトアビジンを合計2 mL（ウェルあたり約20 μL）の割合で使用する（サンプルをソートした実際のウェル数に合わせて調整する）．

❾ ステップ❽のチューブをマグネットセパレーターからとり外し，ビーズ結合洗浄バッファー850 μLを加えて穏やかなボルテックスによりビーズを懸濁し，軽く遠心してからマグネットセパレーターにセットして1分間静置した後に上清を除く．

❿ ステップ❾の洗浄をあと2回くり返す．

❶ 合計3回洗浄したビーズをビーズ懸濁バッファー840 μL（96サンプルの場合）に懸濁する[*11].

  [*11] ビーズ懸濁バッファー量はサンプル数に合わせて調整する.

❷ ステップ❶で作製したビーズ懸濁液を，❻の操作後のプレートの各ウェルに8 μLずつ分注し，穏やかにピペッティングして混和する.

❸ 各ウェルをPCR Cap Stripにてシールし，プレートをチューブローテイターに固定して，2 rpm，室温で一晩転倒混和する[*12].

  [*12] 混和開始1～2時間後に各ウェルの懸濁状態を確認し，問題があれば混和スピードなどを調節する．ウェルのシールにシーリングフィルムを用いると長時間の転倒混和中に漏れが発生することがある.

❹ プレートを軽く遠心してPCR Cap Stripを除く.

❺ マグネットセパレーター上に1分間静置して上清を除く.

❻ マグネットセパレーター上で，ウェルあたり200 μLのビーズ結合洗浄バッファーを加えて1分間待ち，上清を除く.

❼ ステップ❻の洗浄をあと3回くり返す.

❽ マグネットセパレーター上で，ウェルあたり200 μLの10 mM Tris-HCl（pH 7.5）を加えて1分間待ち，上清を除く.

❾ ステップ❽の洗浄をあと1回くり返す.

❿ 各ウェルに25 μLの10 mM Tris-HCl（pH 7.5）を加え，プレートをマグネットセパレーターからとり外す[*13].

  [*13] ステップ❺～❿はAgilent Bravo自動分注プラットフォームなどを用いて自動化すれば迅速に行えるが，手作業でも実行可能である．自動分注プラットフォームを使用する場合は，プレートの適合性が問題になることがある．例えばわれわれの経験では，セルソーティング時に信頼性の高いスカート付のプレートはAgilent Bravo自動分注プラットフォーム上でマグネットセパレーターに充分適合せず，ステップ❹の後でビーズ懸濁液をスカートなしのプレートに移動する必要があった.

⓴ 各ウェルあたり，Nextera XT DNA Library Preparation KitのNPM 15 μLとNextera XT Index Kit v2の2種類のインデックスプライマー各5 μLを加え，穏やかにピペッティングしてビーズを懸濁混和する[*14].

㉒ プレートにシーリングフィルムを貼付してサーマルサイクラーにセットし，以下のプログラムを実行する[15].

```
72℃ 3分
 ↓
95℃ 30秒
 ↓
95℃ 10秒 ┐
55℃ 30秒 ├ 12サイクル
72℃ 30秒 ┘
 ↓
72℃ 5分
```

4. ライブラリプールの精製[16]

❶ 軽く遠心後シーリングフィルムを除き，マグネットセパレーター上に1分間静置して各ウェルから上清約50 μLずつを同じ50 mLチューブに回収する（合計約4.8 mL）．

❷ AMPure XPをよく混和し，2.88 mL（サンプルの0.6倍量）をステップ❶で回収した上清に加えて穏やかなボルテックスによりよく混和した後，室温で5分間インキュベートする[17].

❸ ステップ❷の懸濁液から1.3 mLを新しい1.5 mLチューブに移し，マグネットセパレーター上に3分間静置して上清を除く．

❹ 1.5 mLチューブをマグネットセパレーター上に置いたまま，ステップ❷の懸濁液から新たな1.3 mLを移し，3分間静置して上清を除く．

❺ ステップ❹をステップ❷の懸濁液がなくなるまでくり返す．

❻ 1.5 mLチューブをマグネットセパレーター上に置いたまま，当日調製した80%エタノールを1 mL加え，3分間静置して上清を除く．

❼ ステップ❻の洗浄をあと3回くり返す．

❽ チューブをマグネットセパレーター上に置いたまま蓋を開き，ペーパータオルなどで覆って室温でビーズを乾燥させる*18.

> ＊18　ビーズの乾燥はビーズペレットに亀裂が入り光沢がなくなることで判断できる．われわれの経験では通常1時間前後を要する．

❾ チューブをマグネットセパレーター上に置いたまま乾燥したビーズペレットに10 mM Tris-HCl（pH 8.5）を100 μL加えペレットを湿らせてから，チューブを取り外してピペッティングによりビーズを懸濁し，室温で5分間インキュベートする．

❿ チューブを軽く遠心してマグネットセパレーター上にセットし，5分間静置した後にビーズが混入しないよう注意しながら上清を新しい1.5 mLチューブに回収する．

⓫ ステップ❿で回収した上清に新たなAMPure XPを100 μL（サンプルと同量）加え，ピペッティングによりよく混和して室温で5分間インキュベートする．

⓬ チューブをマグネットセパレーター上にセットし，3分間静置して上清を除く．

⓭ チューブをマグネットセパレーター上に置いたまま，当日調製した80%エタノールを1 mL加え，3分間静置して上清を除く．

⓮ ステップ⓭の洗浄をあと3回くり返す．

⓯ チューブをマグネットセパレーター上に置いたまま蓋を開き，ペーパータオルなどで覆って室温でビーズを乾燥させる*19.

> ＊19　われわれの経験では乾燥まで通常20〜30分を要する．

⓰ チューブをマグネットセパレーター上に置いたまま乾燥したビーズペレットに10 mM Tris-HCl（pH 8.5）を11 μL加えペレットを湿らせてから，チューブを取り外してピペッティングによりビーズを懸濁し，室温で5分間インキュベートする．

⑰ チューブを軽く遠心してマグネットセパレーター上にセットし，5分間静置した後にビーズが混入しないよう注意しながら上清を新しい1.5 mLチューブに回収する[*20].

4'. 個別のライブラリ精製

❶ 軽く遠心後キャップ（またはシーリングフィルム）を除き，マグネットセパレーター上に1分間静置した後，各ウェルから上清50 μLをそれぞれ1個の新しい1.5 mLチューブに移す．このセクション内の以下のステップに記載した量は1サンプルあたりである．

❷ AMPure XPをよく混和し，30 μL（サンプルの0.6倍量）をステップ❶で回収した上清に加えてピペッティングによりよく混和した後，室温で5分間インキュベートする[*21].

*21　AMPure XPは使用前に室温に戻しておく．

❸ ステップ❷の1.5 mLチューブをマグネットセパレーターにセットし，5分間静置して上清を除く．

❹ チューブをマグネットセパレーター上に置いたまま，当日調製した80%エタノールを200 μL加え，30秒間静置して上清を除く．

❺ ステップ❹の洗浄をあと2回くり返す．

❻ チューブをマグネットセパレーター上に置いたまま蓋を開き，ペーパータオルなどで覆って室温でビーズを乾燥させる[*22].

*22　ビーズの乾燥はビーズペレットに亀裂が入り光沢がなくなることで判断できる．われわれの経験では通常20分程度を要する．

❼ チューブをマグネットセパレーター上に置いたまま乾燥したビーズペレットに10 mM Tris-HCl（pH 8.5）を30 μL加えペレットを湿らせてから，チューブを取り外してピペッティングによりビーズを懸濁し，室温で5分間インキュベートする．

❽ チューブを軽く遠心してマグネットセパレーター上にセットし，5分間静置した後にビーズが混入しないよう注意しながら上清を30 μL回収して新しい1.5 mLチューブに移す．

❾ ステップ❽で回収した上清に新たなAMPure XPを30 μL（サンプルと同量）加え，ピペッティングによりよく混和して室温で5分間インキュベートする．

❿ チューブをマグネットセパレーター上にセットし，5分間静置して上清を除く．

⓫ チューブをマグネットセパレーター上に置いたまま，当日調製した80%エタノールを200 μL加え，3分間静置して上清を除く．

⓬ ステップ⓫の洗浄をあと2回くり返す．

❸ チューブをマグネットセパレーター上に置いたまま蓋を開き，ペーパータオルなどで覆って室温でビーズを乾燥させる＊23．

> ＊23　われわれの経験では乾燥まで通常20分程度を要する．

❹ チューブをマグネットセパレーター上に置いたまま乾燥したビーズペレットに10 mM Tris-HCl（pH 8.5）を11 μL加えペレットを湿らせてから，チューブを取り外してピペッティングによりビーズを懸濁し，室温で5分間インキュベートする．

❺ チューブを軽く遠心してマグネットセパレーター上にセットし，5分間静置した後にビーズが混入しないよう注意しながら上清を新しい1.5 mLチューブに回収する＊24．

> ＊24　精製の終わったライブラリは−20℃にて保存する．

5. シークエンス準備

❶ 前項で回収した精製済みライブラリ（プールまたは個別溶液）から1 μLをとってqPCRテンプレート希釈バッファーで1,000倍（ライブラリプールの場合は10,000倍も）の希釈液を作製し，Illumina Library Quantification Kitを用いたqPCRにてライブラリ（プールまたは個別溶液）の定量を行う＊25．

> ＊25　われわれは希釈ライブラリ（またはIllumina Library Quantification Kit付属のスタンダード）4 μLとプライマーを含む2×SYBR mix 6 μLからなる合計10 μLのウェルをライブラリまたはスタンダードあたり3ウェルずつ準備してqPCRを行っている．通常は1,000倍希釈にて0.1〜10 pM程度（原液換算すると0.1〜10 nM程度）の結果が得られる．

❷ 2100 Bioanalyzer systemでライブラリ（またはライブラリプール）のサイズ分布を分析し（図3），qPCRの結果の補正を行う＊26．

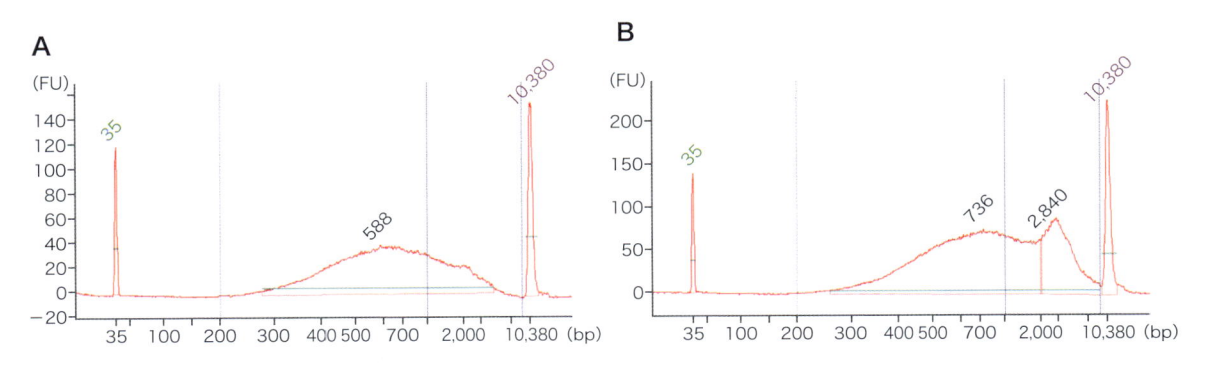

図3　Bioanalyzerによるライブラリ分析例

増幅後のシングルセルHi-CライブラリはqPCRでモル濃度を定量すると同時にBioanalyzerにてサイズ分布などを調べる．PCR増幅の副産物であるプライマーダイマーが混入していればこの段階で判明する[2]．ライブラリ中で実際にシークエンス対象になるのはおおむね500〜700 bp以下の分子であるが，本プロトコールで作製したライブラリに1 kbを超える分子が含まれることは普通で，しばしば2〜3 kbを超える（**A**）ことや，2〜3 kb領域に別のピークがある（**B**）こともある．われわれの経験では，そのような大きな分子はシークエンサー内での反応効率が低いためか，混入していても特に問題になることはないようである．35 bpと10,380 bpのピークはサイズマーカー（ライブラリ由来ではない）．

＊26　KAPAバイオシステムズ社 Illumina Library Quantification Kit 付属のスタンダードのアンプリコンは 452 bp であるので，qPCR で求められたモル濃度はライブラリも 452 bp とみなした場合の数値であり，それを Bioanalyzer で求めた実際のサイズに基づいて換算する．例えば Bioanalyzer によりライブラリの平均鎖長が 700 bp と判明したのであれば，qPCR で求められたモル濃度に 452/700 を掛けた値が実際のモル濃度に近いはずである．

❸ ステップ❷で補正した qPCR によるライブラリのモル濃度を参考にして，シークエンサーのレーンにロードする量を決定する[*27]．

＊27　個々のライブラリをプールしないで定量を行う場合，サンプル数が多い場合は労力が必要な反面，シークエンス後にライブラリ間のシークエンス深度ができるだけ均等になるようシークエンス前のロード段階で各ライブラリを等モルに揃えることが可能である．一方ライブラリをプールする場合はこの調整ができないため，プール中のライブラリ間でシークエンス深度のばらつきが大きく，全ライブラリが理想的に解析できるとは限らない．ライブラリをプールするかしないかはサンプル調達の手間やコスト・めざす解析規模（サンプル数）などを勘案して選択する必要がある．われわれはマウス ES 細胞から作製した 96 のシングルセルライブラリプール 2 つ（192 細胞分）を $200\times10^6 \sim 400\times10^6$ リードペアの容量をもつレーンにロードしていた．

❹ シークエンスはペアードエンド（paired-end）で行う．読みとり長は各端から 50 bp で通常は十分だが，SNP を用いてアレルの区別を行うなどの場合は長い読みとり長が有利になる．

6. シークエンス後のデータフィルタリングおよび基本解析

　　シークエンスにより得られる生データには，本来期待されるものの他に Hi–C 操作の副産物（図4）をはじめとする，Hi–C データとして解析対象にならないものが含まれている．目的とする解析を行う前にそれらを取り除き，各細胞の Hi–C データ品質を確認したり実験上の問題点を発見したりするため，以下に述べるフィルタリングおよび基本解析はルーチンで行う必要がある．われわれはこれらをまとめて行える HiCUP というパイプライン（ベイブラハム研究所で開発されたフリーウェア，図5）[4) 5)] を用いている．

❶ シークエンスされたライブラリ分子 1 つにつき，2 つの FASTQ ファイル（以下 Read 1 および Read 2 と記す）と 2 つのインデックスファイルが得られる．Hi–C ライブラリとしての処理をはじめる前に，まずインデックスファイルの情報に従って Read 1 と Read 2 のデータを各シングルセルごとに分ける必要がある（de-multiplexing）[*28]．

＊28　de-multiplexing は今日の次世代シークエンシングでは一般的なステップであり，各シークエンシング環境に付随したものが利用可能のはずである．

❷ 各シングルセルの Read 1 および Read 2 上で Hi–C 結合部分（Hi–C ligation junction）の配列を探索し，Hi–C 結合部分がある場合はそれより手前の部分だけを次のステップ（マッピング）の対象とする（HiCUP では hicup_truncater モジュールが実行；図5）．Hi–C 結合部分がない場合はリード全長がマッピング対象となる．

❸ ステップ❷を経た Read 1 および Read 2 を実験に用いたゲノム情報（リファレンスゲノム）に照らし合わせてマッピングし，両方のリードとも問題なくマッピングできたリードペアの

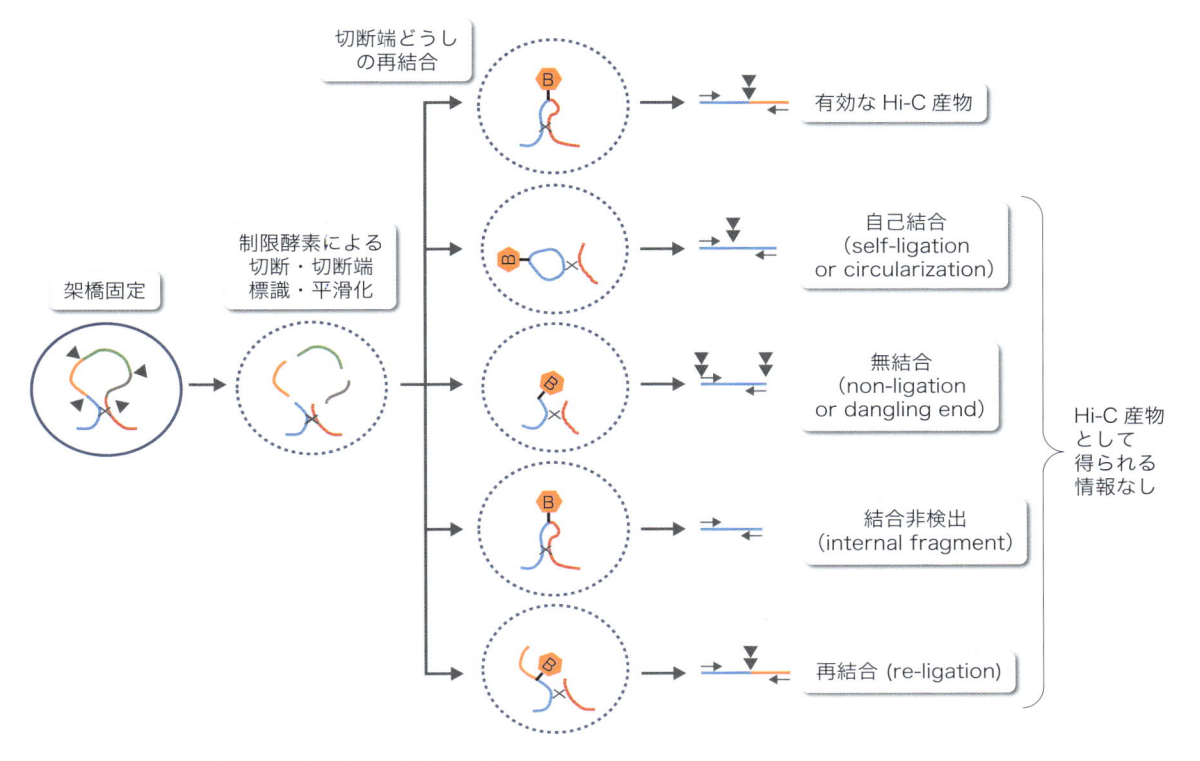

図4　Hi-Cライブラリに含まれるさまざまな分子

Hi-Cライブラリ（シングルセルに限らない）をペアードエンドモードでシークエンスし，リードをマッピングして実験に用いたゲノムの制限酵素断片（図中では青・橙・緑・灰・赤色の線で表現）に対応させることで，各リードペアが本来の（有効な）Hi-C産物（中央上）に由来するかしないかがわかる．一般にペアのリードは一次構造上隣接しない異なった制限酵素断片上にマッピングされなければHi-Cの結果としての情報価値はないが，そのような情報をもたない分子は一定の割合で常につくられる．青い円は細胞核（点線は透過化処理後），▶は制限酵素認識部位，xは架橋固定，Ⓑはビオチン標識（簡潔のため青いDNA断片の一端だけに表示），▶▶は制限酵素切断端由来の部位，→はシークエンスされる部分．

みを次のステップの対象とする（HiCUPではhicup_mapperモジュールがBowtie2を用いて実行；図5）．

❹ リファレンスゲノムを実験に用いた制限酵素（前述プロトコールではMbo I）で切断した断片の情報を記録したファイルを用意する（HiCUPではhicup_digesterモジュールが実行；図5）[*29].

　　＊29　実験に用いたゲノムと制限酵素が同じであれば，このファイルは別のデータセット解析にも再利用できる．

❺ ステップ❸で両方のリードともマッピングされたリードペアをステップ❹の情報を用いて各ゲノム断片に対応させ，図4のどのパターンに相当するかを判断して，有効なHi-Cペアだけを次のステップの対象とする（HiCUPではhicup_filterモジュールが実行；図5）[*30].

　　＊30　シングルセルHi-Cの場合，有効なHi-Cペアの割合は通常50〜75％程度であることが多い．この割合が特に少ない場合は実験に不備があった可能性を検討する．

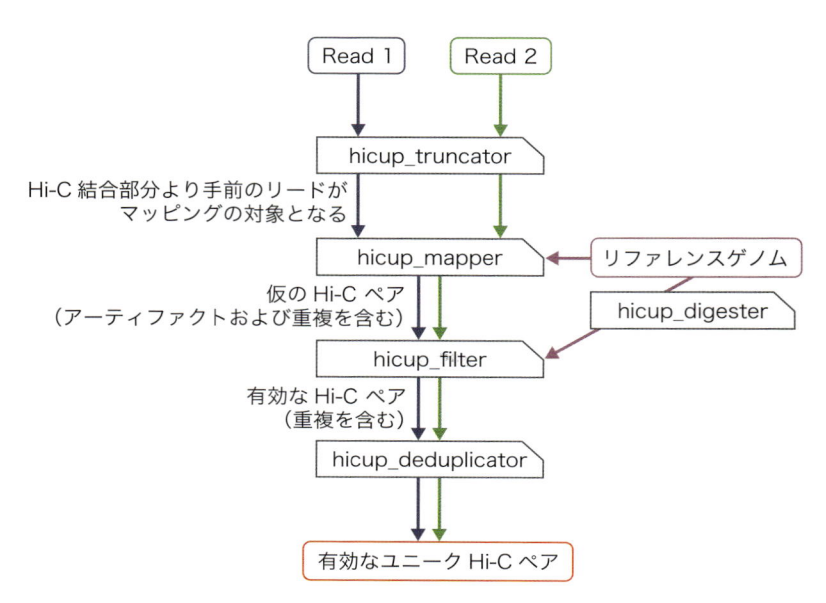

図5　HiCUP パイプラインによるデータ処理の流れ

ペアードエンドモードのシークエンスで得られた各シングルセル由来の2つのリード（Read 1とRead 2）は，Hi-C結合配列より後ろの部分を除き（hicup_truncator），独立してリファレンスゲノムにマッピングされる（hicup_mapper）．2つのリードとも問題なくマッピングできたリードペアだけを仮のHi-Cペアとし，実験に用いた制限酵素によるリファレンスゲノムの断片（hicup_digesterで作製される）に対応させてHi-Cデータとしての有効性（図4参照）を判断する（hicup_filter）．最後にライブラリ増幅やシークエンスで生じたリードペアの重複を解消して（hicup_deduplicator），有効なユニークHi-Cデータデットが得られる．

❻ ステップ❺で選び出した有効なHi-Cリードペアから重複するものを除いて，ユニークな有効Hi-Cペアのデータセットを作製する（HiCUPではhicup_deduplicatorモジュールが実行；図5）[31].

> *31　重複はライブラリ作製中のPCRステップとシークエンサーのフローセル上で生じる．PCRによる重複は1細胞由来の微量（2コピー）DNAを解析するためには現実的に必要であり，ライブラリあるいはライブラリプール濃度が一定の範囲内（前述）であれば重複が過剰ということはない．シークエンサー内で生ずる重複はシークエンス深度を反映しており，各ライブラリのロード量で調節できるので，研究の主眼をどこに置くか（例えば作製したライブラリの情報を漏らすことなく記録することと，できるだけ多くのシングルセルデータを収集することのどちらを優先するか）などに応じて判断する．

❼ ステップ❻で得た有効なユニークHi-Cリードペアのリストを用いて，データセット品質をある程度判断できる．典型的な指標として有効なユニークリードペア数と%*trans*-chromosomal（有効なユニークリードペア中に占める異なる染色体間のペアの割合）があげられる（図6）．有効なユニークリードペア数が多い（$> 5 \times 10^4$）ことは情報量の多さ（ライブラリの複雑性の高さ）を，%*trans*-chromosomalが低い（$< 15\%$）ことはノイズの少なさを意味すると考えられる[6)]．通常のシングルセルHi-Cデータの解析はステップ❻で得た有効なユニークHi-Cリードペアのリストを用いて行う．

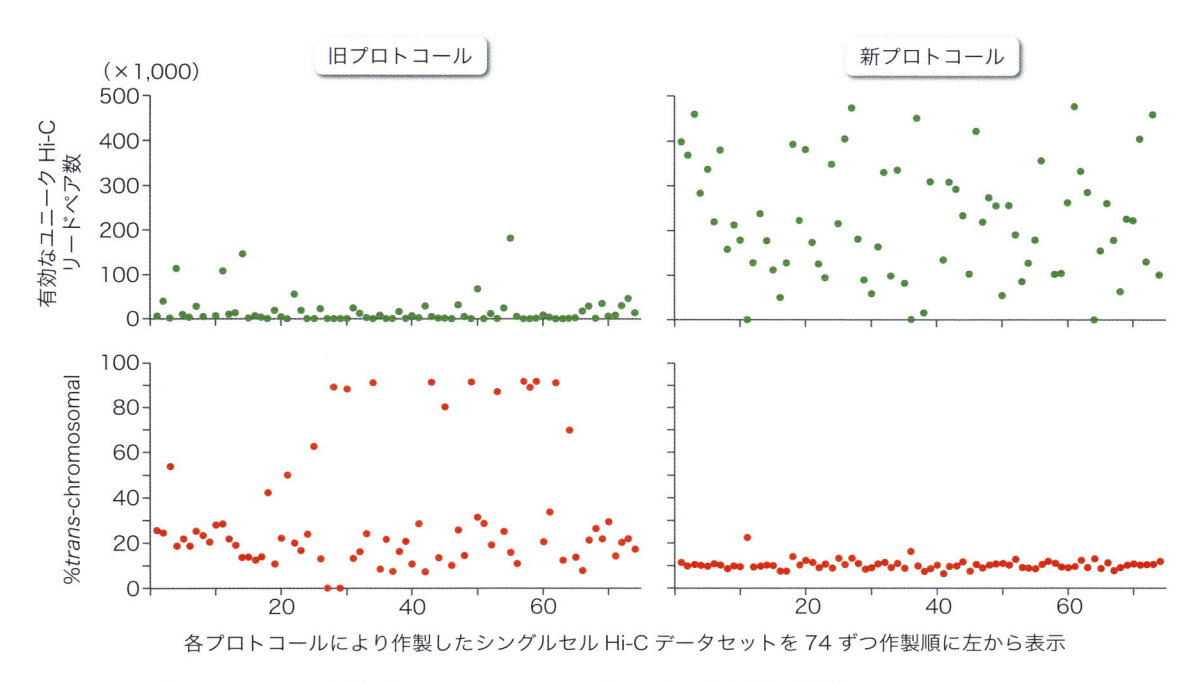

図6　シングルセルHi-Cの新旧プロトコールによるデータセット品質の比較

旧（左列）および新（右列）シングルセルHi-Cプロトコールにより作製したデータセット74個ずつについて，有効なユニーク Hi-Cリードペア数（上段；情報量の指標となる）と%*trans*-chromosomal（下段；プロトコール**6**項ステップ❼参照；この値の上昇は一見有効なHi-Cリードペア中にノイズが多く含まれる可能性を示唆する）を作製順に左から表示した．

実験例

　　本稿で紹介したシングルセルHi-Cプロトコールは以前紹介した旧プロトコール[2]の改良版で，主な変更点は以下の通りである．

　　①用いる制限酵素を6ベース認識型（Bgl Ⅱ）から4ベース認識型（Mbo Ⅰ）とした

　　②直視下の手作業で行っていた1細胞核単離をフローサイトメトリーを用いて高速化した

　　③Hi-C結合産物（コンカテマーDNA）の断片化・断端修飾・アダプターライゲーションと連続する多段階反応で行っていたライブラリの鋳型作製を，1回のトランスポゼース反応で置き換えた

　　④ライブラリ作製中のビーズ洗浄のステップは，自動分注プラットフォームなどを用いて自動化できるようにした

　　これらの改良により，1細胞からより情報量の多いデータが迅速に得られるようになっただけでなく，安定した品質のシングルセルライブラリをより多くの細胞から作製することが可能になった．プロトコール**6**のステップ❼で得られる2つの代表的なデータ品質のパラメータ（有効なユニークリードペア数と%*trans*-chromosomal）を新旧のプロトコール間で比較すればその効果は一目瞭然で（図6），新プロトコールによって有効なユニークリードペア数が多く%*trans*-chromosomalが安定して低い（つまり情報量が多くノイズの少ない）シングルセルHi-Cデータが得られることがわかる．

おわりに

　シングルセル解析がその真価を発揮する対象の例として，ダイナミックな変化が進行中の細胞集団が考えられる．同じサンプルを集めることを前提とする多細胞解析に乗せるためには，きちんと「同じ」サンプルを選別する手段が必要である．しかしそのためには，その細胞集団で進行中の変化についての高度な理解が必要，という自己矛盾に陥ってしまう．一方シングルセル解析を用いれば，予備知識なしに細胞を分類したりグループ間の関連を調べたりすることが可能であることをシングルセルRNA解析は示している[7][8]．クロマチン高次構造に関しても同様の解析を行うためには，1細胞から得られる情報量だけでなく多くの細胞の情報を安定的に得ることのできるシングルセルHi-Cの方法が必要であった．本稿で紹介したプロトコールはその必要性に応えようとするものであり，今後さまざまな対象の解析に役立てば喜ばしい限りである．

◆ 文献

1) Nagano T, et al : Nature, 502 : 59–64, 2013
2) 永野 隆：実験医学，34：1797–1806，2016
3) Nagano T, et al : Nature, 547 : 61–67, 2017
4) Wingett S, et al : F1000Res, 4 : 1310, 2015
5) Babraham Bioinformatics：HiCUP（Hi–C User Pipeline）．http://www.bioinformatics.babraham.ac.uk/projects/hicup/（2017年6月閲覧）
6) Nagano T, et al : Genome Biol, 16 : 175, 2015
7) Jaitin DA, et al : Science, 343 : 776–779, 2014
8) Paul F, et al : Cell, 163 : 1663–1677, 2015

18 シングルセルクロマチン免疫沈降法（scChIP-seq）

藤木克則，白髭克彦

　ゲノム上でのヒストン修飾やタンパク質-DNA相互作用の分布を1細胞レベルで解析することは，標的となるゲノム領域が1細胞中に2コピーしかないことから困難をきわめる．現在まだ確立されたシングルセルChIP-seq法というものがなくプロトコールを紹介することは適切でないため，本稿では限定された条件でこの実験に成功した2つの論文を解説し，シングルセルChIP-seq法の現状と課題について論じたい．

はじめに

　ゲノムDNAに記述された遺伝情報はヒストン修飾やさまざまな転写因子などとの相互作用によって制御されており，これらのゲノム上の分布を次世代シークエンサーを用いて網羅的に明らかにする方法がChIP-seqである．通常のChIP-seqでは一度の実験で$10^6 \sim 10^8$程度の細胞が用いられるが，できる限り少ない細胞数で実験を行いたいという欲求からさまざまにプロトコールが改善され，現在では10^3以下の細胞まで対応する低インプットChIP法が報告されている．しかしながらインプットの量が減るほどその難易度は格段に上がり，またChIP可能な標的タンパク質は限定されていく．また，これらの方法はあくまで少ない細胞でChIPを行っただけで，得られる情報は用いた細胞中の標的タンパク質とDNAの相互作用の平均値・合計値である．ここからさらに細胞ごとにシグナルを切り分け，1細胞レベルの解像度でChIP-seqを行えるとしたものが2015年にRotemらがNature Biotechnology誌に報告したシングルセルChIP-seq（scChIP-seq）法，Drop-ChIPである[1]．本稿の執筆現在，1細胞でのChIP-seqについてはこの論文がほぼ唯一といってよく，いかにscChIP-seqが難しいかを物語っている．一方で，ChIPではないが同じく1細胞におけるタンパク質-DNA相互作用を検出する方法としてDam（DNA adenine methyltransferase）によるアデニンのメチル化修飾を利用したscDamID（single-cell Dam identification）法をKindらが同時期に報告している[2]．本稿では，未だ確立された方法のないscChIP-seqについて，Drop-ChIP法，scDamID法を解説しながら，scChIP-seq実験の課題について論じたい．もし読者のなかにこの困難な実験系の立ち上げに挑戦したいという勇気ある方がいれば，参考になれば幸いである．

Drop-ChIP 法

1. Drop-ChIP 法の原理

　scChIP-seq 実験において検出標的となるそれぞれの DNA 領域は，多くの場合ゲノム中にたった2コピーしか存在しない．10^2，10^3 コピーあるいはそれ以上発現している mRNA を検出すればよい scRNA-seq と異なり，scChIP-seq が非常に難しい最大の理由がこの検出対象の少なさである．この2コピーしかないゲノム領域をどのように高効率に ChIP するかが scChIP-seq 成功のカギである．また，ChIP アッセイは抗体のアフィニティーに依存するため，低インプット ChIP ほどシグナル／ノイズ比が悪くなり，検出標的がノイズに埋没しやすくなってしまう．標的が2コピーしかない，すなわちシグナル強度が 0，1，2 しかないシングルセルではノイズは致命的である．そこで Rotem らは，あらかじめ細胞ごとのクロマチンを各細胞固有のバーコード配列でラベルしたうえで回収し，さらに十分な量のラベルされていないキャリアクロマチンとともに ChIP をすることでノイズの発生を抑える方法を考案した．図1がその概略である．

　クロマチンへの細胞固有インデックスの付加は①シングルセルの液滴への封入とクロマチン断片化，②バーコードアダプターを封入した液滴の作成，③これらの液滴にリガーゼを含む反応液を融合しアダプターを接合する，という3つのステップで行われた．Drop-ChIP ではこの3つのステップのためにそれぞれ専用のマイクロ流体チップを開発している．まず①の細胞封入のステップで，細胞を1つずつ反応液とともに直径〜50 μm 程度の液滴に封入する．この反応液は界面活性剤と MNase（micrococcal nuclease）を含んでおり，この液滴中で細胞は溶解された後 MNase によってヒストン間のリンカー DNA 領域が消化されクロマチンがモノヌクレオソーム化される．並行して②では，384 well プレート3枚に分注された 1,152 種類のバーコードアダプターから専用のマイクロ流体チップによりそれぞれのバーコードを含んだ微小な液滴が生成されプールされる．そして③では，①の液滴1つとランダムに選ばれた②の液滴の1つが，マイクロ流体チップに組込まれた電極上を通過する瞬間に反応液とともに融合される．この反応液は末端修復酵素と DNA リガーゼを含んでおり，MNase により消化されたモノヌクレオソームの DNA 末端を平滑化し，細胞固有のバーコードアダプターを接合する．その後液滴を壊しヌクレオソームを回収し，さらにアダプターを付加していないキャリアヌクレオソームを加えて ChIP（Rotem らは抗ヒストン H3 ジメチル化，トリメチル化抗体を用いた）を行い，目的の修飾を含むヌクレオソームを濃縮し配列を次世代シークエンサーで解析した．

2. Drop-ChIP による細胞サブグループの検出

　Drop-ChIP 法により Rotem らは1細胞あたり 500 〜 10,000 リードを得ることに成功している．多細胞を用いた ChIP-seq では抗ヒストン H3 ジメチル化，トリメチル化抗体はおおよそゲノム上に数万のピークを生じるので，この結果はシングルセルゲノム中の標的修飾領域の約 10 〜 100 分の1しか検出できていない可能性を示している．さらにこのリード中にはノイズも含まれる．実際 H3 トリメチル化では，各細胞ごとの既知のピークに落ちたリードの割合の平均が約 50 %，リードが落ちた既知のピークの割合が平均 5 % 前後と，検出効率は高いとは言い

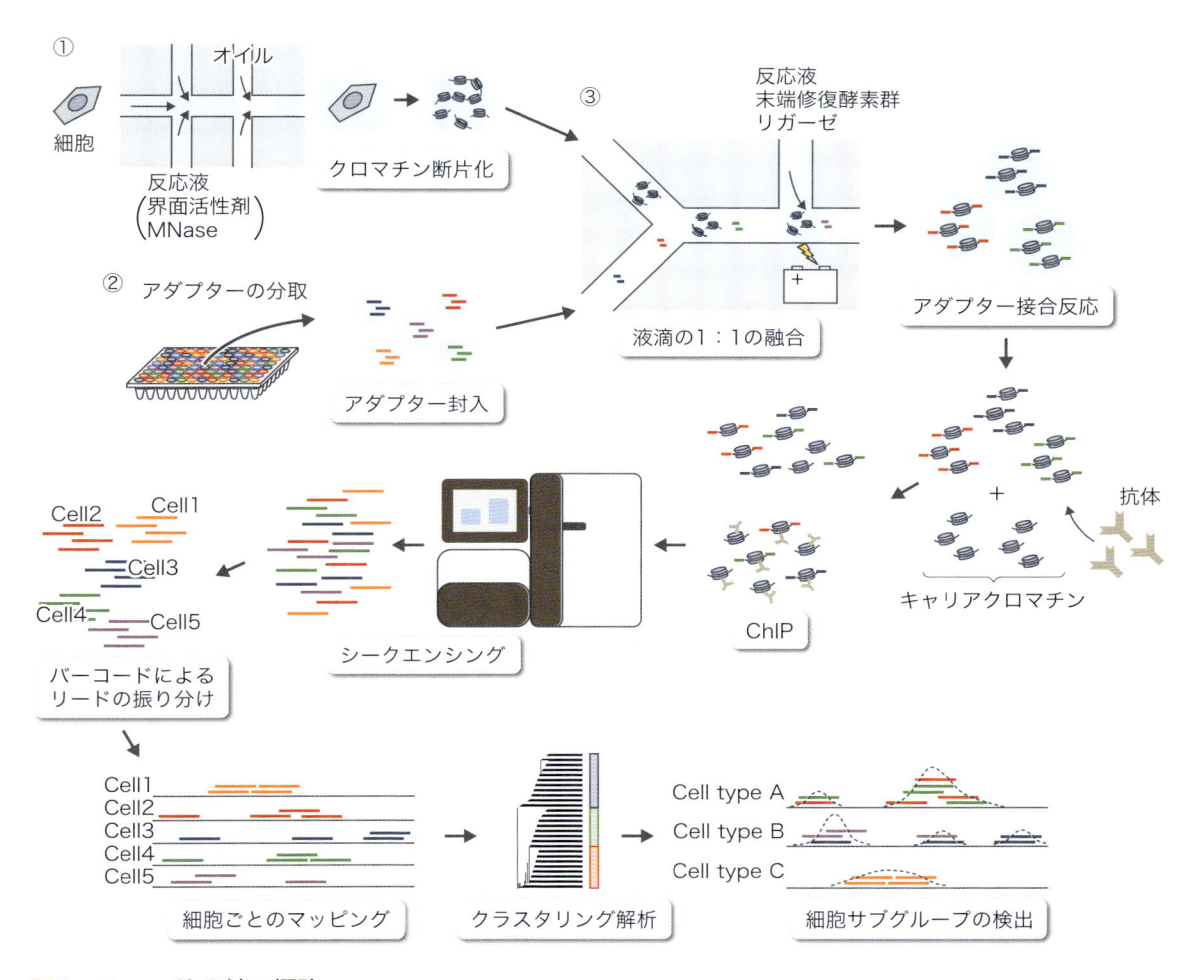

図1　Drop-ChIP法の概略

難いものであった．そこでRotemらは，3種の細胞（ES細胞，線維芽細胞，造血幹細胞）を混合したDrop-ChIPデータで細胞ごとのリード分布の類似度からクラスタリング解析を行い，細胞種の分類を試みた．そして，たとえ平均で全ピークの5％しか検出できていなくとも，90％以上の確率でその細胞の由来を決めることができることを示した．

　シングルセル実験を行うことの大きな目的の1つが，バルクの実験では均一と思われていた細胞群のサブグループの検出である．RotemらもこのDrop-ChIP実験においてヒストンH3ジメチル化のデータを用いてES細胞をサブグループに分類することを試みている．しかしながら前述の通りDrop-ChIPでは1細胞から得られるリード数が限られ，また細胞間でリード数に差があるため，単純にクラスタリングを行うと結果が細胞間のラベリングの効率の差に引っ張られてしまう．そこでRotemらは情報学的な工夫をしてこれを克服しようと試みている．「機能的に関連したゲノムマーカーは，シングルセル間でも協調して変化する」という仮定のもと，パブリックな314のさまざまなChIP-seqデータセット（ヒストン修飾，転写因子，クロマチ

ン制御因子など）をクラスタリングし，91の協調して変化する領域のセットを導き出して，scChIP-seqのそれぞれの細胞のリードがこの91のセットにどれだけ落ちるかによって細胞をスコアリングした．この結果から各細胞の配列データを91次元の数値データとしクラスタリングを行った．これによって，細胞間のリードカバレージの差によらず，また実験に用いた細胞の数に大きく左右されない細胞サブグループの検出が可能になる．Rotemらはこの方法でES細胞を3つのサブグループに分類することに成功している．

3. Drop-ChIPの効率・応用範囲

　scChIP-seqの難しさは，いかにゲノム中に2コピーしかない標的領域を確実にChIPしライブラリ化するか，そして低インプット化で避けては通れないバックグラウンドノイズ＝抗体の非特異的な反応をいかに抑えるかにある．Drop-ChIPの最も画期的な点は，あらかじめ細胞ごとにヌクレオソームをラベルしておき，その後ラベルされていないキャリアヌクレオソームを加えて多数細胞でのChIPとして実験を行うことでノイズの低減をはかった点であろう．これにより，非特異的な結合の多くがキャリアとの反応となり，シークエンスデータには反映されなくなる．こうして1細胞の解像度でChIP-seqを実現した点においてDrop-ChIP法はたいへん意義のあるものだが，一方でChIPの効率や応用範囲などまだまだ多くの改善の余地を残している．

　通常ChIP実験を行う際にはホルマリンなどを用いてゲノムDNA上のタンパク質を固定するのが一般的だが，Drop-ChIPでは細胞の固定を行っていない．おそらく固定をすると，細胞の溶解性が落ちて液滴内での各反応の効率が低下してしまうのと，ラベル後に細胞がバラけずうまくChIPできないためであろう．かといって通常のChIPのように超音波処理でもしようものならせっかく付加したアダプターが壊れてしまう．これが原因で，Drop-ChIPではヒストン修飾のように固定せずともDNAと強力に相互作用しているものしか検出できず，転写因子のような比較的弱い相互作用を検出するのには向いていない．そのような標的を検出したい場合には，抗原をクロマチン上に留めておくための何らかの工夫が必要になる．

　またDrop-ChIPでは抗原の濃縮に抗体を用いているため，ChIPの効率は当然ながら抗体のアフィニティーの高さに依存する．Rotemらが用いたヒストンH3ジメチル化，トリメチル化抗体のようにアフィニティーが高い抗体が用意できなければ，2コピーしかない抗原をとりこぼしたうえ，非特異的な結合によりノイズの増加を招いてしまう．よい抗体がない場合や，またさらに高い効率での抗原の回収をめざすのであれば，エピトープタグや共有結合タグの融合，抗原のビオチン化などが有用かもしれない．

　シングルセルの分離にはマイクロ流体デバイスを用いるのが最近のトレンドであり，Drop-ChIPも3種類のチップを開発して実験に用いている．マイクロ流体デバイスは高速に大量の細胞を分離できる非常に強力なツールであるが，一方でその開発と運用には専門的な知識と設備，熟練が必要になる．scRNA-seqのように広く応用の効くアッセイ系が確立すれば，簡単な操作で結果を手にできるキット化されたマイクロ流体システムがメーカーから発売されることも期待できるが，scChIP-seqなどの発展途上の分野においては研究者が自身の実験デザインに合わせて自作しているのが現状である．

液滴を用いるアッセイでは，いったん液滴を生成してしまうと基本的に試薬の足し引きが難しく，できる限り封入時点ですべての試薬を入れておくことが望ましい．Drop-ChIPにおいても1つの液滴中に複数の酵素を加え，DNA末端平滑化，末端リン酸化，アダプターライゲーションと一連の反応を同時に行っている．一般的に複数の酵素反応を同一のバッファーで行う際には反応の最適化が難しく効率が低下しがちである．また液滴では前反応の夾雑物をとり除くこともできない．scChIP-seqでは最大限の反応効率を求められるため，この点でもアダプター付加の効率を上げるための工夫の余地があるかもしれない．

一方で，Drop-ChIPでは非常に高度な技術で3液滴の融合を可能にするチップも開発している．これはMNaseにアダプターが消化されてしまわないよう，クロマチン断片化後にMNaseを不活化する必要があるためで，前述①のステップでクロマチンをモノヌクレオソーム化したMNaseは，その後③の融合のステップで末端修復酵素・リガーゼ反応液に含まれるEGTAによって不活化される．通常，ヌクレオソームマッピングなどでMNaseによるクロマチンのモノヌクレオソーム化を行う際には，MNaseの添加量と反応時間は厳密に管理される．MNaseはクロマチンのリンカー領域を優先的に切断するが，過剰に反応させればヌクレオソームに巻いたDNAまで消化してしまうためだ．しかし，Drop-ChIPではマイクロ流体デバイスによる液滴生成を経るため，細胞とMNaseの封入からEGTAを含むラベリング反応液との融合までの正確な時間のコントロールが難しい．このため，液滴の中には過剰に消化してしまっている細胞あるいは消化が不十分な細胞などが混在し，ラベリングの効率を下げていると想像される．

Single-cell DamID法

免疫沈降ではないので正確にはscChIP-seqではないが，マイクロ流体デバイスを用いないシングルセルのタンパク質-DNA相互作用解析実験の例として，Kindらがアデニンメチル化酵素を用いた方法を報告している．バルクの細胞を扱う一般的なDamID法では，まずバクテリア由来のDamをDNA相互作用領域を知りたいタンパク質に融合し細胞内で発現させる．Damは周辺のGATC配列中のアデニンをメチル化するので，これをメチル化感受性制限酵素Dpn I（認識配列 $G^{m6}ATC$）を用いて切断し，アダプターを結合する．Dpn II（認識配列 GATC）により非メチル化フラグメントを分解した後PCR増幅し，次世代シークエンサーなどを用いてDam相互作用領域を同定する．DamIDによる解析は，転写因子の結合，クロマチン状態の評価，核構造の解析などさまざまな実験に用いられてきた．KindらはこのDamID法を応用し，1細胞レベルでタンパク質-DNA相互作用を解析した．

シングルセルDamID（scDamID）と名付けられたこの方法では，DamをLamin B1（LmnB1）タンパク質と融合することで，クロマチンのLADs（lamina-associated domains）を1細胞レベルでマッピングしている（図2）．Dam-LmnB1の発現によってLADsに含まれるアデニンがメチル化された細胞を1つずつFACSにより96 wellプレートに単離し溶解，Dpn Iによってゲノムを切断し，切断面にアダプターを接合して次世代シークエンサーで配列解読を行った．サンプルのロスを防ぐため，できる限り少ない容量のサンプル溶液ですべての反応を1チューブ内で実験を行った．

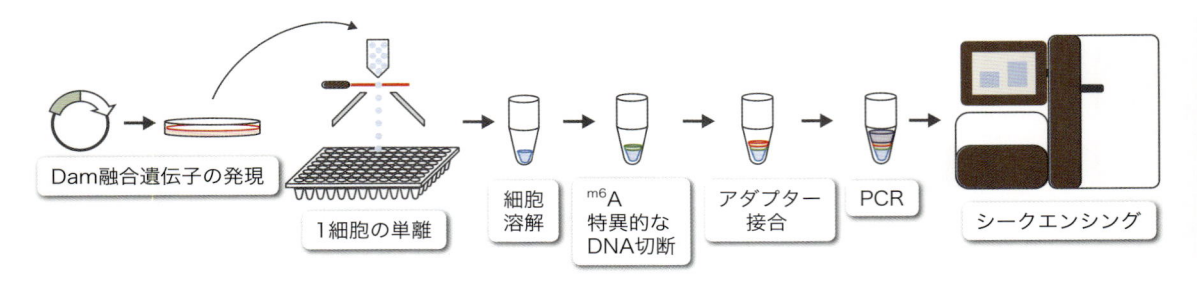

細胞溶解, m6A特異的なDNA切断, アダプター接合, PCR, シークエンシング, Dam融合遺伝子の発現, 1細胞の単離

図2　scDamID法の概略

　scDamIDの利点はDrop–ChIPよりも実験系がシンプルかつ確実なことである。Drop–ChIPでは最適化の難しい液滴中でMNase消化，末端平滑化，リン酸化，アダプター接合という複雑な酵素反応によりラベリングを行った後，抗体のアフィニティーに依存して標的領域の回収を行っているため必然的にロスが増えるが，scDamIDでは基本的に制限酵素処理とアダプター接合のみ，しかも制限酵素の高い特異性による切断と粘着末端でのライゲーションを利用している。この方法によりDrop–ChIPよりはるかに多い，1細胞あたりおよそ5×10^5のユニークなリードを取得することに成功し，Drop–ChIPのように手の込んだ情報学的解析を行わずとも1細胞からでも十分に多細胞の実験データと比較しうるクォリティのデータを得ている。さらにDamIDでは，Drop–ChIPではできなかったヒストン以外のタンパク質のDNAとの相互作用を検出することにも成功している。

　とはいえscDamIDにも弱点がある。1つ目はシグナルの解像度である。DamIDではある領域の検出確率がDamとの相互作用に加え検出領域のDamメチル化サイト（GATC）の頻度にも依存するため，ゲノムをある程度の長さの領域に区切って期待値に対する実測値の増減を計算する必要がある。Kindらは平均的なLADsのサイズが〜0.5 Mbであることをかんがみ，100 kbごとにゲノムを区切りシグナル強度を計算した。一般的なDamID法では最大で5 kb程度まで解像度を上げられるようだが，1細胞ではノイズ＝非特異的な修飾との兼ね合いで解像度を上げるのが難しくなると予想される。

　もう1つの課題は時間的な解像度である。DamIDでは修飾のためDam融合タンパク質を数時間は発現させる必要がある。この間ずっとアデニンメチル化が起きているため，例えばある特定の時点におけるタンパク質–DNA相互作用を検出するのが難しい。また恒常的な結合と一過的な相互作用を区別するにも何らかの工夫が必要である。

　さらに，scDamIDでは細胞の単離とその後の操作をマニュアルで行うため，必然的に扱える細胞数に限界がある。シングルセル実験を行うモチベーションとして，一見均質な細胞群のなかのサブグループの発見やマイナーな細胞群の検出があげられるが，これには場合によっては数千以上の細胞を解析する必要が出てくるため，この点ではマイクロ流体チップを用いた実験の方が適していると言えそうだ。

　ほかにもscDamIDではDam融合タンパク質の発現量にも細心の注意が必要となる。Dam融合タンパク質の発現が多すぎるとアデニンの非特異的なメチル化を生じバックグラウンドが上がってしまうため，通常内在性のタンパク質に比べてDam融合タンパク質の量は非常に低く抑

　シングルセル解析プロトコール

えられる．前述の通り，シングルセル実験ではシグナルとノイズの区別が難しくバックグラウンドの増加は致命的なため，scDamIDではこの点にさらに注意が必要である．しかし，バルクのDamIDであれば各細胞から得られるシグナルが少なくともそれを合算するため問題がないが，scDamIDでは内在のタンパク質に比べて発現量が低すぎても，特に結合の交換の遅いタンパク質などではシグナルをとりこぼしてしまうことにつながる．目的とするタンパク質に応じて適切な発現量，発現時間の最適化が必要である．

おわりに

　シングルセルにおけるトランスクリプトーム解析に比べ，エピゲノム解析手法，とりわけscChIP-seqやシングルセルHi-Cなど，サンプル調製に複雑な反応過程が必要な手法はまだまだ発展の途上にあり確立された方法がない．そこにおいて本稿で紹介したDrop-ChIP，scDamIDは，ともにそれぞれ固有の課題を抱えてはいるが，scChIP-seqの実現に先鞭をつけた点でたいへん重要な報告である．現時点では立ち上げにかかる労力やその応用範囲，得られるデータのクォリティなどからなかなかハードルの高い実験系ではあるが，さまざまなシングルセルオミクス解析技術が報告され確立されていくなかで今後必ず必要になる手法でもある．願わくは読者のなかから革新的な方法，素晴らしい工夫で既存のscChIP-seq実験系のもつ課題を克服される方が現れ，この稿がその足がかりとなることができれば幸いである．

◆ 文献
1) Rotem A, et al：Nat Biotechnol, 33：1165-1172, 2015
2) Kind J, et al：Cell, 163：134-147, 2015

19 微生物のシングルセルゲノム解析

細川正人，丸山　徹，西川洋平，竹山春子

　微生物のゲノムサイズは哺乳類細胞の約1,000分の1程度と小さく，シングルセルゲノム解析の実行にあたっては，全ゲノム増幅時のコンタミネーションや増幅バイアスの発生が大きな問題となる．特に，未知微生物のゲノム配列決定を目的とした場合には，得られたシークエンスデータを慎重に評価し，正しい情報を導くことが必要である．本稿では，微生物を対象としたシングルセルゲノム解析のプロトコールおよび解析手法について実例とともに紹介する．

はじめに

　海洋・土壌などのヒトをとり巻く環境から，ヒトの皮膚・腸内環境に至るまで，あらゆる箇所に微生物は存在している．これら環境微生物の多くは難培養性であり，その詳細解析には培養操作を経ずにゲノム情報を直接調べる方法がとられる．微生物ゲノム解析の方法としては，メタゲノム解析が一般的だが，さまざまな微生物ゲノムが混在する中から，興味のある微生物のゲノム情報を取り出して再構築することは容易ではない．また，環境サンプルから特定の微生物を機械的に単離・濃縮しても，シークエンスを実行できるほどの十分な細胞数（DNA量）を確保できることは稀であり，わずかに得られた貴重な微生物・DNAをもとに解析を進めることが求められる．

　シングルセルゲノム解析は，このような微量なサンプルからのゲノム解析を可能とする方法である．これまで，ヒトやマウス細胞を対象とした研究が先行して進められてきたが，近年ではよりゲノム総量が少ない微生物を対象としたシングルセルゲノム解析法が新たに提案されている[1]．

　本稿では，微生物を対象としたシングルセルゲノム解析実験を行う際の，具体的な操作方法や注意点，解析例について紹介する．

実験の流れ

　図1に解析全体のフローチャートを示した．シングルセルゲノム解析のなかでも特に重要なステップはシングルセルゲノム増幅である[2]．現行のシークエンサーでは1つの細胞に含まれるすべてのゲノムDNAを漏れなく読みとることは不可能であるため，わずかなゲノムDNAを鋳型として複製し，正確なシークエンスを実行できるDNA量にまで増幅する必要がある．この手法は全ゲノム増幅（whole genome amplification：WGA）法とよばれ，各社からさまざ

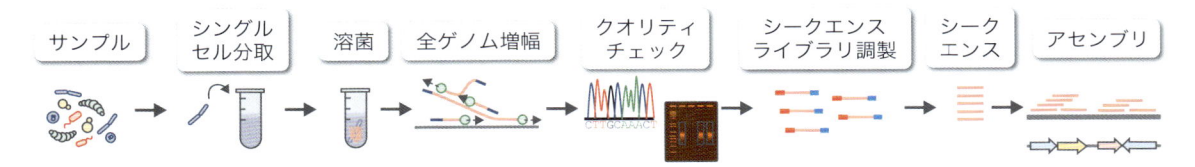

サンプル → シングルセル分取 → 溶菌 → 全ゲノム増幅 → クオリティチェック → シークエンスライブラリ調製 → シークエンス → アセンブリ

図1　微生物シングルセルゲノム解析のフローチャート

表1　市販のシングルセル全ゲノム増幅試薬

原理	会社	製品名	特徴
MDA	キアゲン社	REPLI-g Single Cell Kit	鎖置換合成酵素phi29とランダムプライマーを用いて，ゲノム全域を増幅するMDA法を原理とする．UV処理による除染済
MDA	GEヘルスケア社	illustra Single Cell GenomiPhi DNA Amplification Kit	上記と同じく，MDA法を原理とする．UV・酵素処理による除染済
MDA+DNAプライマーゼ	SYGNIS社	TruePrime Single Cell WGA Kit	ランダムプライマーを使わず，DNAプライマーゼTthPrimPolを組合わせて伸長開始点をつくり，MDA反応を行う．ランダムプライマーに由来するアーティファクトを低減することができる．
Pre-amp+PCR	Yikon GENOMICS社	MALBAC Single Cell WGA Kit	鎖置換型ポリメラーゼによる線形的なプレ増幅とPCRによる指数関数的な増幅を組合わせた手法．MDAとPCRベースの全ゲノム増幅法の中間的な特徴をもつ．MDAよりバイアスが生じにくいとされる．
Pre-amp+PCR	タカラバイオ社	PicoPLEX WGA Kit	MALBACと同じく鎖置換型ポリメラーゼによる線形に近いプレ増幅とPCRによる本増幅を組合わせたもの．
PCR	シグマ アルドリッチ社	GenomePlex Single Cell WGA kit	ゲノムDNAを断片化し，末端をユニバーサル増幅可能な形へと変換した後PCRを行う．

まな原理に基づくシングルセルWGA対応製品が販売されている（表1）．例えば，核酸増幅法として最も一般的に用いられているPCRをDOP（degenerated oligonucleotide primer）を用いて行うことで，未知の鋳型DNAに含まれる代表的な部域の配列を増幅する手法がある（DOP-PCR法）．しかしながら，PCRベースの手法は塩基配列中のGCバイアスの影響を大きく受けるため，一部増幅されにくい配列を含む場合に配列取得域が少なくなることが多い．現状，シングルセルの全ゲノム増幅の手法として最も広く使用されているのは，MDA（multiple displacement amplification）法である（図2）．MDAは，

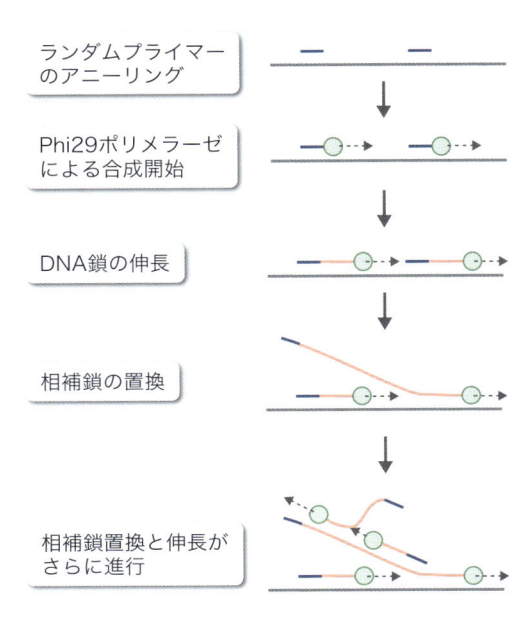

ランダムプライマーのアニーリング

Phi29ポリメラーゼによる合成開始

DNA鎖の伸長

相補鎖の置換

相補鎖置換と伸長がさらに進行

図2　MDA概念図

鎖置換活性をもつPhi29 DNAポリメラーゼとランダムプライマーを使用して，等温条件下でゲノム全域を増幅する手法である．MDAを用いた全ゲノム増幅では，DNAをマイクログラム量にまで増幅することが可能であり，幅広い領域の配列取得が可能である．また，MALBAC (multiple annealing and looping based amplification cycles) 法は鎖置換合成酵素を用いた増幅とPCRを組合わせた手法で，両者の中間的な特徴をもち，MDAよりバイアスを抑えて広範囲の増幅が可能とされる．がん細胞を対象としてコピー数変異を解析する際には，バイアスを抑えて実験間の再現性を確保することが求められるため，MALBAC法が優れるという報告もある．微生物を対象とした解析の場合は，全ゲノム配列の獲得をめざすことから，カバレッジが高く，手法が簡易なMDA法が第一選択となる．市販MDA試薬については，従来の問題点であった，試薬自体への残留DNAを除去した除染済試薬が販売されている．微生物試料ではゲノムサイズが小さいことと，多くの場合全ゲノム解析を目的としているので，除染済製品を用いることをお勧めする．これら市販試薬と設備を利用してシングルセルゲノム解析実験環境を導入したプロトコールを次に紹介する．

準備

1. 機器・解析装置

- □ サーマルサイクラー（T100 Thermal Cycler，バイオ・ラッド ラボラトリーズ社）
- □ オープンクリーンベンチ（KOACH T 500-F，興研株式会社）
- □ UV付クリーンベンチ
- □ 次世代シークエンサー（MiSeq，イルミナ社）
- □ 電気泳動システム（Agilent 4200 TapeStationまたはBioanalyzer，アジレント・テクノロジー社）
- □ マグネットスタンド（FG-SSMAG2，MagnaStand 0.2，日本ジェネティクス株式会社）
- □ 0.2 mLマイクロチューブ
- □ 96ウェルPCRプレート
- □ 遠心機（スピンダウン用）

2. キット，試薬類

全ゲノム増幅試薬

- □ REPLI-g Single Cell Kit（キアゲン社）

PCR

- □ PCRキット：PrimeSTAR Max DNA Polymerase（タカラバイオ社）
- □ プライマー配列：Universal 16S V3-V4 target[3] *1
  Forward:
  5'-TCGTCGGCAGCGTCAGATGTGTATAAGAGACAGCCTACGGGNGGCWGCAG-3'
  Reverse:
  5'-GTCTCGTGGGCTCGGAGATGTGTATAAGAGACAGGACTACHVGGGTATCTAATCC-3'

□ 増幅産物の精製試薬：AMPure XP（ベックマン・コールター社）
□ 増幅産物の定量試薬：Qubit 3.0 Fluorometer（サーモフィッシャーサイエンティフィック
社），Qubit dsDNA HS Assay Kit（サーモフィッシャーサイエンティフィック社）

ライブラリ調製に必要な試薬

□ Nextera XT DNA Library Prep Kit（イルミナ社）など
ライブラリの作製試薬は使用するシークエンサーに合わせて変更する．われわれは，酵素
による断片化で処理が比較的容易な本キットを使用している．

シークエンス試薬

□ MiSeq Reagent Kit v3（600 cycles）（イルミナ社）

解析用ソフトウェア

□ BWA
□ SAMtools
□ SPAdes
□ CheckM
□ SAG–QC

プロトコール

1. 実験環境の清浄化

　　全ゲノム増幅までの実験に用いるバッファ，チューブ，チップなどはUV照射により実験環
境中の残留DNAの除去（デコンタミネーション処理）を事前に行う．試薬の開封や分注など
はすべてクリーンベンチやクリーンブース内部で行い，別実験との使い回しを避ける．なお本
プロトコールで紹介するシングルセルゲノム増幅試薬REPLI–g Single Cell Kit（キアゲン社）
は除染済製品として販売されている．実験環境は，クリーンブースはオープンクリーンベンチ
（KOACH T 500–F，興研株式会社）が操作簡易性と清浄度に優れている．可能であれば，シン
グルセルゲノム解析を行う専用実験スペースを設け，微生物培養室などコンタミ発生源とは隔
離することをお勧めする．

2. 微生物シングルセルゲノムの増幅

1）微生物シングルセルの分取

　　標的とする微生物試料をシングルセルレベルで分取する方法としては，FACS（fluorescence
activated cell sorting）などの，ソーティングを伴うフローサイトメトリーが第一にあげられ，
核酸標識蛍光試薬などで染色した細胞を96ウェルプレートに分取する手法がある[4) 5)]．しかし，
微生物試料は多岐にわたり，それぞれに前処理法を最適化する必要がある．画一的な方法を提
示することが難しいため，ここでは具体的な方法の説明を割愛する．土壌・海洋などの環境試

料では，有機・無機粒子，ホスト生物などの夾雑物が多量に存在するため，微生物シングルセルの分取以前の前処理の状況が結果の成否に大きく影響を与える．一方で，分取以降に続く分子生物学的な実験作法を確実に行える環境の整備が不十分な場合，得られた結果が適切なものかどうかを判断することができない．まずは，培養可能なモデル微生物を用いてテストを行い，実験環境を整えることからお勧めしたい．

❶ 96ウェルプレートに0.8 μLのPBSを分注する．

❷ FACSを用いて，大腸菌をシングルセルソートする[*2][*3]．

> *2　事前にラインの洗浄，ソーティング精度の確認などを十分に行うこと．
>
> *3　以降の操作では，分取した細胞を含むPCRチューブまたはプレートを清浄環境以外で開閉しないこと．

2）微生物シングルセルの溶解

ここでは，細胞膜を分解し染色体DNAを損傷なくとり出すことを目的としているが，溶解操作に加えた試薬によりコンタミネーションが生じることや，DNAが断片化されること，後段の反応処理に阻害が生じることを避けなければならない[*4]．溶解操作には全ゲノム増幅法に用いるMDA法と合わせてアルカリ溶解法が用いられることが多い．他には，加熱，凍結融解，界面活性剤や加水分解酵素などを用いる方法があるが，対象試料に対して適切な方法を選択されたい．ここで用いている大腸菌や枯草菌（*B. subtilis*）などの代表的なモデル細菌はアルカリ溶解法で問題なく反応操作が可能であることを確認している．

> *4　コントロールサンプルとして，細胞を含まないNTC（no template control）サンプルを1ウェル以上分用意し，以下，並行して操作する．

❶ 0.6 μLのアルカリ溶液（Buffer D2）を各ウェルへ分注する[*5]．

> *5　サンプルごとにチップを必ず交換する．分注の際，アルカリ溶液はPCRチューブの壁に付着させておき，PBSとは混ぜない．

❷ すべてのサンプルに分注が終わった段階でスピンダウンを行い，PBSとアルカリ溶液を混合する（アルカリの反応時間をサンプル間で均一にするため）．

❸ ボルテックスし撹拌後，スピンダウン．

❹ サーマルサイクラーを用いて65℃，10分間の加熱（サーマルサイクラーのリッド温度は105℃に設定）．

3）キアゲン社キットを使った全ゲノム増幅（MDA）

❶ 0.6 μLの中和液（Neutralization buffer）を各ウェルへ分注する[*6]．

> *6　サンプルごとにチップを必ず交換する．

❷ スピンダウン．

❸ 次の操作までは氷上にて保存.

❹ 8.0 μL の反応液（Reaction buffer, Enzyme mix, H₂O）を各ウェルへ分注する[*7].

> ＊7　ここではキット推奨値よりも増幅反応時間を短く（1/4の反応時間），反応ボリュームを少な
> く設定している（1/5量）．反応容積と時間の削減はコンタミネーションの防止と実験効率化
> とともに，バイアス低減の効果もある.

❺ サーマルサイクラーを用いて30℃ 120分間, 65℃ 3分間の反応(リッド温度は70℃に設定).

❻ 氷上で冷却．スピンダウン.

3. 増幅産物の定量によるクオリティチェック

❶ MDA 産物 1 μL をとり，20倍に希釈する（希釈液は滅菌水やTEなどでよい).

❷ 希釈溶液の 1 μL を使用し Qubit で定量する．NTC サンプルは原液を用いて定量する（濃度
が薄いため).

❸ 測定値より反応後の MDA 産物の DNA 濃度を確認する（通常 0.2〜0.8 μg/ μL 程度ある).

❹ 残りのサンプルは冷凍保管（−30℃）する.

4. 16S rRNA 遺伝子系統解析によるクオリティチェック

❶ 後述の反応液を調製し，MDA 産物 0.5 μL（**3**で希釈したもの）を加える[*8].

> ＊8　この際，NTC サンプルのMDA 産物についても同様にPCRを行う．また，PCR 自体の評価を
> 行うため，大腸菌などの抽出ゲノムを鋳型に用いたサンプル（ポジティブコントロール：PC）
> と，鋳型を含まないサンプル（ネガティブコントロール：NC）も用意し，一緒に反応させる.

☐ PCR ミックス

酵素 PrimeSTAR Max DNA Polymerase	6.25 μL
10 μM プライマー　F, R	各0.5 μL（終濃度：400 nM）
20倍希釈 MDA 反応液（NTC サンプルでは原液）	0.5 μL（＜200 ng に調製）
水	4.75 μL
計	12.5 μL

❷ PCR.

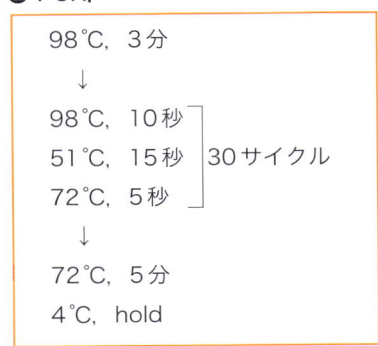

98℃，3分
　↓
98℃，10秒 ┐
51℃，15秒 │ 30サイクル
72℃，5秒 ┘
　↓
72℃，5分
4℃，hold

❸ 電気泳動.

　　各研究室での使用条件に合わせて使用されたい．われわれは 100 V，15 分間，2 段ゲルを使用（1.5%）して多数のサンプルを一度に処理している．

❹ EtBr 溶液などにて染色後，ゲル撮影装置を用いてバンドを確認．マーカーには 1 kbp plus ladder を使用．ポジティブコントロールでは〜460 bp のバンドが確認される（図 3A）.

❺ 16S rRNA 遺伝子配列のサンガーシークエンス.

　　われわれは，受託解析サービスを利用して，増幅産物のシークエンスを行っている．

❻ 波形の確認と BLAST による相同性検索.

❼ シークエンスデータの波形や相同性検索によって，目的のサンプルを正しく分取し増幅できているか，コンタミネーションが生じていないかを評価する（図 3B）．これらの結果をもとに次世代シークエンサーにより全ゲノム配列を解析するサンプルを選抜する．

5. 次世代シークエンスライブラリの調製

❶ Nextera XT DNA Sample Prep Kit を用いて仕様書手順に従ってライブラリを作製.

❷ MiSeq にてシークエンス（MiSeq Reagent Kit v3 300 bp ペアエンド）.

　　われわれは，細菌（バクテリア）ゲノムのシークエンスの場合は，最大 48 インデックスを用いて 1 ランで複数サンプルをシークエンスしている．例えば，大腸菌レベルのゲノムサイズなら，24 サンプルでも MiSeq v3 Run キット，300 bp ペアエンドの条件で全ゲノムの 60 倍分量に相当するシークエンスリードが得られる．

6. シークエンスデータの解析

　　おおまかには，図 4 に記載のフローに従ってシークエンスデータの解析を進める．解析に使用するソフトウェア詳細は表 2 に記載した．ソフトウェアを実行する計算機環境を構築したものとして，手順を説明する．

1）生リードからのマッピング解析

❶ BWA を用いてリファレンス配列に対してマッピングを行う.

❷ SAMtools を用いてマップ率を評価する.

2）de novo アセンブリと評価

❶ SPAdes のシングルセルモードにて de novo アセンブリを行う.

❷ 出力されたデータの評価には QUAST を用いる.

❸ 未知微生物の場合，ゲノム配列網羅性およびコンタミネーション配列の発生度について CheckM を用いて評価する.

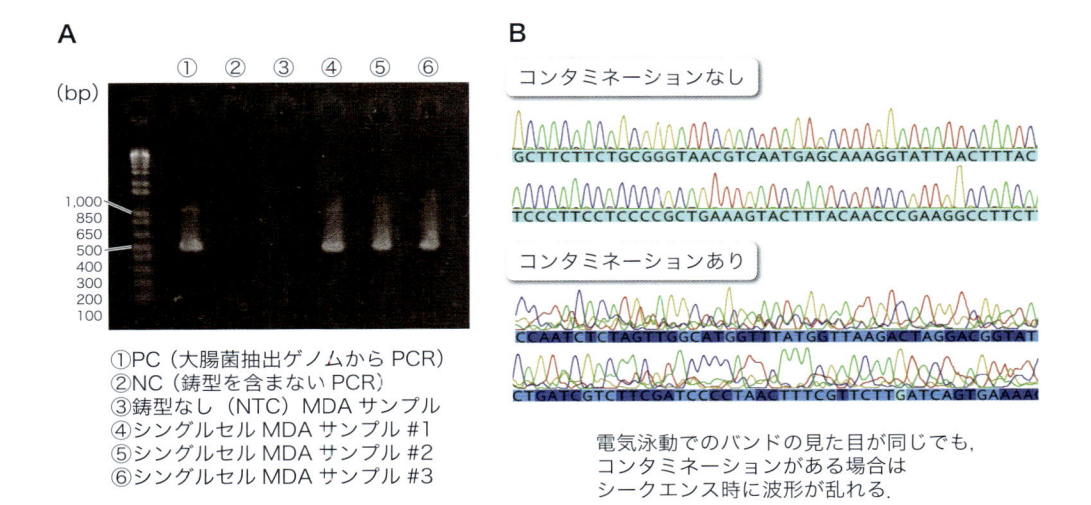

A

① ② ③ ④ ⑤ ⑥

(bp)

1,000
850
650
500
400
300
200
100

①PC（大腸菌抽出ゲノムから PCR）
②NC（鋳型を含まない PCR）
③鋳型なし（NTC）MDA サンプル
④シングルセル MDA サンプル #1
⑤シングルセル MDA サンプル #2
⑥シングルセル MDA サンプル #3

B

コンタミネーションなし

GCTTCTTCTGCGGGTAACGTCAATGAGCAAAGGTATTAACTTTAC

TCCCTTCCTCCCCGCTGAAAGTACTTTACAACCCGAAGGCCTTCT

コンタミネーションあり

CCAATCTCTAGTTGGCATGGTTATGGTTAAGACTAGGACGGTAT

CTGATCGTCTTCGATCCCCTAACTTTCGTTCTTGATCAGTGAAAAT

電気泳動でのバンドの見た目が同じでも，
コンタミネーションがある場合は
シークエンス時に波形が乱れる．

図3　16S rRNA 遺伝子を指標としたシングルセルゲノム増幅サンプルのクオリティチェック
A） 電気泳動写真．**B）** 典型的なシークエンス波形．

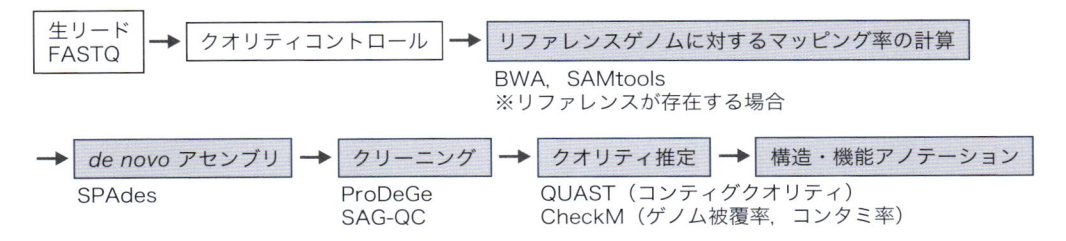

生リード
FASTQ → クオリティコントロール → リファレンスゲノムに対するマッピング率の計算

BWA，SAMtools
※リファレンスが存在する場合

→ *de novo* アセンブリ → クリーニング → クオリティ推定 → 構造・機能アノテーション

SPAdes　　　　　　ProDeGe　　　　QUAST（コンティグクオリティ）
　　　　　　　　　　SAG-QC　　　　　CheckM（ゲノム被覆率，コンタミ率）

図4　シングルセルゲノムシークエンス解析の流れ

補足：シークエンスリードのクオリティコントロール

　　コンタミネーションにより目的外の DNA が混入したシングルセルゲノムデータから，標的
細菌の性質を正しく解釈するためには，目的外の配列を識別・除去するクオリティコントロー
ルが重要となる．われわれは，シングルセルゲノムデータのクオリティコントロールに向けた
ソフトウェア SAG-QC を開発し，一般公開している（https://sourceforge.net/projects/sag-
qc/）[6]．このソフトウェアは，コマンドラインに頼らずに操作できるインターフェースを備え
ており，特別な技能を要することなく使用することができる．配列組成に基づく Binning を直
感的に行うことができるほか（図5A），コンタミネーションの有無を簡便に判定できるなど（図
5B），シングルセルゲノムデータのクオリティコントロールに向けた機能を搭載している．実
験環境からコンタミネーションを完全に排除することは困難であるため，貴重なサンプルから
情報をとり出す必要がある際などには，本ソフトウェアが有効である．

表2　微生物シングルセルゲノムデータの解析に利用するソフトウェア

名称	ソフトウェアダウンロード先	用途
SPAdes	http://bioinf.spbau.ru/spades	*de novo* アセンブリ Contig の作成
ProDeGe	http://prodege.jgi-psf.org//downloads/src	contamination 配列の予測と除去
SAG-QC	https://sourceforge.net/projects/sag-qc/	contamination 配列の予測と除去 SAG のクオリティ評価
QUAST	http://bioinf.spbau.ru/quast	*de novo* アセンブリのクオリティ評価
CheckM	http://ecogenomics.github.io/CheckM/	genome completeness の算出 contamination 配列の割合予測

微生物シングルセルゲノム解析に特化したソフトウェアの説明表．マニュアル的な要素が少なく自動処理が可能な用いやすいものだけ掲載している．

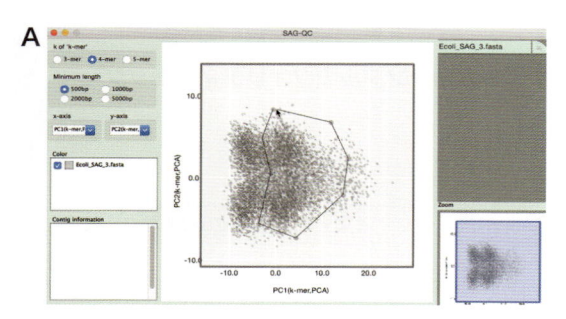

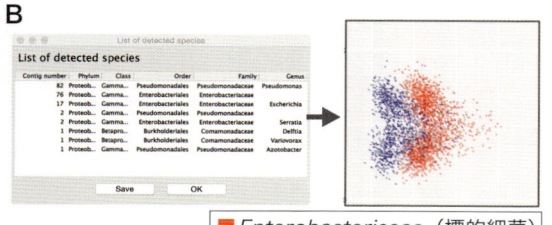

■ *Enterobactericeae*（標的細菌）
■ *Pseudomonadaceae*（目的外）

図5　SAG-QC によるシングルセルゲノムデータのクオリティコントロール

A) SAG-QC の概観．シングルセルゲノムデータの Binning を直感的に行うことができる．**B)** 大腸菌のシングルセルゲノムデータに対して Kraken を適用した事例．コンタミネーションと思わしき *Pseudomonas* 属の配列が混入している．この結果を散布図に投影することが可能であり，領域を指定して，標的細菌に由来する配列を抽出することができる．

❶ 同一実験条件にて調製した NTC サンプルからシークエンスデータを取得し，コンタミネーション成分に含まれる配列情報を取得する（図6A）．

❷ 配列組成をもとに散布図上に配列を投影する（図6B）．

❸ シングルセルゲノムデータと目的外配列の分布を照らし合わせ，"信頼度"のマップを作成する（図6C）．

❹ 信頼度の高い領域から配列を抽出することで，目的外の配列をとり除く（図6D）．

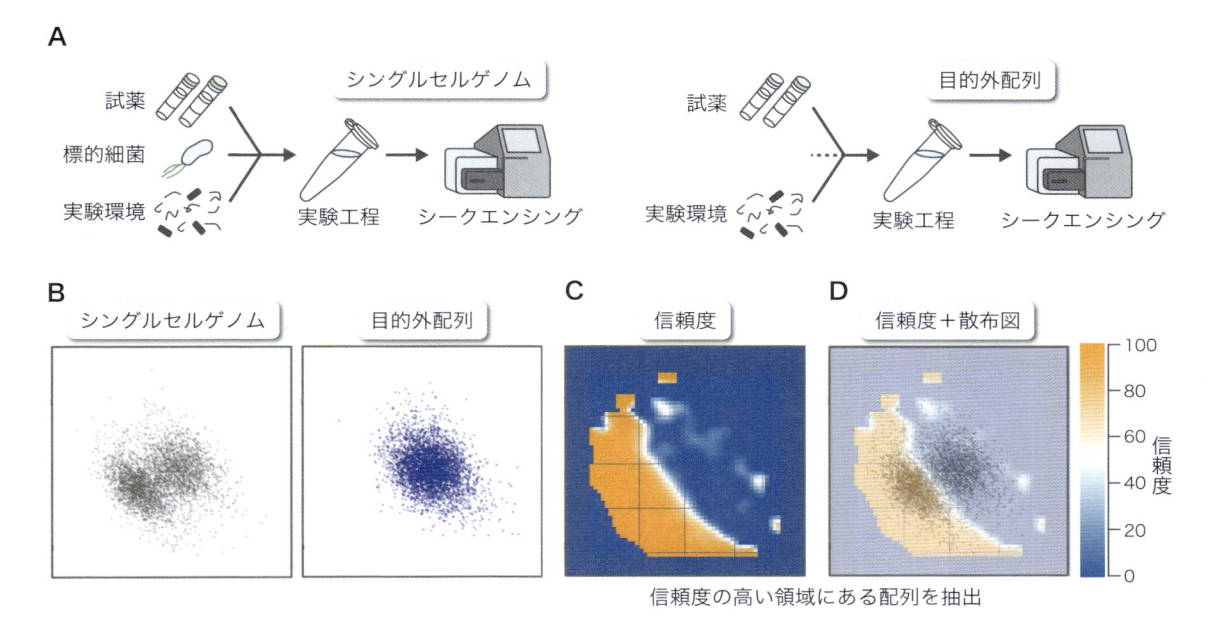

図6　SAG-QCに実装されている目的外配列の除外に向けた手法の概要

A） 本手法ではシングルセルゲノムデータに加え，標的細菌のDNAを用いずに得られる"目的外配列"（NTCサンプル）のデータを使用する．**B）** これら2つのデータを，配列組成をもとに散布図に投影する．**C）** 2つの散布図の分布を比較し，散布図上の領域の"信頼度"を計算する．**D）** 信頼度の高い領域から配列を選択し，目的外の配列を除く．

実際の実験結果

図7Aに大腸菌シングルセルから増幅したゲノム産物を用いてシークエンスを行った際のゲノムカバレッジを示している．また，図7Bはアセンブリ結果についてQUASTを用いて評価した出力結果のイメージである．QUASTではコンティグ長や本数などのクオリティチェックの他，リファレンスを用意すればゲノムカバー率なども評価し，各サンプルを比較することができる．結果が示すとおりPCRチューブに単離したシングルセルのMDA反応産物から比較的高いゲノムカバレッジが得られている．MDA産物では大きな増幅バイアスが生じるため，一定のゲノム領域を被覆するためには多くのシークエンスデータ量を要求する．ただし，MDAの増幅バイアスは比較的ランダムに生じるため，複数の増幅物を並行して調製し，各々から配列情報を取得することで互いに欠損した配列情報を補い，より完全に近い情報を取得することができる．

一方で，われわれは，マイクロ流体デバイスを用いてピコリットルサイズの液滴（ドロップレット）を生成し，区画化された微小液滴環境でシングルセルゲノム増幅反応を行う方法を開発している[7)8)]．この方法では，反応容積が小さくなり反応効率が向上するうえ，断片化したDNA分子が区画化されているため増幅競合が起こりにくい．このため，本稿で紹介したチューブスケールでの全ゲノム増幅反応に比べて，均質な増幅が実現でき高いカバレッジを得ることができる．

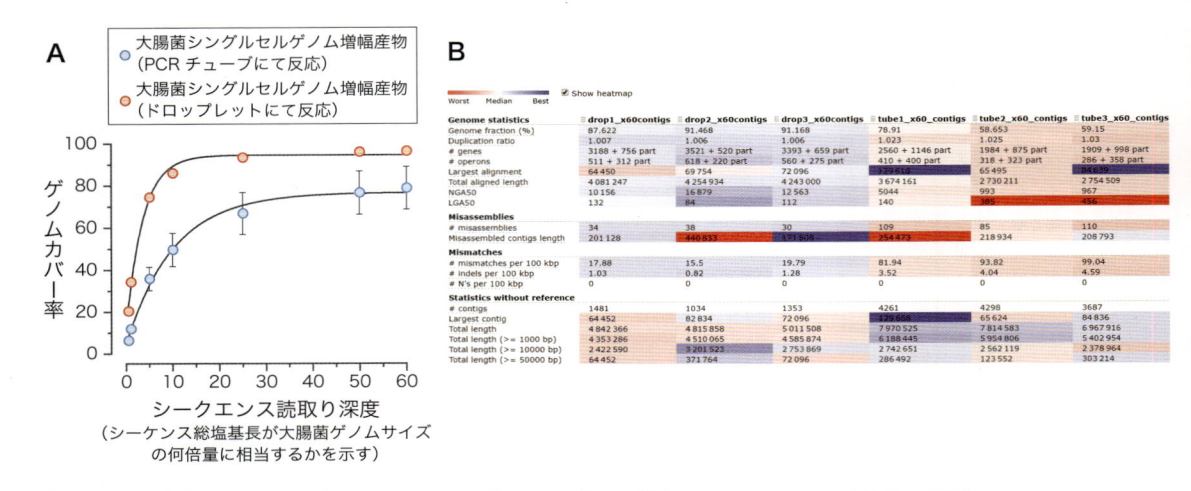

図7　大腸菌K12株をモデルとしたシングルセルゲノム増幅とシークエンス結果の評価

A) シークエンスリードから得られるゲノムマップ率の比較.　**B)** SPAdesによるアセンブリ結果をQUASTで解析した結果の出力イメージ.

おわりに

　シングルセルゲノム解析については，哺乳類細胞用のゲノムDNA増幅調製システム（fluidigm C1）があるが，微生物はサンプルの特徴が多岐にわたるため標準化されたシステムがなく，実験者の作業の習熟やサンプルに合わせた条件検討が求められる．特に，微生物試料の単離と溶解条件の最適化は実験の第一難関であり，実験成否を大きく左右する．例えば，土壌微生物からのシングルセルゲノム解析実験の成功率は10％以下と報告されており，1つの産物から被覆されるゲノム領域は50％程度であり，まだまだ十分とはいえない[4]．このため，われわれが進めているマイクロ流体デバイスなどを用いた新しい計測技術開発が多くの他の研究者によっても進められている．しかし，特別な計測技術をもたなくとも，適切な実験環境を整えることができれば，コンタミネーションに悩まされずに目的の微生物ゲノム情報の獲得にアプローチすることは可能である．今後，微生物のシングルセルゲノム解析が広まることで，さらなる技術改良が進むことに期待したい．

◆ 文献

1）Lasken RS & McLean JS：Nat Rev Genet, 15：577–584, 2014
2）Gawad C, et al：Nat Rev Genet, 17：175–188, 2016
3）Klindworth A, et al：Nucleic Acids Res, 41：e1, 2013
4）Rinke C, et al：Nat Protoc, 9：1038–1048, 2014
5）Wilson MC, et al：Nature, 506：58–62, 2014
6）Maruyama T, et al：BMC Bioinformatics, 18：152, 2017
7）Nishikawa Y, et al：PLoS One, 10：e0138733, 2015
8）Hosokawa M, et al：Sci Rep, 7：5199, 2017

20 シングルセルTCRレパトア解析

松谷隆治，鈴木隆二

　ヘテロダイマー受容体であるT細胞受容体（TCR）遺伝子の人為的発現には，個々のT細胞で発現するα鎖およびβ鎖遺伝子のペアを同定する必要がある．ドロップレット作製装置を用いたシングルセルRNA-SeqによりシングルセルレベルのTCR解析が可能である．われわれはDrop-Seq法を改良し，高効率にTCRペア遺伝子を決定するGene Capture Drop-Seq法を開発した．本稿では，TCR特異的オリゴビーズの作製法とGene Capture Drop-Seq法を用いたシングルセルTCRペア遺伝子決定法を紹介する．

はじめに

　シングルセル解析にはフローサイトメーターとソーティング，マイクロウェルあるいはマイクロ流体回路などさまざまな分離装置が用いられる．近年，ドロップレット作製装置を用いたシングルセルRNA-Seq（scRNA-Seq）装置が開発され，短時間でより多くのシングルセルライブラリを作製することが可能になった．ドロップレット法は100 μm程度の油中水滴型ドロップレットにオリゴプローブを固相化した担体と細胞を高速に封入することで，30分程度で10,000細胞ものシングルセルライブラリを作製できる．2016年Cell誌においてMocoskoら[1]はオリゴビーズを用いたDrop-Seq法を，Kleinら[2]はハイドロジェルを用いたInDrop法を報告した．いずれもセルバーコード（CBC）と分子識別配列（UMI）を付加したpoly（T）プローブを担体に結合し，マイクロチップを用いてドロップレット中にオリゴ担体と細胞を封入する．その後，cDNA合成，PCR，シークエンスを実施することでscRNA-Seqが可能になった．

　しかしながら，scRNA-Seqでは低頻度に発現する遺伝子をカバーするにはリードデプスが大きいHiSeqなどによるシークエンスが必要となる．そこでわれわれは，バーコード標識したαおよびβ鎖TCRオリゴマーをマイクロビーズに結合し，ドロップレット内でTCR mRNAを選択的にキャプチャーすることで，高効率にTCRペア遺伝子を決定するGene Capture Drop-Seq法を開発した．本稿では，オリゴビーズの作製方法とGene Capture Drop-Seq法を用いたMiSeqシークエンサによる簡便なTCR遺伝子のペア決定法を紹介する．

1. 機器

- ☐ ドロマイトバイオ社製シングルセル RNA-Seq システム（図1）
  Pポンプ3台，流量計3セット，細胞撹拌機，デジタル顕微鏡，シングルセル RNA-Seq チップ
- ☐ MiSeq シークエンサ（イルミナ社）
- ☐ Qubit 3.0 フルオロメーター（サーモフィッシャーサイエンティフィック社）

2. 試薬

1）オリゴビーズ作製

- ☐ **TE**：10 mM Tris–HCl（pH 8.0），1 mM EDTA
- ☐ **TE/TW**：10 mM Tris–HCl（pH 8.0），1 mM EDTA，0.1% Tween 20
- ☐ **TE/SDS**：10 mM Tris–HCl（pH 8.0），1 mM EDTA，0.5% SDS
- ☐ **Bst 反応停止液**：100 mM KCl，10 mM Tris–HCl（pH 8.0），50 mM EDTA，0.1% Tween 20
- ☐ **NaOH 洗浄液 I**：150 mM NaOH，0.5% Brij 35 P
- ☐ **NaOH 洗浄液 II**：100 mM NaOH，0.5% Brij 35 P
- ☐ **中和緩衝液**：100 mM NaCl，100 mM Tris–HCl（pH 8.0），10 mM EDTA，0.1% Tween 20
- ☐ オリゴ固相化ビーズ（カスタム合成，Chemgene 社．図2)[*1]
- ☐ 合成 DNA
- ☐ Bst 3.0 DNA Polymerase（ニュー・イングランド・バイオ・ラボ社）
- ☐ Exonuclease I（ニュー・イングランド・バイオ・ラボ社）

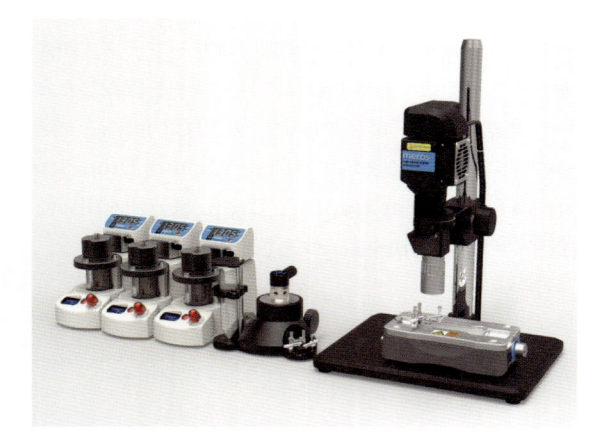

図1　ドロマイトバイオ社製シングルセル RNA-Seq システム
Pポンプ3台，流量計3セット，細胞撹拌機，デジタル顕微鏡，シングルセル RNA-Seq チップから構成されるドロマイトバイオ社シングルセル分離装置．モニタを装備しており，ドロップレット形成をリアルタイムで確認でき，さまざまなアッセンブルが可能な拡張性の高い仕様となっている

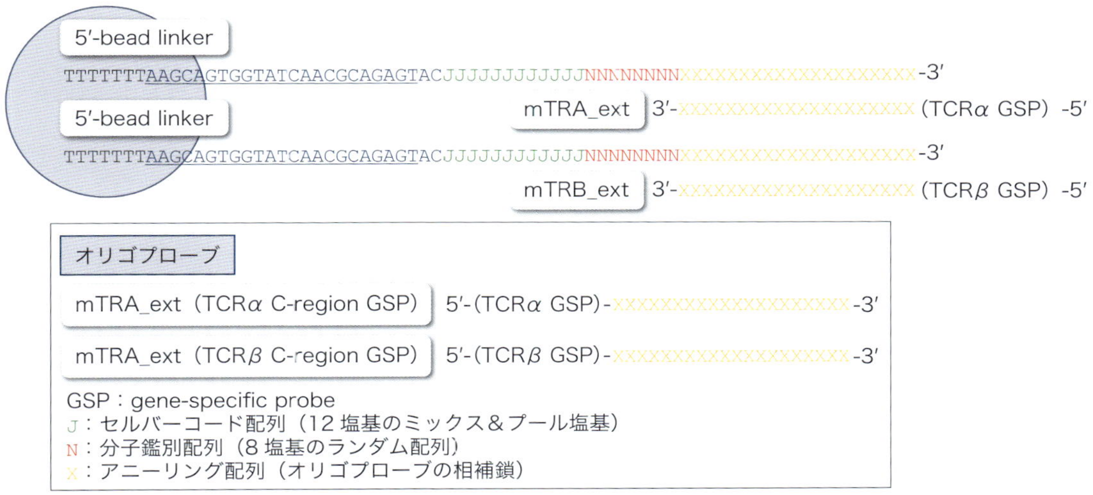

```
5'-bead linker
TTTTTTTAAGCAGTGGTATCAACGCAGAGTACJJJJJJJJJJJJNNNNNNNNxxxxxxxxxxxxxxxxxxxxxxxxx-3'
5'-bead linker                                     mTRA_ext  3'-xxxxxxxxxxxxxxxxxxxxxxxxx (TCRα GSP) -5'
TTTTTTTAAGCAGTGGTATCAACGCAGAGTACJJJJJJJJJJJJNNNNNNNNxxxxxxxxxxxxxxxxxxxxxxxxx-3'
                                                   mTRB_ext  3'-xxxxxxxxxxxxxxxxxxxxxxxxx (TCRβ GSP) -5'
```

オリゴプローブ

mTRA_ext（TCRα C-region GSP）　5'-(TCRα GSP)-xxxxxxxxxxxxxxxxxxxxxxxxx-3'

mTRA_ext（TCRβ C-region GSP）　5'-(TCRβ GSP)-xxxxxxxxxxxxxxxxxxxxxxxxx-3'

GSP：gene-specific probe
J：セルバーコード配列（12塩基のミックス＆プール塩基）
N：分子鑑別配列（8塩基のランダム配列）
X：アニーリング配列（オリゴプローブの相補鎖）

図2　オリゴビーズの概略

プローブオリゴはエクステンション反応によりビーズに結合される．アニーリング配列をもつGene-specific probe（GSP）を合成し，伸長反応を行うことで目的遺伝子のオリゴビーズを作製することができる．ペアとなる2つの遺伝子には同じセルバーコード配列がついており，シークエンス配列からペア遺伝子を決定することができる．

＊1　オリゴビーズは米国ChemGene社へ合成委託する．Mocoskoらの RNA-Seq 用オリゴビーズは SMART 配列に続き，12塩基のミックス＆プール塩基（セルバーコード配列，J），8塩基のランダム配列（分子識別配列，N）および30塩基のPoly（T）配列からなる．Gene Capture には Poly（T）配列の代わりにアニーリング配列を付加し，エクステンション反応によりシングルビーズに TCR α鎖 C 領域特異的プローブと TCR β鎖 C 領域特異的プローブの両プローブを結合させる．

2）細胞分離

- □ 血清培地：RPMI1640（和光純薬工業社），10% FCS，ペニシリン・ストレプトマイシン（和光純薬工業社），50 μM 2-メルカプトエタノール
- □ ACK溶解緩衝液：0.15 M NH₄Cl，0.01 M KHCO₃，0.1 mM Na₂EDTA，pH 7.2～7.4
- □ 70 μm セルストレイナー（コーニング社）
- □ MACS分離用磁気装置（ミルテニーバイオテク社）
- □ CD8a⁺ T Cell Biotin-Antibody Cocktail（ミルテニーバイオテク社）
- □ Anti-Biotin MicroBeads（ミルテニーバイオテク社）
- □ MACS LSカラム（ミルテニーバイオテク社）
- □ MACS緩衝液：PBS，2 mM EDTA，0.5% BSA

3）シングルセル分離

- □ 100 μm フィルター
- □ 40 μm フィルター
- □ 細胞溶解液：200 mM Tris-HCl（pH 7.5），6% フィコール PM400（GE ヘルスケア社），0.02% サルコシル（20% N-Lauroylsarcosine sodium salt，シグマ アルドリッチ社），20 mM EDTA

- ☐ 1 M DTT
- ☐ 細胞用緩衝液：PBS，0.01% BSA
- ☐ Droplet Generator オイル for EvaGreen（バイオ・ラッド ラボラトリーズ社）
- ☐ パーフルオロオクタノール（PFO，シグマ アルドリッチ社）
- ☐ 6×SSC

4）テンプレートスイッチ逆転写反応

- ☐ Superscript IV（サーモフィッシャー サイエンティフィック社）
- ☐ 10 mM dNTPs（プロメガ社）
- ☐ RNasin Plus RNase Inhibitor（プロメガ社）
- ☐ KAPA HiFi HotStart ReadyMix（KAPAバイオサイエンス社）
- ☐ TSOオリゴ：GTCGCACGGTCCATCGCAGCAGTCACAGG（IG），IG：LNAオリゴ
- ☐ TSO PCR プライマー：GTCGCACGGTCCATCGCAGCAGTC
- ☐ SMART PCR プライマー：AAGCAGTGGTATCAACGCAGAGT
- ☐ TSO_TAG プライマー：GTCTCGTGGGCTCGGAGATGTGTATAAGAGACAGCGTCGCAC GGTCCATCGCAGCAGTC
- ☐ SMART_TAG プライマー：TCGTCGGCAGCGTCAGATGTGTATAAGAGACAGAAGCAGT GGTATCAACGCAGAGT
- ☐ Nextera XT Index Kit v2 SetA（イルミナ社）
- ☐ Agencourt AMPure XP（ベックマン・コールター社）
- ☐ EB緩衝液：5 mM Tris–HCl（pH 8.5）
- ☐ Qubit dsDNAアッセイキット（サーモフィッシャーサイエンティフィック社）

3. 細胞

- ☐ Tリンパ腫細胞株（EL–4）
- ☐ マウス脾臓細胞（C57BL/6由来）

プロトコール

1. オリゴビーズの作製

❶ ChemGene 社より入手したカスタムオリゴビーズ（10 µmole スケール）を30 mLのTE/ TWに懸濁し，1,000×g，1分間遠心を行って洗浄する（2回くり返し）*2.

> *2 ビーズの洗浄および回収は，緩衝液に懸濁した後に1,000×g，1分間の遠心により容易に回収できる．スイングロータを用い，ビーズを吸い込まないよう慎重に緩衝液を除去する.

❷ ビーズ数を血球計数盤を用いてカウントする（図3）．500,000ビーズ／mLになるように TE/TW溶液で懸濁し，冷蔵保存する*3.

> *3 TE/TW中で長期間冷蔵保存できる.

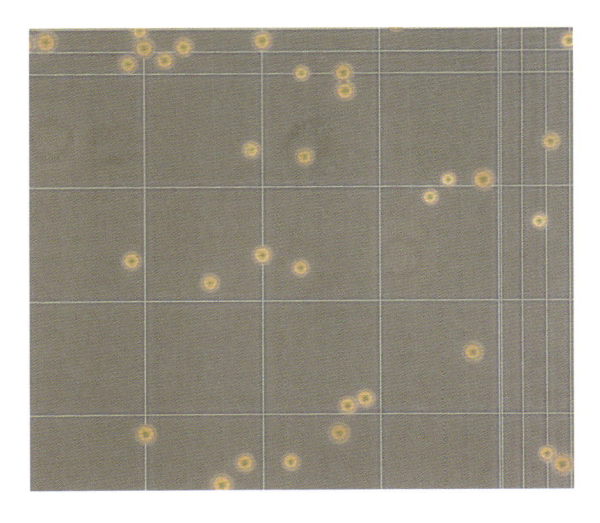

図3　顕鏡下のオリゴビーズ
ChemGene社製ビーズはトヨパールHWを
使用しており，ビーズは約30 μm径である．

❸ ビーズ懸濁液1 mL（500,000ビーズ）を1.5 mLチューブに分取し，1,000×g，1分間
遠心して上清を除く．

❹ 500 μLの1×Isothermal緩衝液（ニュー・イングランド・バイオ・ラボ社）に懸濁し，
1,000×g，1分間遠心して上清を除く[*4]．

    *4　次のエクステンション反応用緩衝液での前洗浄を行うため．

❺ 次のオリゴエクステンション反応液を準備し，❹のビーズに加える．

□ オリゴエクステンション反応溶液

10×Isothermal buffer	5.0 μL
10 mM $MgSO_4$	1.5 μL
10 mM dNTPs	5.0 μL
100 μM mTRA_ext	5.0 μL
100 μM mTRB_ext	5.0 μL
DW	26.5 μL
Total	48.0 μL

❻ 85℃，2分間保温した後，60℃，20分間保温する．

❼ 2 μL Bst 3.0ポリメラーゼ（800 U/μL）を添加し，60℃，1時間30分間，加温ロー
テーターで反応する[*5]．

    *5　酵素反応中にビーズが沈降するため，均一な反応を保つため加温ローテーターの使用が望ま
れる．

❽ 1 mLのBst反応停止液を加え，30分間インキュベートし，1,000×g，1分間遠心して上
清を除く（2回くり返す）．

❾ エキソヌクレアーゼ I 処理を行うため，1 mLの1×エキソヌクレアーゼ緩衝液を加え前洗浄し，1,000×g，1分間遠心して上清を除く[*6]．

*6　未反応のビーズ結合オリゴを除去するため，一本鎖DNAを分解処理する

❿ 次のエキソヌクレアーゼ I 反応液を調製し，ビーズを懸濁する．

10×エキソヌクレアーゼ緩衝液	5.0 μL
DW	42.5 μL
Total	47.5 μL

⓫ 終濃度1 U/μLになるように2.5 μL エキソヌクレアーゼ I （20 U/μL）を加え，37℃，45分間，加温ローテーターで反応させる．

⓬ 1 mLのTE/SDSに懸濁し，1,000×g，1分間遠心して上清を除く（2度くり返す）．

⓭ 1 mLのNaOH洗浄液 I に懸濁し，1,000×g，1分間遠心して上清を除く[*7]．

*7　アルカリ洗浄によりビーズに結合する二本鎖DNAを変性して，一本鎖DNAプローブにする

⓮ 1 mLのNaOH洗浄液 II に懸濁し，1,000×g，1分間遠心して上清を除く（2度くり返す）．

⓯ 1 mLのTE/TWに懸濁し，1,000×g，1分間遠心して上清を除く（2度くり返す）．最終的に，5×10^5 ビーズ／mLとなるようにTE/TWに懸濁し，使用するまで冷蔵保存する．

2. 細胞の調製

1）マウス T 細胞株

❶ 血清培地で培養したマウスTリンパ腫細胞株を800×g，5分間遠心し，細胞を回収する．

❷ 10 mLの血清培地で洗浄する．

❸ 10 mLの血清培地に懸濁し，75 μmセルストレイナーを通して濾過する．細胞を血球計数盤でカウントする．

2）マウス脾細胞

❶ マウス（C57BL/6，6週齢）を解剖し，脾臓を摘出する[*8]．

*8　細胞の調製は，細胞のダメージを軽減するため，できるだけシングルセル分離直前に行う

❷ 10 mLの血清培地を含む培養皿上で，スライドグラスのフロスト部を使って脾臓を軽くすりつぶす．

❸ 15 mL遠沈管に血清培地を移し，デブリスが沈降するのを待つ．

❹ 上清を別の遠沈管に移し，800×g，5分間遠心する．

❺ 上清を除いた後，2 mL ACK 溶解緩衝液を加え懸濁し，室温で2分間放置して，赤血球を壊す．

❻ 10 mL の血清培地を加え溶血を止め，800×g，5分間遠心する．

❼ 10 mL の血清培地に懸濁し，75 μm セルストレイナーを通して濾過する．細胞を血球計数盤でカウントする．

3）マウス脾臓 CD8 陽性細胞

❶ 2）の脾細胞懸濁液のうち 1×10^8 細胞に相当する量の液を分取し，800×g，5分間遠心して上清を除く．

❷ 10 mL の氷冷 MACS 緩衝液に懸濁した後，800×g，5分間遠心して上清を除く．

❸ 400 μL の CD8a$^+$ T Cell Biotin-Antibody Cocktail を加え，氷上5分間静置する．

❹ 300 μL の MACS 緩衝液を加え，次いで 200 μL の Anti-Biotin Microbeads を加え，氷上で10分間静置する．

❺ その間，LS カラムを磁気分離装置に装着し，3 mL の MACS 緩衝液を加え，カラムを再生する．

❻ 1 mL の細胞懸濁液を LS カラムにロードし，通過画分（flow-through）を集める．

❼ さらに，3 mL の MACS 緩衝液を加え，すべての通過画分を回収する．

❽ 6 mL の血清培地を加え，800×g，5分間遠心して上清を除く．

❾ 10 mL の血清培地を加え，800×g，5分間遠心して上清を除く．

❿ 4 mL 血清培地を加え，細胞をカウントする．

3. シングルセルの分離

1）ドロマイトバイオ社シングルセル分離装置のセットアップ[*9]

> ＊9　微細繊維の混入がラインを詰まらせる原因になるので，埃などが落ちないように実験台を清潔にし，クリーンルーム用無塵ワイパー等を用いるとよい．

❶ コンプレッサーを起動し，PC と制御用専用ソフト（Mitos Flow Control Center）を起動する．

❷ 各ラインの接合を確認するともに，付属のデジタル顕微鏡下で流路がモニタで確認できるようマイクロチップを装着する．

❸ P ポンプ内のボトルに，濾過滅菌水[*10]およびコントロールオイル[*11]をセットする．

❹ 細胞用ラインおよびビーズ用ラインは流速 40 μL/分に, オイル用ラインは 200 μL/分に
セットし, テストフローを実施する* 12.

❺ 付属のデジタル顕微鏡にてドロップレットが問題なく形成されていることを確認する.

2）ビーズの準備

❻ 1. で準備したビーズのうち 1.5×10^5 ビーズを分取し, 1,000×g, 1 分間遠心し, ペレッ
トダウンする.

❼ 500 μL の溶解緩衝液を加え, ビーズを前洗浄し, 1,000×g, 1 分間遠心して上清を除去
する.

❽ 500 μL の溶解緩衝液を加え, 3×10^5 ビーズ/mL に調整する.

❾ 70 μm フィルターで濾過した後, 1 mL シリンジで吸引する.

❿ 500 μL のサンプルループにビーズを注入するためバルブを切り替え, シリンジを転倒混和
しながらが, ゆっくりとビーズを注入する* 13.

⓫ ビーズラインの流速は 40 μL/分にセットし, バルブは閉めた状態でスタンバイする.

3）細胞の準備

⓬ 血清培地に懸濁した 1×10^6 細胞を分取し, 800×g, 5 分間遠心する.

⓭ 10 mL PBS/BSA に懸濁し, 800×g, 5 分間遠心する.

⓮ 3×10^5 細胞/mL になるように PBS/BSA に懸濁し, 70 μm フィルターで濾過した後に P
ポンプ内にボトルをセットする* 14.

⓯ スターラーバーで撹拌しながら, 流速 40 μL/分で RUN する.

4）オイルの準備

⓰ コントロールオイルが入ったボトルをとり出し, ドロップレット用 Droplet Generation Oil

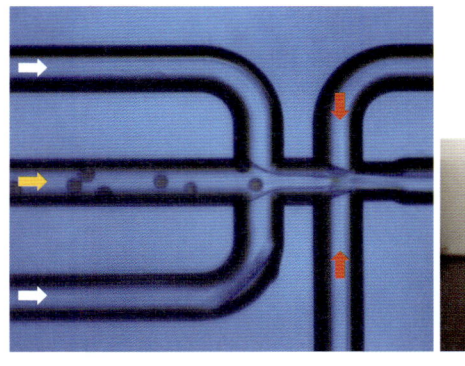

図4 マイクロチップ内のビーズフローとドロップレット

中央のライン（黄）をビーズが流れ，2本の細胞ライン（白）と混合された後に，オイルライン（赤）に注入されることでドロップレットが形成される（左図）．ビーズが通過したタイミングで，ランダムにドロップレットに封入される．回収されたドロップレット（白色）はオイル層（透明）と分離され，容易に回収できる．

for EvaGreen を P ポンプ内に設置する．

⓱ 流速を 200 μL/分にセットし，オイルが流れドロップレットが形成されていることを確認する．

5）アウトプットラインの準備

⓲ マイクロチップから出るドロップレットを回収するため，アウトプットラインをチューブにセットする．

⓳ ビーズラインを開放し，マイクロチップ内にビーズを流す．モニタ画面を見ながら，ビーズが流れ，ドロップレットが形成されていることを確認する[*15]（図4）．

  　*15 この条件で4,000／秒のドロップレットが形成され，20ドロップレットのうち1つにビーズが封入される．

⓴ 15〜20分間ドロップレットを回収する．モニタ画面上でビーズがなくなったことを確認する[*16]．

  　*16 回収したドロップレット溶液は，上層ドロップレット，下層オイルの2層が確認できる．

4. ドロップレットの破壊

❶ ドロップレットをチューブに回収し，下層のオイルを除去する[*17]．

  　*17 チップの先でオイルを吸い取ることで除去する．以降の操作はできるだけ迅速に行う．

❷ 上層（白色）のドロップレットをすべて8連マイクロチューブに分注する．

❸ ドロップレットを75℃2分，65℃から50℃まで30秒間隔で1℃温度を下げていきアニーリングを行う．完了後，氷上で保管する．

❹ すべてのドロップレットを50 mL コニカルチューブに移し，冷却した10 mLの6×SSC溶液を加える．

❺ 500 μL のパーフルオロオクタノール（PFO）を加え，激しくボルテックスする．

❻ 1,000×g で 1 分間遠心し，上清を慎重に除去する[18]．同時に，底部にたまったオイル層（透明）も除去する．

> [18] ビーズは白色の層を形成する．6×SSC 中でビーズが浮き上がることがあるので注意する．ビーズが沈降しない場合は，再度遠心するか，25 μm フィルターで回収することができる．

❼ 10 mL の 6×SSC を加え，激しくボルテックスした後，再度 1,000×g，1 分間遠心する．上清を慎重にとり除き，ビーズを洗浄する（2 度くり返す）．

❽ 白色ビーズをエッペンドルフチューブに移し，1,000×g，1 分間遠心し，上清を除去する．

5. テンプレートスイッチ逆転写反応

❶ ビーズペレットに 100 μL の 5×RT 緩衝液を加え，1,000×g，1 分間遠心して前洗浄する．

❷ 次の逆転写反応液を調製し，ビーズに加える．

□ 逆転写反応液

5×1st strand buffer	10.0 μL
0.1 M DTT	2.5 μL
10 mM dNTPs	2.5 μL
48 μM TSO[19]	2.5 μL
RNasin Plus（40 U/μL）	2.5 μL
DW	28.0 μL
Total	48.0 μL

> [19] ディレクショナルライブラリを作製するためビーズ配列と異なるテンプレートスイッチオリゴ（TSO）を使用している．ビーズに付加されている SMART オリゴを使用することもできる．

❸ 2 μL の SuperScript IV（200 U/μL）を加え，ヒートローテーターで 1 時間 30 分間，50℃で保温する．

❹ 100 μL の TE/SDS 溶液を加え，1,000×g，1 分間遠心して上清を除去する．

❺ 100 μL の TE/TW 溶液を加え，1,000×g，1 分間遠心して上清を除去する（2 度くり返す）．

❻ 100 μL の 1×エキソヌクレアーゼ緩衝液を加え，1,000×g，1 分間遠心して前洗浄する．

❼ 次のエキソヌクレアーゼ反応液をビーズに加える．

□ エキソヌクレアーゼ反応液

10×エキソヌクレアーゼ緩衝液	2 μL
DW	17 μL
Total	19 μL

❽ 1 μL のエキソヌクレアーゼ（20 U/μL）を添加し，37℃で 30 分間ヒートローテーター

で保温する.

❾ 100 μLのTE/SDS溶液を加え, 1,000×g, 1分間遠心して上清を除去する（2度くり返す）.

❿ 100 μLのTE/TW溶液を加え, 1,000×g, 1分間遠心して上清を除去する（2度くり返す）.

6. PCR反応

❶ 100 μLのDWを加え, 1,000×g, 1分間遠心して上清を除去する.

❷ 次のプレPCR反応液を調製し, ビーズに加える.

☐ プレPCR反応液

2×KAPA HiFi HotStart ReadyMix	10.0 μL
10 μM TSO PCR プライマー*20	0.4 μL
10 μM SMART PCR プライマー	0.4 μL
DW	9.2 μL
Total	20.0 μL

　　　＊20　TSOとしてSMART配列を用いる場合は、SMART PCRプライマーだけでPCRを行うことが
　　　　　　できる.

```
プレPCRサイクル

98℃            3分
 ↓
98℃           20秒 ┐
65℃           20秒 │  18サイクル
72℃            3分 ┘
 ↓
72℃            5分
```

❸ 15 μLのPCR産物に12 μLのAMPureビーズを加え, 室温で5分間静置する.

❹ マグネットプレート上で室温で2分間静置し, 上清を除去する.

❺ 200 μLの80%エタノールで洗浄する（2度くり返す）.

❻ 完全に80%エタノールを除去した後, 1分間ドライアップする.

❼ 15 μLのEB緩衝液〔5 mM Tris–HCl（pH 8.5）〕を添加して, ボルテックスして1分間静置する.

❽ マグネットプレート上で室温で2分間静置し, 上清を新しいチューブに回収する.

❾ 次のPCR反応液を調製し, 2 μLの精製したプレPCR反応液を加え, 次のサイクルでPCR

を行う.

□ PCR反応液

2×KAPA HiFi HotStart ReadyMix	10 μL
10 μM TSO プライマー	1 μL
10 μM SMART プライマー	1 μL
DW	6 μL
Total	18 μL

PCRサイクル

98℃	3分	
↓		
98℃	20秒	
65℃	20秒	30サイクル
72℃	3分	
↓		
72℃	5分	

❿ PCR産物を2%アガロースゲル電気泳動で確認する.

⓫ ❸〜❽同様のAMPureビーズによる精製によりPCR産物を回収する.

⓬ INDEXタグ付加用PCR反応液を調製し, 2 μLの精製したPCR反応液を加え, 次のサイクルでPCRを行う.

□ タグPCR反応液

2×KAPA HiFi HotStart ReadyMix	10 μL
10 μM TSO_TAG プライマー	1 μL
10 μM SMART_TAG プライマー	1 μL
DW	6 μL
Total	18 μL

タグPCRサイクル

98℃	3分	
↓		
98℃	20秒	
65℃	20秒	18サイクル
72℃	3分	
↓		
72℃	5分	

⓭ ❸〜❽同様のAMPureビーズによる精製によりPCR産物を回収する.

❹ INDEX PCR 用の PCR 反応液を調製する．2 μL の精製したタグ PCR 反応液を加え，次のサイクルで PCR を行う．

☐ INDEX PCR 反応液

2×KAPA HiFi HotStart ReadyMix	10 μL
N–プライマー	2 μL
S–プライマー	2 μL
DW	4 μL
Total	18 μL

INDEX PCR サイクル

95℃	3分	
↓		
95℃	30秒	
55℃	20秒	14サイクル
72℃	2分	
↓		
72℃	5分	

---

❺ ❸〜❽同様の AMPure ビーズによる精製により PCR 産物を回収する．

❻ 精製した INDEX PCR 産物について，Qubit dsDNA アッセイキットを用いて Qubit3.0 フルオロメーターにて DNA 量を測定する．

❼ 4 pM になるように PCR 産物を希釈し，30万〜100万リードを目標に MiSeq にてシークエンスを実施する．

7. TCR レパトア解析

シークエンスデータのマウス TCR リファレンス配列による V，D，J 領域配列のアサインメント，リード集計などの解析は Repertoire Genesis 社が開発したレパトア解析用専用ソフトウェアにより行われた．入手可能な TCR 解析ソフトとしては，MiXCR や IMGT が提供する HighV–Quest などが知られており，それらのソフトウェアを用いることもできる．リード配列間のバーコードマッチングは R の Biostrings や類似のパッケージを用いて行うことができる．

実験例

1. マウス T リンパ腫細胞株 EL–4 を使ったシングルセル解析例

EL–4 マウス T リンパ腫細胞株を使用してシングルセル TCR レパトア解析を実施した．3×10^5 細胞，3×10^5 のマウス TCR α ／マウス TCR β プローブ結合オリゴビーズを用いて，40 μL/分（細胞），40 μL/分（ビーズ），200 μL/分（オイル）の条件下でドロップレットを作製した．

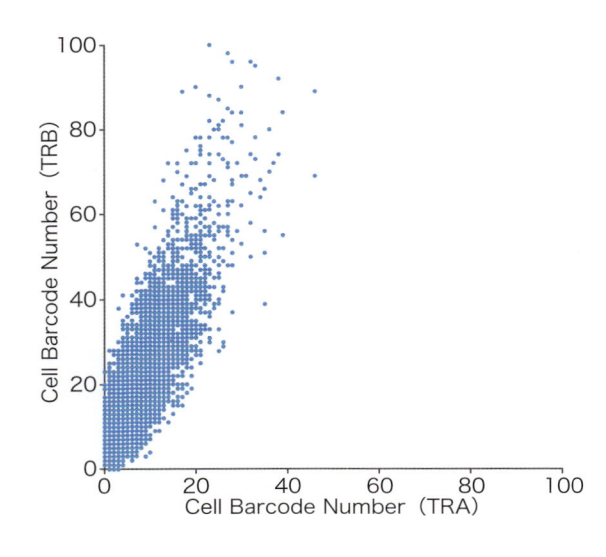

図5　セルバーコードにより同定された TCR α および β 鎖リード

同一のバーコード配列と TCR α 鎖（TRA）プローブおよび TCR β 鎖（TRB）プローブ配列をもつリード数をプロットした.

表1　シングルセル解析例（EL-4細胞）

Cell Barcode	Read	TRAV	TRAJ	CDR3	Read	TRBV	TRBJ	CDR3
AGCGAGGTAATG	41	TRAV13-4/DV7*03	TRAJ45	CAMDLPLMNTEGADRLTFG	123	TRBV15	TRBJ2-3	CASSTGTETLYF
ACCGCTCTTACC	45	TRAV13-4/DV7*03	TRAJ45	CAMDLPLMNTEGADRLTFG	118	TRBV15	TRBJ2-3	CASSTGTETLYF
CCGTTTGCAACC	37	TRAV13-4/DV7*03	TRAJ45	CAMDLPLMNTEGADRLTFG	118	TRBV15	TRBJ2-3	CASSTGTETLYF
CACAACCCTCGA	28	TRAV13-4/DV7*03	TRAJ45	CAMDLPLMNTEGADRLTFG	115	TRBV15	TRBJ2-3	CASSTGTETLYF
CAGCCCCCCCTC	46	TRAV13-4/DV7*03	TRAJ45	CAMDLPLMNTEGADRLTFG	89	TRBV15	TRBJ2-3	CASSTGTETLYF
…	…	…	…	…	…	…	…	（上位5バーコードのみを示した）

プロトコールに従いシングルセルライブラリを作製し，MiSeq シークエンサによりシークエンスを実施した．リードデータからセルバーコード（CBC）および分子識別配列（UMI）を抽出するとともに，Repertoire Genesis 社製レパトア解析ソフトにより TCR 遺伝子 V，J および CDR3 配列を決定した．12-mer のセルバーコードシークエンスをもとに，TCR 遺伝子のペアを決定した．同一のセルバーコードにより TCR α 鎖および TCR β 鎖のペアを識別することができた（図5）．また，リード配から EL-4 の発現する TCR 遺伝子の V，J および CDR3 配列（α 鎖：TRAV13-4/DV7*03，TRAJ45，β 鎖：TRBV15，TRBJ2-3）を決定できた（表1）.

■ おわりに

　近年，シングルセルRNA-Seq法が開発されさまざまな研究に用いられるようになった[3][4]．ドロップレット分離装置を用いた方法は高効率かつ簡便にシングルセルライブラリを作製できる．従来のシングルセルRNA-Seqでは，細胞ごとに配列が異なるTCRの抗原決定部位（CDR3配列）を同定し，TCRペアを決定することは容易ではなかった．本稿では，MocoskoらのDrop-Seq法に改良を加え，Gene-specific probeを用いてTCR α 鎖および β 鎖を選択的に配列決定するGene Capture Drop-Seq法を紹介した．Gene-specific probeを用いてセルバーコード配列とCDR3配列を同時にシークエンスし，ペア遺伝子を決定する方法はハイスペックなシークエンサを必要とすることなく，効率的に多数のペア遺伝子を同定することができる．本法は，抗体遺伝子の重鎖および軽鎖ペアの決定や特定遺伝子の発現に絞ったサブセット解析にも応用することができる有用なシングルセル解析法である．

◆ 文献

1) Macosko EZ, et al：Cell, 161：1202–1214, 2015
2) Klein AM, et al：Cell, 161：1187–1201, 2015
3) Hashimshony T, et al：Cell Rep, 2：666–673, 2012
4) Hashimshony T, et al：Genome Biol, 17：77, 2016

21 マスサイトメトリーによるシングルセル解析の実際と可能性

竹内美子，西川博嘉

　マスサイトメトリーは，理論上100種類を超える分子を同時に解析可能なサイトメトリーとして，近年注目を集めている．マスサイトメトリーは抗体に結合している金属の質量（mass）差によって分子を認識するため，従来の蛍光の波長差で分子を認識するフローサイトメトリーのシステムに比べて，測定パラメーター数が飛躍的に増加した．さらに測定値の再現性が高いことも魅力の1つである．多数のパラメーターを同時比較することによって新しい細胞集団の同定や，少量の患者検体の測定などますます活用の場が広がっている．

■ はじめに

　シングルセルレベルで多くの分子を測定すること，そして同時に多くの細胞から測定すること，この2つを実現した解析手法がマスサイトメトリーである．マスサイトメトリーは，フローサイトメトリーと質量分析の2つの原理の融合から生まれた[1]．すなわち，金属で標識した抗体を細胞と反応させ，細胞をフローサイトメトリーと同様の流路にアプライする（図1）．次に，細胞を標識金属ごと高温で気化し，金属をイオン化した後に，質量分析の原理を用いて，どの金属がどれだけの量，その細胞に付着していたのかを測定する．それぞれの抗体は個々の金属により標識されているため，各分子の細胞レベルでの発現量を測定することができる．マスサイトメトリーの測定器はCyTOF（Cytometry by Time-Of-Flight）とよばれ，フリューダイム社より販売されている．2017年4月時点の最新機種Heliosでは最大135種類の分子を測定可能である．

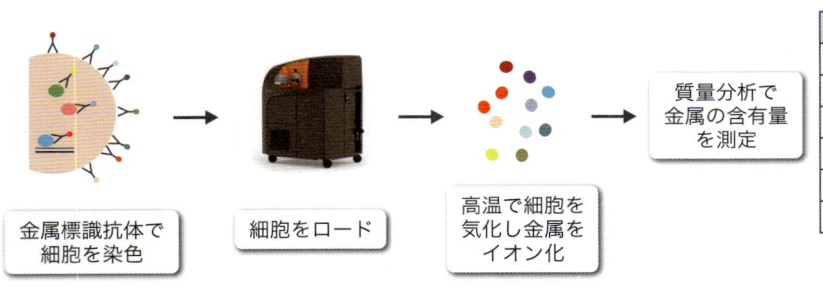

Metal	Intensity	Molecule
A	200	CD3
B	60	CD4
C	2	CD8
D	60	FoxP3
…	…	…
Z	150	XXX

金属標識抗体で細胞を染色　→　細胞をロード　→　高温で細胞を気化し金属をイオン化　→　質量分析で金属の含有量を測定

図1　マスサイトメトリーの原理

おわりに

　蛍光で抗体を標識し分子を検出するフローサイトメトリーでは，多重染色をすると蛍光色素間の波長のオーバーラップによって漏れこみの補正（コンペンセーション）の処理が必要であったが，マスサイトメトリーでは金属の質量で分子を測定するため漏れ込みがほぼない状態で多数のパラメーターを測定できることが最大の利点である[2]．もっとも，100％ピュアな金属を精製することは技術的に困難なため，不純物による漏れこみや，金属の酸化による質量変化によって，少量の漏れこみは存在するが[2] [3]，軽微であるため予測ソフトを用いて漏れこみの影響を考慮したパネルを作製できる．また，マスサイトメトリーでは，測定値の再現性の高さと標準化も魅力である[2]．分子の微量な発現差を測定するときに，フローサイトメトリーの場合は遮光していても，実験の間に少量ずつ蛍光が減衰して実験内誤差も実験間誤差も大きくなる傾向があった．マスサイトメトリーでは，金属で標識しているため，まず蛍光で起こるようなインテンシティの減衰は起こらないし，本稿の後半で触れる複数のサンプルを1つのチューブ内で染色する手法が比較的簡単なため，染色手技によるバイアスをさらに低下させることができる．また，ビーズをサンプルに混ぜて測定し，ビーズ内の金属の測定値をもとにサンプルの測定値を標準化することで，測定器の検出感度の経時的な変化から生じる測定値の誤差を最小化することが可能である．

　パラメーターの増加に伴い，測定データの解析もさまざまな手法が可能となってきた（図2）．フローサイトメトリーでよく用いられている二次元プロットで展開し，細胞集団を同定していく方法も可能である．しかし，これまでにないほど（30を超える）多くのパラメーターを測定

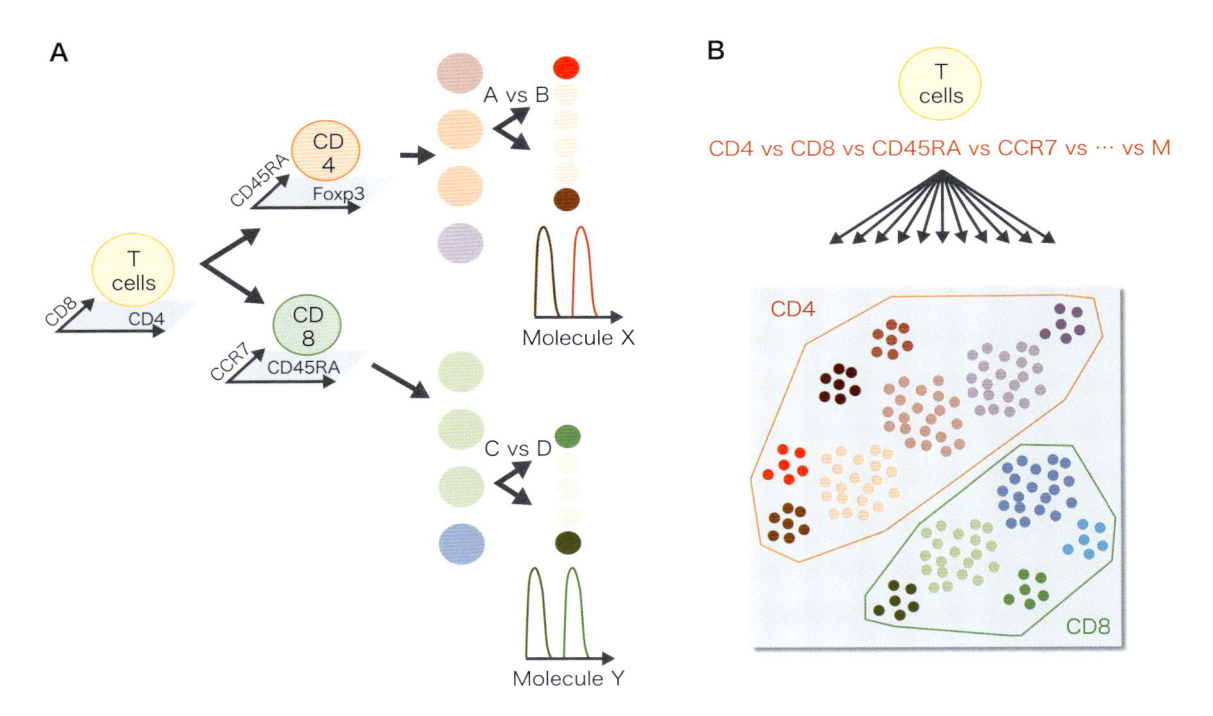

図2　viSNEによる高次元クラスタリングと従来の二次元クラスタリングの比較
A) 従来の二次元プロットによる細胞集団の同定．1〜2個の分子発現に基づいて細胞集団を同定していく．**B)** viSNEアルゴリズムによるクラスタリング．複数の分子発現を同時に考慮して，類似した発現様式をもつ細胞同士を二次元プロット上に表示する．

したときに，どの分子の組合わせで展開していくのがベストかわからないし，二次元プロット
の組合わせは無数に存在することになり，現実的ではない．代わって，コンピューターが複数
のパラメーターを同時に考慮したうえで細胞を分類する高次元クラスタリングが汎用される．
細胞を一定数のグループに樹形図状にクラスタリングするSPADE[4) 5)]や，類似した分子発現を
有する細胞同士を近接して（異なる細胞同士は離れて）二次元プロット上にマップするような
viSNE[6)]などが利用されている．これらのアルゴリズムはクラウドベースのソフトウェアCyto-
bank（http://www.cytobank.org）内で提供されており，インターネット環境があれば解析が
可能になっている．

　本稿では，PBMCを用いて細胞表面分子および細胞内分子の発現を染色・解析するプロトコー
ルを紹介する．

準備

1. パネルのデザイン（図3，図4）

どの分子をどの金属で標識された抗体で測定するかという染色パネルの決定を行う．MaxPar

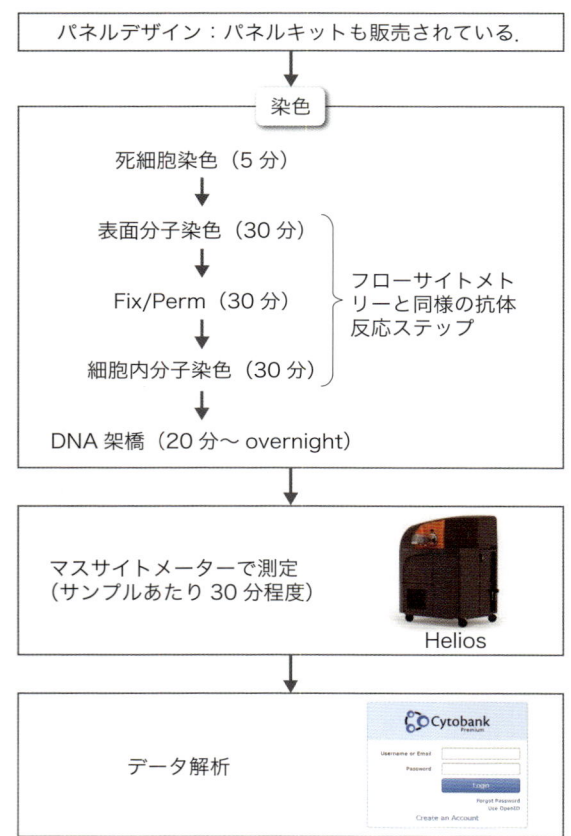

図3　マスサイトメトリーの実験ワークフロー

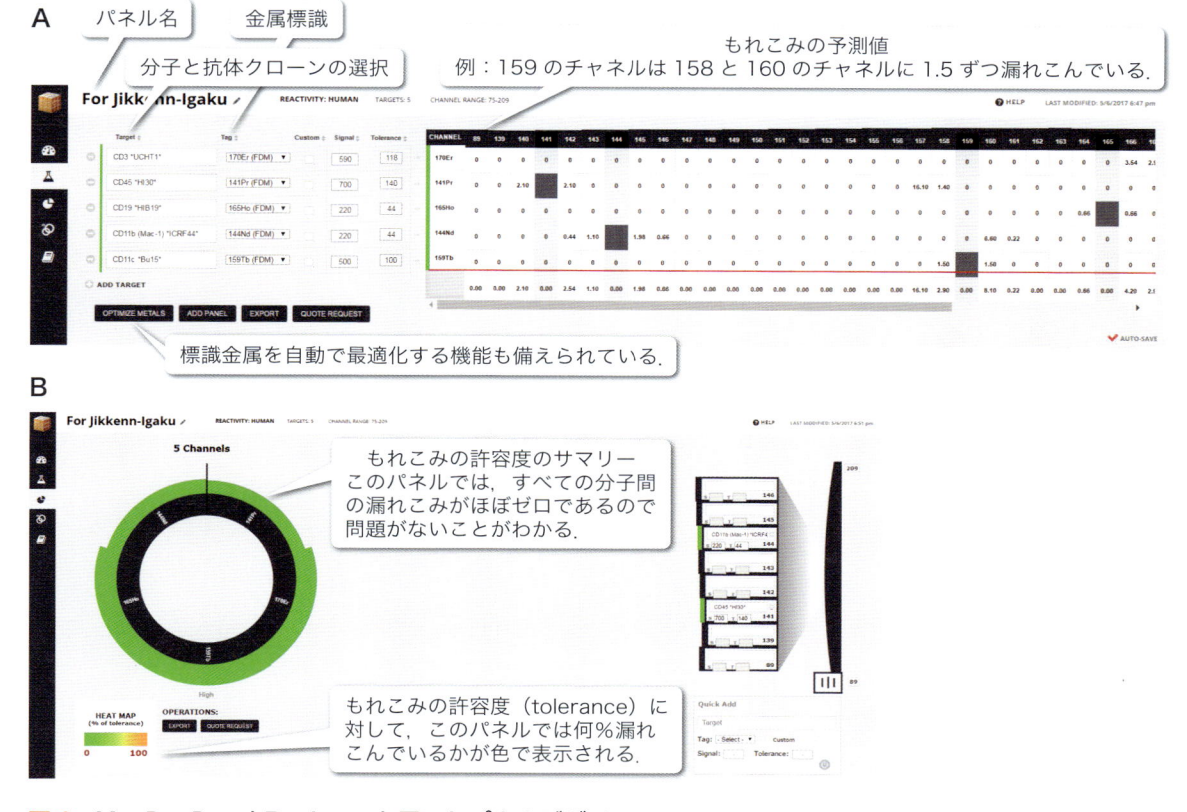

図4　MaxPar Panel Designer を用いたパネルデザイン
A）抗体と金属ラベルの選択．B）もれこみが許容されるかの確認．

Panel Designer[*1] というクラウドベースの解析ソフトを用いて，チャネル間の漏れこみの最も少ないパネルを作成する．あらかじめ漏れこみが最適化されたパネルキットも販売されている[*2]．今回は Maxpar Human T-Cell Phenotyping EX Panel Kit, 10 Marker（表1）を使用した染色プロトコールを記載する．

*1　フリューダイム社より販売されている．
*2　https://www.fluidigm.com/reagents/mass-cytometry#products

2. サンプル

フローサイトメトリーと同様に単細胞に分離された single cell suspension（単細胞懸濁液）を準備する．

3. 試薬

死細胞染色

☐ Cell-ID Cisplatin-198Pt（1 mM）（フリューダイム社，#201198）
☐ D-PBS（−）（適宜）

表1 Maxpar Human T-Cell Phenotyping EX Panel Kit, 10 Marker（フリューダイム社，#201307）を用いた抗体混合液の組成

標識	分子	分子の局在	1サンプルあたりの容量（μL）*
156Gd	CD183（CXCR3）	細胞表面	1.1
144Nd	CD195（CCR5）	細胞表面	1.1
143Nd	CD5	細胞表面	1.1
147Sm	CD7	細胞表面	1.1
171Yb	CD9	細胞表面	1.1
160Gd	CD28	細胞表面	1.1
141Pr	CD49D	細胞表面	1.1
164Dy	CD161	細胞表面	1.1
151Eu	CD2	細胞表面	1.1
158Gd	CD194（CCR4）	細胞表面	1.1
MaxPar Cell Staining Buffer			44
Total			55

*1サンプルあたり50μL使用するので，10％余裕をもって試薬を調製する.

抗体反応

- □ Human Fc Receptor Binding Inhibitor Purified[*3]（eBioscience社，#16-9161-73）
- □ Maxpar Human T-Cell Phenotyping EX Panel Kit, 10 Marker（フリューダイム社，#201307）

Fix/Perm

- □ MaxPar Nuclear Antigen Staining Buffer Concentrate[*3*4]（フリューダイム社，#201063）
- □ MaxPar Nuclear Antigen Staining Buffer Diluent[*3*4]（フリューダイム社，#201063）

洗浄

- □ MaxPar Cell Staining Buffer（フリューダイム社，#201068）
- □ MaxPar Nuclear Antigen Staining Perm 1x[*3*4]（フリューダイム社，#201063）

DNA架橋

- □ Cell-ID Intercalator-Ir 125μM（フリューダイム社，#201192A）
- □ MaxPar Fix & Perm Buffer（フリューダイム社，#201067）

洗浄・測定

- □ MaxPar water（フリューダイム社，#201069）

測定

☐ EQ Four Element Calibration Beads（フリューダイム社，#201078）

☐ ミニセルストレーナーⅡ 40 μm ブルー[*3]（ハイテック社，#HT-AMS-04002）

> [*3] 同等品でも可.
> [*4] MaxPar Nuclear Antigen Staining Buffer Setのキット内容.

4. 機材・機器

測定機器

☐ Helios マスサイトメトリーシステム（フリューダイム社，#107001）

解析ソフト

☐ Cytobank[*5]（フリューダイム社，#401004A）

> [*5] フローサイトメトリー用解析ソフト（FlowJo, トミーデジタル社など）も使用可能.

プロトコール

図3にプロトコールの概要を示す．ポリプロピレンの5 mLチューブで1つのサンプルを染色する手順を紹介する．複数サンプルを一度に染色する際は，サンプルごとにチューブに入れ染色する．遠心は，細胞の固定前は300×gで，固定後は800×gで行う．廃液には重金属が含まれるため，各施設での規定に従って処分する必要がある．

❶ チューブの中に細胞ペレットを準備する．

❷ 死細胞染色[*6]．Cell-ID Cisplatin-198Pt（1 mM）をD-PBS（−）で1,000倍希釈した1 μM Cisplatin溶液500 μLをペレットに加え，混合，室温で5分間反応させる．

> [*6] シスプラチンは，求核性タンパク質（電子密度が低いタンパク質）と反応し，ジスルフィド結合を形成する性質をもつため，マスサイトメトリーでは死細胞を標識する試薬として用いられる．死細胞の細胞膜はバリアとしての機能が低下しているため，シスプラチンが細胞膜を通過する．細胞内でシスプラチンは細胞内タンパク質と非特異的に反応し，結果的に死細胞では生細胞に比べてシスプラチンのintensityが高くなり，死細胞と生細胞の分離が可能となる．

❸ 洗浄．MaxPar Cell Staining Bufferを2 mL加え，300×gで5分間遠心し，上清を除去する．

❹ Fc Receptorのblocking．Human Fc Receptor Binding Inhibitor Purified 5 μLをペレットに加え，混合，室温で5分間反応させる．

❺ 表面分子染色．表1のように調製した抗体混合液50 μLを加え，混合，室温で30分間反応させる．

❻ 洗浄．MaxPar Cell Staining Buffer 3 mL加え，300×gで5分間遠心し，上清を除去する．

以下のステップ❼〜❿は今回（細胞表面のみを染色する場合）は必要ない．細胞内分子がパネルに含まれているときに行う．

❼ Fixation/Permeabilization（ホルマリン固定と細胞膜透過処理のステップ）[7]．MaxPar Nuclear Antigen Staining Buffer（concentrate : dilutionを1：3で混和）を1 mL加え，混合，室温で30分間反応させる．

> [7] フローサイトメトリーでは，細胞内タンパク質の染色のために，ホルマリンで細胞を固定するfixationのステップと，細胞膜に穴を開ける細胞膜透過処理permeabilizationのステップが必要となる．

❽ 洗浄．MaxPar Nuclear Antigen Staining Perm（×1）1 mLを加え，800×gで5分間遠心し，上清を除去する．

❾ 細胞内分子染色．細胞内分子用の抗体混合液50 μL（MaxPar Cell Staining Bufferに各抗体の最終濃度が2％になるように混合する）を加え，混合，室温で30分間反応させる．

❿ 洗浄．MaxPar Cell Staining Buffer 3 mL加え，800×gで5分間遠心し，上清を除去する．

⓫ DNA架橋[8]．Cell-ID Intercalator-Ir 125 μMをMaxPar Fix & Perm Bufferで1,000倍希釈したIr溶液を1 mL加え，混合，室温で20分間あるいは4℃で一晩反応させる．

> [8] マスサイトメトリーでは，DNAを検出することで，細胞かどうかを識別している．DNAが断続的にしか検出されないときはデブリスと判断し，一定期間以上連続するときは，細胞と判断する（doubletはsingletの2倍の時間DNAの検出が連続する）．DNAの検出にIr（イリジウム）を用いる．Irは核酸を架橋する性質をもつため，細胞膜透過処理をされた細胞をIrと反応させると，Irは細胞内に入りDNAと結合する．Cell-ID Intercalator-Ir 125 μM試薬には191Irと193Irが含まれているため，191と193のチャネルで，DNA量を測定することができる．

⓬ MaxPar waterで洗浄[9]．MaxPar waterを1 mL加え，混合，800×gで5分間遠心し，上清を除去する．このときに，細胞数をカウントしておく．

> [9] このステップでは，金属を全く含まないMaxPar waterでサンプルを十分洗浄する．超純水のなかにも金属が含まれていることがあり，ノイズとなる可能性があるので，MaxPar waterで洗浄することが薦められる．もしサンプルのノイズが多ければ，5〜6回洗浄することもある．

⓭ 測定用バッファーに置換．EQTM Four Element Calibration Beads（30秒以上ボルテックスし十分混和する）をMaxPar waterで10倍希釈した測定用バッファーを調製する．測定用バッファーでサンプルを5×10^5/mL未満の濃度に希釈する[10]．

> [10] マスサイトメトリーでは，DNAの連続性で細胞かデブリスかを区別しているので，細胞密度をこれ以上濃くしないこと．濃すぎる場合は，DNAがずっと連続し，細胞を識別できなくなる．

⓮ 測定．サンプルを40 μmのストレーナーに通してからHeliosで測定する[*11]．

> [*11]　マスサイトメトリーのサンプルの通過路はフローサイトメトリーよりも狭いため，40 μmの
> メッシュを用いる．

⓯ 解析．データはfcsファイルで出力される．FlowJoなどの解析ソフトで，分子の発現量を解析する．クラウドベースの解析ソフトであるCytobank[*12]を用いると，高次元クラスタリングなどを行うことができる．

> [*12]　https://premium.cytobank.org/cytobank/login

実験例

　肺がん患者の末梢血単核球PBMCsの測定データをCytobankで解析した例を示す（図5）．191Irの測定値（インテンシティ）を用いて単細胞にゲートし，次に198Ptの低い生細胞集団に絞り，さらにCD3$^+$ T細胞をゲートし，このT細胞集団のなかで高次元クラスタリングを行った（図5A）．Cytobankでは，樹形図状に細胞をクラスタリングするSPADEと，類似した分子発現をもつ細胞を地図状に表示するviSNEのソフトウェアが提供されている．いずれの方法でも，T細胞は，CD4$^+$ T細胞とCD8$^+$ T細胞と，少量のダブルネガティブの集団に分類された．さらに，CD4$^+$ T細胞は，naive（CCR7$^+$CD45RA$^+$），central memory（CCR7$^+$CD45RA$^-$），effector memory（CCR7$^-$CD45RA$^-$），terminally differentiated（CCR7$^-$CD45RA$^+$），制御性T細胞（regulatory T cells, T_{reg}. FoxP3$^+$）に分類された．CD8$^+$ T細胞も，naïve, central memory, effector memory, terminally differentiatedに分類された（図5B, C）．viSNE解析結果から同定したこれらのsubpopulationにおける，各分子の発現量をヒートマップにまとめた（図5C右）．各列にsubpopulationを，各行に分子を配置し，カラースケールでそれぞれの分子発現量を示した．活性化細胞やT_{reg}上に発現するCD25はT_{reg}とともに，central memory CD8$^+$ T細胞やcentral memory CD4$^+$ T細胞でも発現していることがわかる．

　マスサイトメトリーでは，さまざまな分子を金属で検出することができる．T細胞の抗原特異性を検出するために，MHC–ペプチド複合体を4つ結合させてつくったテトラマーとよばれる試薬を用いる．健康人PBMCでテトラマーを用いて抗原特異的CD8$^+$ T細胞を検出した（図6A）．

　最後に，サンプルをバーコードで標識してすべてのサンプルを1つにまとめて同時に染色した例を示す（図6B）．ある細胞を3種類のペプチド（peptide A, B, C）で刺激したときの分子Xの発現量をマスサイトメトリーで検出した．すべての条件下で分子Xのシグナルインテンシティは10〜40と決して大きくない変化だが，すべてのサンプルを混合して染色しているので，小さな変化だったとしても実験条件による差である．

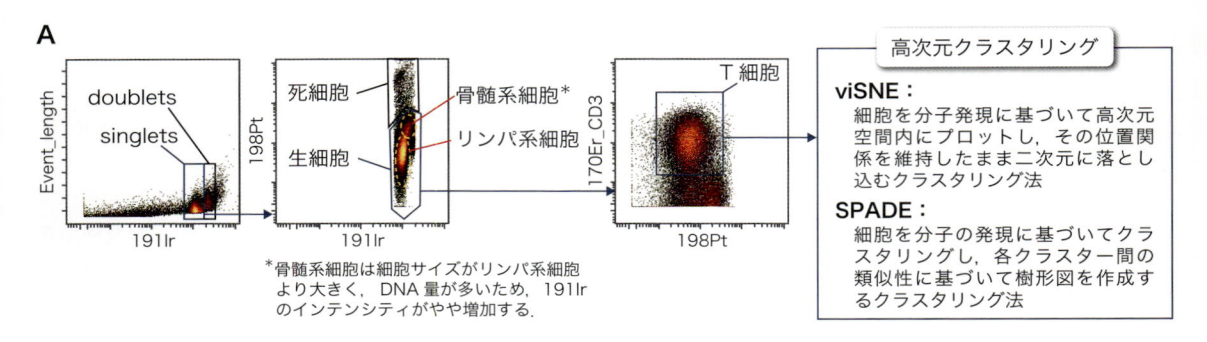

図5 肺がん患者のPBMCsの解析例

A) Gating strategy. **B)** SPADEによる解析. **C)** viSNEによる解析. 左:クラスタリング. 右:クラスターごとの分子発現量をヒートマップ表示したもの.

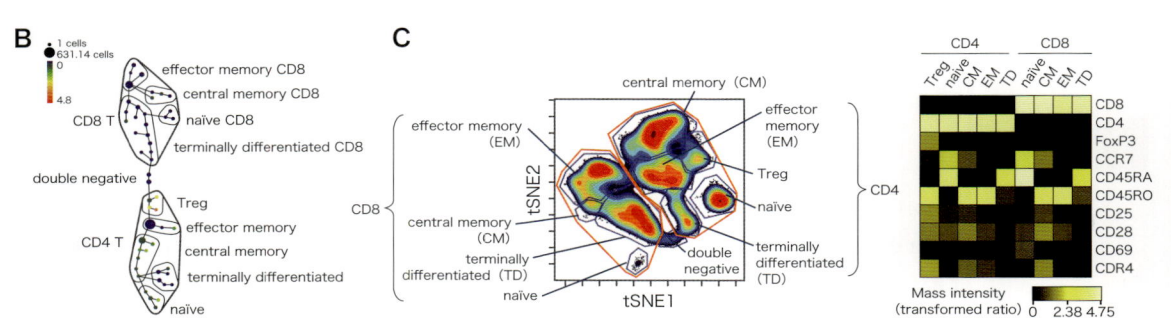

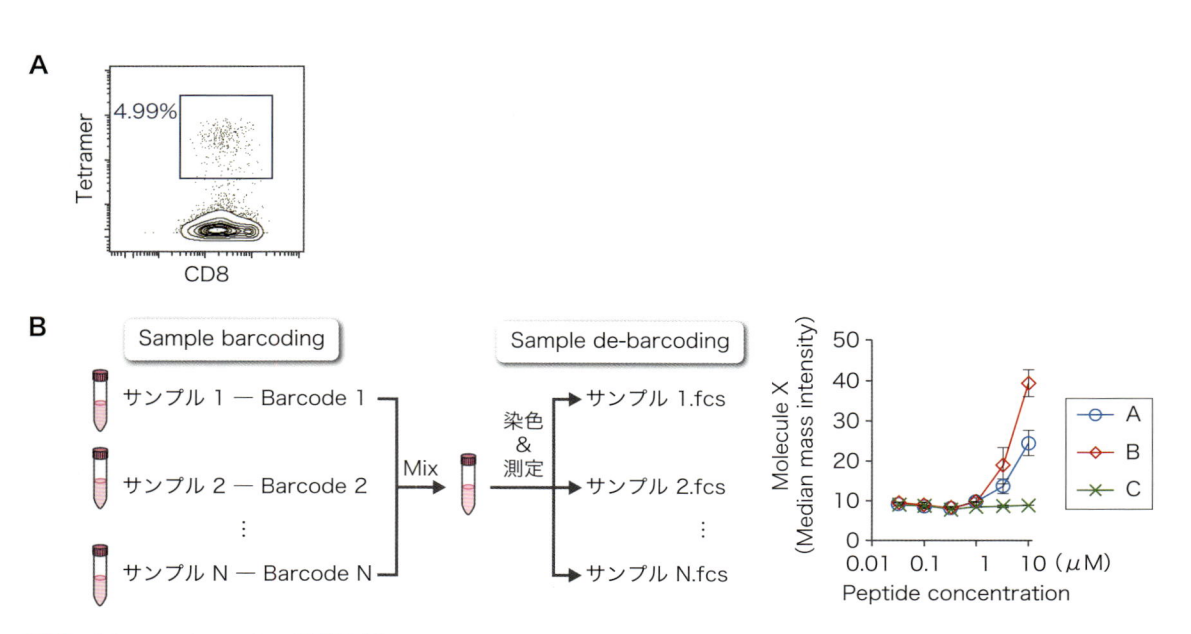

図6 Mass cytometryの利用例

A) Tetramerを用いた抗原特異的CD8 T細胞の検出の例. **B)** Sample barcodingを用いた染色. 染色手技の誤差のない結果を得られるので, インテンシティの差は小さいが, ペプチド間で有意差があることがわかる.

■ おわりに

　これまでに多様なマスサイトメトリーのための測定方法やアルゴリズムが開発されているが，それらを用いた解析はまだスタートを切ったところである．今後さらなる活用が期待される一方，マスサイトメトリーの課題も残っている．例えば，マスサイトメトリーでは細胞を気化させるのでフローサイトメトリーのように細胞を単離することができない．また，金属の検出感度は，PEなどの高輝度の蛍光には劣るため，非常に低頻度の分子は検出できないことがある．また，コンピューターによるクラスタリングアルゴリズムは，ヒトの主観によるバイアスがとり除かれるために，新たな知見が得られる一方で，コンピューターの自動解析の結果が，生物学的に・科学的に意義のある知見であるかどうかを，ヒトが判断する必要がある．本稿は，こういった長所短所を踏まえたうえでマスサイトメトリーが十分活用され生物学的研究が進展する一助となれば幸いである．

◆ 文献
1 ）Bandura DR, et al：Anal Chem, 81：6813–6822, 2009
2 ）Spitzer MH & Nolan GP：Cell, 165：780–791, 2016
3 ）Raut NM, et al：Journal of the Chinese Chemical Society, 52：589–597, 2005
4 ）Bendall SC, et al：Science, 332：687–696, 2011
5 ）Qiu P, et al：Nat Biotechnol, 29：886–891, 2011
6 ）Amir el–AD, et al：Nat Biotechnol, 31：545–552, 2013

22 組織透明化と三次元イメージングによるセルオミクスの実践

洲﨑悦生

全身に張り巡らされた細胞および細胞ネットワークからなる機能単位（多細胞システム）の理解は，生命科学にとって重要な課題である．近年の組織透明化技術の発展は，臓器全体あるいは全身の細胞解像度での三次元イメージングを可能とし，多細胞システムを対象としたオミクス的手法「セルオミクス」が実現しつつある．本稿では，セルオミクス実践のための技術として開発したCUBICを例に，その詳細を紹介する．

はじめに

　生物の最小単位は細胞であり，個体レベルの生命機能は多数の細胞からなるネットワーク（多細胞システム）が機能単位となり発揮されている．多細胞システムは1つの臓器内，場合によっては全身に張り巡らされており，臓器全体あるいは全身を対象とし，すべての細胞を捉えることができる検出系を用いてデータを取得することが求められる．さらに，多細胞システムの構造や挙動を理解するには，他のオミクス的解析と同様に，実験条件の異なる多サンプルの比較解析を行うことが重要である．このような細胞および細胞ネットワーク階層のオミクス手法であるセルオミクスを実践するために，われわれは①高効率かつ高再現性の組織透明化手法，②ライトシート顕微鏡を用いた高速な臓器・全身レベルの細胞解像度三次元イメージング，③取得画像からの生物学的情報の抽出，の3点を組合わせたセルオミクス実践パイプラインとしてCUBIC（Clear, Unobstructed Brain/Body Imaging Cocktails and Computational analysis）を発表[1]〜[3]し，さらに改良を進めている[*1]．

　組織透明化は①組織中の光散乱の低減，②組織中の光吸収の低減，の2つの過程によって，もともと不透明な組織を文字通り「透明」にし，光学顕微鏡による深部観察を可能とする技術である（図1）．①の点を達成するには，組織中の光散乱体（主に脂質）を除去し（この過程を「脱脂」とする），周囲の水またはバッファーを，観察対象となる生体物質（主にタンパク質）に近い光学特性（主に屈折率）をもつ溶媒に置換する（この過程を「屈折率調整」とする）．これらの操作により，光が組織中を散乱・屈折せず直進できるようになる．②の点については，生体内の主要な光吸収体であるヘムを除去することが重要である（この過程を「脱色」とする）．CUBICによる透明化プロトコールは，前述の①②の両方を同時に実現する能力があり，さらに試薬中に固定組織を浸すだけで透明化が達成する簡便さから，セルオミクス実践に必要な高い

[*1] 　組織透明化の原理や近年の関連技術をより包括的に概観したい読者は，文献15，16を参照されたい．

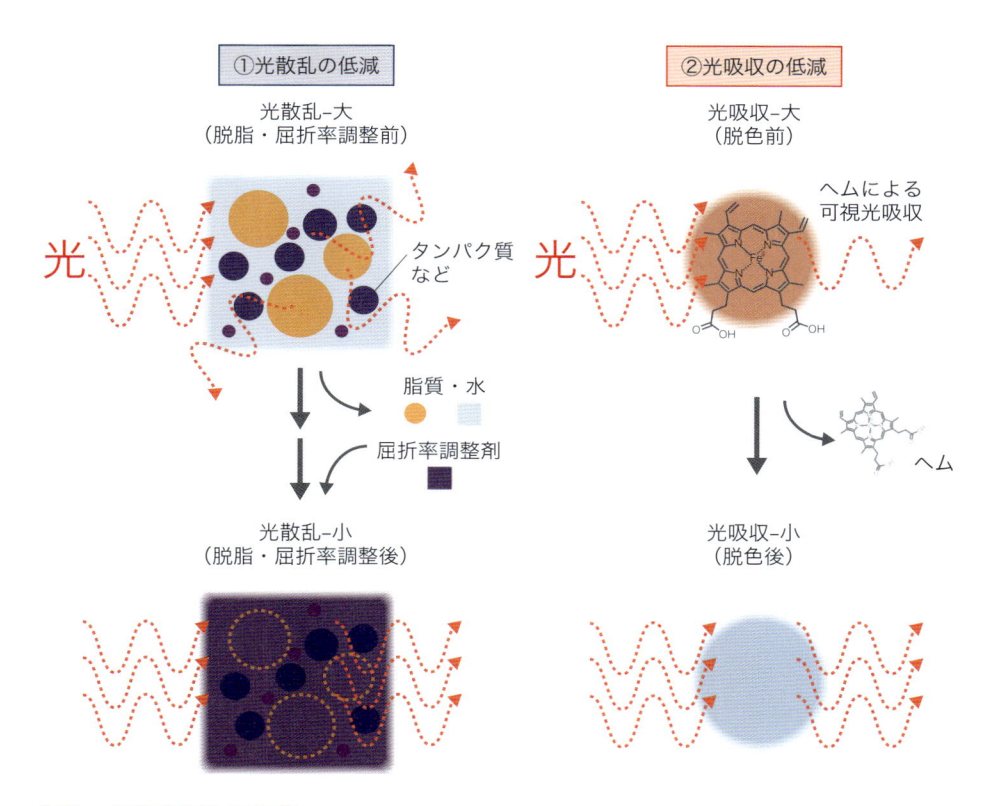

①光散乱の低減

光散乱-大
（脱脂・屈折率調整前）

光

タンパク質
など

脂質・水

屈折率調整剤

光散乱-小
（脱脂・屈折率調整後）

②光吸収の低減

光吸収-大
（脱色前）

光

ヘムによる
可視光吸収

ヘム

光吸収-小
（脱色後）

図1　組織透明化の原理

組織透明化の過程では①組織内光散乱の低減，②組織内光吸収の低減，の2点が重要である．①の点は，組織内の光散乱体である脂質を除去し，さらに観察対象となる生体物質（主にタンパク質）と光学特性（主に屈折率）が大きく異なる水を屈折率調整剤と入れ替えることで達成される．②の点は，生体内の主な光吸収体であるヘムを，観察対象となる生体物質に影響しない緩やかな条件で除去することで達成される（文献15を元に作成）．

透明化効率および再現性を達成している（図2A）．

　透明化した臓器あるいは全身を高速に細胞解像度で三次元イメージングするため，比較的低倍率の光学系と組合わせたライトシート顕微鏡が有用である．ライトシート顕微鏡は透明化サンプルの側方からシート状に広げた励起光を当てることで特定のxy平面のみを励起し（ミクロトームによる物理的セクショニングに対し，光学的セクショニングとよぶ），平面の垂直方向からCCDやcMOSカメラによってxy平面全体の蛍光像を取得する（図2B）．このため，z方向のスタック画像取得を高速に行うことが可能であり，大型サンプルの全体をハイスループットに三次元観察することに適している．もちろん，従来より三次元観察に用いられている2光子顕微鏡やコンフォーカル顕微鏡も使用可能であり，観察範囲や必要とする解像度によって使い分けることができる．

　取得した三次元画像から，検出された蛍光シグナルを画像解析によって同定・定量し，生物学的情報を抽出できる．特に，複数のサンプル間の比較解析を行う際には，リファレンスとなる画像に一度重ね合わせ（レジストレーション）してすべての画像の位置や形を揃え，場合に

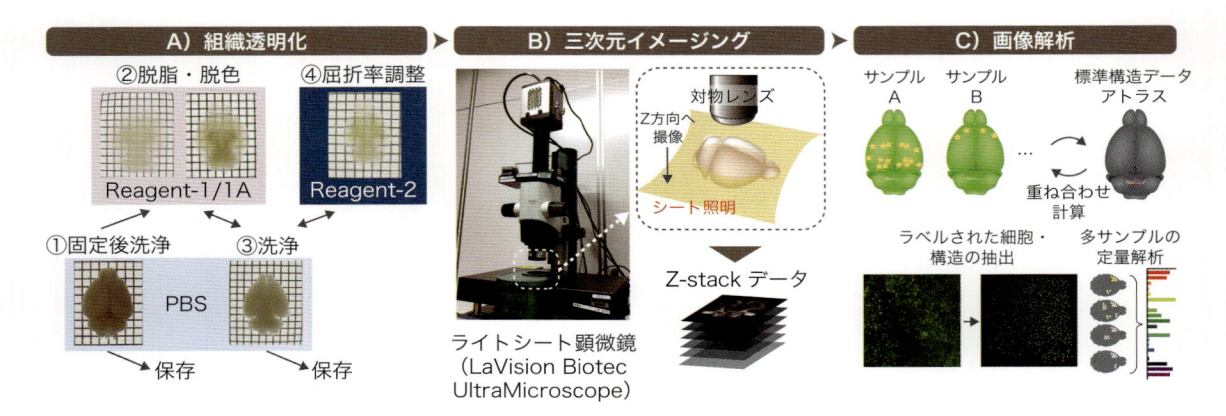

図2 セルオミクス実践のためのCUBICパイプライン

CUBICパイプラインは A) 組織透明化，B) 高速な三次元イメージング，C) 画像解析による情報抽出，の3ステップからなる．組織透明化は脱脂・脱色後に屈折率調整を行う高効率なプロトコールを採用している．各ステップでの保存も可能である．三次元イメージングは透明化サンプルを高速に三次元撮像できるライトシート顕微鏡を主に使用している．画像解析では，サンプル間の位置・サイズ合わせや解剖学的情報の取得を行うための重ね合わせ計算（レジストレーション），蛍光ラベルされた細胞や構造の計算機上の抽出（セグメンテーション），他のオミクス解析同様の定量解析などを行う（一部のデータは文献3より引用）．

よっては解剖アトラスなどから位置情報を取得したうえで定量解析を行う（図2C）．このような計算方法は functional MRI などでよく用いられてきたが，同様の手法を細胞解像度の三次元蛍光画像にも適応可能である．

　前述のようなセルオミクスパイプラインを用いる前提として，観察したい細胞や細胞ネットワーク，細胞機能などを蛍光シグナルとしてラベルしておく必要がある．遺伝学的手法やウイルスベクターなどによる蛍光タンパク質の導入は最も有用であるが，染色剤や抗体を用いた組織学的なラベリング法も部分的に適応可能である．特に解析の際にレジストレーションを行うには，対象臓器全体の構造情報が必要となるため，核染色剤など臓器全体の構造を可視化し取得することが有用である．

準備

　本稿では，文献3およびCUBICリソースサイト（http://cubic.riken.jp）にまとめたCUBICパイプラインをベースに，主に組織透明化と三次元画像取得のプロトコールを概説するが，われわれは各ステップのアップデートを鋭意進めており，興味のある読者は続報をフォローされたい．

1. 組織透明化

　CUBIC透明化プロトコールで使用する透明化試薬を表1にまとめた．Reagent-1 はそれのみでも相応の透明化能を有し，単純に1〜2日浸透させ2光子顕微鏡などで組織の一部を観察するなどの目的でも利用できる．蛍光タンパク質のシグナル保持性を高める目的で，Reagent-1 の組成を再調整した Reagent-1A も報告している．特に Reagent-2 は粘性が高く，調製時に多

表1 CUBICで用いる透明化試薬一覧

	機能	組成						備考
		クアドロール [Quadrol: N, N, N', N'-Tetrakis (2-hydroxypropyl) ethylenediamine]	トリエタノールアミン	Triton X-100	尿素	スクロース	水	
Sca*le*CUBIC-1 (Reagent-1)	脱脂/脱色/屈折率調整	25重量%	–	15重量%	25重量%	–	35重量%	
Sca*le*CUBIC-1A (Reagent-1A)	脱脂/脱色	5重量%	–	10重量%	10重量%	–	75重量%	過度な膨潤防止のため，NaClを25mM程度添加してもよい
Sca*le*CUBIC-2 (Reagent-2)	屈折率調整	–	10重量%	–	25重量%	50重量%	15重量%	

試薬調製時には適度な加温が必要である．

数の気泡が入るため，調製後すぐに使用する場合は真空デシケーター内で脱気する．

2. 全臓器・全身スケールの高速三次元イメージング

ライトシート顕微鏡

　　市販品では，LaVision Biotec社から発売されているUltraMicroscopeが，マクロズーム顕微鏡と大型シート照明ユニットを組合わせた形で販売されており，1 cm角程度の透明化サンプル全体を撮像できる．われわれは透明化サンプルの撮影用にマクロズーム部分をカスタマイズして使用している[1]．また，国内ではオリンパス社がマクロズーム光学系と組合わせた同様の大型サンプル用ライトシート顕微鏡の受注を開始している．さらに解像度を上げたい場合などは，カールツァイス社のLightsheet Z.1も利用できる[*2]．文献4など，ライトシート顕微鏡を自作した例も報告されている．

ラインスキャン顕微鏡

　　従来より普及している2光子顕微鏡やコンフォーカル顕微鏡も利用できる．組織透明化により深部観察能は大幅に向上し，条件によってはマウス全脳をカバーすることも可能である．観察には高い屈折率レンジでも調整可能な長作動型対物レンズ（オリンパス XLPLN10XSVMP，開口数0.6，作動距離8 mmまたはXLSLPLN25XGMP，開口数1，作動距離8 mmなど）の利用が有用である．

[*2] Z.1を利用する際は，搭載されている対物レンズと屈折率が合う透明化試薬を選択する必要がある．CUBICと組合わせる場合，Reagent-2の屈折率が～1.49程度のため，対物レンズが対応している屈折率とミスマッチがあることに留意して使用する．Zeiss社のウェブサイト（https://www.zeiss.co.jp/microscopy/products/imaging-systems/lightsheet-z-1.html#inpagetabs-2）も参照．

3. 画像解析

PCおよびソフトウェア

　撮像したデータを三次元再構成するためのソフトウェア（Imaris, Amiraなど），解析に用いるソフトウェア（ImageJ, ANTs, ITK-SNAP, MATLAB, Pythonなど），およびそれらをインストールしたPCが必要である．撮影画像はGBオーダーのサイズになるため，スムーズに三次元再構成画像を描画し解析するためには相応のPCスペックが必要である．また，レジストレーションに使用するANTs, elastixなどはUnixベースで動作するため，Unix系PCが使用できる環境が必要である．われわれが論文発表時に使用したPCについては文献3を参照されたい．

プロトコール

　本稿では，蛍光タンパク質を発現するマウス全脳1つを透明化および三次元イメージングすることを前提とし，Reagent-1A + Reagent-2の組合わせによる透明化プロトコールおよびイメージングの過程を紹介する．全身の透明化にはCUBIC試薬灌流を含めたプロトコール[2][3]も利用できるが，固定強度とのトレードオフがあることに留意されたい．

　液量はすべてマウス全脳1個を採取し透明化・イメージングする際のものである．

1. 固定

❶ 深麻酔した動物の胸郭を開放し，氷冷したPBS[*3]を心臓より10 mL灌流．

> ＊3　経験上，灌流液は氷冷しておいたほうが灌流効率がよい．10 U/mL程度のヘパリンを添加してもよい．灌流が不十分の場合には強い血管の自家蛍光シグナルが観察されることがあり，注意が必要である．

❷ 氷冷した4% パラホルムアルデヒド（PFA）液[*4]を心臓より20〜30 mL灌流．

> ＊4　固定液は市販のパラホルムアルデヒドをPBSで調製したもの（4% PFA液）を用いる．pHが重要であり，pH 7〜7.5のレンジにあることを確認する．pHがアルカリに寄ると過固定気味となり，透明化効率が落ちるほか，サンプルの黄色が強くなる．

❸ 目的とする臓器を摘出し，同じ4% PFA液（〜10 mL）に入れる．4℃振盪またはrotate，18〜24時間（後固定）．

❹ PBSで臓器を軽く洗浄し，新しいPBS（〜10 mL）に入れる．室温振盪またはrotate，3時間（洗浄）．

❺ PBSを交換し，洗浄をくり返す．合計3回．

　サンプルを保存する場合は，ここで防腐剤入りのPBS[*5]に置換し，4℃で数日は保管できる．さらに長期保存する場合は，25% sucrose/PBSに置換し，4℃にて浸透．1〜2日後に置換が終了（臓器が沈む）後，O.C.T.コンパウンドに包埋して−80℃で凍結保管する．

　保存しない場合はそのまま次のステップへ[*6]．

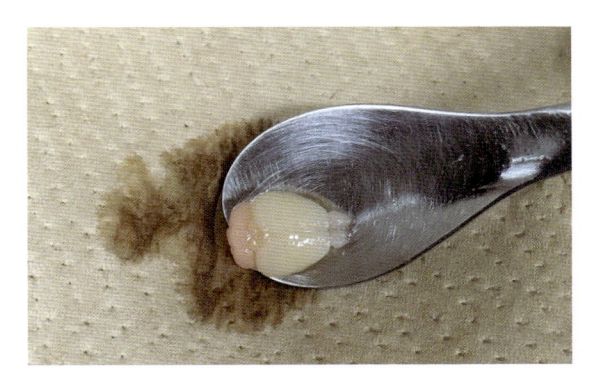

図3　薬さじを用いた透明化サンプルのハンドリング
ハンドリングに伴う組織のダメージを最小限にするため，薬さじ上にサンプルをとり，余分な液はキムタオルで吸収させる．

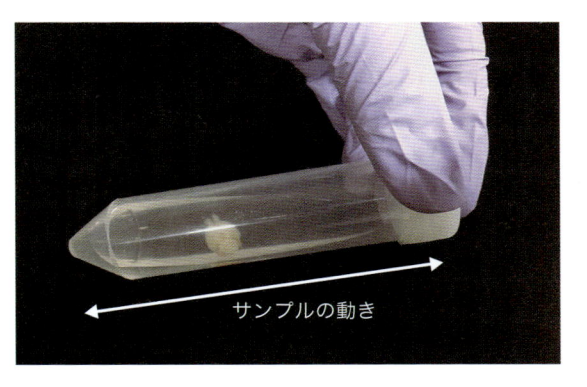

サンプルの動き

図4　チューブ内でのサンプル処理方法
サンプルがチューブ全体を緩やかに動きながら処理できるよう，液量や振盪条件を調整する．

＊5　以降の操作では防腐剤（0.05％ アジ化ナトリウム）を添加した PBS の使用を基本とする．

＊6　以後，組織をハンドリングするときは PBS 中の状態をデフォルトと考えるとわかりやすい（図2）．[PBS⇔保存]→ 脱脂 →[PBS⇔保存]→ 染色→[PBS⇔保存]→ 屈折率調整⇔PBS⇔保存のように，PBS 中の状態を起点としてさまざまな操作を行っていく．

2. 脱脂 / 脱色

液交換回数が変わらなければ，日程はある程度フレキシブルに変更可能である．

❶（Day-0）PBS 中の固定後サンプルを 50% Reagent-1A（水で半分に希釈した Reagent-1A）に入れる（〜12 mL/30 mL チューブ）．室温振盪＊7，6 時間．

❷ Reagent-1A 原液（〜12 mL/30 mL チューブ）に交換する．サンプルをチューブからいったん出す場合は，薬さじに乗せ，キムタオル等で余分な液を切る（図3）．室温振盪＊7，48 時間．

＊7　高濃度の Triton X-100 を含むため，rotate すると多量の泡が発生する．チューブの半分から2/3 程度を液で満たし，サンプルが液面から出ずにチューブ全体を緩やかに動くように液量や振盪スピードを調整する（図4）．また，脱脂過程でサンプルが膨潤してくるため，15 mL チューブではなく内径がより大きな 30 mL チューブ（複数のサンプルをまとめて処理する場合は 50 mL チューブ）を使用するのがよい．われわれはザルスタットの 30 mL V 底遠心チューブ（#60.544S，図4）を使用している．37℃での Reagent-1/1A 処理については，脱脂効率はよいが蛍光タンパク質シグナルの保持性は悪いというトレードオフがあるため，本プロトコールでは室温と 37℃での処理を行き来させながらバランスをとっている．

❸（Day-2）新しい Reagent-1A 原液（〜12 mL/30 mL チューブ）に交換する．37℃振盪，48 時間．

❹（Day-4）新しい Reagent-1A 原液（〜12 mL/30 mL チューブ）に交換する．37℃振盪，48 時間．

❺（Day-6）新しい Reagent-1A 原液（〜12 mL/30 mL チューブ）に交換する．37℃振盪，48 時間．

❻（Day-8〜10）深部の線維が若干残る程度まで透明化が進んだらPBSで洗浄する．8日目以降にさらに処理を進める場合は，液交換後に室温で行う．

　　洗浄時はTriton X-100をできるだけ洗い落とすため，新しい50 mLチューブにサンプルのみを移動させ，25 mL〜のPBSで3時間×1，overnight ×1，3時間×1のスケジュールで37℃で洗浄する．液交換の際は，一度サンプルをとり出してチューブを洗浄，または新しいチューブを都度使用するほうが望ましい．

　　PBS中では透明化は解除され，見た目が白いスポンジ様の状態になる（図2A）．

　　この段階で，必要に応じて不凍保存液〔40% グリセリン，40% エチレングリコール，20 mM PB（phosphate buffer）〕に置換し−20℃で保存可能である．まず50% stock solution（不凍保存液原液をPBSで1/2希釈）に置換した後，原液に置換する．保存から解除する場合は0.01 M PBで2〜3時間×3回洗った後，次のステップへ進める．

3. 屈折率調整

❶ サンプルが浸っているバッファーを最小限の量にし，真空デシケーター内で10分程度脱気する．本工程は脳室などに泡が噛むのを避けることが目的であるが，必須ではない．

❷ PBSまたはPB中の脱脂/脱色後サンプルを50% Reagent-2（水でReagent-2を半分に希釈したもの）に入れる（〜12 mL/30 mLチューブ）．室温振盪，24時間以上[*8]．

> ＊8　この時点で組織が均質かつ十分に膨潤することが，最終的に変形を抑えながら均質に屈折率調整を完了させるコツである．過去に公開したプロトコールでは，50% reagent-2作製にPBSを用いて希釈させるよう記載していたが，最近は水で希釈したものを用いることが多い．十分な膨潤には経験上丸一日必要である．組織のサイズは，Reagent-2による屈折率調整後にほぼ元のサイズに戻る．

❸ Reagent-2原液（15 mL/30 mLチューブ）に交換する．室温振盪，48時間．

❹ 透明化完了

　　透明化した組織はReagent-2で1週間程度は保存可能．長期保存時はPBSで洗浄し，透明化を解除した後に前述の不凍保存液に置換して−20℃で保管する．

4. ライトシート顕微鏡による観察

❶ サンプルをイメージング用immersion oil[*9]中で軽く洗い，表面に付着する小さな泡をとり除く．軽く洗ってとれない泡は，先細ピンセットやマイクロスパーテル（微量測定用薬さじ）などを用い，サンプルを傷つけないようにして慎重に表面から取り除く．

> ＊9　シリコンオイルTSF4300とミネラルオイルを5：5〜7：3の割合で配合し，RIを1.48〜1.49程度にする．サンプルを入れた際にオイルとサンプルの界面が一番目立たないように（すなわち，屈折率が最も一致するように）配合割合を調整する．マウス脳をReagent-2で透明化したケースでは，われわれは7：3配合のものを用いることが多い．配合時には十分に撹拌し，真空デシケーター内で脱気する．サンプル洗浄用と撮影用のオイルは同一のものを用いる．別に調製したオイルをサンプル洗浄に使用した場合，サンプルを観察用オイルに入れると微妙な配合割合の差からオイル中に「モヤ」が発生し，観察の妨げとなる．

❷ サンプルを同じimmersion oilで満たした観察チャンバーにセットし，顕微鏡のZ範囲やシート照明のフォーカス位置を調整[*10]して撮影を開始する．

> *10 ライトシートの照明光はすべて真っ平らではなく，レンズを使って集光しているため，集光点周囲のある範囲のみが十分に薄く，集光点から離れると厚くなる．集光点以外ではZ解像度が十分に得られないため，マクロズーム顕微鏡と組合わせて使用する市販のシート照明系（LaVision Biotec）については，ライトシートの集光点位置を任意に移動できる機構が搭載されている．

5. 三次元再構成および解析

Imarisなどの市販ソフトウェアには，三次元再構成および基本的な解析機能が備わっている．われわれは，Imarisを用いた臓器内の解剖学的構造の抽出と定量解析例を報告している[2]．

多サンプルデータを用いてオミクス解析を進めるため，サンプル間の重ね合わせによるシグナル差比較[1) 3)]，ラベル細胞の計算機上での抽出と解剖学的領域ごとのラベル細胞数（または輝度値）の定量，定量データのクラスタリング解析[5]などの実施例を報告している．これらのより進んだ解析には，現状ではMATLAB，Pythonなどで目的に応じた解析コードを作成する必要がある．文献3で紹介した，データ間の重ね合わせとシグナル差比較の解析については，元データとコードを公開しているので，興味がある読者は参照されたい．

実験例

本稿では特に，セルオミクス解析の実践例である文献5の多サンプルマウス全脳データ解析例を紹介する（図5）．類似の解析例として，狂犬病ウイルストレーサーを用いた全脳レベルの回路マッピングの例[6]，c–Fos抗体によるマウス全脳免疫染色サンプルを用いた神経活動の定量的解析[7]などがあり，より深く学びたい読者は合わせて参照されたい．

MK–801（NMDA受容体阻害剤）を慢性投与したArc–dVenusトランスジェニックマウス[8]から，Arcプロモーターの活性によりラベルされた神経細胞の活動を全脳スケールで取得することを試みた．サンプリングポイントは明暗12時間：12時間周期で飼育されているマウスから6時間ごと4点とした．合計のサンプル数は，MK–801投与ありなし×サンプリングポイント4点×各2〜3個体の，合計で20個体となった．これらすべてのサンプルについて，CUBICパイプラインを用いて透明化および画像取得し，定量解析の対象とした．本例のような多サンプル解析では，透明化過程の高再現性が重要であり，CUBICの透明化プロトコールはその要点を満たしている．

すべての全脳三次元データについて，重ね合わせ計算をして位置・サイズを一致させた．また，脳領域内の輝度分布の中央値を用いて，サンプル間シグナルのノーマライズを行った．ラベル細胞の抽出については，三次元での描出用にエッジ検出を行い細胞用構造のコントラストを高めた後に，輝度値で閾値設定を行いImageJのAnalyze particlesコマンドを用いて抽出した．また，脳領域ごとのラベル細胞数を概算するため，Allen brain atlasの領域マスクを当てはめて領域ごとの輝度値（ラベル細胞数と相関）を定量する方法も用いた．これら領域ごとのラベル細胞数概算値のサンプル間平均を用いてクラスタリング解析を行ったところ，大きく4

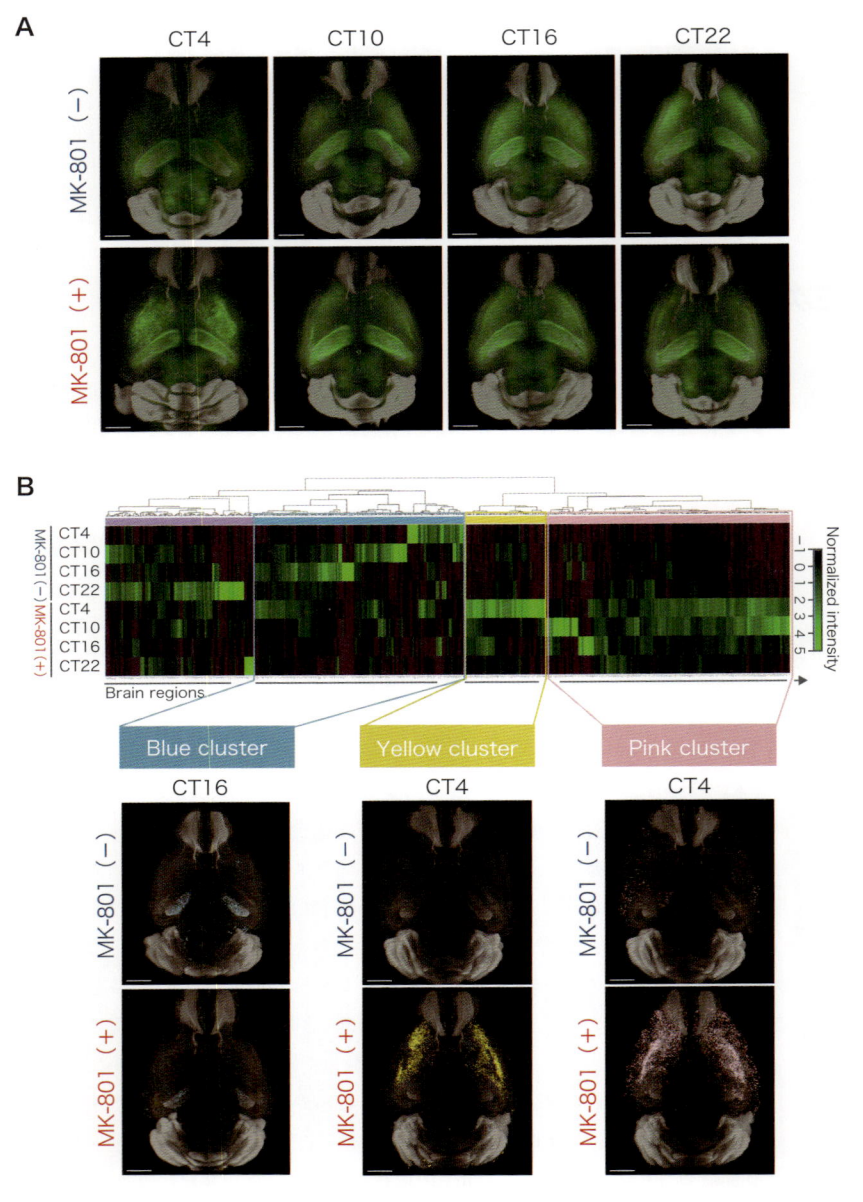

図5　MK-801を慢性投与したマウス全脳神経活動のセルオミクス解析

A) MK-801を慢性投与したArc-dVenusトランスジェニックマウスを6時間おき4点サンプリングし，CUBICを用いて透明化・三次元イメージの取得を行った．CT：circadian time.
B) Aのデータから脳領域ごとのラベル細胞数を概算し，領域ごとの定量値と実験条件でクラスタリング解析を行った結果，4つのクラスタに分かれることが判明した．うち3つはMK-801に特徴的な反応性を示す細胞群であった（A，Bは文献5より引用）．

群に分離できることが判明した．1群目と2群目はMK-801によって活性化を受ける細胞が含まれる領域であり，2群目は特に時間依存性が強くみられた．3群目は逆に，MK-801によって抑制される領域であった．これらの領域に含まれるラベル細胞のみを抜き出して再度三次元イメージ中で再構成すると，容易にこれら細胞の分布が確認できる．1群目と2群目の細胞は大脳皮質に多く，3群目の細胞は海馬に多くみられた．

　このようにして，全脳を対象とした細胞解像度の三次元イメージを用いて，ある特定の実験条件下で機能する細胞群を抽出し分類するセルオミクス解析が可能であることを実証した．

おわりに

　誌面の都合で詳細は省いたが，組織透明化手法は近年新しいプロトコールが相次いで発表され，それぞれ優れた着眼点と発想をもって開発が行われてきた．特に大型サンプルを高速イメージングする目的では透明化効率の確保が重要であり，CUBICの他，CLARITY[9) 10)]や3DISCO/uDISCO[11) 12)]などの手法が同様の目的で利用可能である．CUBIC開発チームでも高いシグナル保持性を保ちつつ，より速く，より透明化効率の高いプロトコールの開発を進めており，随時報告を行っていく予定である．

　組織透明化と合わせて重要なのが，細胞ラベリング手法の発展と適応である．特に多くニーズが聞かれるのは，染色剤や抗体を用いた組織学的手法との組合わせである．三次元組織全体を染めるには，染色剤や抗体が効率的に内部まで浸透することが必要であるが，マウス全脳など，大型の実質組織を染めることができる三次元組織染色プロトコールは，現在では限られた染色剤や抗体についてのみ実現している．電気泳動[13)]や圧力[14)]などで解決する試みも報告されているが，さらなる検証が必要であろう．また，透明化手法ごとに染色性や抗原性が異なるため，自分が使用したい染色剤や抗体が利用できるかの検証に加え，通常の切片を用いた組織学的染色と同様に，染色条件の最適化も必要である．

　イメージングについては，ライトシート顕微鏡が組織透明化技術と組合わせにおいて非常にパワフルであり，より多くの施設で利用できる環境が求められる．また，解像度とデータサイズについてのトレードオフの問題もある．臓器全体あるいは全身について高解像度データを撮像すると，容易にTBからサブPBオーダーのデータ量となり，その後のデータのハンドリングが困難になってくるため，実験目的に合わせた適切な解像度を採用することが重要である．

　解析手法については，セルオミクスの実践例が非常に少ないこともあり，多くが発展途上である．しかしながら，大規模な画像データが容易に取得できる状況となっているため，画像解析研究者，インフォマティクス研究者の参入余地が大きいと考えている．解析に利用できる臓器ごとのアトラスの整備や，ラベルされた細胞あるいは構造体を抽出し定量する解析手法の整備が重要である．さらに，今後より大規模となっていくと想定されるデータへ適応するためのソフトウェア，ハードウェアの発展についても高いニーズがある．例えば，cFosの全脳免疫染色データを解析するパイプラインであるClearMap[7)]は，解析手法をパッケージ化してプラットフォームを提供した好例である．今後同様にさまざまなニーズに応じた解析パッケージの開発・提供が期待される．

しかしながら，DNA マイクロアレイをはじめとする分子階層のオミクス技術の発展の歴史を鑑みるに，筆者はこれらの将来展望について楽観的な視点をもっている．このような，対象臓器あるいは全身の全細胞が検出できる観察系を用いて，興味ある多細胞システムをバイアスなく抽出し解析するパイプラインは，今後の生命科学研究においてより重要性が増していくと期待される．

謝辞

本稿で紹介した CUBIC パイプラインの開発は，東京大学大学院医学系研究科システムズ薬理学教室および理化学研究所生命システム研究センター合成生物学研究グループにおいて，上田泰己氏（東京大学大学院医学系研究科教授 / 理化学研究所生命システム研究センターグループディレクター），田井中一貴氏（新潟大学脳研究所特任教授），Dimitri Perrin 氏（Lecturer, Science and Engineering Faculty, Queensland University of Technology, Australia），幸長弘子氏（理化学研究所生命システム研究センター基礎科学特別研究員），久保田晋平氏（東京大学大学院医学系研究科研究員），久野朗広氏（筑波大学医学医療系生命医科学域大学院生）および筆者らからなる研究開発チームにより行われた．

◆ 文献

1）Susaki EA, et al：Cell, 157：726–739, 2014
2）Tainaka K, et al：Cell, 159：911–924, 2014
3）Susaki EA, et al：Nat Protoc, 10：1709–1727, 2015
4）Tomer R, et al：Nat Protoc, 9：1682–1697, 2014
5）Tatsuki F, et al：Neuron, 90：70–85, 2016
6）Menegas W, et al：Elife, 4：e10032, 2015
7）Renier N, et al：Cell, 165：1789–1802, 2016
8）Eguchi M & Yamaguchi S：Neuroimage, 44：1274–1283, 2009
9）Chung K, et al：Nature, 497：332–337, 2013
10）Yang B, et al：Cell, 158：945–958, 2014
11）Ertürk A, et al：Nat Protoc, 7：1983–1995, 2012
12）Pan C, et al：Nat Methods, 13：859–867, 2016
13）Kim SY, et al：Proc Natl Acad Sci U S A, 112：E6274–E6283, 2015
14）Lee E, et al：Sci Rep, 6：18631, 2016
15）Susaki EA & Ueda HR：Cell Chem Biol, 23：137–157, 2016
16）Tainaka K, et al：Annu Rev Cell Dev Biol, 32：713–741, 2016

発展編

高度なシングルセル解析・データ解析

1 多階層シングルセルオミクス解析

吉田大和，谷口雄一

1つの細胞の中には，ゲノム（全DNA）やトランスクリプトーム（全mRNA），プロテオーム（全タンパク質）など，複数のオミクス階層が存在している．細胞の中にあるさまざまな要素を網羅的に調べることがオミクス研究の基本理念であると鑑みた場合，その究極的な目標の1つは，各々の階層の個別の理解を行うことではなく，すべての階層をまたいだ統合的なシステムを理解をすることにあると言っても過言ではない．本稿では，こうしたオミクス研究の「夢」である"オミクス階層のオミクス解析"の現状と将来について解説する．

はじめに

生命の構成単位である細胞では，膨大な種類の分子が互いに動的に相互作用して複雑な状態性を形成している．ヒトの場合，細胞内に含まれるタンパク質の種類の数は30,000種類以上，代謝物質の数は3,000種類以上，脂質の数は10万種類以上，糖鎖の数は数百種類以上と言われており，さらに約60億塩基対のヌクレオチドが並んだゲノムが内在している．近年，こうした膨大な数の要素から構成される細胞内のシステムを理解するために，さまざまな種類の生体分子を網羅的に同定・定量化するオミクス解析技術の開発が急速に進められている．今日では，シングルセルレベルでのゲノミクス・トランスクリプトミクス・プロテオミクスなどの解析技術も確立されてきており，今後はさらに基礎科学的な研究分野だけでなく，エンジニアリングや医学分野などの広範囲に及んだ発展が予想されている．

一般的なシングルセルオミクス研究では，ゲノム解析，トランスクリプトーム解析，プロテオーム解析といった形式で，オミクス階層のいずれかに注目し，そ

のなかにある各要素を網羅的に測定することで，それぞれの階層の性質を個別に理解する（図1）．しかし一方，複数のオミクス階層からなるシステムを同時・包括的に解析する手法や，それらを統合して理解するための概念・理論の構築は未だあまり進んでいない．オミクス解析でよく用いられる次世代シークエンサーや質量分析などの方法では，同一細胞内のゲノム・トランスクリプトーム・プロテオームなどを同時に捉えたり，階層間の動的な連関性を解析したりすることが技術的に困難であることが最大の原因となっていると考えられる．しかしながら，近年ではさまざまな種類の技術が誕生しており，これらをうまく組合わせられれば，近い将来に複数オミクス階層の連関性を明らかにし，1細胞内でのすべての遺伝子・mRNA・タンパク質の発現動態を解明することが可能になると考えられる．本稿では，オミクス研究の1つの将来展望として，シングルセル内の全オミクス階層を統合的に理解することをめざした【究極の】オミクス解析について議論したい．

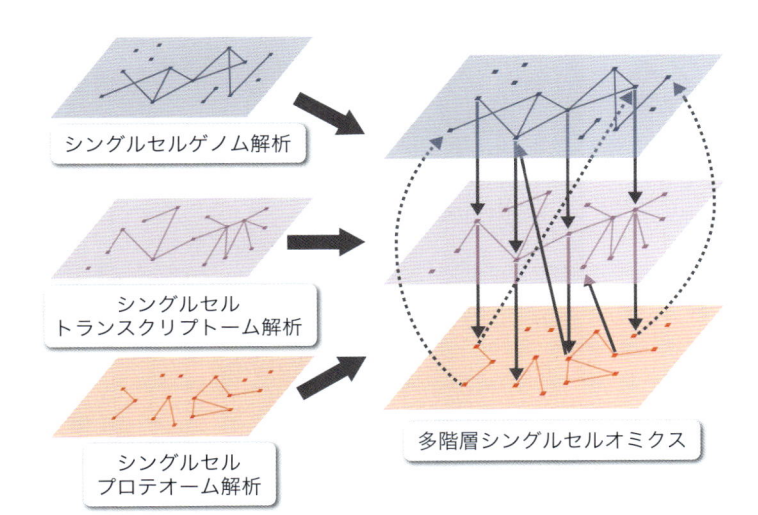

図1 **多階層シングルセルオミクス概要図**

シングルセルレベルでのゲノム・トランスクリプトーム・プロテオームなどのセントラルドグマを構成する各層ごとの網羅的な解析は試みられているが，それらを統合し，同時に実行するシングルセルオミクスは未だ実現されていない．多階層シングルセルオミクスを行うことによって，1細胞内におけるゲノムワイドでのセントラルドグマ反応（—→）を捉えることが可能になる他，セントラルドグマ以外の一見関連がない未知の因子ネットワーク（・・▶）を明らかにし，1細胞内で起きるすべての生体分子の動態を明らかにすることができると期待される．

図中ラベル：
- シングルセルゲノム解析
- シングルセルトランスクリプトーム解析
- シングルセルプロテオーム解析
- 多階層シングルセルオミクス

多階層シングルセルオミクス解析で何がわかるか？

では，1つの細胞内で複数のオミクス階層を測定した場合，どのようなことが見えてくることが予想されるだろうか？まずはわかりやすい例として，セントラルドグマ反応の主な構成要素であるゲノム・トランスクリプトーム・プロテオームに注目して考えてみたい．

細胞の中では，さまざまな遺伝子をコードしたゲノムDNAからmRNAが転写され，さらにそこからタンパク質へと翻訳されることによって，生命固有の遺伝情報の発現を行っている．一見シンプルな反応過程だが，1つの細胞だけに注目するとさまざまな特徴的な性質が現れる．まずあげるべき基本的な性質は，1つの細胞の中には数セット程度のゲノムDNAしかない（ヒトの場合は2セット，大腸菌の場合は1セット）ことで，このため，下流の遺伝子発現の量は，ゲノム上にRNAポリメラーゼが結合して転写が起こっているか否か，もしくはゲノム上に転写因子が結合しているか否か，などの状態の違いによって，劇的に変化する．結果，細胞ごとの遺伝子発現に伴う構成タンパク質や代謝物質の量は大きくばらつくことになり，各細胞間での生物学的な特性の差，すなわち"個性"が生じやすくなり，その特性は時間的にも大きく変動する[1]．

さらに，各遺伝子の発現は，自・他階層にあるさまざまな因子の影響を受けて複雑に変化する．転写制御因子やゲノム構造などの遺伝子特異的な因子だけでなく，RNAポリメラーゼやリボソームなどの全遺伝子に影響を及ぼす因子，さらにはヌクレオチドや各種酵素・代謝産物の濃度などの直接遺伝子発現過程に絡まない因子など，無数の因子が影響を与えると考えられる．

多階層シングルセルオミクス解析では，複数オミクス階層内にある各因子の量が1細胞内でどのように相関しているかを調べることができる．遺伝子発現プロセスの上流から下流の階層に至るすべての因子のつながりを調べることができるので，細胞内の因子間ネットワークを真に包括的に理解できるようになると期待できる．因子間のネットワークが見えてくれば，どの因子を制御したときに細胞がどのように変化するかを推測できるようになるかもしれない．もしそうなれば，例えばiPS細胞の作製効率を飛躍的に高めたり，新規薬剤の効果を正確に予測したりなどができるようになるかもしれない．つまり多階層シングルセルオミクス解析が実現すれば，細胞の複雑なふるまいを論理的に説明し制御する，という生物学の1つの「夢」の実現に一歩近づくと言える．

多階層シングルセルオミクス解析をいかにして実現するか？

それでは，多階層シングルセルオミクス解析を実現できそうな技術としては，どのようなものがあるのだろうか？ 以後にわれわれが考える2通りの方法（図2）について示したい．いずれも解析手法として優れている点とまだまだ不十分な点があり，また得られる情報が異なるため，理想的な情報を得るにはそれぞれの方法をうまく組合わせる必要があると考えられる．

1. 次世代シークエンサー・質量分析を用いる方法

近代のオミクス研究を牽引するきわめて重要な解析手法となっているのが，これまでの稿でも述べられてきた次世代シークエンサーと質量分析である．次世代シークエンサーでは主にゲノムとトランスクリプトームの解析が行われているが，リボソームプロファイリングなどの方法を用いることにより，より翻訳レベルに近い情報を得ることも可能になってきている[2]．一方で質量分析ではプロテオームだけでなく，生体内でのさまざまな代謝産物の網羅的な解析（メタボローム）も行われている．

両者の方法では基本的に細胞を破砕後，目的産物を選択的に抽出することにより解析が可能となっている．したがって，同一単一細胞の多オミクス階層の情報を得るためには，まずはじめに細胞内の分子をオミクス種別ごとに分離し，それから各々について解析を行うという流れになることが予想される．このため，将来的には数pL程度の1細胞抽出液からDNA・mRNA・タンパク質を正確に分離するための超遠心密度勾配分離法や，ピコフロー液体クロマトグラフィー（ピコLC）などの開発が必要になると考えられる．

しかしながら，両解析法はシングルセルに解析を適用した場合の感度が1つの大きな問題となる．シングルセルゲノム解析[3]・シングルセルトランスクリプトーム解析[4]に関してはシングルセルの方法が報告されているが，他の解析については筆者の知る限りでは報告

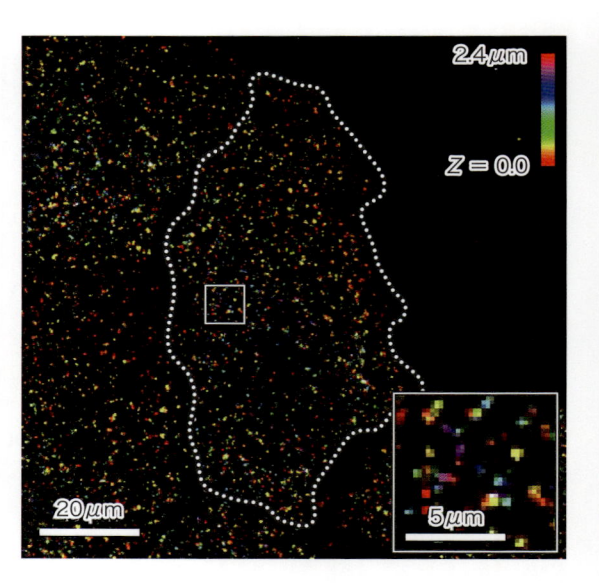

図2　従来法による1分子RNA FISHイメージング像
ヒト培養細胞（U2OS細胞）を用いて*GAPDH*遺伝子由来mRNA分子に対する1分子mRNA FISH法を行い，三次元観察を行った．輝点1つがmRNA1分子を示す．カラースケールは深度を示す．

されていない．またトランスクリプトーム解析においては，シングルセル内のmRNAを捉えることは可能となっているが，高コピー数のmRNAに限定されており，低コピー数のmRNAを検出したり，細胞ごとの微細なばらつきを定量化したりといったことにはまだ向いていない．しかし今後の技術開発により，感度と精度の問題が解決されれば，多階層シングルセルオミクス解析の実現に大きく近づくと考えられる．

2. 蛍光イメージングを用いる方法

一方で新たなオミクス解析手法として大きく注目を集めているのが，蛍光イメージングを用いる方法である．トランスクリプトームの解析法としては，多色型の1分子*in situ*蛍光ハイブリダイゼーション（FISH）を用いる方法が報告されている[5]．このFISH法とはmRNAのイメージング法の1つで，蛍光色素を結合させたオリゴヌクレオチドを化学固定した細胞内のmRNAにハイブリダイゼーションさせることで，細胞

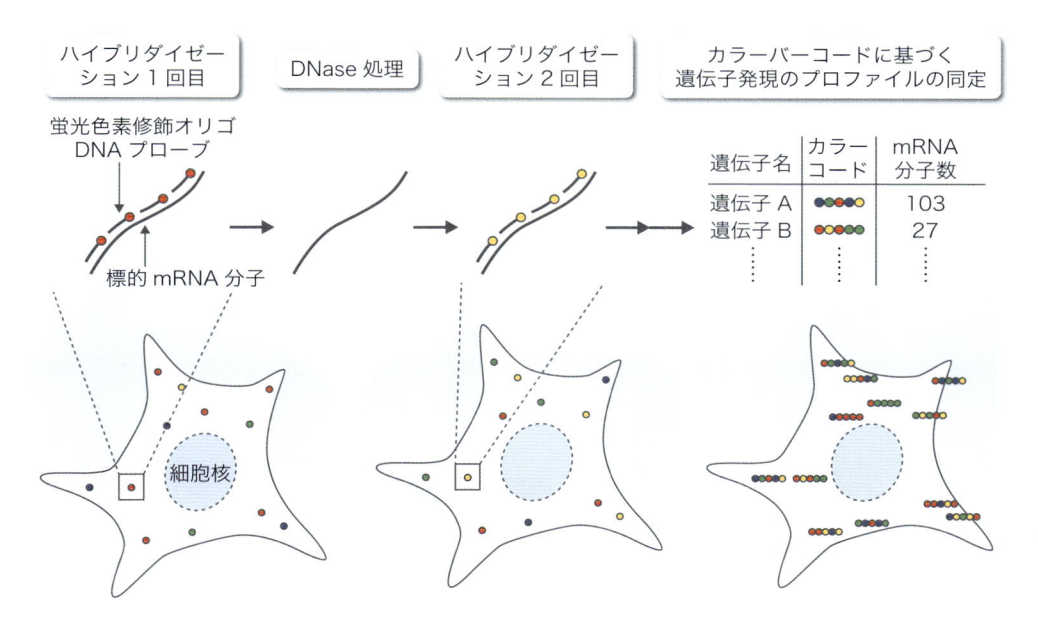

| | ハイブリダイゼーション1回目 | DNase 処理 | ハイブリダイゼーション2回目 | カラーバーコードに基づく遺伝子発現のプロファイルの同定 |

遺伝子名	カラーコード	mRNA分子数
遺伝子 A	🔵🟢🔵🟢	103
遺伝子 B	🔴🟢🔴🟢	27
⋮	⋮	⋮

図3 連続1分子RNA FISH（seqFISH）によるシングルセルトランスクリプトーム

複数種類の蛍光色素を用いた seqFISH 法[5)6)] の概要図を示す．各 mRNA ごとに特異的な相補配列をもつ蛍光標識オリゴ DNA プローブを作製し，ハイブリダイゼーション後，1分子顕微鏡によって観察を行う．DNA 分解酵素によってプローブを除去し，さらに別種類の蛍光色素によって標識されたオリゴ DNA プローブによって2度目のハイブリダイゼーションを行い，同様に観察を行う．この操作を複数回くり返すことによって，蛍光色の組合わせから構成されるカラーバーコードが得られ，細胞内に存在する mRNA の種類と分子数がわかる．

内の mRNA 量を定量化することができる．従来の FISH 法では主に1種類の mRNA に対して可視化が行われていたが（図2），最近では各 mRNA に対して複数の色の組合わせで蛍光ラベル化を行うこと（seqFISH 法）によって，100種類以上の mRNA の識別が行えるようになってきた（図3）[6)]．本法では，次世代シークエンサーとは異なり新規の mRNA 配列の発見を行うことはできないが，測定原理がシンプルであるため感度が高く，低コピー数の mRNA の検出を行うことができる．また，解析にかかる時間の短さやコストの安さ，測定の際に1細胞を分離する必要がなく簡便であることからも，従来法に比べて一日の長がある．

一方，プロテオームの解析法としては，蛍光タンパク質融合細胞株コレクションを用いる方法が報告されている[7)]．この方法では，あらかじめ GFP などの蛍光タンパク質をゲノム内の各遺伝子のコード領域に挿入した細胞株のコレクションを構築しておく．この操作を行うと，各遺伝子がタンパク質を発現した際に蛍光タンパク質を発生するようになるため，細胞株コレクションに対して網羅的に蛍光顕微鏡によるイメージングを行っていくことにより，各タンパク質の発現量の解析を行うことが可能となる．この方法は他の方法とは異なり，事前の遺伝子操作が必要であり，また，それぞれ別の細胞で各タンパク質発現量の解析を行うことになるが，1分子レベルでの高感度での測定が可能となる．さらには，細胞が生きたままの状態で測定できるというのもアドバンテージであり，一定時間ごとに測定を行うことによって，発現量ダイナミクスを解析することも可能となっている．前述の FISH 法を組合わせることによって，トランスクリプトームとプロテオーム，2つの階層のシングルセルオミクス情報が取得可能となる．

多階層シングルセルオミクス解析の実施例

われわれはこれまでの研究で，蛍光イメージングを用いたシングルセルのオミクス解析手法の開発を行ってきた．そして最近では，世界に先駆けてシングルセルのトランスクリプトームとプロテオーム情報を1分子レベルで定量化することに成功した（図4）[7] [8]．本セクションでは多階層シングルセルオミクス研究の1例として，当研究内容の簡単な紹介をしたい．

われわれは，前述したFISH法と細胞株コレクションを用いる方法を組合わせて用いることにより，1細胞プロテオーム・トランスクリプトームの定量化を行った．1分子レベルでタンパク質の発現量を捉えるため，蛍光タンパク質Venusをタグとして各遺伝子に付加した細胞株のコレクションを構築した．VenusはGFPと異なり蛍光を発するまでの成熟時間が数分程度と短いため，各単位時間においてより正確に細胞内での目的

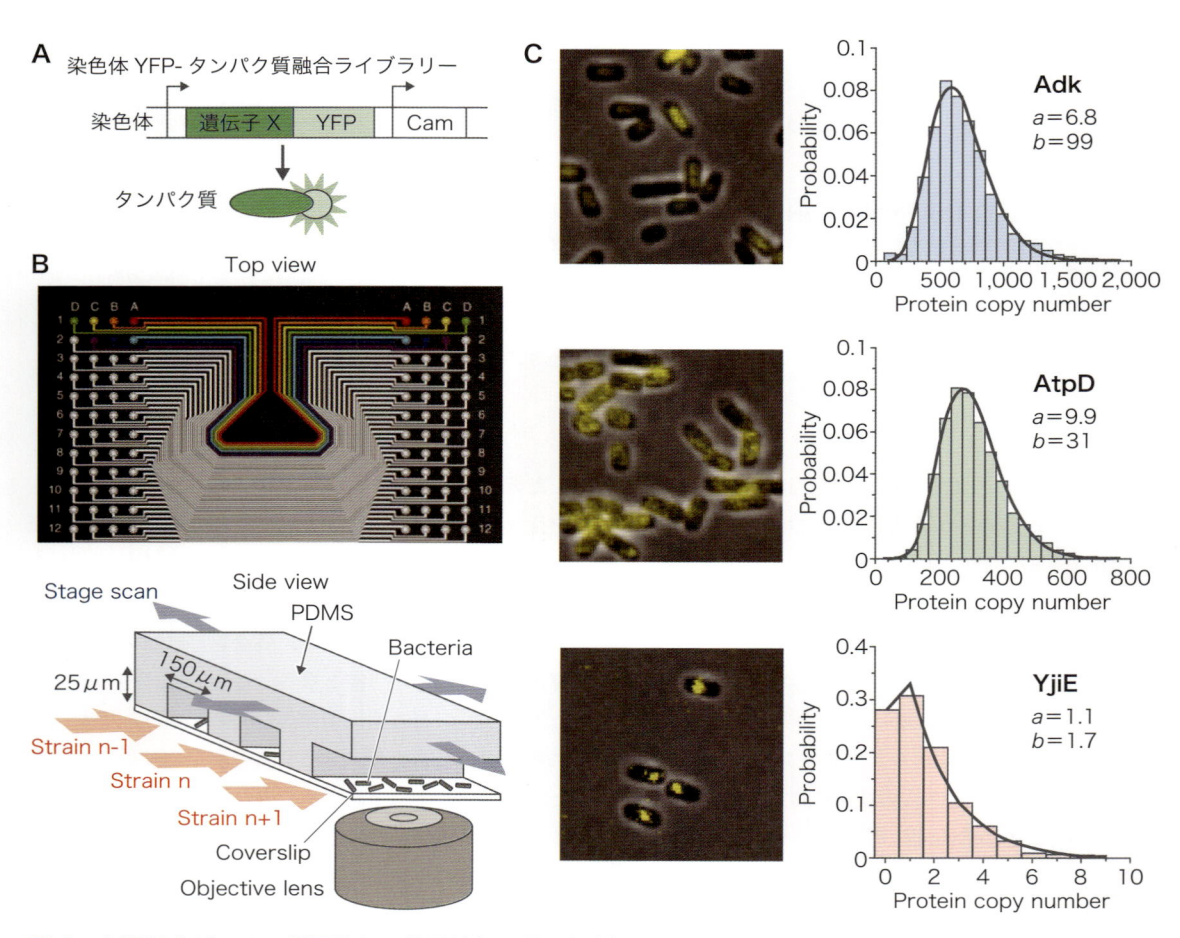

図4　大腸菌全ゲノムの網羅的な1分子遺伝子発現解析
A) 蛍光タンパク質融合ライブラリー．それぞれの遺伝子のC末端にVenus遺伝子が挿入されており，蛍光タンパク質タグが付加された目的タンパク質が発現する．**B)** ゲノムワイドな大規模解析を可能にするマイクロ流体デバイス．96通りの流路が高密度に配列されており，それぞれに異なるライブラリー株を流し，1分子顕微鏡上で観察することによってシステムワイドな解析が可能となった．**C)** 得られる1分子観察像と1細胞内タンパク質数分布の例（Adk. AtPD. YjiE遺伝子．A〜Cは文献7より転載）．

タンパク質の分子数を求めることが可能になった[9]．さらにわれわれは，各タンパク質を発現している際のmRNA量を求めるために，mRNA内のVenusコード領域に蛍光プローブをハイブリダイゼーションすることでFISH計測を行った．こうすることで，1種類の蛍光オリゴヌクレオチドを用いて全種類のmRNAの測定を行うことが可能になる．

本法を用いてモデル生物である大腸菌を計測したところ，いくつかのおもしろい現象が見えてきた．例えば，それぞれの遺伝子について各細胞に含まれるタンパク質の個数の分布を求めたところ，ほぼすべての遺伝子の分布が一定の関数（ガンマ分布）で記述できることがわかってきた（**プロトコール編-4**）．つまりこの結果は，シングルセルの遺伝子発現の不均一さがプロテオーム共通の法則性に従って生み出されていることを表している．一方で，1細胞内においてランダムに選択した2つの遺伝子の発現量を調べたところ，ほぼすべての遺伝子の組合わせにおいて，2つの遺伝子の発現量が正に相関していることもわかってきた．これは，シングルセルの遺伝子発現の不均一さが，全遺伝子に影響を及ぼすRNAポリメラーゼなどのグローバルな因子によって生み出されることをあらわしている．

一方で，今度は1細胞内での各遺伝子に由来するmRNA量と，さらにその翻訳産物であるタンパク質量との相関性をさまざまな遺伝子に関して解析したところ，おもしろいことに，両者の間には相関性がないことがわかってきた．遺伝子発現の上流と下流の関係にあたるmRNAとタンパク質の量の間に相関性がないことは一見奇妙に思える．しかし，大腸菌では細胞内におけるmRNAの分解時間は数分レベルであるのに対し，タンパク質の分解時間は数日から数週間のオーダーであることを考えると，この結果は道理にかなっていると言える．つまり，細胞内のmRNAの量は最近数分間に確率的に起こった現象のみを反映するのに対し，

タンパク質の量は細胞周期オーダーの長い時間に足しあわされた現象を反映するため，両者の間には大きなずれが生じると考えられる．この結果は，1細胞トランスクリプトーム解析のデータの解釈には注意が必要であり，同時に1細胞プロテオーム解析の重要性を示唆していると言える．

おわりに

蝶のはばたきが稀に大きな嵐を引き起こす引き金となるように，非常にわずかな状態の違いが全体のシステムのふるまいに大きな影響を及ぼす現象を指す言葉として，"バタフライ効果"という言葉が知られている．無数の因子からなる細胞システムでは，こうした現象が頻繁に起こっていると考えられ，その因果関係を理解することは非常に大きなチャレンジと言えるかもしれない．多階層シングルセルオミクス解析は，全因子の網羅的解析を通じて，この問題に対して真っ向から挑戦するものと言える．きわめて挑戦的な目標だが，細胞の複雑な振る舞い・応答性を根本から理解するうえでは必要なステップであり，この方向性の研究が進むことでがん・分化などの現在の生命科学では説明することが難しい生命現象のしくみについて，1つの答えを与えることができると筆者は期待している．

◆ 文献
1）Symmons O & Raj A：Mol Cell, 62：788–802, 2016
2）Ingolia NT：Nat Rev Genet, 15：205–213, 2014
3）Zong C, et al：Science, 338：1622–1626, 2012
4）Tang F, et al：Nat Methods, 6：377–382, 2009
5）Lubeck E, et al：Nat Methods, 11：360–361, 2014
6）Shah S, et al：Neuron, 92：342–357, 2016
7）Taniguchi Y, et al：Science, 329：533–538, 2010
8）Ohno M, et al：Molecules, 19：13932–13947, 2014
9）Yu J, et al：Science, 311：1600–1603, 2006

2 シングルセルにおける ncRNA 解析

Chung-Chau Hon, 伊藤恵美, 吉原正仁, Piero Carninci

ヒトゲノムの約80％が転写されるが, その97％以上はタンパク質をコードしないノンコーディング RNA (ncRNA) である[1]. ncRNA にはさまざまな種類があるが, ここでは遺伝子発現制御に関与していると考えられる ncRNA, すなわち regulatory ncRNA に焦点を当てる. 高解像度能をもつシングルセル解析は, 多数の遺伝子発現データポイントを提供する. 細胞一つひとつから生じる多様な ncRNA 発現プロファイルは, ncRNA の機能を解明する手がかりになる.

はじめに

近年のマイクロ流体技術とシークエンシング技術の発展によって, シングルセル RNA シークエンシング (scRNA-Seq) 技術を用いた RNA の1細胞定量解析が可能となった. scRNA-Seq により, 細胞集団内における多様性の定量評価や, 細胞の遷移過程を高解像度に把握することができるようになり, ゲノミクスおよび生物学に画期的な進歩がもたらされた. しかし ncRNA は, タンパク質コーディング RNA と異なる性質をもち, 現在のプロトコールでは検出しきれないことが多い. 本稿ではシングルセルでの ncRNA 解析手法と研究例を中心に解説する.

Regulatory ncRNA の多様性

1. Long non-coding RNAs (lncRNAs)

lncRNA は操作便宜上 200 nt 以上の ncRNA と定義されるが, 異なる生合成経路や分子機能を示す ncRNA

が混在し[2], 後に述べる eRNA や circRNA も lncRNA に分類される. 現在, ヒトゲノム上の lncRNA 遺伝子座の数には議論の余地があるが, 数千から数万に及ぶと考えられる[3]. XIST (X inactive specific transcript) や HOTAIR (HOX transcript antisense RNA) のように, 機能が明確な lncRNA もあるが, ほとんどの lncRNA の機能はわかっていない. 多くの lncRNA は細胞種特異的に発現するため, 1細胞におけるさまざまな lncRNA の発現変動, 特に分化過程における変動の解析は, lncRNA の機能を解明する手がかりとなる.

2. Enhancer RNA (eRNA)

エンハンサー[※1]は転写され, eRNA とよばれる lncRNA を生成する. eRNA は比較的短く (平均250 nt), スプライシングされることは少ない. 多くがポリアデニル化されておらず, 発現量は少ない (図1)[4]. eRNA の機能的重要性はほとんどわかっていないが,

---

※1 エンハンサー
ゲノム上の離れた位置から遺伝子の発現を制御する領域である. エンハンサーによる制御機構の正確な分子メカニズムは不明であるが, 染色体の三次元構造の維持に関連している可能性が高い.

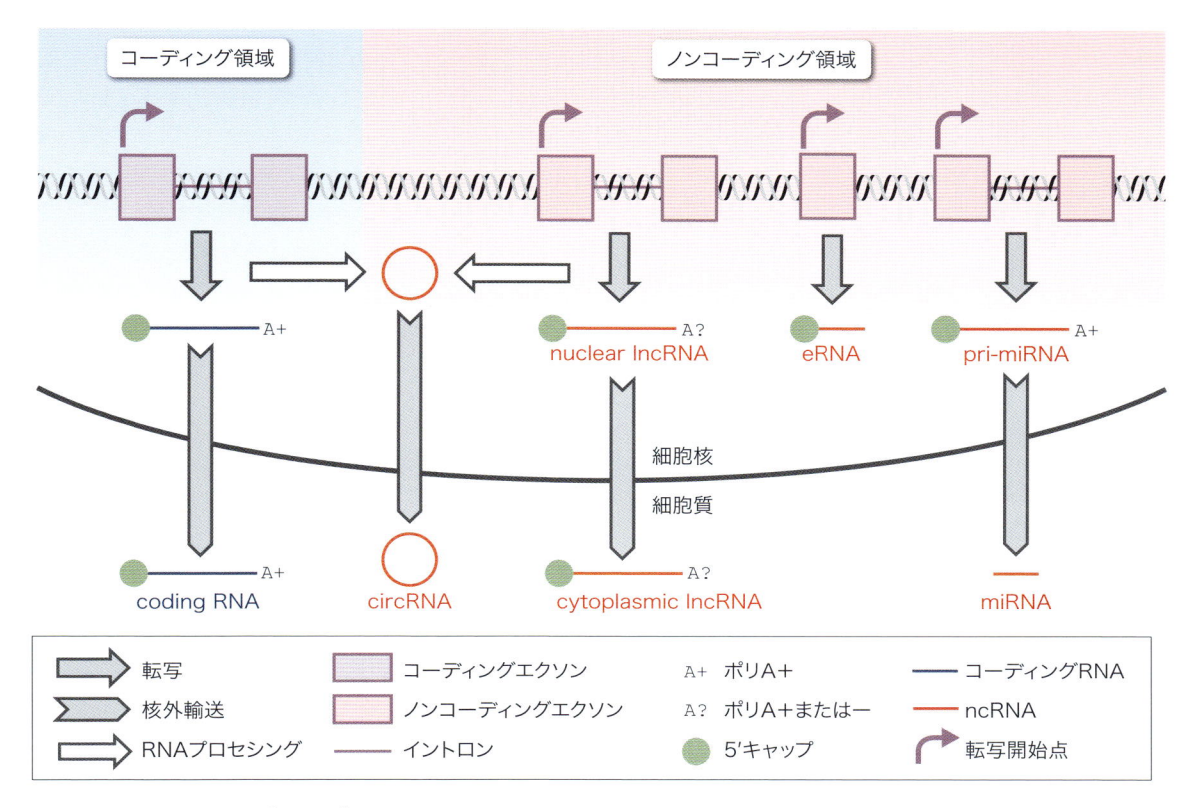

図1　ncRNAとコーディングRNA

コーディングRNAは5′末端にキャッピング，3′末端にポリアデニル化され，多くは翻訳のために細胞質に輸送される．ncRNAにはさまざまな種類のRNAがあり，多様な特性をもつ．

eRNAの発現がエンハンサーの活性を示すことが示唆されている．また，eRNAの発現は，その標的遺伝子の発現と高度に相関する．シングルセル解析では多数のデータポイントを収集するため，eRNAの発現プロファイルは，エンハンサー活性とその標的遺伝子のダイナミズムを理解する手がかりとなる．

3. MicroRNAs（miRNAs）

miRNAは，17〜24ntのsmall ncRNAで，転写の安定性や翻訳（サイレンシングなど）において遺伝子発現を調節する．ほとんどがコーディングRNAを標的とし，重要な生理学的プロセスに幅広く関与している[5]．miRNAは，primary miRNA（pri-miRNA，lncRNAの一種）とよばれる，細胞核に存在する数百

ntのポリアデニル化されたRNAから切断されて生成される（図1）．バルクサンプルでは，miRNA，pri-miRNAおよびそれらの標的転写産物の発現量は平均化されてしまうため解析が困難である．これらの発現量を1細胞ごとに解析することで，miRNAサイレンシングの作用機序について，より正確な知見を得ることができる．

4. Circular RNAs（circRNAs）

CircRNAは，5′と3′末端が共有結合した，lncRNAの一種である．コーディングRNAとncRNAのエキソン領域のスプライシング過程において生成される（図1）．CircRNAは，近年，発生・加齢過程においてその生成が厳密に制御されていることが明らかとなった

が[6]，それまではスプライシングの過程で生じるノイズであると考えられていた．ヒトゲノムでは，数千の遺伝子からcircRNAが生成されることが明らかになっている．しかし，circRNAは遍在的に発現するにもかかわらず，その機能はほとんどわかっていない．発生過程におけるcircRNAとその宿主遺伝子の線状RNAの発現変動を，シングルセル解析によってプロファイリングすることにより，circRNAの機能性を明らかにすることができるだろう．

ncRNAとコーディングRNAの違い

1. 発現量

現在のscRNA–seqプロトコールのRNA検出効率は，平均して約30％と推定される．コーディングRNAよりもはるかに発現量が低いncRNAは，シングルセル解析では比較的検出されにくい．バルクサンプル解析において，発現しているコーディングRNAの約75％が1細胞あたり1コピーを超えるが，lncRNAでは約20％と推定されている[7]．この，lncRNAのコピー数の低さは，不安定で急速に分解されてしまう一部のlncRNA（特にeRNA）が原因の1つかもしれない．しかしlncRNAが限られた細胞集団のみで発現していることが原因の場合，scRNA–seq技術を応用することでより正確な結果を得ることができる．対照的に，CircRNAはフリーハンギング末端がないために分解されにくく安定しており，比較的発現量は高くなる．

2. 細胞内局在

ほとんどのコーディングRNAは翻訳が行われる細胞質に輸送されるが，lncRNAはその機能メカニズムによって，核内および細胞質の両方に存在する（図1）．例えば，UCHL1タンパク質の合成を調節するSINEUPとよばれるlncRNAは，細胞質に輸送される[8]．一方，X染色体の1本を不活性化するlncRNAであるXISTは，核内にのみ存在する．染色体構造を維持する役割を果

たすと仮定されているeRNAも多くは核内に存在する．対照的に，現在機能がわかっていないcircRNAは，宿主遺伝子をコードするRNAと同様に，主に細胞質に輸送される．pri-miRNAからのmiRNAの切断は核内で効率的に起こるので，pri-miRNAは主に核内に，および成熟miRNAは主に細胞質に見られる．したがって，コピー数の少ないeRNAやpri-miRNAをシングルセル解析で検出する確率を高めるためには，細胞質に多量に存在するコーディングRNAをとり除くため，核のみを単離する必要がある．

3. キャッピングとポリアデニル化[※2]

コーディングRNAはキャッピングされ，ポリアデニル化される．また，ほとんどのlncRNAはキャッピングされているが，miRNAはキャッピングされていない（図1）．pri-miRNAなどよく特徴付けられたlncRNAの多くはポリアデニル化されているが，いくつか例外もある．例えば，MALAT1およびNEAT1とよばれるlncRNAの3′末端は，ポリアデニル化ではなく，RNase P（tRNAの5′末端もプロセシングする）によってプロセシングされる[9]．またeRNAのほとんどはポリアデニル化されておらず，その3′末端はインテグレーター複合体によって切断される．CircRNAは円形で5′および3′末端がないため，ポリアデニル化もキャッピングもされていない．ほとんどのscRNA–seqプロトコールは，ポリAテールを標的とするポリTオリゴを用いて逆転写反応を行うので，circRNAやeRNAを含む非ポリアデニル化lncRNAは検出できない．

※2 キャッピング

RNAの5′末端にメチル化グアノシンが三リン酸結合を介して付加されること．ポリアデニル化とは，RNAの3′末端に複数のアデノシン（ポリAテール）を付加すること．これらはRNA分子を分解から保護する役目をしている．

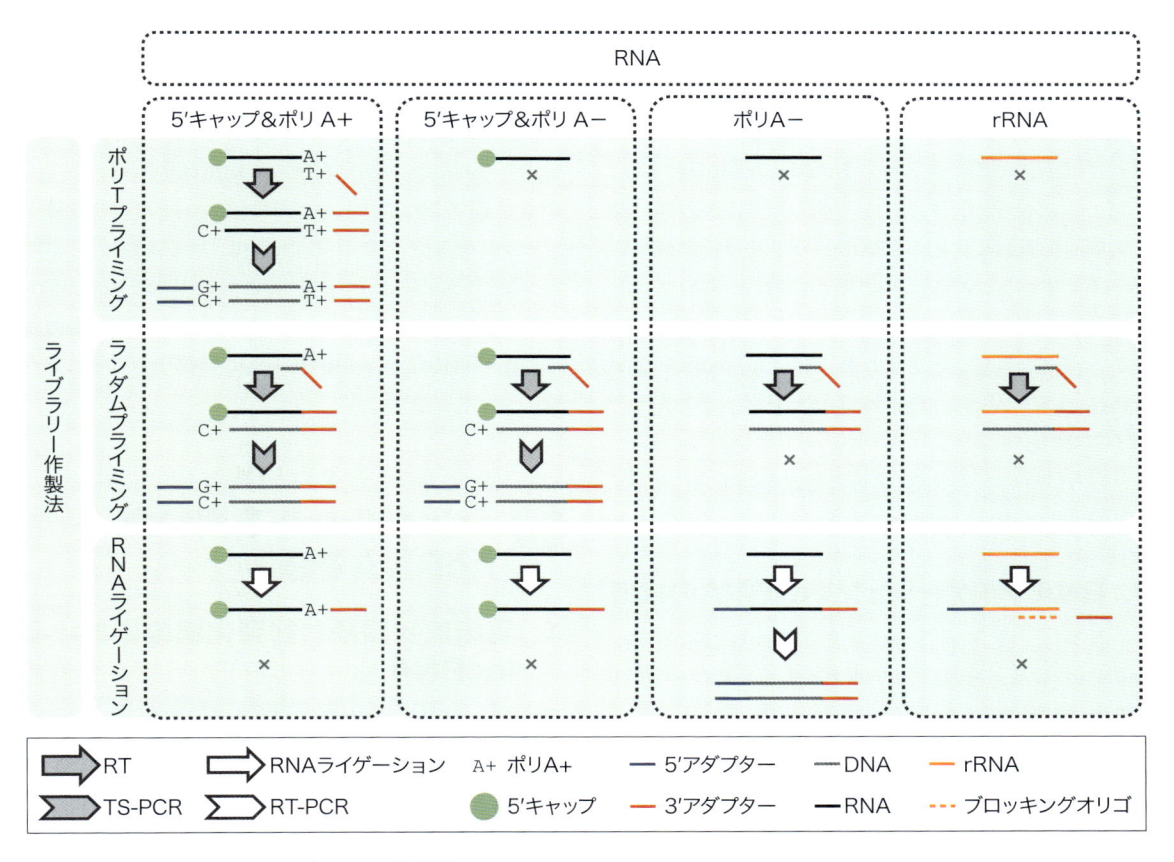

凡例:
- ➡ RT
- ⇨ RNAライゲーション
- A+ ポリA+
- — 5′アダプター
- — DNA
- — rRNA
- ⧁ TS-PCR
- ⬭ RT-PCR
- ● 5′キャップ
- — 3′アダプター
- — RNA
- --- ブロッキングオリゴ

図2 scRNA-Seqのライブラリー作製法

ポリTプライミング法は，ポリアデニル化RNAのみを検出．ランダムプライミング法では，template-switching PCRを用いてキャッピングされたRNAを選択的に検出．RNAライゲーション法では，不要なrRNAを除去するためにブロッキングオリゴを添加．RT：reverse transcription，TS-PCR：template-switching PCR，RT-PCR：reverse transcription PCR.

シングルセル解析における ncRNA の検出

1. ポリTプライミング：現在のプロトコールの限界

　1細胞からRNAを検出するには，RNA逆転写反応を行う．細胞内RNAの90％を占めるrRNAとtRNAはポリアデニル化されていないため，ポリAテールに結合するポリTプライマーを使い，ポリアデニル化されたRNAを選択的に逆転写することで，解析対象外のrRNAとtRNAの排除と，解析対象のコーディングRNA

とlncRNAの検出を一度にできる（図2）．しかし，microRNA，eRNAおよびcircRNAのように，ポリアデニル化されていないRNAは解析から漏れてしまう．

2. ランダムプライミング：非ポリアデニル化lncRNAの検出

　ポリTプライマーの代わりにランダムプライマーを使用すれば，非ポリアデニル化RNAを捕捉できるが，対象外のrRNAやtRNAも逆転写してしまう．これを防ぐために，キャッピングされていないRNAを選択的に分解する5′-monophosphate-dependent exonuclease を用いれば，rRNAとtRNAを分解して除去で

きる．しかしこの exonuclease 処理は，サンプルの予期せぬ分解を招く恐れもある．最近，exonuclease 処理を施さずに scRNA-seq にランダムプライミングを適用し，rRNA の混在を2％未満に抑えた例が報告された[10]．正確な理由は不明だが，彼らは rRNA の強力な二次構造が逆転写反応の効率を低下させたのではないかと考えている．彼らは circRNA を例に，このプロトコールによって非ポリアデニル化 RNA が効率的に1細胞から検出できることを示した．他にも，キャッピングされていない RNA を分解する代わりに，ランダムプライミングとテンプレートスイッチングを組み合わせ，キャッピングされた RNA を選択的に検出することで，rRNA および tRNA を排除する手法もある（図2）[11]．

3. RNAライゲーション：miRNAの検出

ポリTプライミングやランダムプライミングは，miRNA のように短く，ポリAテールをもたない RNA の検出に適さない．miRNA のバルク解析では，ゲル電気泳動で15～25 nt の RNA を抽出し，抽出された RNA の両端に DNA アダプターを連結する．これにより，miRNA の濃度を高め，rRNA を除去することができる．しかし，シングルセル解析ではサンプルの量が限られていることと，自動化が進んでいることから，このサイズ選択法は現実的ではない．最近，rRNA に特異的に結合するオリゴヌクレオチドを用いて（図2），rRNA への DNA アダプターの連結を妨ぐことで，rRNA の混在を改善する手法が報告された[12]．このプロトコールでは，キャッピングされていない全 RNA をサイズにかかわりなく検出するため，miRNA はコンピュータを使って同定される．

4. single-nucleus RNA シークエンシング：核内のlncRNAの濃度凝縮（エンリッチメント）

eRNA や pri-miRNA など，いくつかの lncRNA は主に核内に局在している．また最近の報告では，lncRNA の約60％がクロマチンに作用すると推定されている[13]．これらの核内に存在する lncRNA は，通常発現量が低

く，1細胞全体の scRNA-seq では効率的に検出されない可能性がある．しかし，核のみから RNA を単離すれば，細胞質に存在するコーディング RNA を除外でき，核内の lncRNA の比率を高め，検出確率も高めることができる．このように，1細胞核から RNA を単離しシークエンシングする single-nucleus RNA シークエンシング（snRNA-seq）技術が開発されている．pri-miRNA を含む多くの核内 lncRNA は，scRNA-seq では検出不可能だが，snRNA-seq では検出できることが報告されている[14]．

シングルセルを用いた ncRNA 研究

1. 着床前初期胚と初期化細胞における lncRNA

着床前初期胚はきわめて少数の細胞から構成されるが，近年の scRNA-seq 技術の進歩により，トランスクリプトーム解析が可能になった．近年，ポリTプライミング法を用いて，ヒトの接合体，2細胞期，4細胞期，8細胞期の初期胚から単離したシングルセルにおける lncRNA の発現解析が行われた[15]．この論文の著者らは，多くの lncRNA が同一胚の細胞間でさまざまに発現しているが，同じ発生段階にある異なる胚間で一貫して発現していることを発見した．これは，ヒト胚における lncRNA の発現が制御され機能性をもつことを示唆している．また，多くの lncRNA が発生段階に特異的な発現パターンを明確に示し，初期胚発生に関与している可能性を示した．初期化細胞は非常に不均一な細胞集団であるが，高解像能を有する scRNA-seq 技術は，この発現解析にも適している．最近では，マウス線維芽細胞が iPS 細胞へ初期化する過程で，lncRNA の動的変化を scRNA-seq で解析し，初期化段階において初期化に関連した機能をもつ lncRNA が活性化することが示されている[16]．

2. 脳細胞における lncRNA

ヒトの脳は，多くの種類の細胞からなる，非常に複雑な組織である．さまざまなlncRNAが脳組織において特異的に発現することがわかっているが，脳内のどの細胞でどのlncRNAが特異的に発現するかはほとんどわかっておらず，scRNA-seq技術が必要とされる．最近の報告では，新皮質の発生過程における特定の細胞種のlncRNA発現を経時的に解析するため，バルクRNA-seqとscRNA-seqの両方を使用している[17]．この結果は，バルクRNA-seqで検出されたlncRNAの発現量が低いことと対照的に，ヒト新皮質中の個々の細胞では，lncRNAはコーディングRNAと同等レベルの発現量を示し，バルクRNA-seqが全細胞にわたる平均値を表しているにすぎないことを示唆した．

3. 筋芽細胞核における lncRNA

現在のシングルセルマイクロ流体技術は，骨格筋の筋芽細胞のように大きな多核細胞の検出には適していない．しかし，分化前後における筋芽細胞核のsnRNA-seqを行うことにより，lncRNA，特にpri-miRNAが高く発現し，骨格筋の発生に関与するpri-miRNAが筋芽細胞の分化過程で発現変動していることを確認した[14]．この結果は，核内lncRNAの解析にsnRNA-seqが有用であることを示している．

4. 着床前初期胚における circRNA

circRNAは比較的安定で発現量も高いが，ポリAテールがないため，ポリTプライミングを行うscRNA-seqでは検出できない．しかし最近の報告で，非ポリアデニル化RNAを検出するためにランダムプライミングを使用し，マウス着床前初期胚で1細胞からのcircRNAの検出が可能であることが示された．この論文の著者らの報告では，検出されたcircRNAのほとんどは着床前段階に特有であり，その大部分がこの発生過程で発現変動していた．さらに，circRNAと宿主遺伝子の線状RNA総数の比較により，対応する宿主遺伝子からの転写産物の約10％をcircRNAが占めると推定された．彼らはさらに，多くのcircRNAを生成する遺伝子は，線状RNAの発現量も高いことを発見した．

5. ES細胞における miRNA

1細胞におけるmiRNA解析は，前述のrRNAマスキングを用いたRNAライゲーションにより，実現可能となった．これにより，プライム型およびナイーブ型のヒトES細胞におけるmiRNA発現の不均一性の解析が行われた[12]．1細胞あたり平均3,800個のmiRNAが検出され，多くのmiRNAの発現が個々のプライム型細胞間で変動し，少数のプライム型細胞で高発現したが，ナイーブ型細胞では変動は認められなかった．これは，細胞間におけるmiRNA発現の不均一性を示した最初の例である．また彼らは，miRNAプロファイルのみで，クラスタリング解析による細胞の種類別分離が可能であることを示した．

おわりに

多くのlncRNAは細胞種特異的に発現する．細胞の集団解析はlncRNAが示す貴重な現象を覆い隠してしまう．例えばeRNAと標的遺伝子の発現相関性はその一例だが，scRNA-seqの測定データポイント数（数百〜数千）は，相関の評価に十分である．ncRNAのシングルセル解析（図3）ははじまったばかりだが，今後RNAの検出効率化などの技術革新が進むことで可能性が広がり，複雑な生物システムにおけるncRNAの機能性研究にかつてない機会を与えてくれるであろう．

◆ 文献

1）Carninci P, et al：Science, 309：1559-1563, 2005
2）Quinn JJ & Chang HY：Nat Rev Genet, 17：47-62, 2016
3）Hon CC, et al：Nature, 543：199-204, 2017
4）Li W, et al：Cell Cycle, 13：3151-3152, 2014
5）Ha M & Kim VN：Nat Rev Mol Cell Biol, 15：509-524, 2014
6）Salzman J：Trends Genet, 32：309-316, 2016
7）Djebali S, et al：Nature, 489：101-108, 2012
8）Carrieri C, et al：Nature, 491：454-457, 2012
9）Yang L, et al：Genome Biol, 12：R16, 2011

	ライブラリー作製			細胞分画	
	ポリTプラ イミング	ランダムプ ライミング	RNAライ ゲーション	Single Cell	Single Nuclei
Coding RNA ●———A+	✓	✓	?	✓	✓
Nuclear lncRNA ●———A?	?	✓	?	?	✓
Cytoplasmic lncRNA ●———A?	?	✓	?	✓	✓
eRNA ●—	×	✓	?	?	✓
pri-miRNA ●———A+	✓	✓	?	?	✓
miRNA —	×	×	✓	✓	×
circRNA ○	×	✓	?	✓	✓

図3 RNAの種類とシングルセル解析プロトコール

✓：効率的, ×：非効率的, ？：効率性不明

10) Fan X, et al：Genome Biol, 16：148, 2015

11) Plessy C, et al：Nat Methods, 7：528–534, 2010

12) Faridani OR, et al：Nat Biotechnol, 34：1264–1266, 2016

13) Werner MS & Ruthenburg AJ：Cell Rep, 12：1089– 1098, 2015

14) Zeng W, et al：Nucleic Acids Res, 44：e158, 2016

15) Yan L, et al：Nat Struct Mol Biol, 20：1131–1139, 2013

16) Kim DH, et al：Cell Stem Cell, 16：88–101, 2015

17) Liu SJ, et al：Genome Biol, 17：67, 2016

細胞の分化系譜：CellTree

津田宏治，David A. duVerle

1細胞RNA-seq解析においては，非常に多数の細胞に関する発現プロファイルを手に入れることができる．単一のサンプルから得た細胞群であっても，各細胞の分化の度合いは異なっているため，発現プロファイルの変化を適切に解析することで，各分化過程における遺伝子の関与を明らかにできる可能性がある．われわれが最近開発したRパッケージCellTreeは，多数の細胞を木構造の形に適切に並べて可視化することによって，隠された細胞の分化系譜を明らかにすることができる．

はじめに

近年の1細胞RNA-seqにおける技術進歩により，サンプルに含まれる多数の細胞それぞれについて，各遺伝子の発現量が正確に観測できるようになった[1]．この技術によって，細胞の非一様性が明らかになり，発生・分化・がんの形成などに関する新たな知見を得ることができるようになった[2]～[4]．これまでのバルクに基づく発現量解析では，多数の細胞からなるサンプルの平均値を観測していたが，このような方法では，細胞種が複数存在していても，それらの存在を検知することができない．1細胞RNA-seqを適切に統計処理することができれば，細胞群のなかに，類似した細胞からなるクラスタを発見し，あるいは，分化や発生の流れを可視化することも可能である．バルクRNA-seqに比較すると，1細胞RNA-seqのデータ量は数百倍から数千倍に達し，また，統計解析の目的も多様であること

から，新たな機械学習アルゴリズムの必要性は明らかである．

われわれが最近開発したRパッケージCellTree[5]は，多数の細胞を木構造[※1]の形に適切に並べて可視化することによって，隠された細胞の分化系譜を明らかにすることができる．また，トピックモデル[※2][6]という機械学習アルゴリズムを用いることによって，各分化段階において，どのような遺伝子集合が発現しているかを明らかにすることができる．本稿では，CellTreeの実際の使用例を紹介するとともに，背後にあるアルゴリズムについても解説する．

CellTreeによる解析例

CellTreeは，1細胞RNA-seqデータを入力とし，各細胞をノードとした木構造を出力する（図1）．基本的

※1 **木構造**

根ノードから，順に枝分かれして，木のような形になったネットワークのこと．グラフ理論においては，連結で，閉路をもたないグラフとして定義される．

※2 **トピックモデル**

機械学習の一手法で，多次元のベクトルが与えられたとき，トピックとよばれる複数の基底ベクトルの線形結合として，各ベクトルをあらわすことができる．もともとは，ウェブページや電子メールなどの，自然言語解析の手法として提案された．

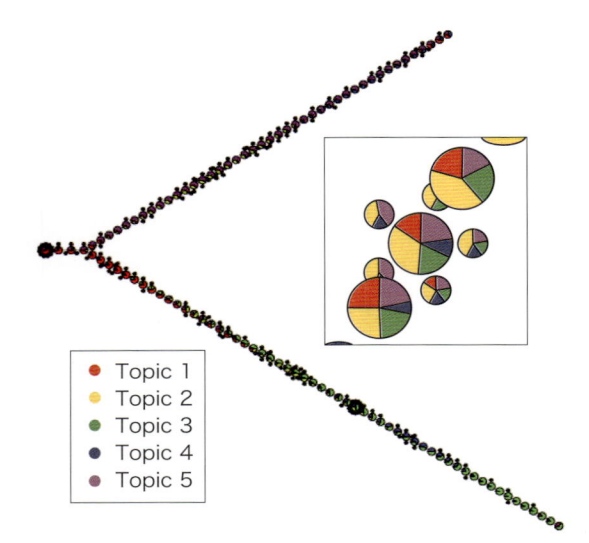

図1 CellTreeによる筋芽細胞の発現データの可視化
文献5より引用．

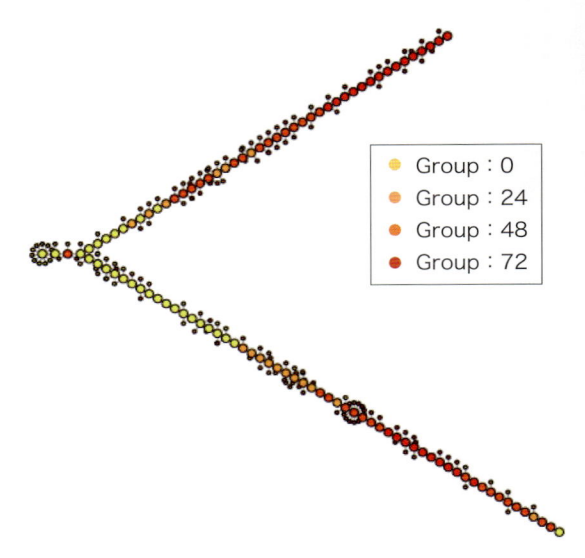

図2 CellTreeによって得られた木構造の上に，採取時刻を色の違いにより表現した
根ノードから葉ノードに向かって，おおむね正しい順番に並んでいることがわかる（文献5より引用）．

に，木構造中で隣接する細胞同士は，類似した遺伝子発現プロファイルを保持している．ノードによっては，小さなノードに囲まれているものもあるが，これは，非常によく似ている細胞群をまとめて表示したものである．このような木構造を，われわれはBackbone treeとよんでいる．各細胞の遺伝子プロファイルは，トピックモデルによって，数個のトピックの混合としてあらわされている．トピックモデルは，元来ウェブページなどの文書の処理に用いられる確率モデルであり，単語の集合であるトピックを用いて，文書の内容をわかりやすく表すことができる．CellTreeでは，各細胞を文書とみなし，遺伝子発現量を単語の出現頻度と同一視することで，トピックモデルを1細胞RNA-seqデータに適用している．トピックの分布は，各ノード上に円グラフとして表示される．CellTreeを用いることによって，細胞集団の分化過程，あるいは，発生過程が可視化できる．

　図1は，Trapnellらによって得られた筋芽細胞の1細胞発現データを可視化したものである．このデータセットには，271細胞の遺伝子発現プロファイルが収録されている．各細胞は，分化開始以降0時間，24時間，48時間，72時間のいずれかの時点で採取されたものであるが，CellTreeは，その情報は知らされない状態で可視化を行っている．図1の木構造が2つに枝分かれしていることから明らかなように，このデータには，明確に異なる2つの分化経路が存在する．トピック分布を見ると，木の根部分に対応するノードでは，トピック1が最も発現しており，上の枝では，主にトピック5が，下の枝では，トピック3が発現している．

　図2に，CellTreeで得られた各細胞の上に，採取時刻を表したものを示す．採取時間は，おおむね左から右に行くに従って進んでおり，得られた木構造が分化の進み具合を正しくあらわしていることがわかる．表1に，各トピック（遺伝子集合）をGO（Gene Ontology）で解析した結果を示す．トピック1では，cell division, mitotic nuclear divisionなど未分化の細胞に特異的なカテゴリが検出されている．また，下の枝に対応するトピック3では，筋細胞に関連するカテゴリが統計的に有意となっているが，上の枝に対応するトピック5では，そのような事実はみられないため，通常の筋細

表1 各トピックのGO解析の結果

Topic 1		
GO:0051301	cell division	4.7e-12
GO:0007067	mitotic nuclear division	1.4e-10
GO:0019083	viral transcription	1.7e-10
GO:0006283	transcription-coupled nuclectide-excision repair	5.7e-10
GO:0007264	small GTPase mediated signal transduction	1.7e-09
GO:0007077	mitotic nuclear envelop disassembly	7.8e-09
GO:0008380	RNA splicing	1.0e-08
GO:0016925	protein SUMOylation	1.1e-08
GO:0000086	G2/M transition of mitotic cell cycle	2.7e-08
GO:0007059	chromosome segregation	4.5e-08
GO:0010827	regulation of glucose transport	4.6e-08
GO:0000082	G1/S transition of mitotic cell cycle	6.0e-08
GO:0006369	termination of RNA polymerase Ⅱ transcription	1.1e-07
GO:0042769	DNA damage response, detection of DNA damage	1.3e-07
GO:1900034	regulation of cellular response to heat	1.4e-07

Topic 2		
GO:0006367	transcription initiation from RNA polymerase Ⅱ promoter	9.9e-08
GO:0006376	mRNA splice site selection	1.1e-06

Topic 3		
GO:0030049	muscle filament sliding	2.5e-08
GO:0017148	negative regulation of translation	1.1e-06
GO:0000186	activation of MAPKK activity	1.8e-06

Topic 4		
GO:0006886	intracellular protein transport	9.6e-07

Topic 5		
GO:0050434	positive regulation of viral transcription	3.0e-07
GO:0006370	7-methylguanosine mRNA capping	4.3e-07
GO:0044267	cellular protein metabolic process	4.7e-07
GO:0006457	protein folding	1.6e-06

文献5より引用.

胞への分化とは異なる経路を辿っていると考えられる.

トピックモデルとBack-bone Tree

　前章で示した分化解析を可能にするためには，細胞の遺伝子発現プロファイルの類似度を正しく計測する必要がある．高次元のプロファイルの類似度を，そのまま測ると，球面集中現象のため，類似性を正しく判断できない場合がある．そのため，CellTreeでは，LDA（Latent Dirichlet Allocation）[6]というトピックモデルを用いて，各細胞を少数のトピックの混合として表現する．LDAはベイズモデル[※3]であるため，モンテカルロサンプリングの一種であるGibbs Samplingによって学習できる．トピックの数を選択するためには，Taddy[7]によって提案された，MAP（Maximum a posteriori）推定を用い，徐々にトピックの数を増加させる方法を用いている.

　xとyを細胞のトピック混合をあらわすK次元ベクトルとすると，細胞同士の距離は，次のchi-square距離であらわされる.

※3　ベイズモデル

確率的モデリングの1つで，パラメータに事前分布を仮定し，データ解析結果が事後分布として得られるようなモデルのことである．ハイパーパラメータの学習などが統一的な枠組みで行えるので，機械学習分野では，非常にポピュラーな方法論である.

$$\chi(\boldsymbol{x}, \boldsymbol{y}) = \sqrt{\sum_{k=1}^{K} \frac{(x_k - y_k)^2}{x_k + y_k}}$$

　すべての距離行列から細胞同士の関係を抽出するには，最小木（minimum spanning tree：MST）を求めるのが一般的である．しかし，単にMSTを描画すると，小さな差異が強調されすぎて，大きな分化の方向がわかりにくくなるため，全細胞の代表点を選択してBackbone tree を構成する．具体的には，距離の閾値 δ を決定し，Backbone tree に含まれない細胞は，必ず代表点のいずれかから δ 以内の距離にあるように選択する．そのような条件を満たす最小の代表点集合を求める問題は，NP困難（NP–hard）であるため，MSTをくり返す近似アルゴリズムを用いている．

　LDAで得られたトピックは，各遺伝子の重み付き集合になっているため，既存のツールを用いてGene ontology解析を行うことができる．具体的には，Alexaらの 'weight' アルゴリズム[8] を用いて，P値を計算し，有意なものを抽出する．

■ おわりに

　本稿では，1細胞発現データから細胞の分化系譜を再現するRパッケージ CellTree を紹介した．CellTree は，生物学データ解析のためのパッケージのコレクションである Bioconductor に採録されているので，簡単にインストールが可能である．単純なクラスタリングと比べると，CellTree は，木構造の形で細胞同士の関連を記述できるところに長所がある．今後は，さらなる機能の追加，および，多数の細胞が与えられた場合の階層的な可視化など，より有用なソフトウエアになるよう，開発を進めていきたい．

◆ 文献

1 ）Trapnell C, et al：Nat Biotechnol, 32：381–386, 2014
2 ）Tirosh I, et al：Science, 352：189–196, 2016
3 ）Dalerba P, et al：Nat Biotechnol, 29：1120–1127, 2011
4 ）Kim TH, et al：Cell Rep, 16：2053–2060, 2016
5 ）duVerle DA, et al：BMC Bioinformatics, 17：363, 2016
6 ）Blei DM, et al：J Mach Learn Res, 3：993–1022, 2003
7 ）Taddy MA：Proc Mach Learn Res, 22：1184–1193, 2012
8 ）Alexa A, et al：Bioinformatics, 22：1600–1607, 2006

4 Hi-Cという染色体の立体パズルを解く

小田有沙，平田祥人，太田邦史，合原一幸

　細胞内で，染色体の構造は，細胞周期や細胞状態によってダイナミックに変化している．細胞一つひとつをとってみても，染色体の三次元構造は異なっていることが予想されるので，1細胞レベルのHi-C（single cell Hi-C）が効果的である．本稿では，single cell Hi-Cのデータから，細胞内での個々の染色体三次元構造を算出する数学的な手法について，最新の研究成果をご紹介する．

はじめに

　クロマチンの三次元構造を調べる実験手法としては，主に，顕微鏡で直接染色体を可視化する方法と，次世代シークエンサーを用いて染色体同士の局所的に相互作用するDNA配列を解析するHi-Cなどの手法があげられる．蛍光標識したDNAプローブによるFISH（fluorescence *in situ* hybridization）などの実験手法を用いれば，1細胞ごとの染色体を顕微鏡で観察することが可能である．また，生細胞を対象としたライブイメージングは，クロマチン構造の概形やダイナミクスを経時的に追跡するのに好都合である．

　一方，プロトコール編-17で紹介されている局所的なDNA配列を解析する手法Hi-Cでは，核内での染色体同士の物理的な相互作用を固定して検出するため，経時的変化の追跡はできないがより局所的な構造がわかる．Hi-Cは染色体の相互作用をゲノムワイドに網羅的に調べるので，情報量が非常に多い．実験的にも高い解像度でデータが得られるようになってきており，single cellレベルでのHi-Cも行われている．しかし，Hi-Cにより得られるデータは局所情報の集合である．すなわち，全体像を把握するためには，部分部分の相互作用の断片的情報（コンタクトの情報）から，染色体の核内配置の全体を推定する必要がある．本稿では特に，single cell Hi-Cデータからもともとの細胞内での染色体の三次元構造を推定する手法を紹介する．

「つながり」の情報を使って全体像を復元するパズルを解く

1. 染色体三次元構造の再構成の数学的な意味

　Hi-Cのデータからわかるのは，染色体の任意の2つのDNA部分の組について，その2つの部分が空間的に近いかどうかという情報である．いわゆるHi-Cの1次解析結果として得られるのは"コンタクト・マップ"とよばれ，染色体の位置をx軸，y軸にとり，どことどこの相互作用が配列解析で検出されたかをこの2次元平面上にプロットしたデータである．われわれの目標は，このようなHi-Cデータを2値の行列情報に変換し，これをもとにできるだけ一意に染色体の三次元構造を復元することである．このような書き方をすると，きわめて難しい問題を解くかのように思えるかもしれない．しかし，この問題は，突き詰めれば，次のような数学的なパズルと本質的に等価である．

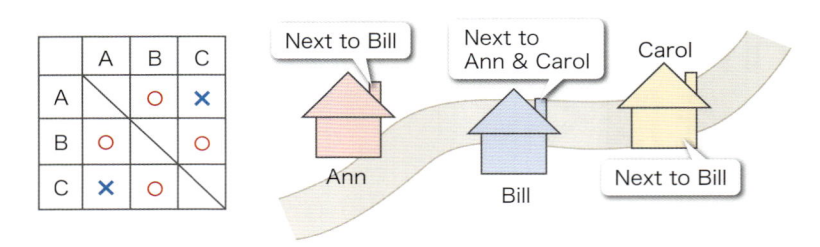

図1 「つながり」の情報から全体像をとらえるパズルの例．それぞれの
ご近所さんの局所情報を集めると，町の全体像が明らかになる

「ある町に，Ann と Bill，Carol の3人がいるとする．Ann と Bill は近所である．Bill と Carol は近所である．でも，Ann と Carol は近所ではない．それでは，この町の地図を描いてみよう」

このパズルの答えは，例えば，図1のようになる．このパズルの答えがわかる読者であれば，部分部分の「つながり」の情報から全体像を導き出すという問題の本質が，直感的に理解できるであろう．実際にわれわれが Hi-C データの解析で行うのは，この数学パズルの延長線上でもう少し「住人」が多いケースについて，少し体系立てて解くことに他ならない．そのカギを握るのは，リカレンスプロット[1]※1という非線形時系列解析の道具である．

2.「つながり」の情報から全体像を再構成する

リカレンスプロットは，もともと，時系列データの任意の組合わせの2時間点同士の状態を比較して，状態が近ければ x 軸，y 軸を同一時間軸とする2次元平面状に点をプロットしたものである．このため，リカレンス（＝再帰性），すなわち，周期性や定常性が可視化される（図2）．ここで重要なのは，この「どことどこが近かったか」というリカレンスプロットの情報のみを用いて，元の時系列データが復元できるかどうかと

いう問題である．その答えは，"空間的なスケールの情報を除いて"，ほぼ完全に元のデータが復元できるというものだ[2]．点が空間的に一様に分布するという理想的な条件下で，この復元方法についての数学的な定理が[3]，さらに最近より一般的な定理が証明されている[4]．

その核となるのは次のような2点間の距離を求める方法である：「2つの点の近傍点をそれぞれ求める．2つの近傍点のどちらか一方にしか含まれていない点の，どちらかの近傍点には少なくとも含まれている点全体の数のなかでの割合は，2点間の距離に，おおよそ比例する（図2）」．この考え方に従うと，近傍点間の距離が再構成できる．この考え方は，ジャッカード係数※2そのものである．

次に重要となるのは，前述のようにして局所的に再構成した距離を"繋いで"いって，空間全体の大域的な距離を再構成することである．ここでは，ネットワークを考える．ネットワークの頂点が各点に対応し，2点間の枝に，上のようにして求めた局所的な距離を割り当てる．そして，このネットワーク上の，任意の2点間の最短路を求めることで，大域的な距離を再構成することができる．

最後に多次元尺度構成法（MDS）※3とよばれる方法で，求めた点同士の距離がうまく三次元空間内に収まるように組み立てていく．多次元尺度構成法は，任意

※1　リカレンスプロット

時系列の周期性や定常性を視覚化する手法．二次元平面図で，x，y 軸に同じ時間軸をとり，任意の時刻のペア間での状態が似ていれば点を打ち，そうでなければ点を打たないことで得られるプロット．

※2　ジャッカード係数

2つの集合の共通部分の要素数を和集合の要素数で割った値．集合 A，B について，|A ∩ B|/|A ∪ B|．

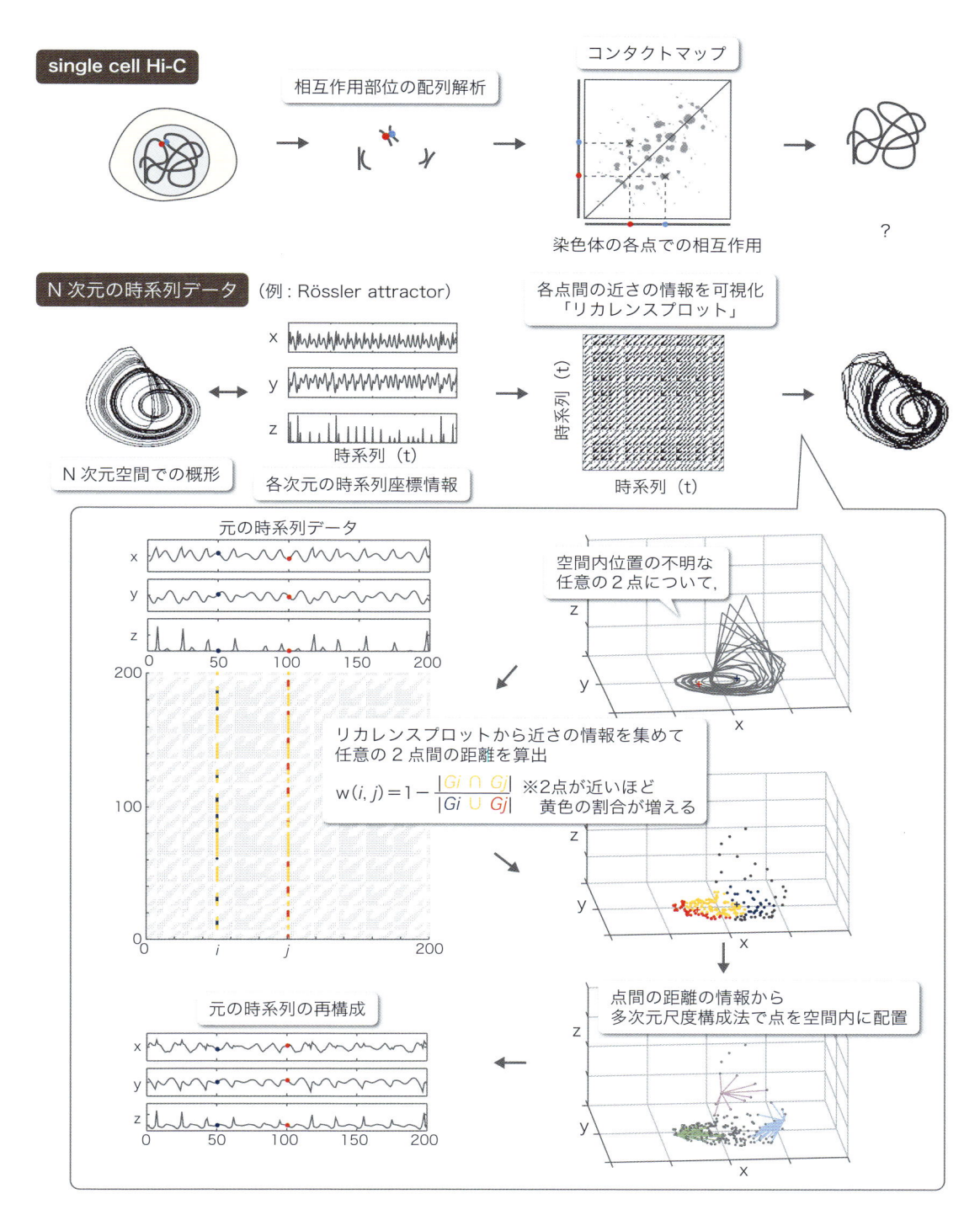

図2 リカレンスプロットから時系列データを復元する手法

single cell Hi-Cとリカレンスプロットは，数学的な本質がよく似ている．このため，リカレンスプロットの情報から元の
時系列データを復元する方法が，single cell Hi-Cの染色体三次元構造の復元にも応用できる（文献10より引用）．

の2点間の距離が与えられているという条件下で，その距離の集合を実現するような点の空間配置を求める一般的な方法であり，例えば，Matlabでは，cmdscaleという関数で実装されている．

3. 染色体の「コンタクト」の情報から染色体三次元構造を再構成する

Hi-Cというのは，細胞内で「空間的にどことどこが隣り合っていたか」という局所的な相互作用を網羅的に検出する手法である．得られるデータは，断片化したDNA配列の「コンタクト」の情報であり，そのままでは，染色体全体の像はわからない．しかし，上の数学の定理と同じ考え方を適用すれば，single cell Hi-Cのコンタクト情報だけから，元の三次元構造を再構成できる．リカレンスプロットでは"時系列"を軸にとり，時系列間での状態の近さをプロットしたが，Hi-Cでは時系列のかわりに"染色体の位置"を軸とみなすのである．そして，物理的な距離が近いかどうかをプロットしたコンタクト・マップを解析の出発点とする．

まず，2領域が近いほどコンタクト情報が厚みを増す，すなわち「検出されるシークエンスのリードが多くなる」という性質を利用して局所的な2点間の距離を求める．つまり，Hi-Cで得られたコンタクトのなかで，ある2領域において，他の部分と共通して相互作用している割合と，共通してない領域の割合から，染色体領域同士の物理的な距離が推定できる．その後，各染色体の断片の間での局所的な距離情報から染色体全体の大域的な距離を再構成し，多次元尺度構成法により染色体の空間内配置を再構成する．ただし，single cell Hi-Cのデータはとても疎なので，再構成を行うときに，すべての点が前述のネットワーク上で1つの塊としてつながっている保証がない．そこで，われわれは，谷尾らの研究[5]に基づいて，補助的な情報を与えて再構成することにした．つまり，同じ染色体上の隣

りあう部分は，近傍であるという情報を補った．この情報の補足は，染色体の局所的な線形構造を考えると非常に合理的な前提である．

細胞集団とシングルセル

1. 一般的な複数細胞由来のHi-Cとsingle cell Hi-Cのデータの性質の違い

これまでに，複数細胞由来のHi-C（population Hi-C）のデータから三次元構造を再構成するさまざまな手法が研究されてきた．このようなpopulation Hi-Cの三次元構造の解析では，得られるコンタクトの情報量は多細胞由来で多いので，検出されるリードの頻度情報（カバレッジ）と距離相関を仮定して推定を行うなどのアプローチがなされる．ただし，染色体の構造は核内で動的に変化しているため，population Hi-Cで得られる描像はたくさんの細胞に関する平均像になる．このため，シミュレーションなどを行い，いくつかの細胞群がとっているマジョリティの染色体構造の重ね合わせを分離する方針などが好まれている．

一方，single cell Hi-Cは，単一の細胞の，その瞬間の相互作用が検出できるものの，得られる情報量が少ない．そのうえ，population Hi-Cと違い，single cell Hi-Cではシークエンスのカバレッジの情報が必ずしも距離を反映せず，得られるデータの質としては，近いかどうかという相互作用の情報だけである．このため，population Hi-Cでは可能であった検出頻度をもとにした距離の推定が難しい．しかも，single cell Hi-Cでは，データの欠落が多く，すべての相互作用の情報，コンタクトを網羅的に得ることは期待できない．このため，single cell Hi-Cデータからの三次元構造の再構成では，population Hi-Cの解析とは異なるストラテジーが必要となる．

※3 多次元尺度構成法
多変量解析の1つ．距離をできるだけ保存するようにして点配置を求める方法．低次元化や視覚化のためによく用いられる．

2. シングルセルHi-Cデータ解析の世界的な動向

シングルセルHi-Cのデータ解析は，世界的に見てもまださほど実施例が多くないが，single cell Hi-C特有の疎なデータ解析を可能とするようないくつかのアプローチがなされている．多くの場合，染色体を"糸に通したビーズ"とみなしたモデル（particle/beads-on-a-string）などを用いたシミュレーションや，個々の点ごとの距離情報をもとにMDSなどの方法で三次元構造が再構成される．

永野ら[6]，Stevens TJ ら[7]は，はじめにランダムな初期値の構造を与え，そこから少しずつ実験データの制約が満たされる方向に動かしていく（simulated annealing）手法で解析を行った．このような方法は，一般的にrestraint-based modelingとよばれる．また，ビーズと糸のモデルと，ベイズの統計的な手法を組合わせて，実験データからモデルパラメータを学習することによって，データの潜在的な偏りを除去する試みもなされている[8]．

一方，Paulsenらは，染色体を多様体[※4]とみなし，MDSを応用して染色体の部分間の距離情報から空間内の位置情報を推定する手法（manifold-based optimization）をとった[9]．

本稿で紹介したリカレンスプロットをもとにした距離計算手法はバイナリ情報から直接染色体の部分配列間の距離を求め，MDSにより空間内配置を計算する手法である．この手法はノイズやデータの欠落に寛容であり，single cell Hi-Cの解析には特に有効だと考えられる．さらには，この方法では，距離が一意に計算できるため，各々の細胞の三次元構造を再構成することができる，というメリットもある．

3. 個々の細胞における染色体のゆらぎ，細胞ごとの相関の解析手法

実際にsingle cell Hi-Cのデータを解析すると個々の細胞ごとの染色体構造がわかる．永野らはマウスのオスの培養細胞を使ってsingle cell Hi-Cを行った．図3に，このデータから各細胞のX染色体の再構成を行った例を示す．巨視的に見れば各細胞のX染色体は似たような構造に見える．しかし，染色体の構造を局所的に比べてみれば，細胞ごとに構造が大きく揺らいでいる部位があることがわかる．興味深いことに，population Hi-Cで観察される複数細胞の平均像に特徴づけられる構造は，多くのsingle cellの細胞間でも同じように保存された構造として観察されることがわかる．ちなみに，三次元空間内での染色体の部分同士の距離に対応する距離行列を用いると，染色体の局所構造の相関をシンプルに比較することができる[10]．距離行列同士の比較では，回転，縮尺の違いを無視して，形が似ているかを純粋に比較できるのである．

おわりに

リカレンスプロットを用いた非線形時系列データの解析の数学的手法が，分野を超えて，single cell Hi-Cのデータ解析に応用が可能であった．われわれが今回の研究を通して学んだ教訓は，次のようなことである：「最初は，自分の扱っている問題が，ある一分野の小さな領域の問題に取り組んでいるという感覚があるかもしれない．しかし，その小さな問題は，将来，別の問題と一緒になって，より大きな問題の一部になることがある．問題が大きくなったときにも学問的価値を失わないように，目の前の小さな問題でもその本質を明快に解明しておくことが重要である」．今後活躍される若手の研究者の方々に，参考になれば幸いである．

謝辞

本研究は，文部科学省と日本医療研究開発機構による，生命動態システム科学推進拠点による助成を受けて行われた．

※4 **多様体**
どこにでも局所的な座標系をとることができる空間．

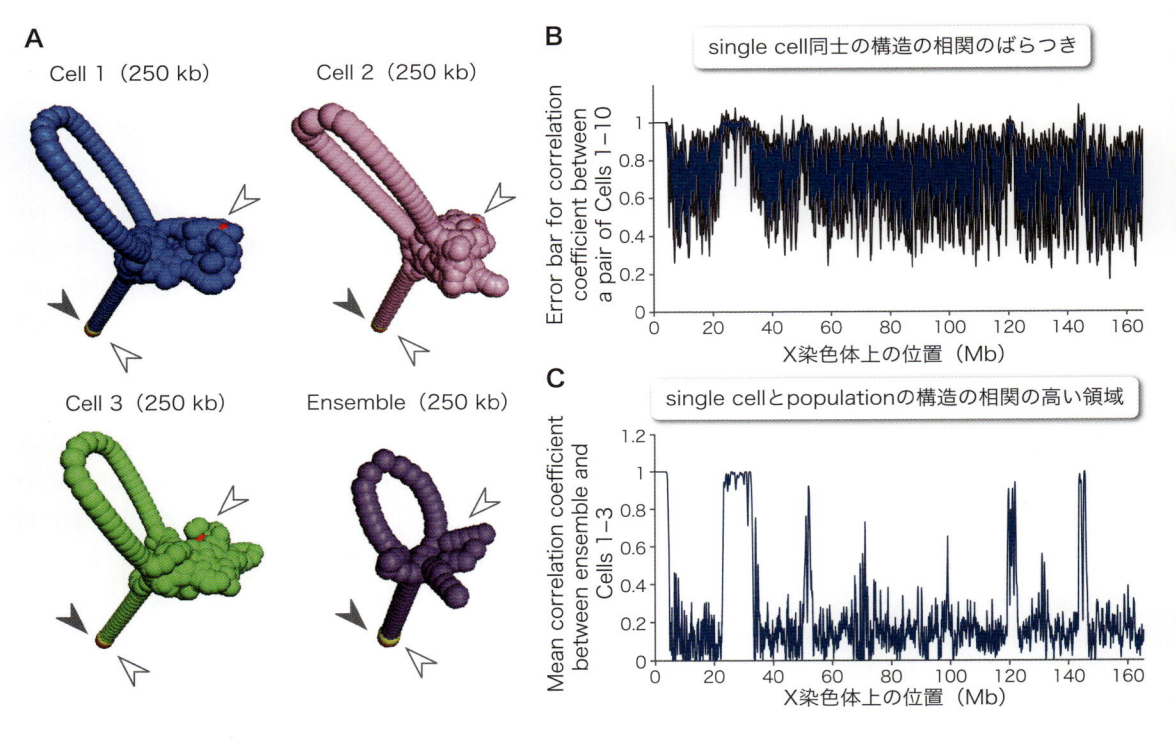

図3　single cell Hi-C データからのマウス X 染色体の三次元構造の復元

A) オスマウスの X 染色体の三次元構造を再構成した例．▶はセントロメア，▷はテロメアを指す．**B)** 1細胞同士の染色体構造のばらつきを 50 kb の解像度で染色体上の場所ごとに評価した．**C)** population Hi-C と single cell Hi-C の染色体構造の相関を 50 kb の解像度で染色体上の場所ごとに評価した（文献10より引用）．

◆ 文献

1) Eckmann JP, et al：Europhys Lett, 4：973–977, 1987
2) Hirata Y, et al：Eur Phys J Spec Top, 164：13–22, 2008
3) Hirata Y, et al：Int J Bifurcation Chaos, 25：1550168, 2015
4) Khor A & Small M：Chaos, 26：043101, 2016
5) Tanio M, et al：Phys Lett A, 373：2031–2040, 2009
6) Nagano T, et al：Nature, 502：59–64, 2013
7) Stevens TJ, et al：Nature, 544：59–64, 2017
8) Carstens S, et al：PLoS Comput Biol, 12：e1005292, 2016
9) Paulsen J, et al：PLoS Comput Biol, 11：e1004396, 2015
10) Hirata Y, et al：Sci Rep, 6：34982, 2016

5 分化過程の再構築と擬時間に基づく発現変動解析

松本拡高, 木立尚孝, 二階堂 愛

本稿では, 1細胞RNA-seqにより可能となった, 細胞分化解析を行ううえでの新しい考え方とである分化過程を再構築し"擬時間"を求めるというアプローチを紹介する. また, われわれが行った擬時間を用いた遺伝子発現変動解析の研究例を紹介する.

はじめに

近年, 1細胞レベルで網羅的な遺伝子発現量を計測できる1細胞RNA-seq (scRNA-seq) が開発され, たくさんの1細胞の遺伝子発現を高精度に捉えられるようになった. このような1細胞解像度の発現データを用いることで, 細胞種や細胞系譜の推定, 細胞分化に伴う発現ダイナミクスの理解, 細胞運命決定にかかわる遺伝子の同定など, 細胞分化のメカニズムの解明が進むと期待されている[1]. 本稿では, scRNA-seqを用いた分化解析の一例として, 分化過程を再構築し各細胞の分化の進行度を定量化する"擬時間"とよばれる指標と, 擬時間を用いた発現解析に関する研究を紹介する.

分化過程の再構築と擬時間・細胞種推定

1. 特徴遺伝子の選択

scRNA-seqデータから細胞種や分化過程を推定するにあたり, それらと関連のない遺伝子の情報は事前にとり除くことが望ましい. これは, 後に述べる次元圧縮に基づく解析などを行う際, それら遺伝子の発現量に引きずられ, 細胞種や分化の傾向が曖昧になってしまうからである (図1). そのため, 多くのscRNA-seq解析では, 細胞種や分化に関連する可能性のある遺伝子を事前に選択している. それら遺伝子を選択する指標としては, 時系列データのタイムポイント間で発現量が変化するか, 分化マーカー遺伝子と相関するか, などがあげられる. ただし, これら指標は時系列データであることや既知のマーカー遺伝子が存在する必要があり, 適用可能な状況は限定的である. 別の指標として, 平均発現量に対し分散が大きい遺伝子を選択するものがある. しかし, 分散が大きい遺伝子には細胞周期に関連する遺伝子など, 細胞種や分化とは関連のないものも多く含まれる可能性がある. また最近では, 全遺伝子を用いた主成分分析の結果をさらにクラスタリングなどし, クラスタ間での発現変動遺伝子を選択するというアプローチも提案されている[3]. ただし, 主成分分析の上位に分化と関連のない軸が現れる場合ではうまくいかないと考えられる. このように, 分化などと関連する可能性のある遺伝子を選択する指標は複数存在するが, 万能なアプローチは存在しない. そのため, 利用できる情報を考えたうえで, 注意深く検証しつつ特徴遺伝子を選択する必要がある.

2. 次元圧縮に基づく擬時間推定と細胞種推定

分化過程のscRNA-seqデータに対し, 特徴遺伝子

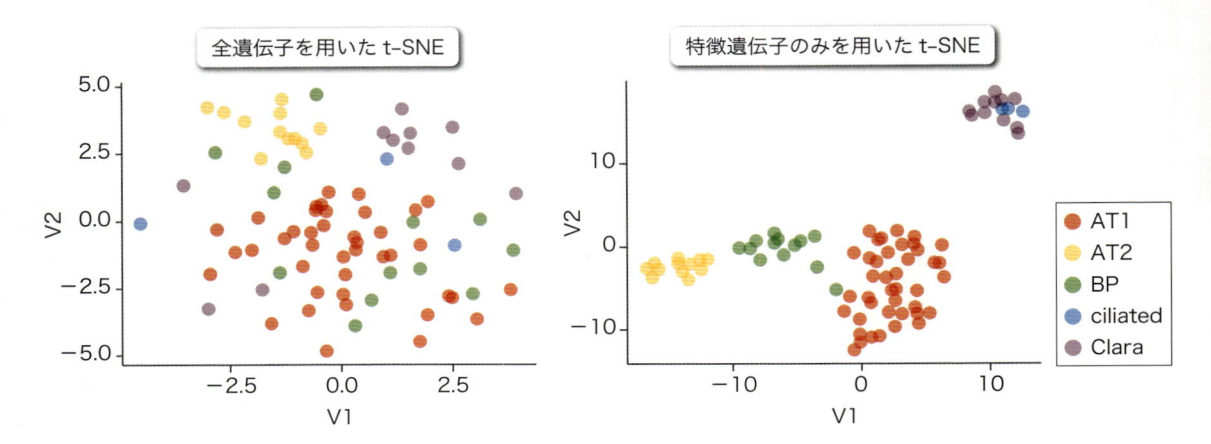

図1 全遺伝子を用いた場合と特徴遺伝子のみを用いた場合のt-SNEの結果

マウス胚上皮のscRNA-seq[2] に対し，全遺伝子を用いてt-SNE（**プロトコール編-3**を参照）により次元圧縮した結果と，主成分分析の因子負荷量から遺伝子を選択し，t-SNEを行った結果．各点の色は論文中でアノテーションされた細胞種を表す．このように，うまく特徴遺伝子を選び出すことができれば，細胞種ごとの分離度が高い結果が得られる場合がある（図は理化学研究所・二階堂研究室の芳村美佳氏より提供）．

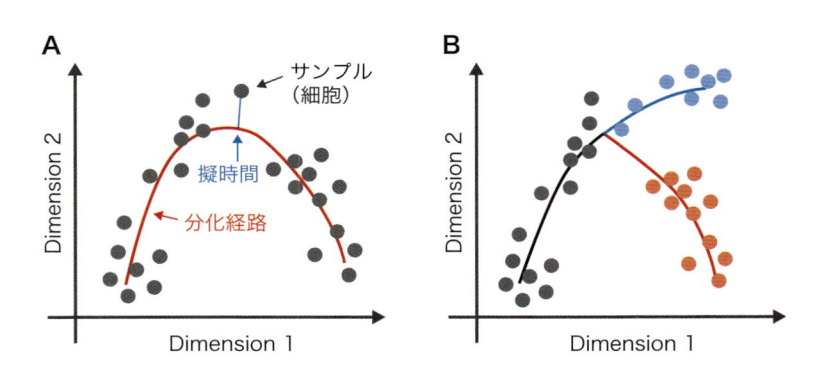

図2 次元圧縮を用いた分化過程の再構築と擬時間推定（A）と細胞系譜および細胞種推定（B）

を選択した後主成分分析（PCA）などの次元圧縮を行うと，圧縮空間上で分化過程を再現することができる（**図2A**）．例えばMonocle[4] というソフトウェアでは，圧縮空間上で各細胞を最小全域木（MST）で結ぶなどして分化過程を再構築している．分化過程は経路であらわされ，経路上での細胞の位置により特定の細胞の分化がどの程度進んでいるかを定量的に求めることができる（これをpseudotime，あるいは擬時間とよぶ）．

また，経路の途中で枝分かれを許容することで，前駆細胞が複数の細胞種へ分岐するケースも検出でき，各細胞に対し各経路への距離などを基準に細胞種を推定することも可能である（**図2B**）．このようにして推定された情報と，発現量のデータを照らし合わせることで，詳細な発現変動解析（後述）や，細胞運命決定に重要な因子の同定などが可能となる．

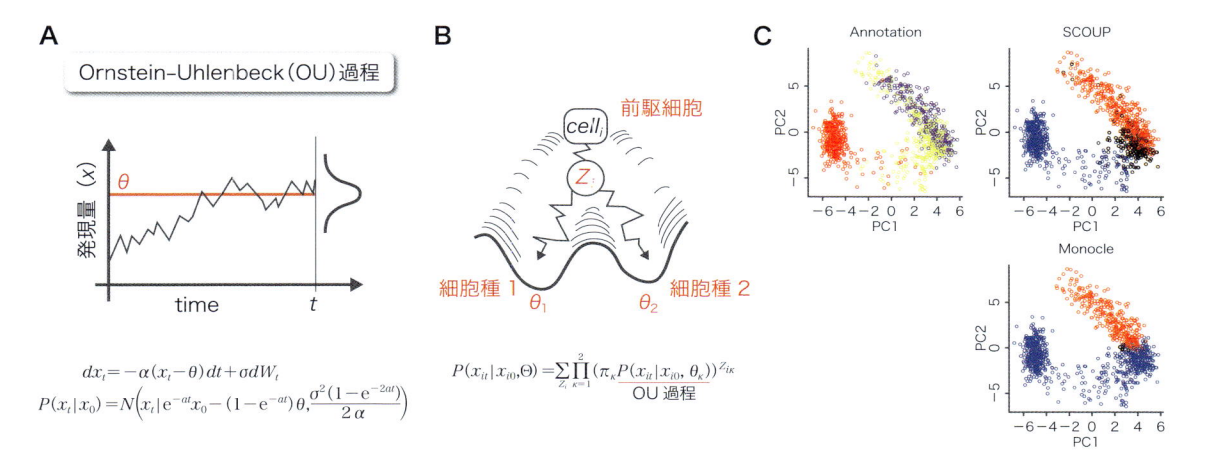

図3　SCOUP の概要と細胞種推定結果

A) OU 過程があらわすダイナミクスの概要.　**B)** SCOUP は，OU 過程を混合化することにより，細胞種分岐をモデル化する.
C) マーカー遺伝子の発現により細胞種がアノテーションされた 1 細胞 qPCR データ[8] に対し，SCOUP および Monocle を用い
発現量のみから細胞系譜を推定した結果.　SCOUP は分岐初期の曖昧な細胞を検出できている（A〜C は文献 5 より引用）.

3. 確率過程に基づく擬時間推定と細胞種推定

　Monocle をはじめ，次元圧縮に基づき分化を再構築し擬時間を推定するアルゴリズムがいくつも提案されてきている. ただし，それらアルゴリズムは次元圧縮の上位の成分に分化と関連のない成分が現れる場合にうまくいかない可能性や，その後のアドホックな細胞種の推定法などに問題点があると考えられる. そこでわれわれは，分化に伴う発現ダイナミクスを確率過程に基づきモデル化し，機械学習により scRNA-seq からパラメータを最適化することで，擬時間および細胞種を推定するという，確率モデルに基づく新しいアルゴリズムである SCOUP を開発した（図3A, B）[5]. SCOUP では，発現ダイナミクスを OU（Ornstein-Uhlenbeck）過程という確率過程でモデル化している. OU 過程は，ある最適値（これをアトラクタとよび，細胞分化の場合では分化後の特異的発現プロファイルを表現している. 図中 θ）に，変量（図中 x）が分散を含みつつ時間変化する過程を表現するものであり（図3A），生物学においては body size のような連続値を示す表現型の適応進化のモデル化に用いられている（本

研究は適応進化の論文から着想を得て進めた）[6]. 本手法は，既存手法と比較しロバストに擬時間を推定でき，また細胞種が分岐する初期の曖昧な細胞状態を捉えられることを示した（図3C）. 細胞運命決定機構を解析するには，細胞種が分岐する初期の細胞の違いを理解することが重要であると考えられ，そのような差を捉えられる本手法は，そのメカニズム解明に有効なアプローチとなると期待している.

　ただし，現状の SCOUP の実装では一過性の発現パターンや，複数の段階を経るような分化系に適用するには問題がある. 一方，Monocle は最新のバージョン[3] で，別の研究グループで開発された理論[7] を取り込むことで性能を向上させるなど，下流の解析法も含め精力的に開発を進めている. これらのことから，現時点において，擬時間関連の解析に用いられる手法としては Monocle が最も一般的な手法であろう.

 **擬時間を用いた
発現変動解析**

　ここまで，scRNA-seq から擬時間などを推定する手

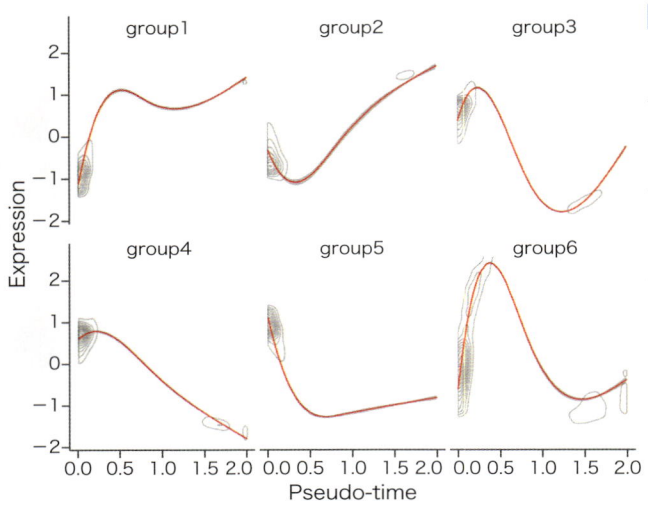

図4　擬時間に沿った発現変動に基づくクラスタリング結果における各クラスタの平均発現パターンとGO エンリッチメント解析の結果

group1は分化初期に，group2は遅れて活性化している．group4は徐々に不活性化しているが，group5は急激に不活性化している．group3，6は一過的な活性化を示している（文献5より引用）．

Group	GO term	$-\log_{10}(p)$
1	Immune response	22.9
	Defense response	11.4
	Response to wounding	7.0
2	Antigen processing and presentation	5.5
	Immune response	3.8
	Antigen processing and presentation of exogenous antigen	3.3
3	Generation of precursor metabolites and energy	5.1
	Protein localization	4.8
	Establishment of protein localization	3.2
4	Cell cycle	9.6
	Cell division	7.9
	Ribonucleoprotein complex biogenesis	7.7
5	Translation	6.7
	M phase of mitotic cell cycle	3.2
	Cell cycle	2.9
6	Generation of precursor metabolites and energy	11.5
	Protein transport	5.6
	Establishment of protein localization	5.5

法を紹介した．次に，推定した擬時間を用いた発現ダイナミクスの解析例を紹介する．擬時間に沿って各細胞の発現量をプロットすることで，分化に伴う詳細な発現変動を調べることができる．この擬時間に沿った発現変動を，一般化加法モデルなどで平滑化した発現パターンに変換した後にクラスタリングすることで，類似の発現パターンを示す遺伝子クラスタを検出できる．このクラスタに対し，GO（gene ontology）エンリッチメント解析を行うと，クラスタごとに特徴的な機能をもつ遺伝子がエンリッチしていたことが示されている[4]．また，われわれは，マウス骨髄由来樹状細胞にLPS刺激を加えた分化誘導系から得られたscRNA-seqデータ[9]に対し，擬時間推定を含め発現変動解析を行ったところ，早い活性化と遅れて活性化する遺伝子のクラスタが検出された（図4中のgroup1, 2）[5]．各クラスタに含まれる遺伝子群に対し，DAVID（https://david-d.ncifcrf.gov）を用いて各種エンリッチメント解析を行った結果，group1に対しては"Toll-like receptor（TLR）signaling pathway"という

KEGG pathwayが，group2に対しては"Antigen processing"を含むGO termが有意にエンリッチする結果となった．この結果は，TLR signalingとantigen processingは免疫応答における反応経路の上流，下流の機構という知見と一致するものであった[10]．このように，擬時間に沿った発現変化に基づくクラスタリングによって，単に特徴的な遺伝子機能を推定するだけでなく，時間応答の速さなどを比較することでどのような順序で反応が起きているのかという制御のカスケードに関する知見も得られると期待される．

また，1細胞データでは，より正確な共発現のパターンを計算できる利点もある．これは，ある2つのRNAのペアが，1細胞単位に共存していることが保証されているからである．また，バルクのRNA-seqよりサンプル数が多いためである．ここで分化過程の発現データに対し遺伝子間の相関係数を計算すると，同様の時間変化を示す遺伝子間では高い相関を示すと考えられる．実際に，group1に含まれる遺伝子間で相関ネットワークを求めると，正の相関で結ばれたひとかたまり

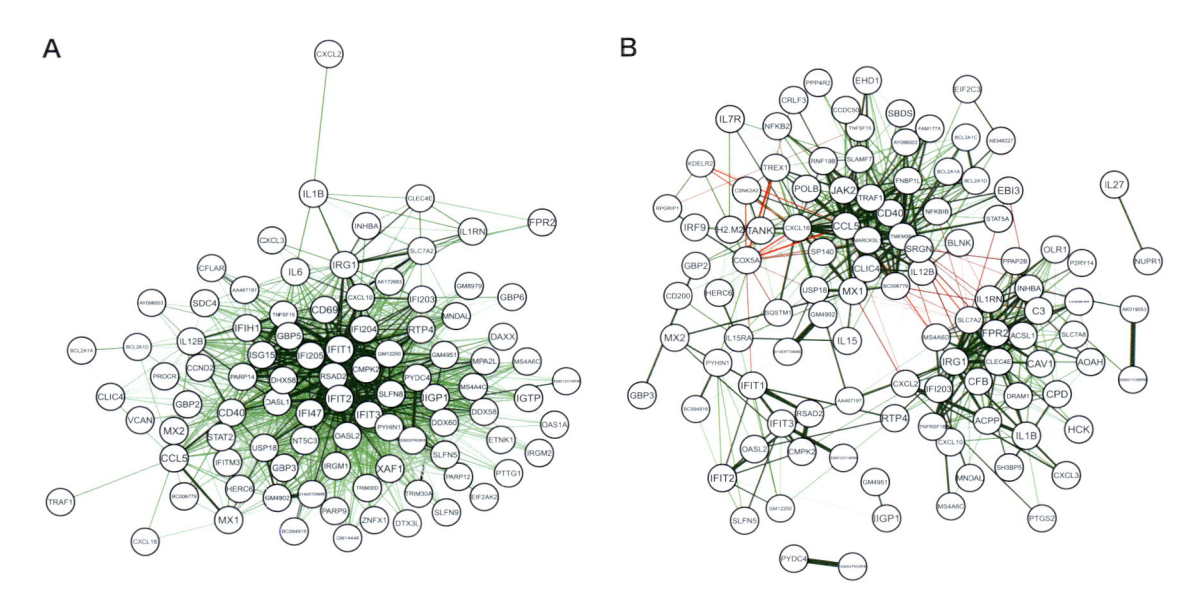

図5 group1に含まれる遺伝子間の発現相関ネットワーク（A）と標準化後の発現相関ネットワーク（B）
緑：正の相関，赤：負の相関（A，Bは文献5より引用）．

のネットワークが得られた（図5A）．ここで，より直接的な相互作用による共変動を検出したいとすると，このような同様な時間変化に起因する高い相関は邪魔となる．そこでSCOUPは，OU過程がガウス過程であることを利用し，最適化したパラメータをもとに時刻依存的な平均と分散を用い発現データを標準化することで，時間効果を除いたうえで相関ネットワークを求める手法を構築した．実際にgroup1に対し適用してみると，間に負の相関で分離されている2つの大まかなクラスタが見てとれた（図5B）．興味深いことに，ケモカイン遺伝子である*CXCL2*，*CXCL3*，*CXCL10*が一方のクラスタに，*CXCL16*と*CCL5*が別のクラスタに所属していた．この結果は，*CCL5*がCC gene familyに所属し，他はCXC gene familyに所属することから，gene familyとは異なる分類である．ここで，これら遺伝子の特徴を調べた結果，*CXCL2*，*CXCL3*，*CXCL10*はゲノム上で近接する領域に存在し（5qE2，5qE2，5qE3），また*CXCL16*と*CCL5*はそれぞれ11qB4と11qB5に存在するという，染色体上の位置の差が現れていることが判明した．この結果は，近接す

るケモカイン遺伝子が同時に活性化する知見とも一致する結果であり[11]，領域依存的な制御がなされている可能性を示している．このように，標準化により時間効果を除く本手法は，新しい制御構造を検出するうえで有効なアプローチではないかと考えられる．

擬時間を用いた転写制御ネットワーク推定

先の章では，擬時間に沿った発現変化のタイミングの順序に着目した解析や相関解析の例を紹介した．分化に伴う発現変動を理解するための次のステップとして，発現制御の方向性やフィードバックループなどを考慮し，実際に細胞内で起きている転写の発現制御，すなわち転写制御ネットワークを推定することがあげられる．ここで，推定した擬時間をサンプリングした時刻情報だと考えると，分化過程のscRNA-seqデータは分化に沿って非常に密な時間で計測した時系列データと見なせる．このような時系列データは，遺伝

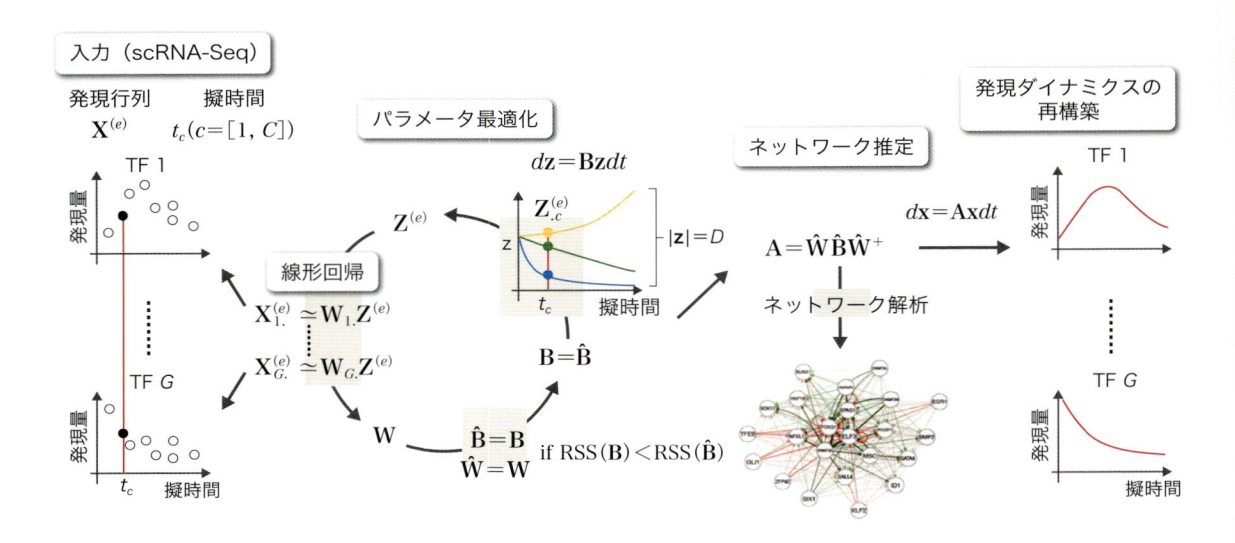

図6　SCODE の概要

転写制御ネットワーク（**A**）をパラメータにもつ線形常微分方程式により発現量（**x**）のダイナミクスをモデル化し，scRNA-seq から得られる発現行列と擬時間から **A** を学習する．ここで，**B** をパラメータにもつ低次元の線形常微分方程式（**z**）を考えたとき，**x** = **Wz** が満たされる場合，**A** は **WBW**$^+$ により導出される（$^+$は擬似逆行列をあらわす）．SCODE では，線形回帰を用いた **W** の最適化と **B** のランダムな逐次最適化を行い（最適化後の **W**，**B** を^付きであらわす），その結果から **A** を推定する（文献 12 より引用）．

子制御ネットワークを推定するうえで非常に有効な情報である．これまで，時系列データからネットワークを推定する手法は，生物学のみでなく多くの分野で研究されてきたが，scRNA-seq のような連続時間，連続量を対象とし，かつ多くの遺伝子や細胞を含む巨大なデータに対応できる手法は存在しなかった．そこでわれわれは scRNA-seq と擬時間のデータから効率的に転写因子間の制御ネットワークを推定するための新しいアルゴリズムである SCODE を開発した（**図6**）[12]．

　SCODE では擬時間に沿った転写因子の発現変化を，転写因子数分の次元の線形常微分方程式に基づきモデル化した．ここで，制御ネットワークは転写因子数×転写因子数の行列で表している．われわれは，この行列を効率的に最適化するため，まず低次元の微分方程式を構築し，低次元の微分方程式を線形回帰と行列変換により元の転写因子のモデルを学習する理論を構築した．実際の scRNA-seq データに SCODE を適用した結果，発現変化を再現できるモデルを学習できたこと

を確認した．また精度評価においてもおおよそ最良の結果を示すとともに，既存の時系列データからネットワークを推定する手法と比較し，実行時間が非常に小さいことを示した．

　実際の手順では，まず低次元の次元数を決定する必要がある．この次元数が小さすぎると実際のダイナミクスを表現できず，また大きすぎるとデータにオーバーフィットした結果となる．そこで，訓練データとは別にテストデータを保持したうえで，テストデータに対してよく適合する適切な次元数を選択する．また，一度の推定結果では推定値が不安定なことから，独立に何度も推定した結果の平均値を求めることで，信頼性の高いネットワークが得られる（独立な試行の推定結果間の相関は次元の選択においても有効な指標である）．現在は，パラメータ最適化の安定性の向上や，シミュレーションに基づく分化誘導因子の探索といった応用的な解析に向けた改良に取り組んでいる．

おわりに

　scRNA-seqに限らず，新しい実験技術の開発により多くの新しい研究が可能となった．それと同様に，計算機を用いた新しい解析手法もまた，さまざまな研究を可能にしてきている．本稿では，scRNA-seqの特性を活かした新しい解析手法である，擬時間推定とそれに基づく発現解法を紹介した．今後，トランスクリプトームに限らずさまざまな1細胞データが得られるようになると予測されることから，そのような1細胞データを十分に活かし先進的な研究を行うためにも，研究計画の段階から実験と計算の両方の深く理解したうえで研究を進めることが求められるだろう．

◆ 文献

1 ）Trapnell C：Genome Res, 25：1491-1498, 2015
2 ）Treutlein B, et al：Nature, 509：371-375, 2014
3 ）Qiu X, et al：bioRxiv：110668, 2017
4 ）Trapnell C, et al：Nat Biotechnol, 32：381-386, 2014
5 ）Matsumoto H & Kiryu H：BMC Bioinformatics, 17：232, 2016
6 ）Cressler CE, et al：Syst Biol, 64：953-968, 2015
7 ）Mao Q, et al：IEEE Trans Pattern Anal Mach Intell, 2016
8 ）Moignard V, et al：Nat Biotechnol, 33：269-276, 2015
9 ）Shalek AK, et al：Nature, 510：363-369, 2014
10）Watts C, et al：Curr Opin Immunol, 22：124-130, 2010
11）Bièche I, et al：Endocr Relat Cancer, 14：1039-1052, 2007
12）Matsumoto H, et al：Bioinformatics, 15：2314-2321, 2017

シングルセルシークエンスデータを読み解くための情報解析

岩本一成，岡田眞里子

　近年，シングルセルレベルでのシークエンス解析手法が汎用化され，基礎生物学および医学研究分野での応用が可能になってきた．本稿では，これらのシングルセルシークエンスデータの情報学的解析，特にRamDA-seq（定量性の高いシングルセルmRNAシークエンス）およびシングルセル（sc）ATAC-seq（クロマチン状態検出のためのシークエンス）より得られたデータの解析事例について紹介する．また，これらの複数の種類のシングルセルデータや細胞集団データを情報学的に統合し，遺伝子発現の制御機構（ここではスーパーエンハンサー制御）を予測する流れについても述べたい．

はじめに

　次世代シークエンサーは，DNA配列決定やmRNAおよびノンコーディングRNA発現量の網羅的測定だけでなく，DNAのメチル化やヒストンタンパク質の修飾状態，クロマチン構造，転写因子をはじめとしたDNA結合タンパク質の結合領域同定などのエピゲノム解析にも幅広く利用されている．近年のシークエンス技術の発展はめざましく，一部のシークエンス解析はシングルセルレベルで行うことも可能となった．一方，これらのシークエンスにより得られたデータの解釈には情報学的解析が必要不可欠であり，解析手法の開発も急速に進んでいる．特に，シングルセルシークエンスデータの情報学的解析は世界的に研究開発がさかんな分野であり，日々新たな解析手法が発表されている．本稿では，シングルセルシークエンスデータの具体的な解析手法を解説するとともに，われわれのシングルセルシークエンスデータ解析から得られた遺伝子発現制御機構に関する知見を紹介したい．

シングルセルシークエンスデータの解析手法

1. シングルセルmRNAシークエンス解析（RamDA-seq）

　シングルセルRNAシークエンスは，一細胞の微量RNAから遺伝子発現量を定量するシークエンス手法で，細胞多様性の同定に主に使用される[1][2]．具体的な手法として，セルソーターにより一細胞を分取後シークエンスする方法[3]やマイクロ流体デバイスを用いて一細胞に単離した後シークエンスする手法[4]などが用いられており，それら以外の手法も広く開発が行われている．本稿で紹介するシングルセルRNAシークエンス解析手法は，理化学研究所の二階堂研究室で開発されたRamDA-seqのデータに対するもので，一般的なRNAシークエンスデータ解析と似た手法を取る．しかしながら，シングルセルシークエンスならではの解析上の問題もあり，それも含めて解説する．

　データ解析のフローチャートを図1Aに示した．RamDA-seqではシークエンスされたリードデータは細胞ごとにfastqファイル形式で出力される．まず，

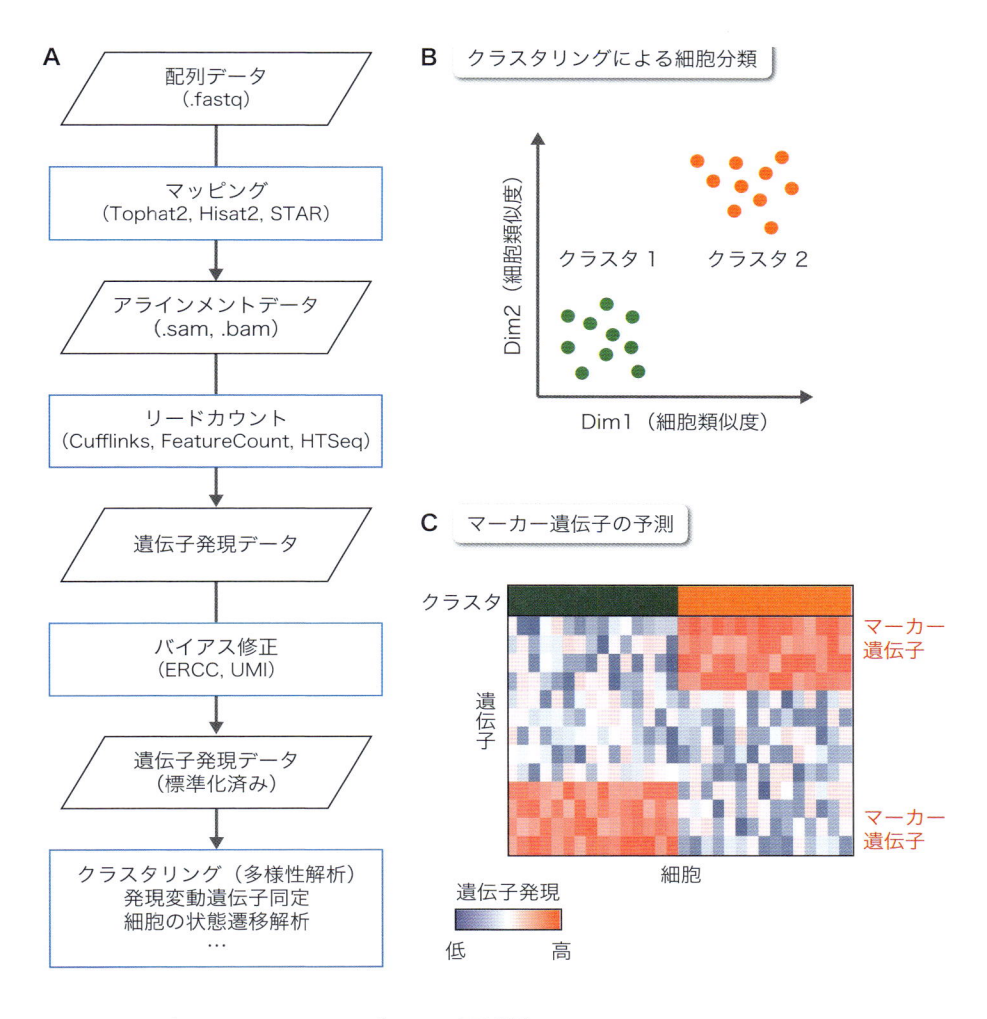

図1　シングルセルRNA-seqデータの解析例

A) RamDA-seqデータの解析フローチャート．**B)** 遺伝子発現データのクラスタリングによる細胞タイプの分類（多様性解析）．**C)** クラスタごとの遺伝子発現パターンに基づくマーカー遺伝子の予測．

シークエンスされたリードがゲノムのどの部分に一致するかを見つける，マッピング作業を行う．マッピング用ソフトウェアは有償／無償含めて多くのものが開発されているが，RNAシークエンス用としてはスプライスジャンクションを考慮するTophat2，Hisat2，STARなどが主に使用される．マッピング結果はsamファイルやそのバイナリ版であるbamファイルなどの形式で保存し（アラインメントデータ），以降の処理に用いる．次に，アラインメントデータから各遺伝子の

発現量を定量する作業を行う（リードカウント）．発現量は各々の遺伝子のエキソン領域にマッピングされたリードの総数で定義され，定量ソフトウェアとして，CuffLinks，HTseq，FeatureCountなどが利用されている．通常のRNAシークエンスと異なり，シングルセルRNAシークエンスでは一細胞の微量RNAをPCRで増幅し，シークエンスする．したがって，ここで得られた遺伝子発現データにはPCRによるバイアスが含まれており，補正する必要がある．バイアス補正は，内

表1 主なシングルセルRNAシークエンスデータ解析用ソフトウェア

ソフトウェア名	用途	文献
Seurat	発現変動遺伝子の同定・クラスタリングによる多様性解析	5
PAGODA	遺伝子発現とパスウェイ情報を組合わせた多様性解析	6
SCDE	ベイズ法を用いた発現変動遺伝子の同定	7
SCDD	遺伝子発現の分布比較による発現変動遺伝子同定	8
Monocle	発現変動遺伝子の同定・pseudo-time法による細胞状態遷移解析	9

部標準物質であるERCC（External RNA Controls Consortium）や分子タグの一種であるUMI（Unique Molecular Identifiers）を用いて行われる．RamDA-seqではERCCが含まれており，これを用いてPCRバイアスを補正することができる．以上の解析を各細胞のデータに対し行い，細胞ごとの遺伝子発現データを得る．以降の解析は研究目的に応じて行うが，一例をあげると，主成分分析やt-SNE（t-distributed Stochastic Neighbor Embedding）などを用いたクラスタリングによる細胞間の多様性解析（図1B）[5)6)]や，サンプル，細胞，クラスタ間での発現変動遺伝子やマーカー遺伝子の同定（図1C）[7)8)]，また，pseudo-time法を用いた細胞の状態遷移解析[9)]などを行うことが可能である．このような情報解析をがん組織などのサンプルに適用することで，新規の細胞サブポピュレーションやそのマーカー遺伝子の同定が可能で，実際，多くの研究報告がなされている[1)2)]．著名なシングルセルシークエンス用解析ソフトウェアを表1に示したので参考にしていただきたい．

2. シングルセルクロマチン状態シークエンス解析（scATAC-seq）

次に，ゲノム上でクロマチン構造が開いた領域を特定するシークエンス手法，ATAC-seq（Assay for Transposase-Accessible Chromatin with high-throughput sequencing）[10)]のシングルセル版であるsingle cell ATAC-seq（scATAC-seq）[11)]のデータ解析手法について紹介する．具体的なシークエンス手法については原著論文[10)11)]で詳細に解説されているの

で，そちらを参考していただきたい．

図2AにscATAC-seqのデータ解析パイプラインを示した．まず，Bowtie, Bowtie2, BWAなどのソフトウェアを使用してシークエンスで得られたリードをリファレンスゲノムへマッピングし，アラインメントデータを作成する．次に，PCRによるバイアスを補正するため，ゲノム上で同じ位置にマッピングされたリード（重複リード）をアラインメントデータから取り除く．重複リードの除去は，PICARDソフトウェアを用いて行うことができる．このように補正したデータを用いて，ゲノム上でリードがマッピングされたピーク領域を同定する．scATAC-seqデータのピーク領域同定には，MACS2ソフトウェアが使用されており[11)12)]，得られたピーク情報はbedファイル形式で保存される．bedファイルは，UCSCゲノムブラウザー（https://genome.ucsc.edu/）やIntegrative Genomics Viewer（http://software.broadinstitute.org/software/igv/）で閲覧することが可能で，クロマチン構造が開いているゲノム上の領域を確認することができる．図2BにscATAC-seqデータの可視化例を図示した．図2B中のオレンジ色のバーがピーク位置で，クロマチンが開いているゲノム領域を表している．例えば，遺伝子Aを見ると，各細胞において同じ位置にピークが検出されており，すべての細胞が似たクロマチン状態であることがわかる．一方，遺伝子Bを見ると，ピークのパターンは細胞ごとに異なり，遺伝子B周辺のクロマチン状態は細胞間で大きく変動していることがわかる．このように，scATAC-seqを用いることで細胞間でのクロマチン状態の差異や多様性を観察することがで

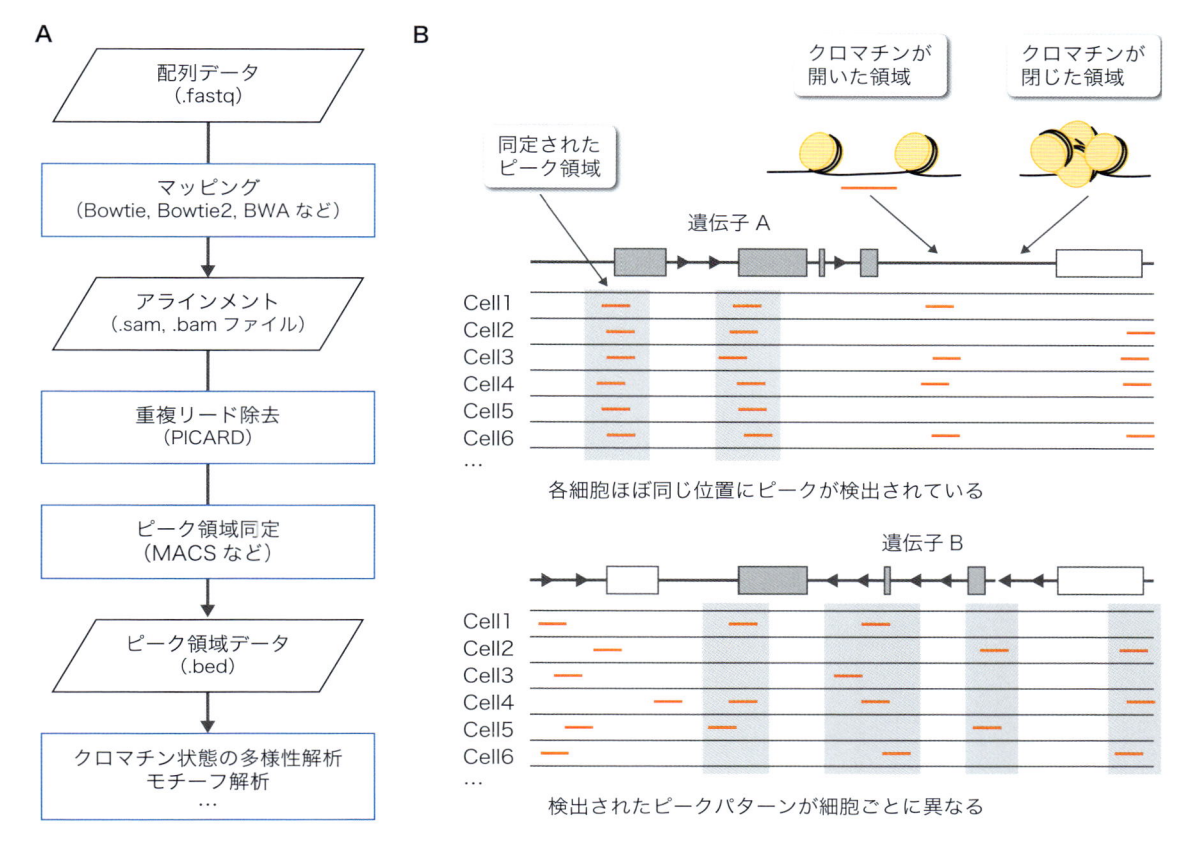

図2　scATAC-seqデータの解析例

A） scATAC-seqデータの解析フローチャート．**B）** scATAC-seqデータの可視化例．オレンジ色のバーはピーク位置，すなわち，クロマチンが開いているゲノム領域を示す．遺伝子A周辺のクロマチン状態はすべての細胞で似たパターンを示している．一方，遺伝子Bの周辺は細胞ごとに異なるパターンを示している．

きる．先の研究では，細胞系統や細胞種の違いは遺伝子発現よりもクロマチン状態によく反映されること[11][12]が示されており，今後，scATAC-seqはがんや発生における細胞の多様性を観察するうえで強力なツールになることが期待される．しかしながら，scATAC-seqは2015年に考案されたばかりのシークエンス方法であるため[11]，情報解析の方法が充実しているわけではなく，新たな解析方法の開発も求められている．

さまざまなタイプのシングルセルデータの統合による遺伝子発現制御機構の予測

最後に，われわれの研究室で行っているマウスB細胞のシングルセルシークエンスデータの統合解析について紹介する．

各生体組織における細胞のアイデンティティや分化状態は，細胞種特異的な遺伝子の発現や特定のマーカー遺伝子により説明されることが多い．近年のシングルセルmRNAシークエンスの解析からも，これらの遺伝子の発現は一細胞ごとに決定されていることが明らかに

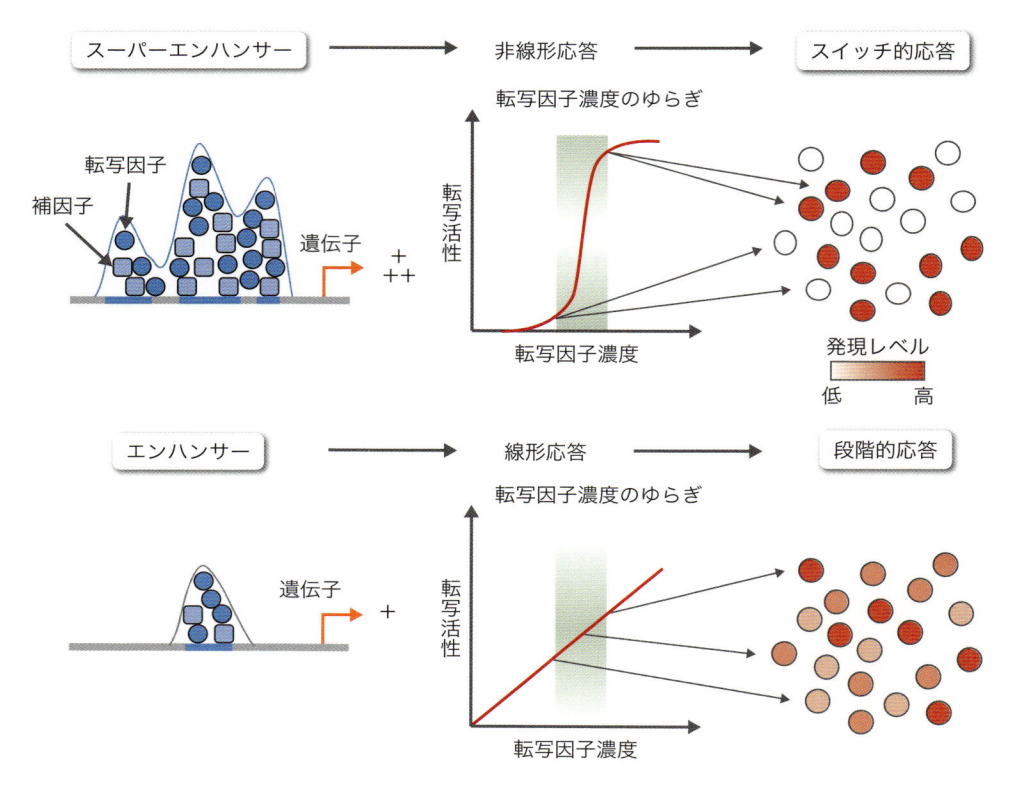

図3　スーパーエンハンサーによる遺伝子のスイッチ応答制御機構の仮説

通常のエンハンサーとスーパーエンハンサーの標的遺伝子は，線形的応答および非線形的応答をそれぞれ示す．転写因子濃度や細胞環境のゆらぎにより，非線形応答からはスイッチ的な遺伝子発現制御がなされる可能性が高い（文献14をもとに作成）．

なっている[4) 9) 13)]．このような細胞のアイデンティティの発現機構として，遺伝子発現のオン／オフ（スイッチあるいは閾値）応答が考えられている．2013年にRichard A. Youngにより提唱されたスーパーエンハンサーの概念は，遺伝子発現のスイッチ応答を説明しうる遺伝子発現調節機構として興味深い[14)]．スーパーエンハンサーは，遺伝子の発現を増大させるエンハンサーがクラスタを形成しているゲノム領域を表す（図3）．通常のエンハンサーに制御される遺伝子発現は，エンハンサーを形成する活性化因子の濃度に対して線形的な応答を示す一方，スーパーエンハンサーの標的遺伝子の発現は，活性化因子濃度に対し非線形的な応答を示す[14)]．このような非線形応答においては，少しの入力の差が全く異なる出力を生み出す可能性がある（図3）．すなわち，スーパーエンハンサー形成が標的遺伝子発現の閾値決定を司っていると考えられる．われわれは，抗IgM抗体で刺激したマウスB細胞のRamDA-seqデータ解析から，実際にいくつかの遺伝子の発現レベルが刺激量に対してスイッチ的に変化することを見出している．これらの遺伝子がスーパーエンハンサーの制御下にあるかを確認するため，ヒストン修飾などの細胞集団のChIP-seqデータを用いた解析を行ったところ，標的遺伝子付近に顕著なヒストンアセチル化（H3K27Ac）の集積がみられた．さらに，scATAC-seqなどの解析により，スーパーエンハンサー近傍DNAのクロマチン構造が変化していることも示唆された（論

文準備中）．このように，さまざまなシークエンスデータを統合することにより，細胞の遷移過程における遺伝子発現の制御機構の実体を予測することが可能である．シングルセルデータだけではなく，未だシングルセル解析手法のない細胞集団のデータや既存の公共データを情報学的に統合することによっても，この予測能力を一層高めることができる．

おわりに

本稿では，RamDA-seq および scATAC-seq のデータ解析方法とスーパーエンハンサーによる遺伝子発現制御機構について紹介した．現在，シングルセル解析では，シングルセル Hi-C [15] などの手法も開発され，ゲノムワイドなクロマチン構造を一細胞ごとに同定可能である．がん組織における薬剤抵抗性や発生における細胞分化制御機序等の生命現象を理解するうえで，細胞間多様性は非常に重要であり，これを観察できるシングルセルシークエンス解析技術の需要は今後ますます増加することが期待される．また，シングルセルシークエンスデータのみではなく，シングセルシークエンスと細胞集団のシークエンスデータを情報学的に統合することによって，互いのデータのもつ力を最大限に引き出すことも可能である．本稿が，これからシングルセルシークエンス解析をはじめる読者の一助と

なれば幸いである．

　最後に，今回紹介したシークエンスデータを計測していただきました理化学研究所の二階堂愛ユニットリーダー（RamDA-seq）および東京大学の鈴木穣教授（scATAC-seq）には，この場を借りて厚く御礼申し上げます．また，B細胞解析に関しては，理化学研究所統合生命医科学研究センター統合細胞システム研究チームおよび大阪大学蛋白質研究所細胞システム研究室のメンバーに深く感謝致します．

◆ 文献

1) Miyamoto DT, et al：Science, 349：1351-1356, 2015
2) Li H, et al：Nat Genet, 49：708-718, 2017
3) Sasagawa Y, et al：Genome Biol, 14：R31, 2013
4) Macosko EZ, et al：Cell, 161：1202-1214, 2015
5) Satija R, et al：Nat Biotechnol, 33：495-502, 2015
6) Fan J, et al：Nat Methods, 13：241-244, 2016
7) Kharchenko PV, et al：Nat Methods, 11：740-742, 2014
8) Korthauer KD, et al：Genome Biol, 17：222, 2016
9) Trapnell C, et al：Nat Biotechnol, 32：381-386, 2014
10) Buenrostro JD, et al：Nat Methods, 10：1213-1218, 2013
11) Buenrostro JD, et al：Nature, 523：486-490, 2015
12) Corces MR, et al：Nat Genet, 48：1193-1203, 2016
13) Fan HC, et al：Science, 347：1258367, 2015
14) Lovén J, et al：Cell, 153：320-334, 2013
15) Nagano T, et al：Nat Protoc, 10：1986-2003, 2015

7 シングルセルからの核・細胞質の取得

池内真志，谷内江 望，関　元昭

単一細胞由来の核と細胞質を大量に分取して解析することができれば，クロマチン構造の変化とそれに伴う遺伝子発現パターンの変化など，これまで細胞集団の平均値としてしか得られなかった情報が，単一細胞レベルで関連付けることができる．本稿では，生物系ラボにある汎用機器と，われわれが開発中の「核・細胞質分離デバイス（以下，分離デバイス）」を用いた，単一細胞由来の核と細胞質を，384穴ウェルプレートに簡便に分取するプロトコールを紹介する．

はじめに

これまで，生命機能を解明するために，ゲノム，エピゲノム，トランスクリプトーム，プロテオームなど，さまざまなオミクス（Omics）解析手法が開発されてきた[1]．しかし，従来の手法では細胞集団の平均値を見ているだけであり，個々の細胞の多様性や，それらの相互作用のネットワークを明らかにするには，単一細胞レベルでのマルチオミクス解析が必要である．近年，単一細胞レベルの遺伝子発現解析は，急速に進歩してきた[2]．その一方で，その他のオミクス解析との連携は進んでいない．例えば，染色体構造を調べるには細胞を架橋剤で固定する必要があるが，一度固定してしまうと，遺伝子発現状態を精密に解析することは困難になる[3]．このような問題を解決するには，細胞に固定化などの不可逆的処理を加える前に，核や細胞内小器官，細胞質などを分別して，回収する技術が必要である．かつ，不均一な細胞集団を一斉に解析するには，数百〜数千個の単一細胞由来サンプルを同時に調製しなければならない．本稿では，核内構造と遺伝子発現状態の関係を解明するために，われわれが深江化成社とともに開発してきた，単一細胞由来の核と細胞質を分取するプロトコールを紹介する．

本プロトコールでは，384穴のトランスファプレートと，核の直径以下の微細孔を有する多孔膜，および汎用の384ウェルプレートを用いる（図1A）．トランスファプレートとは，384ウェルプレートのフォーマットで，ウェルの位置に正方形の逆テーパー状の貫通孔が配列された器材である（図1B）．トランスファプレートの上面は，隣接する1辺4.5 mmの正方形のウェルが密着して配置され，すべての面が傾斜をもっており，外周を除き平坦面が存在しない．一方，底面は，汎用の384ウェルプレートの各ウェルと1：1で嵌合するように，1辺1 mmの正方形の独立した開口をもつ．分離デバイスは，トランスファプレートの底面に多孔膜を接着することで作製する（図1C）．

この分離デバイスを384ウェルプレートの上に重ねて，分離デバイス上面に細胞懸濁液をアプライし，遠心すると，上面には平坦面が存在しないため，すべての細胞はいずれかのウェル

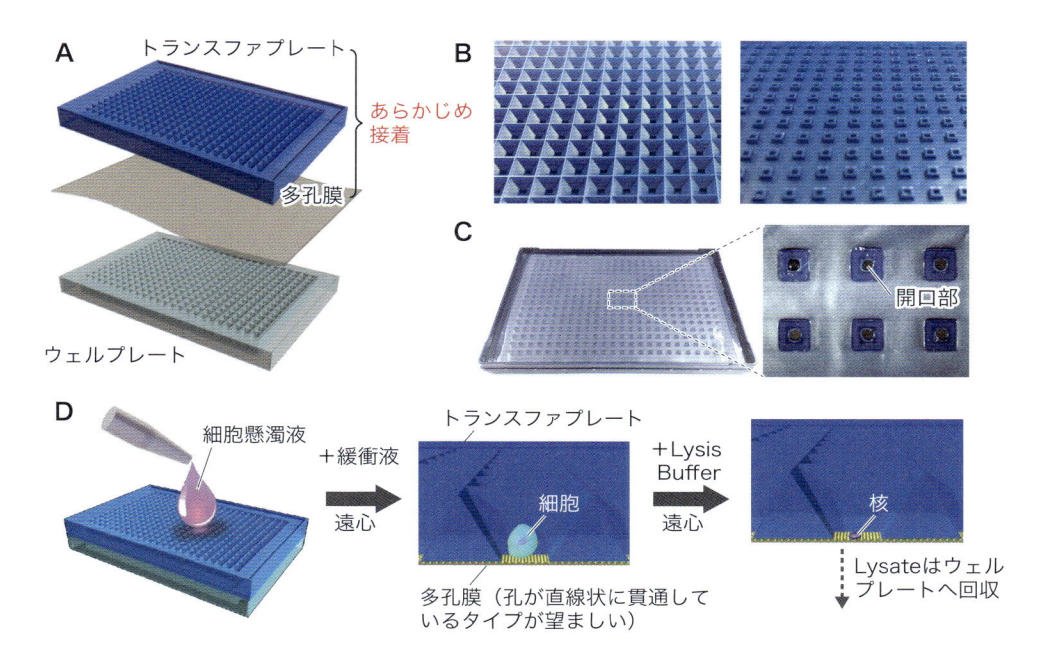

図1　核と細胞質の分離デバイスとプロトコール概略図

A) 分離デバイスの構成図．トランスファプレートの底面に多孔膜（孔径φ1 μm）を接着し，ウェルプレートの上に重ねて用いる．**B)** トランスファプレートの上面（左）と底面（右）の拡大像．上面は隣接するウェルが隙間なく配置され，壁面はすべて傾斜面で構成されている．一方，底面は384穴のウェルプレートに対応した，独立した構造となっている．**C)** トランスファプレート底面に多孔膜を接着した様子．破線内の拡大像を右側に示す．接着剤により，底面の開口部が塞がれないように留意する．**D)** 細胞質と核の分離のための手順概略．細胞懸濁液を分離デバイス上にアプライし，スイングロータで遠心することで，細胞を多孔膜上に沈降させる．トランスファプレート上面の構造により，一度のアプライで，384穴への分配が可能．その後，細胞膜破砕液をアプライし，再度，遠心することで，細胞質はウェルプレートに回収され，核は多孔膜上に捕集される．

底面に沈降する（図1D）．これにより，一度のアプライで，384穴すべてに，細胞懸濁液を分配することが可能となる[4) 5)]．その後，培地を緩衝液，続いて，細胞膜破砕液に置換し，再度遠心することで，細胞質を含む分画は下部の384ウェルプレートに回収され，核を含む分画は分離デバイスの多孔膜上に捕集される．本プロトコールでは，各ウェル内の細胞数はポアソン分布に従うため，顕微鏡観察により，1個の細胞のみを含むウェルを検出し，該当したウェル由来のサンプルのみ，後の解析に用いればよい．以下に，本プロトコールの詳細を解説する．

準備

試薬

☐ 細胞*1

> *1　本プロトコールでは，蛍光顕微鏡像に基づき単一細胞を検出するため，GFPなどが導入された細胞を用いる，あるいは，細胞懸濁液調製時に，各種蛍光標識で細胞を染色しておく必要がある．

☐ 培地
☐ D-PBS（－）

- [ ] シリコーンゴム（SYLGARD 184 Silicone Elastomer Kit, 東レ・ダウコーニング社）
- [ ] 吸着防止試薬（Anti-Link，Allvivo社）
- [ ] 滅菌水[2]

 [2] 浸透圧ショックによる細胞膜破砕に用いる．界面活性剤などを使用してもよい．

実験器具

- [ ] 細胞培養関連機器一式
- [ ] 顕微鏡およびカメラ[3]

 [3] プレート全体を1枚の画像とするため，自動タイリング機能が付いていることが望ましい．

- [ ] スイング型プレート遠心機[4]

 [4] 静止時にプレートが完全に水平になるタイプが望ましい．

- [ ] 384トランスファプレート（ワトソン社）
- [ ] 384ウェルプレート[5]

 [5] 互換性のあるプレートについてはワトソン社のWebを確認のこと．

- [ ] 多孔膜（PET樹脂製，孔径 ϕ 1 μm，空孔率22%，膜厚12.5 μm，非売品）[6]

 [6] さまざまな製法の多孔膜が販売されているため，目的に応じて選択すればよい．われわれは，顕微鏡観察の容易性を優先し，透明性の高いトラックエッチメンブレンを用いている．

- [ ] オーブン，またはホットプレート[7]

 [7] ウェルプレートを60℃で加温できるものであればよい．

プロトコール

1. 分離デバイスの作製

❶ シリコーンゴム原料を，主剤：硬化剤＝10：1（体積比）で混合する．

❷ 混合したシリコーンゴム液を，384トランスファプレート底面に塗布する[8]．

 [8] セルスクレーパーなどを用いて，薄く均一に塗ることが重要．

❸ 室温で30分〜1時間程度静置し，シリコーンゴムの硬化反応を進める[9]．

 [9] シリコーンゴム液の流動性が低下するまで待つ．ここで，シリコーンゴム液の流動性が十分低下していないと，次のステップでシリコーンゴム液が多孔膜全面に広がり，トランスファプレートの開口部を塞いでしまう．一方，待ち時間が長すぎると，接着力が弱まり，漏れの原因となる．

❹ シリコーンゴムを塗布した上から多孔膜を貼り付ける[10]．

 [10] より適切な接着剤，接着手法を検討しているが，現時点では確立していない．

⑤ 60℃で12時間以上静置し，シリコーンゴムを完全に硬化させる．

⑥ UV保管庫あるいは，クリーンベンチのUV灯下で，分離デバイスの両面を滅菌する．

2. 分離デバイスの親水化処理

❶ 吸着防止試薬（粉末）を，滅菌水で0.5％（w/w）に調製する．必要量20 mL．

❷ 分離デバイス上面に吸着防止試薬溶液を全量，アプライする．

❸ 室温で12時間以上，静置する[*11]．

    [*11] 乾燥しないように注意．インキュベータ保管も可．

❹ 使用直前に吸着防止試薬溶液をアスピレーターで除去し，D–PBS（−）で2回リンスする[*12]．

    [*12] 乾燥しないように注意．

3. 核と細胞質の分離

❶ 培養した細胞をトリプシンなどで剥離し，細胞懸濁液（60 cells/mL, 総量10 mL）を調製する．凝集体をつくらないよう，十分にピペッティングし，すぐに次のステップに移る[*13]．

    [*13] プレート外周の平坦部分にも細胞が沈降するため，384個よりも多くの細胞をアプライする必要がある．

❷ 分離デバイスを384ウェルプレートの上に重ねて密着させる．

❸ 細胞懸濁液を全量，分離デバイス上面にアプライする[*14]．

    [*14] 分離デバイスの作製時のひずみ具合により，必要な液量は上下する．基本は全量アプライするが，ウェルの上端に液面が来るように微調整する．

❹ プレート遠心機で遠心し，培地を除去する（1,000×g, 3分間）[*15]．

    [*15] 必要な回転速度と時間は用いる多孔膜により変化するため，各自検討が必要．

❺ ただちに，D–PBS（−）10 mLを分離デバイス上面にアプライする．

❻ 蛍光顕微鏡で分離デバイス全面を撮影する[*16]．

    [*16] 単一細胞が観察できる倍率および解像度で撮影する．

❼ プレート遠心機で遠心し，D–PBS（−）を除去する（1,000×g, 3分間）[*17]．

    [*17] 洗浄処理．必要に応じて，ステップ❺とステップ❼をくり返す．

❽ 分離デバイスをとり外し，細胞質を回収するための新しい384ウェルプレートに載せ替える．

❾ 滅菌水 10 mL を分離デバイス上面にアプライする[*18].

> [*18] 浸透圧ショックによる細胞膜破砕.

❿ プレート遠心機で遠心し，細胞質の含まれる分画を 384 ウェルプレートに回収する（1,000×g，3分間）.

⓫ 核は分離デバイスの多孔膜上に捕集される.

4. 単一細胞の検出

❶ 前項，ステップ**❻**で撮影した画像から，各ウェル内の細胞数をカウントする[*19].

> [*19] われわれが作成した細胞数カウントプログラムを参考Webにて公開する．もちろん，顕微鏡のカウント機能や，市販ソフトを用いてもよい.

❷ ステップ**❶**の結果をもとに，細胞数が 1 個のウェルのサンプル（核，細胞質）を，それぞれ回収し解析に用いる.

実験例

　　以下の実験では，EGFP を導入した 293FT 細胞を用いた．またプロトコール上は不要であるが，本稿では分取確認のため核を Hoechst で染色した.

1. 複数細胞の核と細胞質の分離

　　まず，本プロトコールで，核と細胞質が分離できることを検証するため，1 ウェルあたり 1,000 個の細胞が入る条件で，本プロトコールを実行した（図 2A）．単一細胞では，ウェルプレートに回収される細胞質分画の蛍光がカメラの検出限界を下回るためである．D–PBS（－）に置換後の遠心で，ウェルプレートに回収された分画については，EGFP および Hoechst いずれの蛍光も検出されなかったが，細胞膜破砕後の遠心で回収された分画については，EGFP の蛍光のみが検出された（図 2B）．また，分離デバイス側の観察像から，播種直後には細胞がウェル内で均一に懸濁された状態にあったが，その後の遠心により，壁面に沿って沈降・堆積したことがわかる．さらに，その後の細胞膜破砕により，ウェル内から EGFP の蛍光がほぼ消失したのに対し，Hoechst の蛍光はほとんど変化しなかったことがわかる（図 2C）．以上の結果を合わせると，本プロトコールにより，分離デバイス上に核が捕集され，ウェルプレートには細胞質が回収されたと考えられる.

2. 単一細胞の核と細胞質の分離

　　次に，1 ウェルあたり 1 個の細胞が入る条件で，本プロトコールを実行した．細胞膜破砕前の分離デバイス全面の蛍光画像（EGFP）を自動倒立顕微鏡（BZ–X700，キーエンス社）を用いて取得し，自作の細胞数カウントプログラムにより，各ウェル内の細胞数を算出した（図 3A）．各ウェル内の細胞数はおおむねポアソン分布に従っており，単一細胞と判定されたウェ

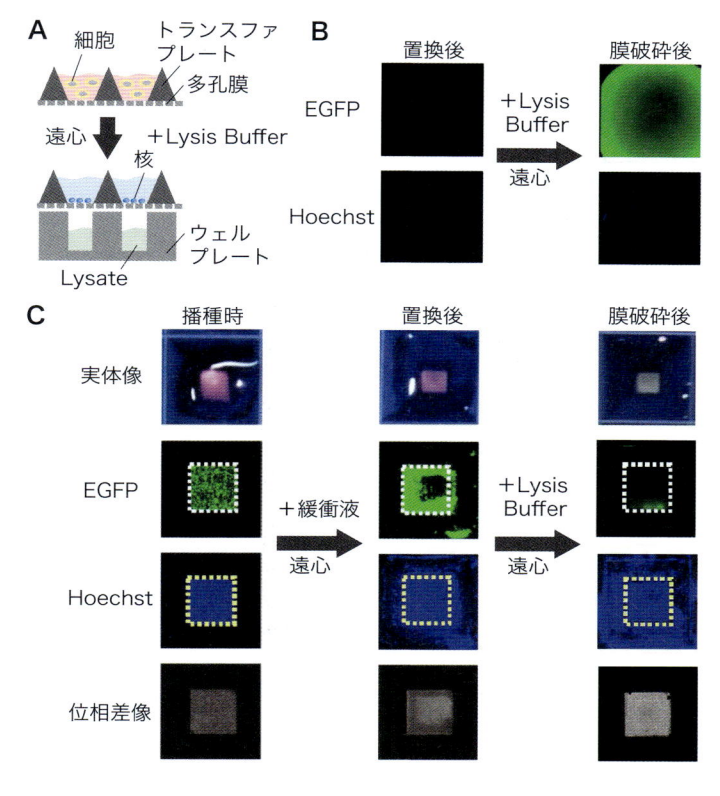

図2 本プロトコールを用いた核と細胞質の分離の検証実験

図2　本プロトコールを用いた核と細胞質の分離の検証実験

A) 本実験の模式図．384穴分離デバイスの各ウェル内の細胞について，核と細胞質を分離・回収する．本図では，シングルセル実験でないことに注意．**B)** 細胞質を回収する操作を行った後の1ウェル内の溶液の顕微鏡像．膜破砕後に，遠心して細胞質を回収した溶液からは，EGFPの蛍光が見られる．一方，Hoechstの蛍光は一貫して検出されなかった．**C)** 分離デバイスの1ウェル内の溶液の顕微鏡像．白い点線はウェルの底面の開口部を示す．播種後，培養液から緩衝液に置換する過程で，遠心により，細胞は各ウェル底面，特に壁に沿って堆積する．さらにLysisバッファを加えて，細胞膜を破壊し，遠心した後は，EGFPの蛍光がほとんど消失したのに対して，Hoechstの蛍光強度は，ほとんど変化が見られない．**B**に示したウェルプレート側の結果と合わせると，細胞質はウェルプレートに，核は分離デバイスに回収されたことが示唆される．

ルは約30％であった．さらに，単一細胞を含むウェルについて，細胞膜破砕前後の顕微鏡像を比較すると，位相差像からは，細胞膜が消失したことがわかる．また，EGFPの蛍光は細胞膜破砕後には消失し，Hoechstの蛍光と位置は，ほぼ変化しなかった（図3B）．さらに，細胞膜破砕前後の分離デバイス上の細胞を，Hoechstの蛍光が検出された位置と同視野になるように設置して，電子顕微鏡（JSM-7500F，日本電子社）により観察した[20]．その結果，細胞膜破砕前は，直径10 μm弱の球状の細胞がみられたのに対して，細胞膜破砕後は，Hoechstの蛍光が検出された位置に，直径1〜5 μmの歪な形状の残渣が観察された（図3C）．以上の結果から，本プロトコールにより，分離デバイス上に単一細胞由来の核を含む分画が回収されたと考えられる．ウェルプレートに回収されたと予想される細胞質については，EGFPの蛍光は検出できなかったため，今後，RT-PCRなどにより確認したい．

[20] 電子顕微鏡観察のプロトコールは以下の通り．①観察対象のウェルに4％PFAをアプライ．②D-PBS（−）に置換．③5％イオン液体（HILEM IL1000，日立ハイテクノロジーズ社）に置換し，12時間浸漬．④濾紙で余分なイオン液体を除去．⑤FE-SEMにて撮影（加速電圧2 kV）．

おわりに

　本稿ではわれわれが開発中の，単一細胞由来の核と細胞質を分取するデバイスについて紹介した．本プロトコールを用いることで，100個程度の単一細胞由来の核と細胞質のセットが簡

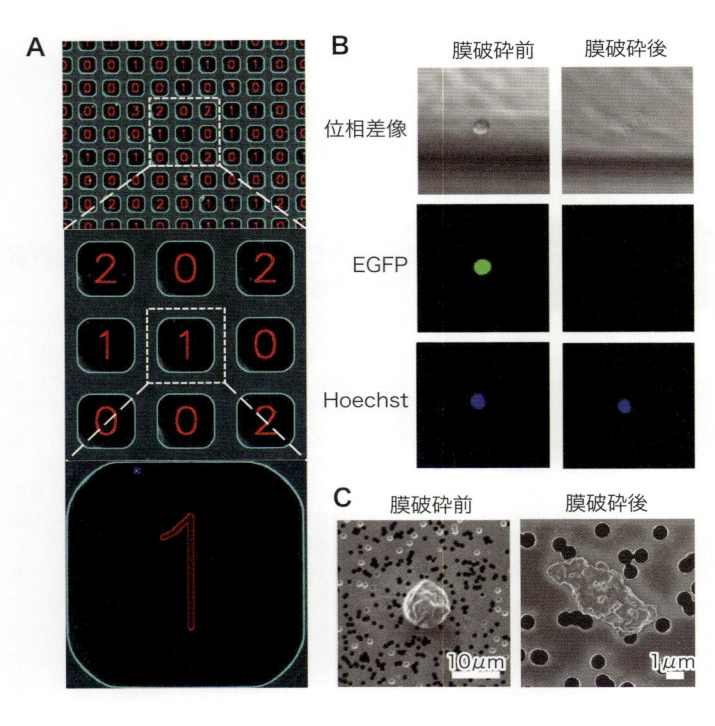

B 膜破砕前　膜破砕後

位相差像

EGFP

Hoechst

C 膜破砕前　膜破砕後

10μm　　1μm

図3　本プロトコールを用いた単一細胞由来の核と細胞質の分取

A) 細胞播種後の分離デバイスの蛍光顕微鏡画像を自作の細胞数カウントプログラムで処理した後の出力例．各ウェル内の細胞数が赤色で表示される．上から順に白い破線内を拡大した像．検出された細胞は青い枠で囲まれて表示される．各ウェルに入る細胞数はポアソン分布に従う．**B)** 膜破砕前後の1ウェル内の単一細胞の顕微鏡像．膜破砕後は，位相差像では細胞膜が消失し，EGFPの蛍光も消失するが，Hoechstの蛍光は位置，強度ともにほぼ変化していないことが分かる．**C)** 膜破砕前の単一細胞と，膜破砕後のHoechstの蛍光が観察された残渣の電子顕微鏡像．この残渣中に核が含まれていると考えられる．（同一サンプルではない）

便に調整できる．高価なシングルセル解析専用装置ではなく，汎用機器と低コストの消耗器材を用いることで，多くの研究室で実行可能なプロトコールとなることをめざしてきたが，分離デバイスの作製は歩留まりが低く，まだ手法を確立できたとは言えないのが実情である．しかし，本デバイスおよびプロトコールの応用範囲は非常に広いと考えている．本稿では，多孔膜を単なるサイズ排除膜として用いたが，例えば，機能性分子を修飾した多孔膜を用いることや，本デバイスを多段式に用いることにより，単なる核と細胞質の分離に留まらない，さまざまな応用が期待できる．本稿が単一細胞レベルのマルチオミクス解析に役立てば幸いである．

謝辞

本研究は，近畿経済産業局「戦略的基盤技術高度化支援事業（深江化成株式会社，東京大学）」，および東京大学先端科学技術研究センター「RCAST助成（谷内江望，池内真志）」の支援を受けて行われた．

◆ 文献

1) Bock C, et al：Trends Biotechnol, 34：605–608, 2016
2) Gawad C, et al：Nat Rev Genet, 17：175–188, 2016
3) Nagano T, et al：Nature, 502：59–64, 2013
4) Yukawa H, et al：Biomaterials, 32：3729–3738, 2011
5) Ikuta K & Ikeuchi M：Method for Producing Different Populations of Molecules or Fine Particles with Arbitrary Distribution Forms and Distribution Densities Simultaneously and in Quantity, and Masking Member Therefor. US Patent 8,808,787 B2

◆ 参考Web

東京大学大学院情報理工学系研究科システム情報第9研究室（生田・池内研究室）ウェブサイト．http://www.micro.rcast.u-tokyo.ac.jp/

INDEX

執筆者一覧

◆編　集

菅野純夫　東京大学大学院新領域創成科学研究科メディカル情報生命専攻

◆執筆者 [五十音順]

合原一幸　東京大学生産技術研究所

油谷浩幸　東京大学先端科学技術研究センターゲノムサイエンス分野

池内真志　東京大学大学院情報理工学系研究科

伊藤恵美　理化学研究所ライフサイエンス技術基盤研究センター機能性ゲノム解析部門

伊藤隆司　九州大学大学院医学研究院

岩本一成　大阪大学蛋白質研究所 / 理化学研究所統合生命医科学研究センター

上羽悟史　東京大学大学院医学系研究科

太田邦史　東京大学大学院総合文化研究科広域科学専攻

大野雅恵　理化学研究所生命システム研究センター一細胞遺伝子発現動態研究ユニット

岡田眞里子　大阪大学蛋白質研究所 / 理化学研究所統合生命医科学研究センター

小田有沙　東京大学大学院総合文化研究科広域科学専攻

小原　收　かずさ DNA 研究所技術開発研究部 / 理化学研究所統合生命医科学研究センター / 千葉大学未来医療教育研究機構

鹿島幸恵　東京大学大学院新領域創成科学研究科メディカル情報生命専攻

加藤紗智　理化学研究所ライフサイエンス技術基盤研究センター機能性ゲノム解析部門

上口裕之　理化学研究所脳科学総合研究センター神経成長機構研究チーム

Piero Carninci　理化学研究所ライフサイエンス技術基盤研究センター機能性ゲノム解析部門

北川正成　タカラバイオ株式会社

木立尚孝　東京大学大学院新領域創成科学研究科メディカル情報生命専攻

日下智聖　タカラバイオ株式会社

黒滝大翼　横浜市立大学大学院医学研究科免疫学教室

河野　掌　理化学研究所ライフサイエンス技術基盤研究センター機能性ゲノム解析部門

後藤慎平　京都大学大学院医学研究科呼吸器内科学 / 京都大学大学院医学研究科呼吸器疾患創薬講座

白髭克彦　東京大学分子細胞生物学研究所エピゲノム疾患研究センター

Jay W. Shin　理化学研究所ライフサイエンス技術基盤研究センター機能性ゲノム解析部門

菅野純夫　東京大学大学院新領域創成科学研究科メディカル情報生命専攻

洲﨑悦生　東京大学大学院医学系研究科機能生物学専攻システムズ薬理学教室 / 科学技術振興機構さきがけ / 理化学研究所生命システム研究センター合成生物学研究グループ

鈴木絢子　国立がん研究センター先端医療開発センター

鈴木　穣　東京大学大学院新領域創成科学研究科メディカル情報生命専攻

鈴木隆二　Repertoire Genesis 株式会社

瀬尾淳哉　タカラバイオ株式会社

関　真秀　東京大学大学院新領域創成科学研究科メディカル情報生命専攻

関　元昭　東京大学先端科学技術研究センター

Sarun Sereewattanawoot　東京大学大学院新領域創成科学研究科メディカル情報生命専攻

竹内美子　国立がん研究センター先端医療開発センター免疫 TR 分野 / 大阪大学大学院医学系研究科呼吸器・免疫アレルギー内科

竹山春子　早稲田大学 ナノ・ライフ創新研究機構 / 早稲田大学先進理工学部生命医科学専攻 / 産業技術総合研究所－早稲田大学生体システムビッグデータ解析オープンイノベーションラボラトリ

谷口浩章　Institute of Genetics and Animal Breeding of the Polish Academy of Sciences/ 同志社大学ナノ・バイオサイエンス研究センター

谷口雄一　理化学研究所生命システム研究センター一細胞遺伝子発現動態研究ユニット

田村智彦　横浜市立大学大学院医学研究科免疫学教室

津田宏治　東京大学大学院新領域創成科学研究科メディカル情報生命専攻

露﨑弘毅　理化学研究所情報基盤センターバイオインフォマティクス研究開発ユニット

David A. duVerle

	東京大学大学院新領域創成科学研究科メディカル情報生命専攻
永澤　慧	東京大学大学院新領域創成科学研究科メディカル情報生命専攻
永野　隆	Nuclear Dynamics Programme, The Babraham Institute/ 大阪大学蛋白質研究所
二階堂愛	理化学研究所情報基盤センターバイオインフォマティクス研究開発ユニット
西川洋平	早稲田大学先進理工学部生命医科学専攻
西川博嘉	国立がん研究センター先端医療開発センター免疫 TR 分野 / 国立がん研究センター研究所先端医学生物学研究領域新領域創成グループ腫瘍免疫研究分野 / 名古屋大学大学院医学系研究科分子細胞免疫学／免疫細胞動態学（免疫学）
根岸　諒	東京農工大学大学院工学研究院生命機能科学部門
橋本真一	金沢大学大学院医薬保健学総合研究科
平田祥人	東京大学生産技術研究所
藤木克則	東京大学分子細胞生物学研究所エピゲノム疾患研究センター
細川正人	早稲田大学ナノ・ライフ創新研究機構 / 科学技術振興機構さきがけ
Chung-Chau Hon	理化学研究所ライフサイエンス技術基盤研究センター機能性ゲノム解析部門
本郷裕一	東京工業大学生命理工学院
松崎耕二	タカラバイオ株式会社
松谷隆治	Repertoire Genesis 株式会社
松本拡高	理化学研究所情報基盤センターバイオインフォマティクス研究開発ユニット
丸山　徹	早稲田大学先進理工学部生命医科学専攻 / 産業技術総合研究所−早稲田大学生体システムビッグデータ解析オープンイノベーションラボラトリ
三浦史仁	九州大学大学院医学研究院
Adrian W. Moore	理化学研究所脳科学総合研究センター神経形態遺伝学研究チーム
谷内江 望	東京大学先端科学技術研究センター
山本佑樹	京都大学大学院医学研究科呼吸器内科学 / 京都大学大学院医学研究科呼吸器疾患創薬講座
吉田大和	理化学研究所生命システム研究センター一細胞遺伝子発現動態研究ユニット
吉野知子	東京農工大学大学院工学研究院生命機能科学部門
吉原正仁	理化学研究所ライフサイエンス技術基盤研究センター機能性ゲノム解析部門
渡辺　亮	京都大学 iPS 細胞研究所未来生命科学開拓部門

◆ 編者プロフィール ◆

菅野純夫（すがの　すみお）

1978年，東京医科歯科大学医学部卒業，'82年，東京大学大学院医学系研究科修了，医学博士．日本学術振興会特別研究員，東京大学医科学研究所助手・助教授を経て2004年より現職（東京大学大学院新領域創成科学研究科教授）．がんウイルス，がん遺伝子の研究を経て，がん治療を確立するためには，大量の遺伝子情報が必要だろうと考え，ゲノムの分野へ．完全長cDNAライブラリーの作製からトランスクリプトーム解析・転写開始点（TSS）解析などをすすめる．方法論に興味があり，新しもの好きで，日本で最初のC1機の導入もした．C1を使って，最初に1,000万readぐらいの深さの1細胞RNA–seqのデータを出し，相関係数が0.8を超えているのがわかったときは，使える！と感動した．シングルセル解析については，シークエンスコストや細胞の位置情報を保持しての解析など，課題も多いが，技術と情報学的解析手法の進展のスピードに目を見張っている．

実験医学別冊 最強のステップUPシリーズ

シングルセル解析プロトコール

わかる！使える！　1細胞特有の実験のコツから最新の応用まで

2017年10月10日　第1刷発行	編　集　　菅野純夫
	発行人　　一戸裕子
	発行所　　株式会社 羊 土 社
	〒101-0052
	東京都千代田区神田小川町2-5-1
	TEL　　03（5282）1211
	FAX　　03（5282）1212
	E-mail　eigyo@yodosha.co.jp
	URL　　www.yodosha.co.jp/
© YODOSHA CO., LTD. 2017	印刷所　　株式会社加藤文明社
Printed in Japan	広告取扱　株式会社 エー・イー企画
	TEL　03（3230）2744㈹
ISBN978-4-7581-2234-4	URL　http://www.aeplan.co.jp/

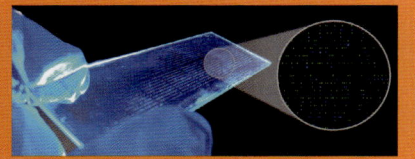 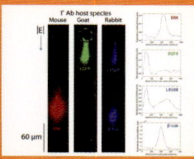
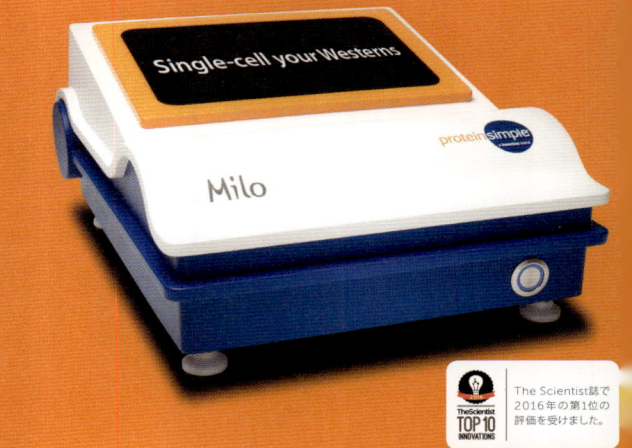
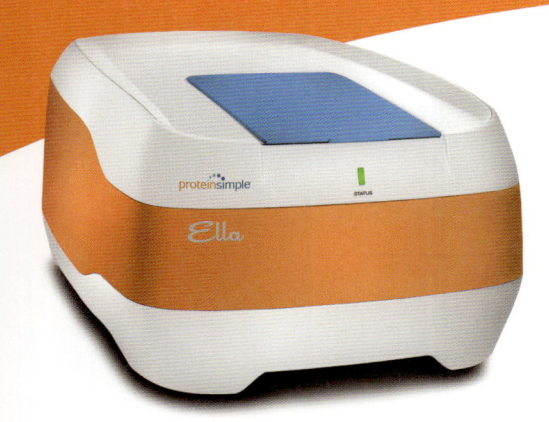
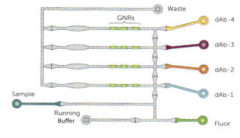  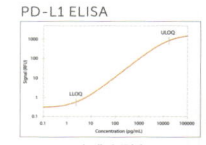

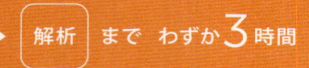
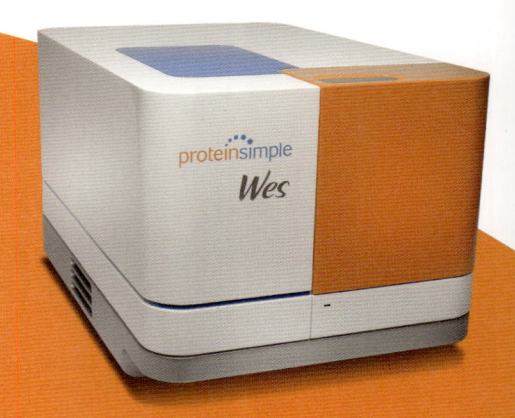

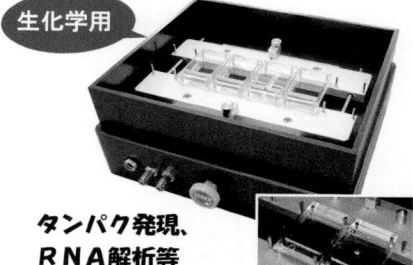
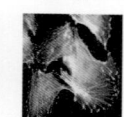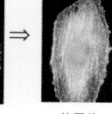

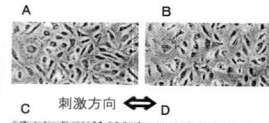
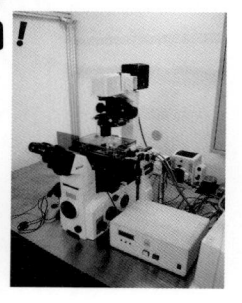
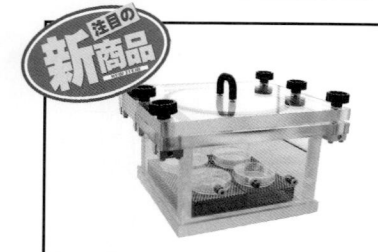

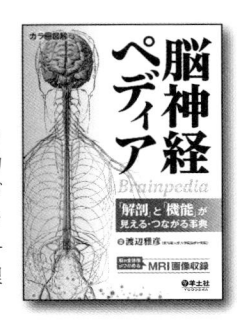

実験医学をご存知ですか!?

 実験医学ってどんな雑誌?

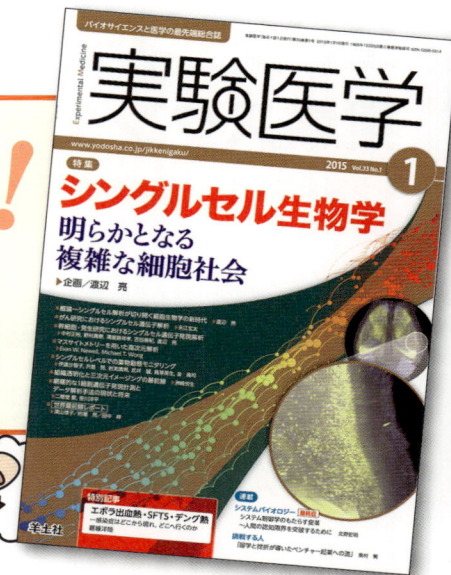

ライフサイエンス研究者が知りたい情報をたっぷりと掲載！

「なるほど！こんな研究が進んでいるのか！」「こんな便利な実験法があったんだ」「こうすれば研究がうまく行くんだ」「みんなもこんなことで悩んでいるんだ！」などあなたの研究生活に役立つ有用な情報、面白い記事を毎月掲載しています！ぜひ一度、書店や図書館でお手にとってご覧になってみてください。

シングルセル生物学の最新研究も掲載したよ

今すぐ研究に役立つ情報が満載！

特集 では → 幹細胞、がんなど、今一番Hotな研究分野の最新レビューを掲載

連載 では → 最新トピックスから実験法、読み物まで毎月多数の記事を掲載

こんな連載があります

 **News & Hot Paper DIGEST** トピックス
世界中の最新トピックスや注目のニュースをわかりやすく、どこよりも早く紹介いたします。

 **クローズアップ実験法** マニュアル
ゲノム編集、次世代シークエンス解析、イメージングなど
有意義な最新の実験法、新たに改良された方法をいち早く紹介いたします。

 **ラボレポート** 読みもの
海外で活躍されている日本人研究者により，海外ラボの生きた情報をご紹介しています。
これから海外に留学しようと考えている研究者は必見です！

その他、話題の人のインタビューや、研究の心を奮い立たせるエピソード、ユニークな研究、キャリア紹介、研究現場の声、科研費のニュース、ラボ内のコミュニケーションのコツなどさまざまなテーマを扱った連載を掲載しています！

この夏、実験医学は通巻600号を突破しました！

多くの皆さまのお力添えを賜り、「実験医学」は2017年で通巻600号を突破することができました。
このたび、通巻600号突破を記念して、実験医学2017年8月号では以下の記念特集を実施し、あわせて
多くの皆さまにお役立ていただける特別企画も実行中です。ぜひあわせてチェックしてみてください！

実験医学2017年8月号 Vol.35 No.13

いま、生命科学と医学研究の明日を考えよう
ブレークスルーはあなたの中に！

本通巻600号突破記念号では、事前アンケートで医学・生命科学にかかわる皆さま
ご自身と分野の現在・未来についての声をお寄せいただきました。アンケートを
もとに今後のサイエンスを考える、分野一体となった特集を目指しております。

**学会・研究費・キャリア・医療応用…
いま、皆が気になるトピックを徹底議論！**

"特別企画"もぜひ、チェックしてください！

特別企画 1

600号突破号の特集記事が
一部、WEBで読める！

『概論―読者アンケートからみる医学・生命科学研究の「いま」』
『学会・研究コミュニティのあり方』などを無料公開。
どなたでもご覧いただけます

特別企画 2

定期購読のお申し込みで、
人気連載を電子版でまとめて読める！

連載『日本のサイエンスを担う これからのリーダーの条件
を求めて』をすべてご覧いただけます

詳細は「実験医学600号突破号特設WEBサイト」へ
https://www.yodosha.co.jp/jikkenigaku/em600

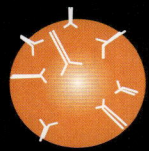
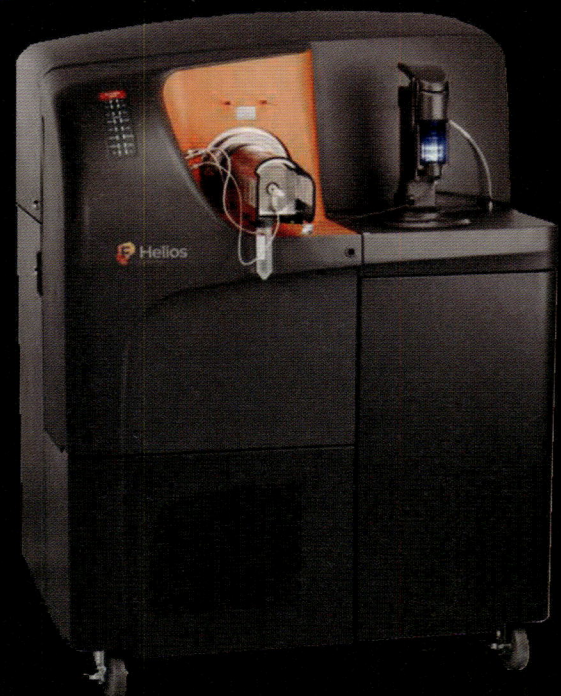